程 杰 曹辛华 王 强 主编

中国花卉审美文化研究丛书

04

杏花文学与文化研究

纪永贵　丁小兵 著

U0350040

北京燕山出版社

图书在版编目（CIP）数据

杏花文学与文化研究 / 纪永贵，丁小兵著 . -- 北京：
北京燕山出版社 , 2018.3
　　ISBN 978-7-5402-5121-5

　　Ⅰ . ①杏… Ⅱ . ①纪… ②丁… Ⅲ . ①杏－花卉－审
美文化－研究－中国②中国文学－文学研究 Ⅳ .
① S685.99 ② B83-092 ③ I206

中国版本图书馆 CIP 数据核字 (2018) 第 087853 号

ISBN 978-7-5402-5121-5

杏花文学与文化研究

责 任 编 辑：李涛
封 面 设 计：王尧
出 版 发 行：北京燕山出版社
社　　　址：北京市丰台区东铁营苇子坑路 138 号
邮　　　编：100079
电 话 传 真：86-10-63587071（总编室）
印　　　刷：北京虎彩文化传播有限公司
开　　　本：787×1092 1/16
字　　　数：389 千字
印　　　张：34
版　　　次：2018 年 12 月第 1 版
印　　　次：2018 年 12 月第 1 次印刷
ISBN 978-7-5402-5121-5
定　　　价：800.00 元

内容简介

本书为《中国花卉审美文化研究丛书》之第 4 种，由丁小兵硕士学位论文《杏花意象的文学研究》与纪永贵博士的《杏花村文化研究》、《杏花村诗文新集》三部分合编而成。

《杏花意象的文学研究》从意象主题史的角度对中国古代文学中杏花意象、题材创作的发展进程、审美表现以及经典意象、作家个案等进行了全方位的阐述，借以展示杏花在我国文学创作中的历史地位和艺术成就，以及人们对杏花审美认识和文化表现的历史进程。

《杏花村文化研究》讨论了古典文学中杏花意象到杏花村意象的审美演化，主要就安徽贵池杏花村的历史沿革、地理位置、景点遗迹、文献资料、文学改编、文化内涵及当下复建等问题展开研讨。既重在挖掘杏花村的文化民俗内涵，也直面长期存在的杏花村历史与现实纷争等问题。

《杏花村诗文新集》是作者在学术研究之余，追踪杏花村文化芳尘，有感而发，就杏花村相关热点进行的文学描绘和文化设计，通过古文、赋、诗、词、对联、剧本、导游词、文化构想、景点命名等形式讴歌杏花村的幽美姿态、拟想杏花村的美好未来，可视为歌咏杏花村诗文的当代续篇。

作者简介

纪永贵，男，1968 年 2 月生，安徽贵池人。1990 年毕业于四川大学中文系。2005 年毕业于南京师范大学文学院中国古代文学专业，获文学博士学位。现为池州学院教授，杏花村文化研究中心主任，安徽省学术与技术带头人。主持国家社科基金项目"青阳腔研究"等。发表学术论文  60 余篇；发表专著《董永遇仙传说研究》《文化贵池：杏花村》《中国杏花审美文化研究》（程杰、纪永贵、丁小兵合著，巴蜀书社，2015 年）、《槐下杂吟》（旧诗自选集）等。

 丁小兵，女，1980 年 4 月生，江苏淮安人。2005 年毕业于南京师范大学文学院，获文学硕士学位，发表硕士学位论文《杏花意象的文学研究》。现为三江学院高等职业技术学院教师，助理研究员，科员。发表专著《中国杏花审美文化研究》（合著，巴蜀书社，2015 年）。

《中国花卉审美文化研究丛书》前言

所谓"花卉",在园艺学界有广义、狭义之分。狭义只指具有观赏价值的草本植物;广义则是草本、木本兼而言之,指所有观赏植物。其实所谓狭义只在特殊情况下存在,通行的都应为广义概念。我国植物观赏资源以木本居多,这一广义概念古人多称"花木",明清以来由于绘画中花卉册页流行,"花卉"一词出现渐多,逐步成为观赏植物的通称。

我们这里的"花卉"概念较之广义更有拓展。一般所谓广义的花卉实际仍属观赏园艺的范畴,主要指具有观赏价值,用于各类园林及室内室外各种生活场合配置和装饰,以改善或美化环境的植物。而更为广义的概念是指所有植物,无论自然生长或人类种植,低等或高等,有花或无花,陆生或海产,也无论人们实际喜爱与否,但凡引起人们观看,引发情感反应,即有史以来一切与人类精神活动有关的植物都在其列。从外延上说,包括人类社会感受到的所有植物,但又非指植物世界的全部内容。我们称其为"花卉"或"花卉植物",意在对其内涵有所限定,表明我们所关注的主要是植物的形状、色彩、气味、姿态、习性等方面的形象资源或审美价值,而不是其经济资源或实用价值。当然,两者之间又不是截然无关的,植物的经济价值及其社会应用又经常对人们相应的形象感受产生影响。

"审美文化"是现代新兴的概念,相关的定义有着不同领域的偏倚和形形色色理论主张的不同价值定位。我们这里所说的"审美文化"不具有这些现代色彩，而是泛指人类精神现象中一切具有审美性的内容，或者是具有审美性的所有人类文化活动及其成果。文化是外延，至大无外，而审美是内涵，表明性质有限。美是人的本质力量的感性显现，性质上是感性的、体验的，相对于理性、科学的"真"而言；价值上则是理想的、超功利的，相对于各种物质利益和社会功利的"善"而言。正是这一内涵规定，使"审美文化"与一般的"文化"概念不同，对植物的经济价值和人类对植物的科学认识、技术作用及其相关的社会应用等"物质文明"方面的内容并不着意，主要关注的是植物形象引发的情绪感受、心灵体验和精神想象等"精神文明"内容。

将两者结合起来，所谓"花卉审美文化"的指称就比较明确。从"审美文化"的立场看"花卉"，花卉植物的食用、药用、材用以及其他经济资源价值都不必关注，而主要考虑的是以下三个层面的形象资源：

一是"植物"，即整个植物层面，包括所有植物的形象，无论是天然野生的还是人类栽培的。植物是地球重要的生命形态，是人类所依赖的最主要的生物资源。其再生性、多样性、独特的光能转换性与自养性，带给人类安全、亲切、轻松和美好的感受。不同品种的植物与人类的关系或直接或间接，或悠久或短暂，或亲切或疏远，或互益或相害，从而引起人们或重视或鄙视，或敬仰或畏惧，或喜爱或厌恶的情感反应。所谓花卉植物的审美文化关注的正是这些植物形象所引起的心理感受、精神体验和人文意义。

二是"花卉"，即前言园艺界所谓的观赏植物。由于人类与植物尤其是高等植物之间与生俱来的生态联系，人类对植物形象的审美意识可以说是自然的或本能的。随着人类社会生产力的不断提高和社会财富的不断积累，人类对植物有了更多优越的、超功利的感觉，对其物色形象的欣赏需求越来越明确，相应的感受、认识和想象越来越丰富。世界各民族对于植物尤其是花卉的欣赏爱好是普遍的、共同的，都有悠久、深厚的历史文化传统，并且逐步形成了各具特色、不断繁荣发展的观赏园艺体系和欣赏文化体系。这是花卉审美文化现象中最主要的部分。

三是"花"，即观花植物，包括可资观赏的各类植物花朵。这其实只是上述"花卉"世界中的一部分，但在整个生物和人类生活史上，却是最为生动、闪亮的环节。开花植物、种子植物的出现是生物进化史的一大盛事，使植物与动物间建立起一种全新的关系。花的一切都是以诱惑为目的的，花的气味、色彩和形状及其对果实的预示，都是为动物而设置的，包括人类在内的动物对于植物的花朵有着各种各样本能的喜爱。正如达尔文所说，"花是自然界最美丽的产物，它们与绿叶相映而惹起注目，同时也使它们显得美观，因此它们就可以容易地被昆虫看到"。可以说，花是人类关于美最原始、最简明、最强烈、最经典的感受和定义，几乎在世界所有语言中，花都代表着美丽、精华、春天、青春和快乐。相应的感受和情趣是人类精神文明发展中一个本能的精神元素、共同的文化基因；相应的社会现象和文化意义是极为普遍和永恒的，也是繁盛和深厚的。这是花卉审美文化中最典型、最神奇、最优美的天然资源和生活景观，值得特别重视。

再从"花卉"角度看"审美文化"，与"花卉"相关的"审美文化"则又可以分为三个形态或层面：

一是"自然物色"，指自然生长和人类种植形成的各类植物形象、风景及其人们的观赏认识。既包括植物生长的各类单株、丛群，也包括大面积的草原、森林和农田庄稼；既包括天然生长的奇花异草，也包括园艺培植的各类植物景观。它们都是由植物实体组成的自然和人工景观，无论是天然资源的发现和认识，还是人类相应的种植活动、观赏情趣，都体现着人类社会生活和人的本质力量不断进步、发展的步伐，是"花卉审美文化"中最为鲜明集中、直观生动的部分。因其侧重于植物实体，我们称作"花卉审美文化"中的"自然美"内容。

二是"社会生活"，指人类社会的园林环境、政治宗教、民俗习惯等各类生活中对花卉实物资源的实际应用，包含着对生物形象资源的环境利用、观赏装饰、仪式应用、符号象征、情感表达等多种生活需求、社会功能和文化情结，是"花卉"形象资源无处不在的审美渗透和社会反应，是"花卉审美文化"中最为实际、普遍和复杂的现象。它们可以说是"花卉审美文化"中的"社会美"或"生活美"内容。

三是"艺术创作"，指以花卉植物为题材和主题的各类文艺创作和所有话语活动，包括文学、音乐、绘画、摄影、雕塑等语言、图像和符号话语乃至于日常语言中对花卉植物及其相应人类情感的各类描写与诉说。这是脱离具体植物实体，指用虚拟的、想象的、象征的、符号化植物形象，包含着更多心理想象、艺术创造和话语符号的活动及成果，统称"花卉审美文化"中的"艺术美"内容。

我们所说的"花卉审美文化"是上述人类主体、生物客体六个层面的有机构成，是一种立体有机、丰富复杂的社会历史文化体系，包含着自然资源、生物机体与人类社会生活、精神活动等广泛方面有机交融的历史文化图景。因此，相关研究无疑是一个跨学科、综合性的工作，需要生物学、园艺学、地理学、历史学、社会学、经济学、美学、文学、艺术学、文化学等众多学科的积极参与。遗憾的是，近数十年相关的正面研究多只局限在园艺、园林等科技专业，着力的主要是园艺园林技术的研发，视角是较为单一和孤立的。相对而言，来自社会、人文学科的专业关注不多，虽然也有偶然的、零星的个案或专题涉及，但远没有足够的重视，更没有专门的、用心的投入，也就缺乏全面、系统、深入的研究成果，相关的认识不免零散和薄弱。这种多科技少人文的研究格局，海内海外大致相同。

我国幅员辽阔、气候多样、地貌复杂，花卉植物资源极为丰富，有"世界园林之母"的美誉，也有着悠久、深厚的观赏园艺传统。我国又是一个文明古国和世界人口、传统农业大国，有着辉煌的历史文化。这些都决定我国的花卉审美文化有着无比辉煌的历史和深厚博大的传统。植物资源较之其他生物资源有更强烈的地域性，我国花卉资源具有温带季风气候主导的东亚大陆鲜明的地域特色。我国传统农耕社会和宗法伦理为核心的历史文化形态引发人们对花卉植物有着独特的审美倾向和文化情趣，形成花卉审美文化鲜明的民族特色。我国花卉审美文化是我国历史文化的有机组成部分，是我国文化传统最为优美、生动的载体，是深入解读我国传统文化的独特视角。而花卉植物又是丰富、生动的生物资源，带给人们生生不息、与时俱新的感官体验和精神享受，相应的社会文化活动是永恒的"现在进行时"，其丰富的历史经验、人文情趣有着直接的现实借鉴和融入意义。正是基于这些历史信念、学术经验和现实感受，我们认为，对中国花卉审美文化的研究不仅是一项十分重要的文化任务，而且是一个前景广阔的学术课题，需要众多学科尤其是社会、人文学科的积极参与和大力投入。

我们团队从事这项工作是从 1998 年开始的。最初是我本人对宋代咏梅文学的探讨，后来发现这远不是一个咏物题材的问题，也不是一个时代文化符号的问题，而是一个关乎民族经典文化象征酝酿、发展历程的大课题。于是由文学而绘画、音乐等逐步展开，陆续完成了《宋代咏梅文学研究》《梅文化论丛》《中国梅花审美文化研究》《中国梅花名胜考》《梅谱》（校注）等论著，对我国深厚的梅文化进行了较为全面、系统的阐发。从1999年开始，我指导研究生从事类似的花卉审美文化专题研究，俞香顺、石志鸟、渠红岩、张荣东、王三毛、王颖等相继完成了荷、杨柳、桃、菊、竹、松柏等专题的博士学位论文，丁小兵、董丽娜、朱明明、张俊峰、雷铭等20多位学生相继完成了杏花、桂花、水仙、蘋、梨花、海棠、蓬蒿、山茶、芍药、牡丹、芭蕉、荔枝、石榴、芦苇、花朝、落花、蔬菜等专题的硕士学位论文。他们都以此获得相应的学位，在学位论文完成前后，也都发表了不少相关的单篇论文。与此同时，博士生纪永贵从民俗文化的角度，任群从宋代文学的角度参与和支持这项工作，也发表了一些花卉植物文学和文化方面的论文。俞香顺在博士论文之外，发表了不少梧桐和唐代文学、《红楼梦》花卉意象方面的论著。我与王三毛合作点校了古代大型花卉专题类书《全芳备祖》，并正继续从事该书的全面校正工作。目前在读的博士生张晓蕾、硕士生高尚杰、王珏等也都选择花卉植物作为学位论文选题。

以往我们所做的主要是花卉个案的专题研究，这方面的工作仍有许多空白等待填补。而如宗教用花、花事民俗、民间花市，不同品类植物景观的欣赏认识、各时期各地区花卉植物审美文化的不同历史情景，以及我国花卉审美文化的自然基础、历史背景、形态结构、发展规律、民族特色、人文意义、国际交流等中观、宏观问题的研究，花卉植物文献的调查整理等更是涉及无多，这些都有待今后逐步展开，不断深入。

"阴阴曲径人稀到，一一名花手自栽"（陆游诗），我们在这一领域寂寞耕耘已近 20 年了。也许我们每一个人的实际工作及所获都十分有限，但如此络绎走来，随心点检，也踏出一路足迹，种得半畦芬芳。2005 年，四川巴蜀书社为我们专辟《中国花卉审美文化研究书系》，陆续出版了我们的荷花、梅花、杨柳、菊花和杏花审美文化研究五种，引起了一定的社会关注。此番由同事曹辛华教授热情倡议、积极联系，北京采薇阁文化公司王强先生鼎力相助，继续操作这一主题学术成果的出版工作。除已经出版的五种和另行单独出版的桃花专题外，我们将其余所有花卉植物主题的学位论文和散见的各类论著一并汇集整理，编为 20 种，统称《中国花卉审美文化研究丛书》，分别是：

1.《中国牡丹审美文化研究》（付梅）；

2.《梅文化论集》（程杰、程宇静、胥树婷）；

3.《梅文学论集》（程杰）；

4.《杏花文学与文化研究》（纪永贵、丁小兵）；

5.《桃文化论集》（渠红岩）；

6.《水仙、梨花、茉莉文学与文化研究》（朱明明、雷铭、程杰、程宇静、任群、王珏）；

7.《芍药、海棠、茶花文学与文化研究》（王功绢、赵云双、孙培华、付振华）；

8.《芭蕉、石榴文学与文化研究》（徐波、郭慧珍）；

9.《兰、桂、菊的文化研究》（张晓蕾、张荣东、董丽娜）；

10.《花朝节与落花意象的文学研究》（凌帆、周正悦）；

11.《花卉植物的实用情景与文学书写》（胥树婷、王存恒、钟晓璐）；

12.《〈红楼梦〉花卉文化及其他》（俞香顺）；

13.《古代竹文化研究》（王三毛）；

14.《古代文学竹意象研究》（王三毛）；

15.《蘋、蓬蒿、芦苇等草类文学意象研究》（张俊峰、张余、李倩、高尚杰、姚梅）；

16.《槐桑樟枫民俗与文化研究》（纪永贵）；

17.《松柏、杨柳文学与文化论丛》（石志鸟、王颖）；

18.《中国梧桐审美文化研究》（俞香顺）；

19.《唐宋植物文学与文化研究》（石润宏、陈星）；

20.《岭南植物文学与文化研究》（陈灿彬、赵军伟）。

我们如此刈禾聚把，集中摊晒，敛物自是快心，乱花或能迷眼，想必读者诸君总能从中发现自己喜欢的一枝一叶。希望我们的系列成果能为花卉植物文化的学术研究事业增薪助火，为全社会的花卉文化活动加油添彩。

程　杰

2018 年 5 月 10 日

于南京师范大学随园

总　目

杏花意象的文学研究

丁小兵 著

目　录

引　言

杏花，作为中国传统的花卉，它的存在有着非常悠久的历史，最早在商代的甲骨文中即有"杏"的记载。今天的植物分类学指出，它只有垂枝杏、斑叶杏和山杏这三个变种，所以杏花历来几乎没有什么别名。众所周知，中国是世界上拥有花卉种类最多的国家之一，有着非常悠久的栽培历史，而在中国的文学作品中，以花卉为独立的审美对象及吟咏花卉的名篇佳作更是不胜枚举，其中也包括杏花。但是长期以来人们吟咏关注的多是梅、兰、松、菊这些被赋予了高雅意趣的文学意象，"人格寄托于花格，花格依附于人格"[1]，说的便是这个道理。可以说，在人类社会不断发展的历史中，各种类型的花卉都完成了它的蜕变，这一过程中人们并不仅仅满足于对花卉自身作简单的摹写，而是加入了一定程度人类的情感，所以它们已不仅仅是作为花卉而存在，更是美好人格的象征、坚贞气节的表现，因此也才会出现"菊，花之隐逸者也;牡丹，花之富贵者也;莲，花之君子者也"[2]这样的说法。可见，中国文学中的花卉意象已经与中国文人的品格修养之间建立了"异质同构"的关系[3]。

正是如此，一些名花，尤其是那些具有"比德"寓意的花卉，长期

---

① 何小颜《花与中国文化》，人民出版社 1999 年版，第 5 页。
② 周敦颐《爱莲说》，曾枣庄、刘琳主编《全宋文》卷 1073，巴蜀书社 1994 年版。
③ 俞香顺《中国荷文化研究》，南京师范大学博士学位论文打印稿（索取号 I206/9.442），2002 年。

以来都不乏专门和系统的研究。但是像杏花这类花卉，因其自然属性的平淡无奇在中国文人长期的审美积淀下所形成的本身寓意并不高，自然缺乏对其进行具体全面深入系统的研究，有的也多是一些对名篇的鉴赏性文章。因此，《杏花意象的文学研究》一文旨在对杏花这一意象进行一个全面而深入的研究，这对丰富与促进花卉文学的进一步发展也是必要的。本文将立足于梳理中国古代文学中从先秦到明清以来以杏花为主要意象和题材的文学创作历史。透过文学的研讨，深入阐发我们民族有关杏花这一自然物色的审美认识经验，并进而揭示相应的文化生活的历史面貌。这是对杏花意象的一个全面研究，不同于以往的作家、作品、流派、思潮、文体等的研究，是对整个古代文学中杏花这一植物意象相关情况的专题研究，在角度和方法上具有下面的一些特点：

1. 跨文体的研究：本文打破了文体分隔，诗、词、文、赋综合观察、分析和梳理，全面总结和评判有关杏花的审美认识和艺术表现。

2. 历时态的研究：杏花作为本文的主题，侧重于杏花意象和题材及其审美认识和文化活动发生、发展之动态线索的梳理以及纵向进程的建构。在历时态的梳理中深入总结有关杏花的审美文化经验。

3. 文化学的研究：本文以杏花文学研究为核心，在此基础上拓宽视野，对杏花村、杏坛、杏林等有关杏花的论述也尽可能统筹兼顾，最终全面揭示我们民族有关杏花审美活动和文化生活的丰富内容。

第一章 杏花意象和杏花题材文学创作的发生和发展

在我国古代，杏花之引人关注历史较早，但杏花题材的创作起步较晚，真正的专题作品始见于南北朝，此后相沿不衰，诗词等作品不断出现，形成了一个逶迤不绝的文学景观。本章，我们细致梳理我国古代文学中杏花题材创作和意象使用的历程，借以展示杏花在我国文学创作中的历史地位和艺术成就，也从一个侧面反映我国人民杏花审美认识和文化表现的历史进程。

第一节 杏花意象的发生和发展

"花是自然界的最美丽的产物"[①]，花让我们的世界更加美丽，也为我们的生活增添了迷人的色彩。今天，人们在观赏一种花卉的时候，首先注意到的便是姿态、色彩、气味等这些能够被直接感受的方面，如色彩是否鲜艳夺目，姿态是否美好动人，等等。美丽的姿态、缤纷的色彩会给人以审美上的愉悦，这便是以一种超功利的审美的眼光来关注花卉。不过，任何一种花卉最初引起人们关注的却并不是它的审美价值，而是它的实用价值一般都经历了一个由果到花、由实用到审美的过程。当然，杏花也是如此，是花果兼用的植物。

---

① 达尔文《物种起源》，商务印书馆 1981 年版，第 2 分册第 229 页。

图01　含苞杏花。网友"清隽雅逸"
上传分享。

图02　初开杏花。

图03　盛开杏花。

杏是属于蔷薇科李属的落叶乔木，适应性比较强，比较耐寒、耐旱，在我国各省均有栽培，分布比较广泛，但是一直以来它都被认为是属于北方地区的一种传统果木树，历来也都有"南梅北杏"的说法，杏在我国北方地区生长更为普遍。不过，它也有一个向南迁移的过程，后来更是发展为"杏花春雨江南"这一经典意象，杏花在江南地区绵绵的春雨中生长似乎也更有风情，渐至成为江南地区特有的风物，给人无限遐想，甚至有逐渐盖过北方的势头①。

　　杏的栽培，历史非常悠久，可能当在三千年以上，早在殷墟甲骨文中就有杏字，写作"杏"和"呇"，这大概是因为杏子风味独特，殷人尝过以后一直念念不忘，所以才会在龟甲上刻下了这个符号。可见，杏花作为一种花卉，是早就存在于人类的社会生活之中，但最初人们注意到的只是它的果实的甜美。到了西周时代，据文献记载，我国劳动人民已经在园圃中培育草木了，在中国最早的一部历法书《夏小正》中就有记载："正月，梅、杏、杝桃始华。"虽然这里说的是梅、杏、桃三者的开花顺序，但也证明了杏花的早就存在。同时在稍后出现的《诗经》《楚辞》里虽然没有明确写及杏花，但是其中出现的花卉草木之多令人惊叹，粗略统计有近 150 种。而从"桃之夭夭，灼灼其华"（《周南·桃夭》）、"摽有梅，其实七兮"（《召南·摽有梅》）、"何彼襛矣？华如桃李"（《召南·何彼襛矣》）等这些诗句中，也可以肯定有杏的身影。因为这些诗句讲到了梅、桃、李的繁荣盛开，而杏和它们是属于同一个科属，在外貌上也有几分相像，所以通过比较分析可以得知杏花的

---

① 本书所用插图，凡从网络引用的图片，除有明确的拍摄者和网站外，不再一一说明。因本书为学术论著，非营利性质，所以相关图片之引用均不支付任何酬金，敬祈图片的拍摄者、作者谅解。在此谨向图片的拍摄者、作者和提供者致以最诚挚的敬意和谢意。

存在也当是不容置疑的。而在中国最早的地理书《山海经》中也有"灵山，其上多金玉，其下多青臛，其木多桃、李、梅、杏"①这样的记载。

通过以上这些史料的记载，已经可以肯定杏的存在有着悠久的历史。而在其发展的过程中，人类最先对杏的认识也是从实用方面开始的，如殷人首先注意到的便是它果实的甜美，而这些当与人类早期社会的存在状态有着密切的关系。可以说，在历史发展的长河中，早期人类社会生产力极端落后，整个社会也处于一种最原始的阶段，人类还处于同大自然的一切自然灾害作抗争的阶段，他们常常是衣不蔽体、食不果腹，在这样的情况下温饱才是他们最迫切的生存需要，所以我们的祖先最先留意到的自然是植物的实用价值。据葛洪《西京杂记》中记载，汉武帝在修上林苑的时候，曾下诏群臣献奇花异果，其中杏有两种，一为文杏，一为蓬莱杏，"文杏材有文采，蓬莱杏是仙人所食杏也"②，其中也可以看出，杏的实用性还是最为人们关注的。

杏花作为一种花卉引起人们审美上注意的应是魏晋南北朝以后，这时中国文化进入"人的自觉""文的自觉"时代，自然万物被逐步引入文学表现的视野③，很多花卉草木在这个时期才开始出现在诗歌中。这一时期,对杏花吟咏的作品微乎其微，能看到的也只有北周庾信的《杏花》诗："春色方盈野，枝枝绽翠英。依稀映村坞，烂漫开山城。好折待宾客，金盘衬红琼。"④为我们描述了春日原野上杏花怒放的绮丽风光，令人神往，可谓是杏花诗的开山之作。而纵观同时期的其他文人

---

① 袁珂《山海经校注·中山经》，上海古籍出版社 1980 年版，第 154 页。
② 葛洪集《西京杂记》，《汉魏六朝笔记小说大观》，上海古籍出版社 1999 年版，第 84 页。
③ 程杰《宋代咏梅文学研究》，安徽文艺出版社 2002 年版，第 3 页。
④ 逯钦立辑校《先秦汉魏晋南北朝诗》下册，中华书局 1983 年版，第 2399 页。

都没有这样整篇描写杏花的作品，杏仅仅是作为一个春色意象出现在文学作品中，没有任何的实质意义，不妨来看一下，如"种橘南池上，种杏北池中"①、"燕飞莲井，日照杏梁"②等。后来，到了唐五代，咏杏文学才开始渐起，再经过宋元两代的发展、繁荣，蔚为大观，作品数量和质量都有了很大提高，审美认识也不断丰富和深化。明清时代也是在前代的基础上继续发展。但是自始至终，在咏杏文学发展的过程中，果实实用性一直都是杏花审美的重要方面。

图 04　杏实。

图 05　杏仁。

第二节　唐五代咏杏文学的起步

　　唐五代，咏杏文学作品渐多（主要是诗歌），尤其是中唐以来，整个文学创作都呈繁荣之势，随着诗歌题材的进一步开拓和丰富，吟咏花卉的文学作品也水涨船高，日渐增多。通过对《四库全书》集部唐代别集、《全唐诗》《全唐五代词》等进行初略的统计，其中，咏杏和

① 鲍照《赠故人马子乔诗六首》其四，《先秦汉魏晋南北朝诗》中册第 1285 页。
② 何逊《宫室》、《何水部集》，上海古籍出版社 1987 年《影印文渊阁四库全书》本，第 1063 册第 708 页。

以杏花为主要意象的诗歌共计 60 首,另有司空图《酒泉子》"买得杏花"咏杏词。同时，也不乏有关杏花的单句。因而总体上来看，较之前代咏杏文学的现状，唐五代时期咏杏文学已有相当大的发展。

一、杏花的审美认识发展

（一）色、香、姿等外在描写

众所周知，杏花是作为春天，尤其是早春的一种意象而出现在文学作品中的，二月也更有"杏月"之称，因此对杏花的吟咏往往便也预示了春天的到来，它是春景中不可或缺的文学意象。在最初阶段，它仅仅是作为意象与碧桃、杨柳、柔桑、春雨等这类春天的意象一起在诗歌中并用，共同丰富了春天题材的文学创作。通过对这一时期描写或吟咏杏花的作品进行分析与比较，可以看出诗客文人们大多也仅仅把它视为与梅、桃、李一样，作为一种春天的花卉去描写，着重的也多是它的那种在三春季节繁茂盛开的姿态，借杏花的繁茂来抒发诗人对春天到来的喜悦。同时，花开有时、花落有期的自然规律，也使得在杏花的开落过程中每每也寄托了诗人的感慨，惊异于岁月的流逝、容颜的衰老、青春的难驻，进而抒发表达内心深处的伤感幽怨。

我们知道，在时序上杏花是仅次于梅花而盛开的，"春风先发苑中梅，樱杏桃梨次第开"[①]，在梅花岁末年初、傲寒开放之后，杏花逐渐绽开了它的花蕾。在杏花逐渐开放的过程中，最先引起诗人关注的便是它的色彩。因为杏花本身无奇，奇特的是它在未开向盛开转换直至最终落败的过程中，是会变颜色的。它有着姣容三变的色彩，这一生物属性已经被此时的文人所注意，因而在诗人们的笔下，从杏花会变色这一角度加以描写的诗作很多。大致翻检一下,如王涯《春游曲二首》

---

① 白居易《春风》,《白居易集》卷二七，中华书局 1979 年版，第 2 册第 628 页。

其一"满园深浅色，照在碧波中"①、韩愈《杏花》"居邻北郭古寺空，杏花两株能白红"②、沈亚之《曲江亭望慈恩杏花发》"带云犹误雪，映日欲欺霞"③、温庭筠《杏花》"红花初绽雪花繁，重叠高低满小园"④等，还有很多诗句，都生动形象地展示了杏花在不同阶段所具有的独特色彩。具体来说，杏花在含苞初绽时花色是纯红的，等到它慢慢绽开了花苞、争艳怒放时则是薄粉轻红，而最后待到它凋落时，则变成了白色。而"白白红红一树春"⑤的美景甚是壮观，是最能吸引诗人目光的。正是基于这种一花三变色的特点，诗人们对这一方面的描述就很多。

另外，在注意到花色的同时，诗人接下去直接感受到的便是花香，因为对于任何一种花卉，花香都是必不可少的，花香是鲜花美感的重要元素，有色无香或者有香无色都不能称之为好，只有色香兼备方为最佳。杏花也是一样，它散发出来的香气虽然没有兰之幽香那么令人心驰神往，但同样是沁人心脾，那是一股淡淡的、挥之不去的清香，"清香和宿雨，佳色出晴烟"⑥两句说的便是它的花香。

同样，杏花的姿态也是非常引人注目的，这一点在作品中也多有表现，杏花绚丽妖娆，灿烂如火，而且各个都独具神韵。"杏林微雨霁，灼灼满瑶华"⑦描述了杏花沐浴完春雨后的那种生意盎然、繁荣茂盛

① 《全唐诗》卷三四六，中华书局 1960 年版，第 11 册第 3874 页。
② 《韩昌黎全集》，中国书店 1991 年版，第 55 页。
③ 《全唐诗》卷四九三，第 15 册第 5580 页。
④ 《全唐诗》卷五八三，第 17 册第 6760 页。
⑤ 杨万里《雨里问讯张定叟通判西园杏花二首》其一，北京大学古文献研究所编《全宋诗》卷二三一六，北京大学出版社 1995 年版，第 42 册第 26153 页。
⑥ 钱起《酬长孙绎蓝溪寄杏》，《全唐诗》卷二三八，第 8 册第 2653 页。
⑦ 权德舆《奉和许阁老霁后慈恩寺杏园看花同用花字口号》，《全唐诗》卷三二六，第 10 册第 3655 页。

的姿态，它精神饱满，姿态妖娆，炫人眼目，令人心神为之一振。再如李商隐眼中的杏花，又别是一番姿态，"上国昔相植，亭亭如欲言。异乡今暂赏，脉脉岂无恩"①，这里杏花就犹如豆蔻少女一般亭亭玉立，惹人爱怜，那娇羞的姿态，尽收眼底，那清新的气息，扑面而来。还有其他一些诗歌，如"春物竞相妒，杏花应最娇"②、"肌细分红脉，香浓破紫苞"③、"团雪止晴梢，红明映碧寥"④等，也都从不同的侧面展现了杏花那种娇美的姿态。

以上诗人们分别从花色、花香、花姿这几个方面描摹了杏花的美感，从中便可以看出这一时期在对杏花描写时着重的也多是其色、香、姿等外在的生物属性。

（二）杏花神韵的内在表现

通过上面的分析，我们得出了在唐五代时期杏花题材的作品多是着眼于其作为一种春花的自然物色特性的结论，但是"悲落叶于劲秋，喜柔条于芳春"⑤的感情使然，便也使诗人们在描摹杏花外在美感的同时也渐露审美上的主观价值判断。杏花因其在春天开放，它不若梅花的凌寒冒雪而开，似乎缺少了一种不畏严寒的精神，"雪霜迷素犹嫌早，桃杏虽红且后时"⑥。同时，杏花在开时往往是千朵万朵，繁花似锦，非常浓密，它就不如梅花的素洁高雅，一枝独开，"委素飘香照新月，

---

① 李商隐《杏花》，《全唐诗》卷五三九，第 16 册第 6179 页。
② 吴融《杏花》，《全唐诗》卷六八六，第 20 册第 7880 页。
③ 司空图《村西杏花二首》其二，《全唐诗》卷六三二，第 19 册第 7256 页。
④ 温宪《杏花》，《全唐诗》卷六六七，第 19 册第 7643 页。
⑤ 陆机《文赋》，张溥《汉魏六朝百三名家集》，江苏古籍出版社 2002 年版，第 2 册第 629 页。
⑥ 李建勋《梅花寄所亲》，《全唐诗》，上海古籍出版社 1986 年缩印扬州诗局本，第 1847 页。

桥边一树伤离别"①。因此，杏花在形象上便会给人一种"艳"的感觉，加上中唐以来以儒学复兴为主体的封建伦理秩序和思想统治的进一步强化，也促进了这一时期整个社会道德品格意识的普遍高涨，而封建士大夫们作为统治阶层，是当时社会政治、经济体制的既得利益者，他们从自身的需求出发，也自觉地承担起维护和强化封建伦理秩序的责任。于是，儒家的"修身、齐家、治国、平天下"的理想在这些封建士大夫身上表现得尤为充分，所以在诗歌创作中，在描写自然界的一草一木时，他们也渐渐融入了道德的因素、审美的判断。因而在描写杏花的作品里，便出现"活色生香第一流，手中移得近青楼。谁知艳性终相负，乱向春风笑不休"②这类的描写，虽然只是个别，但已经渐渐流露出唐人对杏花审美的一种价值取向。

可以说，杏花和梅花在唐之前都是作为春花而共同被吟咏，并没有创作主体所赋予它们的主观价值因素，正如杜甫《早花》诗中"盈盈当雪杏，艳艳待春梅"③的共识。但是在整个唐代，杏花与梅花这一同属花卉，它们的命运却开始慢慢发生了转换，梅花在花卉中的地位开始被不断提高，文学作品多以梅花的寂寞野处、抗寒早芳等特征来演绎其高尚的意义、非凡的价值，从而使梅花逐步具有了人格情操的象征意蕴。而杏花在百花中的地位不但没有提升，相反却有贬低，诗人在杏花身上已经渐次流露出了一种不喜欢、不欣赏、不认可的态度。当然这种不喜欢、不欣赏、不认同在当时也仅是个别诗人的主观态度，并没有形成全社会范围内的普遍共识，但还是奠定了杏花作为艳性之

---

① 李绅《过梅里七首·早桥梅》，《全唐诗》第 1220 页。
② 薛能《杏花》，《全唐诗》卷五六一，第 17 册第 6515 页。
③ 《杜甫全集》，上海古籍出版社 1996 年版，第 287 页。

花、薄情之花的基础，最终这一认识经过宋朝一代的发展，到元朝彻底成熟定型，形成全社会的共识。

二、杏花其他方面的价值表现

（一）实用价值

实用价值是杏作为一种传统果木最基本的价值，在人类栽培杏的历史过程中，最先注意到的也是它的果实可以食用。在唐代，杏的实用性依然在很多方面为人们所利用。贾思勰《齐民要术》中有"杏可以为油""杏子仁可以为粥"的记载，所以在唐代用杏榨油，在寒食时喝杏粥都是非常普遍的，"杏粥犹可食，榆羹已稍煎"①说的便是。同时，"杏梁"这一意象也普遍存在于这一时期的文学作品中，最为著名的当属王维的《文杏馆》一诗："文杏裁为梁，香茅结为宇。不知栋里云，去作人间雨。"②"文杏梁"语出司马相如的《长门赋》，其中有"刻木兰以为榱（cuī）兮，饰文杏以为梁"③的说法，而在《西京杂记》中也有"上林苑有文杏，材有文采也"④的说法。

可见，文杏为梁应该是个人才气、学识的象征，而家有文杏、饰以为梁这里也并不一定就是用杏木，有可能是一种上乘的、美好的、华贵的木材，命名为"文杏梁"则是作为一种身份地位的标志，从钱起《赋得巢燕送客》一诗中"能栖杏梁际，不与黄雀群"⑤、白居易《寓意诗五首》其四中的"彼矜杏梁贵，此嗟茅栋贱"⑥，以及罗隐《燕》

---

① 韦应物《清明日忆诸弟》，《全唐诗》卷一九一，第 6 册第 1958 页。
② 《全唐诗》卷一二八，第 4 册第 1300 页。
③ 朱一清、孙以昭校注《司马相如集校注》，人民文学出版社 1996 年版，第 87 页。
④ 葛洪集《西京杂记》，《汉魏六朝笔记小说大观》第 84 页。
⑤ 《全唐诗》卷二三九，第 8 册第 2676 页。
⑥ 《白居易集》卷二，第 1 册第 37 页。

中的"汉妃金屋远，卢女杏梁高"①等诗句也都可以感受到杏梁象征了一种高贵卓越的身份。

（二）"杏坛""杏林"等典故开始出现，并渐频繁使用

今天人们多把教育界称为"杏坛"，把医学界称为"杏林"，这都是出于古书上与杏花有关的传闻。

杏坛，据说是孔子聚众讲学之所，《庄子·渔父》中说："孔子游乎缁帷之林，休坐乎杏坛之上，弟子读书，孔子弦歌鼓琴。"②但对此种说法，历来也有不少争论。这里，不论这件事本身的真假如何，确定的是从唐代开始，"杏坛"这一意象已开始频繁出现于诗歌之中，成为教育圣地的代名词，并寄予了一种好学上进、奋发有为的精神，"更怜童子宜春服，花里寻师指杏坛"③、"杏花坛上授书时，不废中庭趁蝶飞"④等。但更多时候杏坛只是作为一种典故在使用，本身并没有太大的实在意义。

而杏林说法的缘起，在葛洪《神

图06 ［明］吴彬《孔子杏坛讲学》。绢本设色，纵125厘米，横62厘米。现藏曲阜文物管理委员会。

---

① 《全唐诗》卷六六一，第19册第7583页。
② 《二十二子·庄子》卷十，上海古籍出版社1986年版，第81页。
③ 钱起《幽居春暮书怀》，《全唐诗》卷二三九，第8册第2672页。
④ 王建《送司空神童》，《全唐诗》卷三〇〇，第9册第3409页。

仙传》中有具体论述，是说三国时东吴有一个叫董奉的名医，他替人治病从来不收钱，只是要求病人在病好之后在地方上种杏树，病情重的人要种五株，病情轻的人只要种一株，以此作为回报。经过一些年，因其治愈的病人很多，得到的杏树有十万余株，蔚然成林。因为他的医术高明，功德无量，所以人们便称他为"董仙杏林"，这是用来称赞医家的，是治病救人、妙手回春的象征。虽然"董仙杏林"这一典故在唐代就已出现，王维有诗句"董奉杏成林"①，但总体来说用此典故的作品不是很多，直到宋元时期才频繁出现于诗词之中。

（三）"杏园"意象的大面积出现

这一时期"杏园"意象的大面积出现与隋唐时期科举制的开始实行密切相关。我们知道，魏晋以来选拔人才一直实行的是九品中正制，是以门第和出身来选拔官员，这就在很大程度上限制了那些出身贫寒的庶族知识分子仕进的道路。直到隋唐以来科举制的实行，才使得广大贫寒的中下层庶族知识分子可以通过科举考试跻身仕途。而"杏园"意象的出现正是伴随着科举制度应运而生的，唐代神龙(705—707)以后，进士及第，金榜题名，都要宴于杏园，

图07 ［元］高明《杏园》。（版画）

---

① 王维《送张舍人佐江州同薛璩十韵》，《全唐诗》卷一二五，第4册第1244页。

谓之探花宴。因为科举考试放榜之后，一般是在农历二月，这时也正是杏花盛开的季节，而杏园就在曲江池畔，园内种满杏花，杏园探花活动一般选少俊之士为探花使。杏园宴赏被视为人生非常得意之事，杏花也因此被称为"及第花"，寄托了文人们希望金榜题名的理想。同时，"杏"因谐音"幸"，本身寓意极好，当有祝福科举高中吉祥之意。

郑谷《曲江红杏》中"女郎折得殷勤看，道是春风及第花"[①]，通过女郎之口，道出了诗人希望科举高中的愿望。而如果能获得杏园宴赏，实在是值得骄傲之事。诗句如：此时"红杏园中客"，他日"金銮殿里臣"；黄滔《放榜日》中"岁岁人人来不得，曲江烟水杏园花"[②]。可是，能够金榜题名、杏园宴赏的毕竟只是少数，更多的诗人借杏园抒发的是下第后的惆怅与辛酸，失意后的无奈与徘徊，如"知有杏园无路入，马前惆怅满枝红"[③]、"下第只空囊，如何住帝乡。杏园啼百舌，谁醉在花旁"[④]，杏园虽好，但可望而不可即。总之，有关"杏园"意象的描写，其中或回首杏园赐宴饮酒的酣畅，或抒发金榜题名的喜悦，或沉醉屡试不中的悲慨，从中都可见出杏园、杏花、曲江牵动着诗人多少的情思意绪。

第三节　宋代咏杏文学的繁荣

宋代，不单单是咏杏文学的繁荣，整个花卉文学都出现了普遍的

---

① 《全唐诗》卷六七七，第 20 册第 7761 页。
② 《全唐诗》卷七五〇，第 21 册第 8111 页。
③ 温庭筠《春日将欲东归寄新及第苗绅先辈》，《全唐诗》卷五七八，第 17 册第 6725 页。
④ 贾岛《下第》，《全唐诗》卷五七二，第 17 册第 6631 页。

繁荣状况，梅花、荷花等传统的"比德"之花也是在宋代才完成了它们从花卉形象向人品象征的转换，并最终形成了它们品德意韵的内涵。

这一时期的咏杏文学，无论是从作品的数量方面，还是质量方面，都有了很大的提高，较之前代有了进一步的发展，堪称质的飞跃。通过对《全宋诗》《全宋词》《全宋文》以及《四库全书》集部宋代别集进行粗略统计，整篇吟咏描写杏花或以杏为主要意象的诗歌共有 104 首（包括题画诗在内），词 27 首，文 1 篇。而其中的杏部单句更是不胜枚举，通过电子文献检索，正文中含"杏"字的共计 1147 首，其中含"杏花"421 首。从中可以看出，这一时期咏杏作品的数量虽不能与梅花、荷花这些名花作横向上的比较，但是从咏杏文学历史发展的轨迹上来看，已向前坚实地迈进了一大步。

（一）单个作家吟咏杏花作品数量的增多。经过分析比较得出，这一时期单个作家作品数量的激增是咏杏文学最突出的特点，不同于以往诗人的作品里咏杏作品数量相当少。宋代咏杏大家有王禹偁、王安石、杨万里等。虽然他们的咏杏之作并没有呈迅速递增之势，但他们都有咏杏组诗出现，并且开始从多方面、多角度去描写杏花。王禹偁有《杏花七首》。王安石有《病中睡起折杏花数枝二首》《次韵杏花三首》，单篇吟咏也有，共计专题吟咏 11 首，可以说杏花在王安石的笔下是描写得最为生动的。至于杨万里，他的一生对花花草草都颇为热爱，写有大量吟咏花草的作品，他的杏花诗有《雨里问讯张定叟通判西园杏花二首》《郡圃杏花》二首、《行阙养种园千叶杏花》两首，再加上其他单篇描写杏花的作品，共计咏杏作品 16 首，他也是宋朝对杏花着力最多的一位大诗人。其他如梅尧臣、苏轼、司马光、范成大、陆游等宋代文坛的巨匠，也有一些题咏杏花的作品，且各具特色。

（二）文人之间相互酬唱杏花之作的增多。中唐以来文人酬唱之风的进一步发展，文人之间酬唱杏花的作品增多。韩琦《次韵和崔公孺国博黄杏花》一诗是赞美黄杏花之奇不多见、非常珍贵。《格物丛话》中说："杏有黄花者，真绝品也。"①因而才会产生"真宜相阁栽培物，更是仙人种植花"②这样的感叹。还有梅尧臣《依韵和王几道涂次杏花有感》、何梦桂《邑庠杏坛初成

图 08 ［宋］赵昌《杏花图》。绢本设色，纵 25.2 厘米，横 27.3 厘米。台湾故宫博物院藏。

诸老倡和见寄因次韵》、文天祥《次约山赋杏花韵》等诗歌，也都是文人之间相互酬唱杏花之作。文人之间的相互酬唱杏花也从另一个方面表现了这一时期世人对杏花的关注。

（三）月夜吟赏杏花之作的普遍。对酒赏花，这是一件非常美妙的事情，而历来赏花饮酒也是文人比较热衷的高雅娱乐活动。表现在苏轼的那首著名的《月夜与客饮酒杏花下》，其中有"杏花飞帘散余春，明月入户寻幽人。褰衣步月踏花影，炯如流水涵青蘋。花间置酒清香发，争挽长条落香雪"③。这里，苏轼已经从李白最初的"花间一壶酒，独酌无相亲"④的月下无人相伴的对影自怜演变为与友人的同饮之乐，而且繁花与明月交相辉映，情景何其美哉。文人月下赏花，之所以选

① 《古今图书集成》，中华书局影印 1985 年版，第 548 册第 29 页。
② 韩琦《次韵和崔公孺国博黄杏花》，《全宋诗》卷三二七，第 6 册第 4051 页。
③ 《苏东坡全集》前集卷十，北京市中国书店 1980 年版，第 155 页。
④ 《月下独酌四首》其一，《李太白全集》卷二三，上海书店 1988 年版，第 515 页。

择杏花，应是缘于杏花花时适当。它在梅花之后盛开，而且盛开之时已是春意融融，正值鸟语花香、柔桑杨柳的季节，在这样暖意温情的月夜饮着醇香的美酒，看着明艳的杏花，诗人的兴致也随之达到最高点。正是注意到月夜赏杏花的诸多好处，文人这类的作品也就很多，不妨检列几首杏花下饮酒赏花之作，如司马光《和道炬送客汾西村舍杏花盛开置酒其下》、程俱《同许干誉步月饮杏花下》、郑刚中《宝信堂前杏花盛开置酒招同官以诗先之》等，都抒发了诗人们对酒赏花的畅快愉悦之情，花美酒醇，再加上月夜清幽的气氛，情景更是优美生动，心情自然也舒爽痛快，诗兴高涨，诗情喷薄，咏杏之作也就因花而增，因酒而多。

一、杏花外在审美认识的进一步深化

以上从咏杏大家的出现、文人酬唱咏杏之作的增多，以及月夜吟赏杏花的兴起这三个方面便可看出，宋代的咏杏之作确是获得了巨大的发展，而这同样也是由于社会经济发展，思想文化的不断深入，以及杏花这一花卉的生物属性为人类进一步认识这三个方面共同作用的结果，促进了咏杏文学的繁荣。纵览有唐一代的咏杏之作，重在描摹其色香姿态，同时也已经流露对杏花审美认识以及价值定位有所贬抑的端倪，而这两个方面在宋代也都获得了进一步发展，可谓齐头并进。但是杏花审美仍是其主要方面，杏花那独具的美感仍从不同方面表现于文人的笔下。不过对杏花不满、不屑、贬抑的作品也有一定程度的滋长，使得对杏花这一物色的价值定位一路走低，最终沦落为只能作为梅、兰、菊、莲这类具有高尚象征寓意花卉的陪衬。这一方面的发展过程下面也将作一个大致的论述。

杏花一直以来都是北方地区的传统花卉，在北方广泛种植，直到宋代，都还有很多北方人把江南地区的红梅与杏花混为一谈，因为二者在外貌上非常相似，"北人浑作杏花疑，惟有青枝不似"①、"北人初未识，浑作杏花看"②，说的就是北方人对红梅这一梅花中的新品种不甚了解，才经常把之误认为是北地普遍种植的杏花。可见，杏花最初确是以北方地区较为繁盛，杏树也是北方地区的一种重要果木树，但它也经历了一个由北入南的过程，并且后来出现了"杏花春雨江南"这一经典意象，杏花便更多地与江南佳丽地联系在了一起。在宋代，随着社会经济的发展，生产力水平的进一步提高，农业增收，市井繁荣，文化、艺术也蒸蒸日上，在这样的情况下花卉园艺也获得了长足的发展，很多花卉在园林花圃中都普遍种植，包括杏花。"会景（引者按：亭名）之北有梅、李、桃、杏之园，履中十亩，中有堂曰净居……"③、"南北分为二园，其西种杏数百，中曰静居，内外重寝，妍华芳卉交植于庭……"④可见作为一种容易种植的观赏花木，杏花在一些私家园林已经普遍种植，这就为杏花进一步走进广大士人，为他们所了解、熟悉提供了更为便捷的条件。加上宋代的整个文化、经济中心都在南移，南宋之临安（杭州）、平江（苏州）都是当时经济、文化发展的中心，花卉园艺也在不断发展。因此，在南方种植杏花也就不足为奇，还渐渐普遍起来。寇准《江南春》写"波渺渺，柳依依，孤村芳草远，斜

---

① 王安礼《西江月词》，《王魏公集》卷一，《影印文渊阁四库全书》本第 1100 册第 8 页。
② 王安石《红梅》，《全宋诗》卷五六三，第 10 册第 6682 页。
③ 胡宿《流杯亭记》，《文恭集》卷三五，《影印文渊阁四库全书》本第 1088 册第 927 页。
④ 范纯仁《薛氏乐安庄园亭记》，《范忠宣集》卷一〇，《影印文渊阁四库全书》本第 1104 册第 641 页。

日杏花飞"①，赵公豫《江行漫兴》写"江南二月好风光，杏蕊桃花间绿杨"②，这些都表明江南地区已经有杏花种植。

以上论述了杏花在宋代的繁盛，并且在宋人的手中完成了其审美认识的转换，被赋予了特定的价值。两宋时代，儒学进一步复兴，儒家义理更加深入人心，广大士人的思想也发生了深刻的变化，他们的道德品格意识普遍高涨，无论是在社会生活的哪个方面，都强调一种"比德"的倾向。于花卉也是如此，莲花在周敦颐的手中实现了它"君子花"的蜕变，梅花更是成了"岁寒三友"的代表，价值地位一路攀升，最终上升为"群芳之首"，并且成了崇高的文化象征。而杏花，从其最初的实用性向审美性转变的过程中，宋人延续了唐人的传统，进一步描摹杏花的色、香、姿态，但同时又并不仅仅停留于把杏花作为一种形色摇情的自然物色意象，而是把它作为需要主体深入观照欣赏的审美对象，这同样也是文学中植物形象变化的基本趋势。

唐人为我们展现了杏花摇曳多姿、千变万化的美轮美奂，宋人在此基础上也是更加细致、深入地去描绘杏花的美感，如王禹偁《杏花七首》③其一"红芳紫萼怯春寒，蓓蕾粘枝密作团"是在描摹杏花未开时那娇羞的姿态，运用了拟人的修辞手法，杏花如同青春的少女般含羞，因为害怕早春的寒冷，而未肯露出容颜，大家聚拢在一起相互取暖的姿态非常迷人。其二"暖映垂杨曲槛边，一堆红雪罩春烟"，则是杏花盛开怒放时的姿态，春暖宜人，杏花繁茂，生气勃勃，洋溢着生命的激情。其七"陌上纷披枝上稀，多情尤解扑人衣"，则是描写杏花凋落

---

① 寇准《忠愍集》卷上，《影印文渊阁四库全书》本第 1085 册第 672 页。
② 《全宋诗》卷二五〇二，第 46 册第 28941 页。
③ 《全宋诗》卷六五，第 2 册第 737 页。

时的独特之态，它虽然已是残谢纷披，但是内心亦饱含情思，纷纷扑在了行人的衣服上，这其实只是作者的主观感受，但运用了移情及物的拟人手法，就很生动传神。还有如林逋《杏花》、文同《杏花》、徐积《杏花》、范成大《云露堂前杏花》等诗，也都从不同方面描摹了杏花的自然物色属性。而在更多的杏花作品中，作者往往借助联想、象征、移情等表现手法，明则咏杏花，实则抒发自己的情感。

　　诗人们多喜欢从杏花美女意象和杏花衰败意象两个方面来着笔。先看杏花美女意象，把杏花比喻成美女，把美女拟化为杏花，而美女与花的互相隐喻，则是中国文学中一直就存在的传统写法。因此在作品中诗人往往用花之凋零来比喻女子容颜老去，引发渲染女子内心的伤感情绪，这是闺情宫怨诗中常见的表现手法，程棨在其《三柳轩杂识》中就曾说"杏有闺门之态"①，因此用杏花与女子互比是很正常的。不妨来看一下，"闰月春光助物华，杏园迎赏欲开花。尽慵闺绣工犹浅，晓起宫妆色渐佳"②、"独有杏花如唤客，倚墙斜日数枝红"③、"玉人半醉晕丰肌，何待武陵花下迷"④、"玉坛消息春寒浅，露红玉娇生靓艳。小怜鬌湿胭脂染，只隔粉墙相见"⑤等诗词，呈现的便是一幅幅杏花美女形象，或娇美，或风情，或妩媚。再来看杏花的衰败意象，杏花的盛开繁茂体现着生命与激情，每每会让人欣喜激动，但是花开有时，花落也有期，在面对着杏花衰败凋零的场景时，诗人们则又是另一番

---

② 韦骧《赋迎赏欲开杏花得花字》，《全宋诗》卷七三一，第13册第8535页。

① 程棨《三柳轩杂识》，《古今图书集成》第548册第29页。
② 韦骧《赋迎赏欲开杏花得花字》，《全宋诗》卷七三一，第13册第8535页。
③ 王安石《杏花》，《全宋诗》卷五七〇，第10册第6728页。
④ 王铚《杏花》，《全宋诗》卷一九〇九，第34册第21320页。
⑤ 高观国《杏花天·杏花》，唐圭璋编纂《全宋词》，中华书局1999年版，第4册第3025页。

心境了。落花意象令他们感慨岁月的流逝，青春的难驻，渐而产生惆怅、惋惜、无奈的情感，如张嵲《杂兴》"疏园两树杏，风雨夜离披……静坐观物理，令人添鬓丝"①，是说杏花开时是惊艳的，但在风雨的洗礼下终究还是凋落了，正如人生在世一样，青春的容颜经过岁月的磨砺，也终会衰老。还有李弥逊《临江仙·杏花》中"一片花飞春已减，那堪万点愁人"②，花落春去，这种肃杀的景象往往令人愁苦难言。欧阳修《镇阳残杏》中"但闻檐间鸟语变，不觉桃杏开已阑。人生一世浪自苦，盛衰桃杏开落间"③，也是借桃杏的花开花落来咏叹人世的盛衰荣辱。当然，这种借杏花衰败意象来即景抒情的作品还有很多，这里不一一列举。

二、杏花的精神品格逐渐降低

可以看出，杏花的外在自然物色美感在宋人手里得到了进一步的发挥。在此基础上，宋人还力图透过杏花的外表去把握它内在的神韵。园艺专家一般把花卉的美概括为色、香、姿、韵四个方面④，可以说神韵美是其中最为重要的。宋代邵雍曾有"人不善赏花，只爱花之貌。人或善赏花，只爱花之妙。花貌在颜色，颜色人可效。花妙在精神，精神人莫造"⑤这样的诗句，可见宋人更为注重的是一种内在的精神、价值。前面我们已经论述到了宋人从不同的方面去把握杏花的美，杏花是相当美丽的，它自身的那种独特美感也是最为吸引文人目光的，因而才会在他们的笔端流露出对杏花的喜爱赞赏之情，正如"桃红李

① 《全宋诗》卷一八三七，第 32 册第 20458 页。

② 《全宋词》第 2 册第 1372 页。

③ 《全宋诗》卷二八三，第 6 册第 3597 页。

④ 周武忠《中国花卉文化》，花城出版社 1992 年版，第 6 页。

⑤ 邵雍《善赏花吟》，《全宋诗》卷三七一，第 7 册第 4559 页。

白莫争春，素态妖姿两未匀。日暮墙头试回首，不施朱粉是东邻"①，这里通过写桃的妖艳和李的素淡来说明桃、李二物一过于艳丽，一过于质朴，它们都没有杏花的文质适度，进而揭示杏花那种匀称、协调的美。还有如"田家繁杏压枝红，远胜桃夭与李秾"②、"江梅已尽桃李迟，此时此花即吾友"③、"绛萼衬轻红，缀簇玲珑，夭桃繁李一时同。独向枝头春意闹，娇倚东风"④等诗词，也都是通过桃李的陪衬来进一步凸显杏花的美丽多姿。

　　接下来要展开论述的则是宋人异于唐人，在唐人描写杏花的基础上有所开拓、创新之处。我们知道，杏花的美固然是第一位，但是在宋代杏花的精神品位持续走低，也是一个不争的事实。其实，这种倾向在唐人的作品里已经初露端倪，只是并未普遍。但是到了宋代，则几乎形成了全社会的共识，杏花被视为一种薄幸寡情之花，在它身上，文人没有赋予高尚的象征意义。相反，它多变的颜色、妖娆的风姿居然成了士人们对它诋毁攻击的凭证。因为它的开时浓艳又易凋零的生物属性使得士人们在杏花身上找不到"比德"的因素，就使得它不能作为那种美好人格、坚贞气节的象征。相反，基于封建道德意识在宋代的普遍高涨，更促成了杏花审美向相反方向发展，不能提高，就必然降低，它甚至被比附为青楼、娼妓的代表。宋人姚宽在其《西溪丛语》一书中说："予长兄伯声尝得三十客：牡丹为贵客，梅为清客，兰为幽客，桃为妖客，杏为艳客，莲为溪客……"⑤可见杏花给人的感觉首先是

① 王禹偁《杏花七首》其三，《全宋诗》卷六五，第2册第737页。
② 司马光《和道矩送客汾西村舍杏花盛开置酒其下》，《全宋诗》卷五〇五，第9册第6141页。
③ 黄庭坚《赋陈季张北轩杏花》，《全宋诗》卷一〇一九，第17册第11623页。
④ 赵师侠《浪淘沙·杏花》，《全宋词》第3册第2699页。
⑤ 姚宽《西溪丛语》，中华书局1993年版，第36页。

妖艳的，所以这一时期的文人作品里描写杏花也更多着眼于那种妖娆多姿、娇艳无比的姿态。

在宋代士大夫的眼里，杏花的生物属性与青楼、娼妓有着内在的一致性。杏花的花时不长，也易凋落，而青楼女子以色事人，也每每红颜薄命，杏花的外表美丽多姿，而青楼女子也往往拥有国色天香的外貌。这些方面都可以看出二者的相似。但青楼女子纵然容貌出众，依然为人们所轻视和不齿，因为她们卖笑事人的职业特征，以及靠出卖肉体来赚钱的手段，和中国传统的道德规范格格不入，也最终注定了妓女必然的悲剧。她们即使再风情万种、妖娆多姿，但她们的行为令人羞耻，尤其是为宋代那些满脑仁义道德的士大夫们所不齿，为社会所不容，自然遭到人们的轻视与谩骂。而杏花的生物属性因为暗合了娼妓的这些特征，最终便也形成了一种思维定势，使得杏花的美丽形象发生了意义转换，杏花这一早春芳物的形象被主观化，纳入了人们思想意识的范畴，打上了人类的印迹。如"下蔡嬉游地，春风万杏繁"①、"唯有流莺偏趁意，夜来偷宿最繁枝"②等，这些通过把杏花与青楼、妓女、流莺等放在一起作为诗歌的意象使用，在这些低俗意象的映衬下，可以想见杏花自身的品性也是艳冶、薄幸的，"人以类聚，物以群分"说的便是这个道理。

同时有必要说的是，在宋代杏花的价值定位持续走低也与梅花的价值定位一路攀升有一定的关系。我们知道，梅花在宋代渐次被推为"群芳之首"，具有高尚的文化象征，而通过对与之同属的杏花的贬抑也从另一个方面凸显梅花的冰清玉洁。在宋代的大量作品里，都能看出文

---

① 刘安上《花厴镇二首》其一，《全宋诗》卷一三一六，第 22 册第 14945 页。
② 王禹偁《杏花七首》其四，《全宋诗》卷六五，第 2 册第 737 页。

人对二者的主观好恶。"茜杏妖桃缘格俗，含芳不得与君同"①、"一种幽香取次宜，耻同桃杏献琼肌"②、"却恐错穿桃杏径，高烧银烛照归来"③、"林下风流自一家，纵施朱亦不奢华。冷香犹带灞桥雪，不比春风桃杏花"④，这几首作品中，第一首是北宋时期作品，后三首是南宋时期作品，表明宋人对杏花艳性品格的认识也是一个逐渐发展的过程。北宋时期诗人还是更满足于欣赏杏花外在的美感，而至南宋时期，时人对杏花的认识已经形成普遍的贬抑之势，"妖桃倡杏羞涩红"⑤、"不厕繁桃俗杏栽"⑥、"笑彼杏桃儿女态，谩争艳冶媚山岐"⑦、"妖桃艳杏各跌莓"⑧、"冶妍桃杏压阑干"⑨等，这些在不经意间表露对杏花厌恶态度的作品，更是不胜枚举，可见杏花在当时很多人的眼里确实是艳冶、粗俗的。

总之，对杏花的审美认识在宋代获得了长足的发展，杏花的那种清新、鲜嫩、朝气蓬勃的美丽形象一直都是让人喜爱的，杏花的美始终都是第一位的。但是另一方面，其风情万种如娼妇的这一品性也在宋人手里被充分挖掘，最终沦落为梅、兰、菊、莲这类具有高尚象征寓意花卉草木的陪衬，其价值也受到士人们的贬抑，这也正是杏花的悲剧。

---

① 释道潜《梅花》三首其一，《全宋诗》卷九一六，第 16 册第 10754 页。
② 李正民《和舒伯源梅花韵》，《全宋诗》卷一五四〇，第 27 册第 17482 页。
③ 林季仲《秉烛照红梅再次前韵即席》，《全宋诗》卷一七九〇，第 31 册第 19969 页。
④ 方岳《陈汤卿致绍梅》，《全宋诗》卷三一九六，第 61 册第 38302 页。
⑤ 张侃《连日雨》，《全宋诗》卷三一一〇，第 59 册第 37118 页。
⑥ 陈文蔚《老人及儿辈皆和再用前韵》，《全宋诗》卷二七一六，第 51 册第 31957 页。
⑦ 裘万顷《松花开竹笋茂喜而咏之》，《全宋诗》卷二七四二，第 52 册第 32290 页。
⑧ 陈造《赠妙胜主人》，《全宋诗》卷二四二八，第 45 册第 28046 页。
⑨ 苏籀（zhòu）《春设一首》，《全宋诗》卷一七六六，第 31 册第 19660 页。

图 09　[宋]赵佶《杏苑春声》。水墨纸本手卷。赵佶《写生珍禽图》
第一段。上海龙美术馆西岸馆藏。

三、杏的实用价值进一步提升

这一时期，和杏相关的其他一些属性也被世人充分挖掘，"催耕并
及杏花时"①是说杏花开放的时节也正是农忙开始的时候，杏花的盛
开象征着一年农事的开始，"望杏敦耕，瞻蒲劝穑"②说的便是如此，
这一点被注意。而诸如"杏花风""杏花雨""杏花天"这类与杏花有
关的节令气候意象也开始频繁出现于文人笔下。

先来看"杏花风"。"杏花风"是花信风之一种，杏花因风而始开，
是杏花风吹开了那一色如锦铺的杏花，"柳丝澹荡杏花风"③。再来看"杏
花雨"。杏花和春雨有着不解之缘，杏花开放的时节多有蒙蒙细雨，如

---

①　宋祁《喜雨》，《全宋诗》卷二一七，第 4 册第 2509 页。
②　陈元靓《岁时广记》，《影印文渊阁四库全书》本第 467 册第 9 页。
③　曹勋《杂诗》二十首其八，《全宋诗》卷一八九六，第 33 册第 21190 页。

"沙头漠漠杏花雨"①、"数点春愁杏花雨"②等都提及了"杏花雨"，可见这一节令气候已为宋人熟悉认可。至于"杏花天"，则是说杏花开放时节那种不寒不暖非常宜人的天气，正是"春风送暖，万木复苏，草承泽而擢秀，花顺气而飞馨，古来自是赏花天"③，这一赏花天便是"杏花天"。宋代的诗词之中，对此也多有提及，如"半醉半醒寒食酒，欲晴欲雨杏花天"④、"淡烟疏雨杏花天，回首春光又一年"⑤、"不寒不暖杏花天，争看蚕丛古寺边"⑥等，这里我们都可以感受到杏花天气候很宜人，不寒不暖。既是饮酒赏花，而且也是踏青野游的最佳时节。同时，因"杏花天"这样舒适的节气，便自然形成了《杏花天》这一词牌名，在这样的节气里引发的思绪、感想都可以表达，并不局限于与杏花相关。

至于杏的实用性，这一时期也进一步被人们认识。杏酪、杏子、杏仁、杏汤等或食用或药用，是杏作为果树的重要价值所在，至于杏笺、杏鞯、杏浆等在作品中的初步出现，则表明人类已经能够更加全面地认识杏这一自然物色，并且充分挖掘它的价值，进一步为人类所使用。由此可见杏浑身都是宝。还有在唐朝已使用的杏坛、杏林、杏园等典故，在宋代也进一步发展，大量出现于诗词作品中。

综上可见，宋朝是咏杏文学的繁荣时期，作品数量大幅剧增，较多着眼于杏花的神韵及其表现，杏花从诗歌的意象渐次上升为主题。杏的实用价值也进一步提升。

---

① 方岳《东西船》，《全宋诗》卷三二一九，第 61 册第 38448 页。
② 方岳《次韵赵端明万花园》，《全宋诗》卷三二二四，第 61 册第 38475 页。
③ 何小颜《花与中国文化》第 272 页。
④ 方岳《次韵徐宰集珠溪》，《全宋诗》卷三二〇八，第 61 册第 38378 页。
⑤ 徐鹿卿《去年修禊后三日得南宫捷报于家今年是日与同年赵簿同事泮官感而赋诗》，《全宋诗》卷三〇九三，第 59 册第 36953 页。
⑥ 吴泳《郫县春日吟》，《全宋诗》卷二九四三，第 56 册第 35077 页。

第四节　金元两代咏杏文学的成熟

金元两代的咏杏文学沿着宋朝咏杏文学的轨迹进一步向前发展，而无论是在作品的数量还是质量方面并没有突破宋朝的规模，通过检索《四库全书》集部金元两代别集可以大致得出，现存金元两代吟咏杏花或以杏花为主要意象的文学作品，有诗歌 103 首（包括题画诗在内），词 8 首，这里词的数量明显少于宋代，这大概与元曲的兴盛有一定的关系。但是不能否认的是这一时期咏杏文学的创作也是相当繁盛的。

一、咏杏文学的集大成者——元好问

图 10　［元］马琬《青山红杏图》。绢本设色，画芯 24.2×22.7 厘米，外围 35.2×30.4 厘米。天津博物馆藏。

纵观金元两代的咏杏作品，金代元好问一人就有咏杏作品 35 首，加上其杏部单句，则有 40 多首，而且在他的诗词集中更有《杏花杂诗十三首》这一咏杏组诗。可见无论是在金元两代的文坛上，还是在中国历史发展的长河中，元好问都可谓咏杏文学的集大成者，他的咏杏之作为杏花题材作品的发展注入了新鲜的血液，对于其杏花作品的专题研究将在代表作家研究中予以具体

论述。

二、咏杏文学在金元两代继续发展

一般来说，任何时代文学的发展都不可能完全脱离当时的时代环境，它都是在当时社会政治、经济、文化等各个方面发展的基础上向前推进。文学是时代的反映，文学作品也往往是那个时代社会生活发展的一面镜子，正如杜甫的反映现实的诗歌因为其真实而深刻地反映了唐代"安史之乱"时期干戈动乱，人民痛苦流离的生活，而被誉为"诗史"。同样金元时期文学的发展也与当时的社会环境有着密切的关系，而对于咏杏文学的发展，有必要提及的就是元代社会发展的状况。元朝是在蒙古军的铁蹄下一统天下，它结束了我国从五代开始的三个多世纪的分裂状态，是我国历史上第一个由北方游牧民族统治者建立的君临全国的封建王朝，建立了蒙古各族封建阶级联合进行统治的体制，同时这种体制又具有强烈的民族压迫的色彩。我们知道，经过长年的战争后，社会生产遭到严重的破坏，广大人民的生活也是穷苦不堪，统治阶级面对社会这样的状况，还把各民族划分为四个等级：蒙古人、色目人、汉人和南人。在阶级压迫基础上形成的民族压迫，必将导致被压迫民族的强烈不满。对于那些有着传统道德使命感的知识分子，社会没有给他们提供施展才能的舞台，他们内心深处的愁苦与不满的情绪就更多地只能表现在文学创作中，因此他们的作品明显地会带有那个时代丧乱的色彩。

表现在咏杏文学创作中，这一时期直接描摹杏花，赞叹它姣容三变的色彩，喜欢它美好娇艳的姿态的作品较之前代有所减少，不再是咏杏文学的主流。诗人在吟咏杏花的时候，更多的是借咏杏来抒情，借杏花这一早春芳物与现实的对比，来感叹人生的愁苦、社会的黑暗。

这一股思潮在此时期文人的笔下表现得非常明显，"生红和露滴胭脂，又到芳春寂寞时"[1]，借杏花的遇风不开，寂寞独守，象征着在元朝统治者残暴的统治下，诗人不能施展自己才能的寂寞情怀。但更多时候，诗人们完全陶醉于自己的世界里，他们根本无心也无力去管外面世界的纷纷扰扰，既然不能"达则兼济天下"，那就只好"穷则独善其身"，追求自身道德的完善和个人闲适自由的生活。"桃李前头一树春，绛唇深注蜡犹新。只嫌憨笑无人管，闹簇枯枝不肯匀"[2]，处于金元之交的乱世，元好问身历破国亡家的巨变，但他的杏花诗依然洋溢着青春的美好和生命的激情。蒲道源《丁卯赋杏花》诗中"旭日东墙老树新，一枝迸出许多春"[3]，写出了老树开花的那种惊喜，这在百无聊赖的生活中未尝不是一份特别的感动。许恕《丁仲贤氏红杏树兵后枝叶复茂》诗中"枯株复见生新枝，秀色行堪表故墟"[4]，也是表达枯枝重新开花的那份喜悦，经过了战争的洗礼，人民的身心都疲惫不堪，这兵后重新开花的红杏树仿佛就是生命的又一次重生，是对诗人愁苦心灵的一份慰藉。

同时，宋代文人那种花下对酒赏花的闲情逸致在元代士人的笔下也多所表现，比如周伯琦《兴圣殿进讲即事是日赐酒饮杏花下》、张翥《三月二日赏杏花光岳堂分韵》、吴当《清明日同学士李惟中赵子期及国学官携酒东岳后园看杏花》等诗歌都是描写赏花饮酒之作，花美酒醇，自然兴致高昂，诗兴大发，有所咏吟。但是更多的时候，诗人看花是

---

① 安熙《杏花始开连日大风不获一赏，晨起携筇往观之归而小酌得三绝句》其一，《默庵集》卷二，《影印文渊阁四库全书》本第 1199 册第 717 页。

② 元好问《杏花》，贺新辉辑注《元好问诗词集》，中国展望出版社 1987 年版，第 514 页。

③ 蒲道源《闲居丛稿》卷六，《影印文渊阁四库全书》本第 1210 册第 621 页。

④ 许恕《北郭集》卷五，《影印文渊阁四库全书》本第 1217 册第 347 页。

为了忘却尘世烦恼，饮酒也是希望能够醉而忘忧，进而达到不去想人世纷扰的效果。"欲传此恨花无语，强对芳时作醉翁"[①]、"春生鸥鸟外，人醉杏花前"[②]、"须为杏园赊一醉，谁家园里有莺声"[③]等，都是抒发了一份借酒忘忧花下醉的情怀。

前面已经简单论述了杏花的价值定位在宋朝持续走低，遭到世人的贬抑，在宋代文人的诗词作品里，提及杏花的那种不屑、轻视的意味就非常明显，渐至形成全社会的共识。其实，花是上天赐予人类的礼物，任何花卉本身并无什么品格的高下之分。但是古人却认为，"花品是有高下之别的，是由天地所赋，不可轻视的"[④]，因此也才会形成"牡丹国色，莲花君子；兰为王者之香，菊乃隐逸之士；寒梅傲雪，桃花薄命"[⑤]等认识。至于杏花，经过时代的发展，人们认识的深化，尤其是士大夫文人身上那股比德情愫的不断施加作用，导致杏的被轻视、被贬抑，甚至沦落为那些具有高尚象征意义的花卉的陪衬物，这样的结果也是历史的必然。

进入金元两代，尤其是元代以来，更是沿着这条轨迹进一步发展下去，元人程棨的《三柳轩杂识》中也是视"杏为艳客"。花卉作为人类的朋友、客人，古人从花木身上看到自己人格化的品格，也才会形成"岁寒三友""花中六友""十友"以及"花中十二客""三十客"等

---

① 毛麾《和思达兄杏花》，元好问《中州集》卷七，《影印文渊阁四库全书》本第 1365 册第 226 页。

② 柳贯《二月七日与陈新甫甘允从饮范使君亭二首》其一，《待制集》卷四，《影印文渊阁四库全书》本第 1210 册第 238 页。

③ 张翥《清明日大风雨》，《蜕庵集》卷五，《影印文渊阁四库全书》本第 1215 册第 75 页。

④ 何小颜《花与中国文化》第 15—16 页。

⑤ 何小颜《花与中国文化》第 5 页。

的说法，而这些称号也不是文人的一时兴起，而随意加诸花卉身上的，这是经过众多古人的推敲，并经过很多代人的认可才最终确定下来的认识。对于"杏为艳客"这一称号，正是根据杏花具有姣容三变的色彩多变性、妖娆艳丽的姿态这些生物秉性而作出的评判，这是杏花本身所具有的。同样，"杏为艳客"的认识还具有理论上的支持，这便是孔子比德的儒家义理在封建士大夫身上的渗透，而杏花的生物属性中缺乏那种比德的因素。所以说，对于"杏为艳客"这一认识，元人也是普遍接受，并这样来定位的。在元代诗人的作品中，"夭桃艳杏果谁赏，雌蝶雄蜂空自忙"①、"蜂蝶只贪桃杏艳，嫌花冷淡不飞来"②、"贞节要经风雪苦，妖容耻与杏桃偕"③、"青帝红杏总轻薄，自展碧笺书我词"④等，这样的说法很多，从中也可以看出杏花虽然有着美丽的外表，但是很多时候却不得世人的赞赏和怜爱，反而为人唾骂，这是人们更为注重花卉内在精神、品格的结果。不过要强调的是，进入元代，元人对杏为艳客、其轻薄粗俗妖娆的品性的认识，其实已经进入了一种概念化、程式化的范畴，很多时候根本不是个人的主观好恶，而是一味跟着前人的脚步，前人怎么说，当时人也就跟着附和。对杏花的认识，在元代虽然已经定位，但本身这一认识却没有太大的价值可言，思想僵化，止步不前，认识空洞，缺乏理论基础都注定了这一时期咏杏文学的发展没有能够进一步超越前人，形成自己的独特成就。

同时，元代咏杏文学的发展开拓之处在于形成了"杏花春雨江南"

---

① 刘秉忠《梨花》，《藏春集》卷二，《影印文渊阁四库全书》本第 1191 册第 651 页。
② 黄庚《梅花》，《月屋漫稿》，《影印文渊阁四库全书》本第 1193 册第 821 页。
③ 胡祗遹《和杜茂仲韵因以勉之》，《紫山大全集》卷六，《影印文渊阁四库全书》本第 1196 册第 101 页。
④ 袁桷《伯生约赋竹枝词因再用韵》，《清容居士集》卷一三，《影印文渊阁四库全书》本第 1203 册第 166 页。

这一经典说法，并逐渐流行起来，成为江南地区特有的风物场景。"杏花春雨江南"最早见于元代作家虞集的作品《风入松》"为报先生归也，杏花春雨江南"[①]。从字面理解，杏花、春雨、江南意即仲春时节，春光明媚，季节美好，绵绵春雨，杏花摇曳，好一派江南风光。对此，将在经典意象研究中予以具体论述。

第五节　明清咏杏文学在发展中超越

明清两代的咏杏文学在前代咏杏文学的基础上继续向前发展，但是咏杏文学无论从审美认识还是价值定位在元代已经成熟定型，因而明清时期的咏杏文学没有能够突破前代而有所创新，只是在前人的内容框架中徘徊。不过需要强调的是这一时期咏杏文学虽然在质量上没有能够突破前代，但是在数量上却保持并超越了宋元时期的规模，通过对《全明词》《全清词》以及《四库全书》集部明清两代别集的检索，可以粗略得出，现存明清两代吟咏杏花或以杏花为主要意象的文学作品，有诗歌 300 余首（包括题画诗在内），词 40 余首，文 10 余篇。从中可见明清两朝 500 余年的历史中，咏杏文学的发展还是相当繁盛的，如明代的杨基、高启，清代的朱彝尊、厉鹗等文坛巨将，都不乏咏杏之作。可见，杏花在三春季节盛开所具有的那份独特美感还是颇能吸引文人的目光。

一、咏杏文学对前代的继承

提及明清两朝的咏杏文学，自然也不能忽略当时的社会环境。前

---

① 虞集《风入松》，《道图学古录》卷四，《影印文渊阁四库全书》本第 1207 册第 60 页。

面我们已经强调过任何时代文学的发展都不可能完全脱离当时的时代环境，都是在当时社会政治、经济、文化等各个方面综合作用的前提下发展，文学是时代的反映，文学作品中往往或多或少有当时社会生活状况的影子，所以明清时期文学的发展也必然与当时的社会环境有着相当密切的关系。同样，对于咏杏文学的发展，首先有必要提及的就是明清两代社会发展的状况。明朝初期经过元末二十多年的战争，人口减少、土地荒芜，到处呈现一片衰败的景象。为了恢复凋敝的社会经济，明朝开国皇帝朱元璋实行了移民垦荒、兴修水利、军队屯田、减少商税等一系列的抚民政策，使得社会经济获得了迅速的发展，很快就恢复到了北宋时期的水平。但是明朝的统治者没有继续宋朝统治者那般对待文人学士采取优待安抚的政策，相反却实行一系列的高压政策，大兴文字狱，在这种残酷严密的统治下，广大知识分子的思想受到严重禁锢。清朝在思想领域中的统治和明朝大致相当，在明朝原有的基础上，封建专制的中央集权政治制度得到了进一步加强。清朝统治者非常注重从思想上加强对文人的统治，整个清代相当强调等级观念，大兴文字狱来对待思想上稍有出入的文人，如此高压的政策严重限制了文人思想的活跃与发展。加上明清两代实行八股取士的科举制度，八股取士是对知识分子思想的严重限制，这样的考试规定只能在四书五经的范围内命题，连文体都有严格的限制，应考者不得有个人自己的见解，这样选拔出来的官吏势必只能沦为统治集团的应声虫。这就是当时的社会生活状况。

（一）色、香、姿等方面的外在美

纵观明清两代统治者在思想文化上对知识分子所采取的高压政策，可以想象当时的文人在创作时的心态，他们小心翼翼、战战兢兢、如履薄冰，力求不问政事纷纭，明哲保身，而把更多的时间和精力投入到对花卉草木的欣赏吟咏中，闲来作诗赋画对他们来说也是别有一番乐趣。表现在这一时期的咏杏文学中，便是在诗人们的笔下更多的也只是把杏花作为一种春天的花卉去加以描写赞赏，从色、香、姿等方面去直接描摹杏花的美丽。不妨来检列一下："赤阑桥畔粉墙东，杏子花开树树红"[1]、"城南招提红杏花，春风岁岁开晴霞"[2]、"天公何意属青阳，留却繁红殿众芳"[3]、"红轻销醉色，粉薄露啼痕"[4]等向我们展现了杏花盛开时候的红艳明丽；"君不见，杏花东风得意时，曲江千枝万枝雪"[5]、"狂风吹柳袅袅长，杏花落地如白霜"[6]等又为我们展现了杏花落败时候的如雪盛景；再如："绛雪生寒迎晓日，香绡透暖绚晴霞"[7]、"庭空月悄花不语，但觉风过微香生"[8]、"斜日小亭人醉后，杏花香散一帘风"[9]、"怜取满林，香雾酒旗风，摇曳黄昏，开遍冷烟疏

① 谢晋《陌上见杏花》，《兰庭集》卷下，《影印文渊阁四库全书》本第 1244 册第 452 页。

② 童冀《答衍公约看杏花》，《尚絅（jiǒng）斋集》卷五，《影印文渊阁四库全书》本第 1229 册第 642 页。

③ 王立道《院中红杏》，《具茨诗集》卷四，《影印文渊阁四库全书》本第 1277 册第 703 页。

④ 谢晋《杏花》，《兰庭集》卷上，《影印文渊阁四库全书》本第 1244 册第 426 页。

⑤ 王世贞《善果寺杏花下歌》，《弇州四部稿》卷二〇，《影印文渊阁四库全书》本第 1279 册第 252 页。

⑥ 李梦阳《狂风》，《空同集》卷三六，《影印文渊阁四库全书》本第 1262 册第 320 页。

⑦ 郑真《予在临淮手植杏一株越五年而作花赋诗寄郡庠诸先生》，《荥（xíng）阳外史集》卷九三，《影印文渊阁四库全书》本第 1234 册第 566 页。

⑧ 沈周《庆云庵月下观杏花》，《石田诗选》卷九，《影印文渊阁四库全书》本第 1249 册第 701 页。

⑨ 朱诚泳《东园宴罢》，《小鸣稿》卷七，《影印文渊阁四库全书》本第 1260 册第 311 页。

雨"①等这些诗词中则描绘了杏花开放时候那种沁人心脾的清香；还有一些诗词着眼的是杏花的姿态，通过描写进而赞叹它在春天的柔和阳光中繁荣盛开的生气，姿态美是花卉总体上给人的一种感觉，最具有直接性，最能让人产生审美上的愉悦，如"春日炫高霞，宫园万树花"②、"融风荡春和，芳蓓粲当户。簇簇轻红繁，拂拂微馨吐"③、"碧草初出地，杏花红满枝。粲粲耀晨旭，盈盈娇路岐"④，这些都描写了杏花在春天盛开的那种生机盎然的姿态，它们灿烂、繁盛、炫目，真可谓"杏花风日美，春色满江南"⑤。以上都是着眼于描写杏花外在的色、香、姿等生物方面的属性，这在前人的作品中也多所表现，这里不再多述。

（二）神韵方面的内在价值

在描摹杏花外在审美特征的同时，诗人们也更多地把目光投入到对杏花内在价值的评判。众所周知，元代对杏花艳冶、粗俗的定位以及把它视为寡情、薄幸之青楼娼妓的代表的定性已经深刻烙在广大士人的内心深处，因此明清时期的士大夫们在深入观照杏花内里把握其精神品性之时也是沿续了前人的看法与认识，大多把杏花作为梅、兰、竹、菊等具有高尚象征寓意的花卉的陪衬。通过对这些在精神、价值上有所象征的花卉的赞叹进而来映衬杏花的粗俗不堪，杏花是作为士

---

① 朱彝尊《东风第一枝·杏花》，《曝书亭集》卷二九，《影印文渊阁四库全书》本第 1317 册第 718 页。
② 刘嵩《杏花》，《槎翁诗集》卷七，《影印文渊阁四库全书》本第 1227 册第 476 页。
③ 乌斯道《集杏花下》，《春草斋集》卷一，《影印文渊阁四库全书》本第 1232 册第 136 页。
④ 杨士奇《道旁杏花一树盛开》，《东里诗集》卷一，《影印文渊阁四库全书》本第 1238 册第 312 页。
⑤ 陶宗仪《梦游华顶峰题诗于壁》，《南邨诗集》卷二，《影印文渊阁四库全书》本第 1231 册第 589 页。

人所不屑与轻视的下等之物而存在，如："梨花轻盈杏花俗，只有梅花清可尚"①，通过对梨、杏二花的贬抑来凸显梅花清丽的品性；"桃杏漫山总粗俗，旧家池馆尚春风"②，这两句视桃、杏之类为粗俗之物；"设与寒梅相较量，输些清韵胜些狂"③，这里虽然同时强调了梅、杏的各自特色，梅胜杏之清丽，杏胜梅之狂野，但是一般在世人的眼里更多的还是倾向于清丽的品性，太过于狂野反而会让人嗤诟。还有"毕竟孤标还在，纵夭桃繁杏，难侣寒香"④、"桃杏本为妖艳客，不令阑入竹笆篱"⑤、"青楼临杏花，卷幔要郎住"⑥、"夭桃繁杏便丽俗，纷纷艳冶徒相争"⑦等都是描写杏花粗俗、艳冶之性的作品。

通过以上描写杏花内在品性相关作品大致罗列，我们便可以看出杏花作为一种花卉其命运的悲惨。当然，这也只是世人对杏花认识上的一种思维定势，过分拘泥于前人的看法而没有形成自己独特的创新，有时也只是流于一种程式化、概念化的表达，并不是真正发自内心对杏花的看法。所以，在描写杏花的作品中自然也有一些对其品性赞赏之作，如："烟雨迷濛古岸斜，淡红浅白缭村家。绯桃未放缃梅落，占

① 杨基《尚梅轩》，《眉庵集》卷二，《影印文渊阁四库全书》本第 1230 册第 356 页。
② 王冕《红梅》其十，《竹斋集》卷续，《影印文渊阁四库全书》本第 1233 册第 96 页。
③ 爱新觉罗·弘历（乾隆）《杏》，于敏中等编《御制诗集》三集卷六九，《影印文渊阁四库全书》本第 1306 册第 394 页。
④ 陶宗仪《一萼红·赋红梅，次郭南湖韵》，饶宗颐初纂、张璋总纂《全明词》，中华书局 2004 年版，第 1 册第 138 页。
⑤ 汪琬《茗华书屋前种梅花四首》其一，《尧峰文钞》卷四六，《影印文渊阁四库全书》本第 1315 册第 685 页。
⑥ 张元凯《吴趋谣十二首》其十一，《伐檀斋集》卷一〇，《影印文渊阁四库全书》本第 1285 册第 759 页。
⑦ 虞堪《红梅引次韵壶中老人一咲》，《希澹园诗集》卷一，《影印文渊阁四库全书》本第 1233 册第 589 页。

断风流是此花"①，这里从正面表达了诗人对杏花的喜爱，在诗人眼里，杏花花时适中，花姿迷人，花色明媚，不愧为能够独占春光的风流之花；"嫩蕊烘澹日，绝艳谁与侔。丰肌里仙骨，坐令桃李羞"②，在这首诗中诗人写出了杏花鲜嫩、繁茂的姿态，并上升提炼为一种绝艳的美，具有其他花卉所不能比拟的仙人之风；"和娇无俗态，冷芳有别神"③，这里"娇""冷"二字生动传神地刻画了杏花的品性，展现在我们面前的杏花是那样清新娇美没有世俗气息，散发出来的冷幽芳香也是别具神韵，令人为之赞叹；"晕雪融霞，若烟非雾，何处人家。宋玉墙东，文君垆下，占断韶华。梅梢已罢横斜，柳条尤未藏鸦。锦树烘春，琼枝袅月，留醉仙娃"④，杏花独具韵味，风姿绰约，占断春光，惹人爱怜。从对这些作品的分析中可以看出，作为花卉本身它并没有天生的品性差别，人们对花卉的认识和判断每每都是通过自己的主观意志而加诸花卉身上的，带有个人价值倾向上的主观好恶，因此我们在吟咏、鉴赏这些作品的时候更应该以一种审美的心态去发现并提升花卉的美。

（三）文人酬唱杏花之作的增长

这一时期文人之间相互酬唱吟咏杏花的作品也很繁盛，一般来讲政治上中央集权的加强，经济上社会生产的不断发展，再加上思想文化上极端的强化，这些外部条件的共同作用就使得广大士人不再把自己的全部精力投诸跻身仕途进而谋得一官半职，所以他们才有更多的

---

① 汪琬《杏花》，《尧峰文钞》卷五〇，《影印文渊阁四库全书》本第 1315 册第 730 页。
② 张英《饮摩诃庵看杏花便过》，《文端集》卷三一，《影印文渊阁四库全书》本第 1319 册第 548 页。
③ 爱新觉罗·弘历（乾隆）《杏》，蒋溥等编《御制诗集》二集卷五六，《影印文渊阁四库全书》本第 1304 册第 152 页。
④ 杨慎《柳梢青·杏花》，《全明词》第 2 册第 806 页。

闲暇一起去吟赏花卉，这也是文人学士比较青睐的高雅活动。对于咏杏文学来说便是吟咏的作品增多，不仅仅是描写相约去欣赏杏花的欢畅，如"去年春色近清明，万匦烟花夹晓城。西苑相逢车马问，何人不是踏春行"①、"雨阻花期可便休，明朝也合为春游。闲行若待天晴去，只恐花飞人又愁"②、"今年二月春光早，花开更比年时好。出门十日九衍期，复恐韶华开过了"③等，这些诗歌都是描写人们相约去欣赏杏花。

在相约欣赏杏花的过程中，文人雅士一般更偏好选择在月夜花下对酒赏花，这同样也是继承了前代的优雅传统。表现在作品中便是多描写月下赏花、酒中对花的闲情逸致，不妨来看一下："步屧名园酒且随，兴高翻怕主人知。繁花临岸水虚照，丛竹倚岩风倒吹"④，为我们展示了在繁杏盛开的杏花园里，看着明艳的杏花，饮着香醇的美酒，诗人的兴致渐至高涨而有所吟咏；"嫣然红粉本富贵，更借月余添妍清。清萍流水未足拟，金莲影度双娉婷。庭空月悄花不语，但觉风过微香生"⑤，这首诗的作者沈周是明朝杰出的画家，博学多才，具有非凡的文学才能，亦工诗画，善画山水、花鸟，都是独具特色。这里他运用绘画中勾勒、凸显的手法描摹了月下杏花的鲜活姿态，呈现于世人面前，给人立体

---

① 高启《约诸君游范园看杏花》，《大全集》卷一〇，《影印文渊阁四库全书》本第 1230 册第 129 页。
② 徐贲《有约看杏花答高季迪》，《北郭集》卷六，《影印文渊阁四库全书》本第 1230 册第 608 页。
③ 童冀《答衍公约看杏花》，《尚絅斋集》卷五，《影印文渊阁四库全书》本第 1229 册第 642 页。
④ 边贡《正月晦日游徐氏西园晚过杏花村遂登凤台次韵蒲汀二首》其二，《华泉集》卷六，《影印文渊阁四库全书》本第 1264 册第 112 页。
⑤ 沈周《庆云庵月下观杏花》，《石田诗选》卷九，《影印文渊阁四库全书》本第 1249 册第 701 页。

可感的真实感。另外，如"日暖烟生玉，春晴锦映霞。兴来呼酒坐，不必问年华"①、"杏花朵朵含春烟，随风故落苍苔前。恍如红雪堆青钱，摘花浸酒酬清酣"②、"愁病经春未有涯，除非对酒并看花。疏枝乍见含烟吐，独树偏怜傍屋斜"③、"雨后杏花发，斗酒思所亲。爱兹花上月，共赏今夕春"④等，这些诗句也从不同角度刻画了花、酒、月相互映衬给诗人所带来的那种独特的感受。因为杏花的美丽撩人，美酒的添情助兴，月光的清幽挥洒，三者交相融合，便带来了明清时期月下对酒赏花之类吟咏杏花作品的繁荣。

二、咏杏文学的突破——题画诗

以上我们大致揭示了明清两代的咏杏文学从描摹杏花外在美、挖掘杏花内在价值、文人酬唱杏花作品增多这三个方面继续沿袭前代的发展脉络，大致说来，当时人对杏花各方面特色的把握并没有突破前代的藩篱。但是，明清两朝的咏杏文学有别以往而独具的特色便是题画诗的大量涌现，并取得了巨大的成就。通过大致检索，明朝共有咏杏题画诗50余首，清朝共有咏杏题画诗30余首，明清两朝咏杏题画诗的总量远远超过了前代，呈现出一片繁荣兴盛的局面。

在对明清两朝咏杏题画诗的数量作一个粗略的统计之后，有必要先论述一下题画诗这类体裁文学作品的发展过程。"因念六朝已来题画

---

① 康海《二月十一日同德充弟憩浒西观杏花因共小酌》，《对山集》卷一〇，《影印文渊阁四库全书》本第1266册第454页。

② 胡应麟《小园杏花烂漫与客携酒酌其下至醉》，《少室山房集》卷二三，《影印文渊阁四库全书》本第1290册第137页。

③ 李流芳《宝尊堂看杏花次从子宜之韵》，《檀园集》卷四，《影印文渊阁四库全书》本第1295册第332页。

④ 胡奎《雨后杏花发对酒有怀故人》，《斗南老人集》卷一，《影印文渊阁四库全书》本第1233册第372页。

诗绝罕见，盛唐如李太白辈，间一为之，拙劣不工……杜子美始创为画松、画马、画鹰、画山水诸大篇，搜奇抉奥，笔补造化……子美创始之功伟矣。"①可见题画诗在六朝时虽已初露端倪，却还很少，但在盛唐则呈现迅速上升的趋势，有了很大的发展，题材也是丰富多彩，但是此时的题画诗并不直接题写在相关的画幅上，而是写在另外的纸或绢上，诗和画并没有在形式上真正融合。渐至北宋时期，题画诗由于文人画而发达起来，当时的著名画家如文同、苏轼、米芾、米有仁、赵佶等都有不少的题画诗，但是这一时期的题画诗与题跋一样，只是写在自作画卷的后尾或者前面，而直接题在画上的并不普遍。目前所见直接把诗题在画上，并从形式上将诗与画融合在一起的则是始于赵佶。赵佶作为一个皇帝并不成功，但在艺术上却具有相当的成就。到了元代，在画上题诗才真正兴起并成熟起来，如赵孟頫、黄公望、吴镇、王冕、倪瓒、王蒙等诗人，无不在自己的画作上留题，而且这一时期也更多地注重从画的意境和章法上去考虑诗的内容和书写的位置等方面的内容，从而使之与绘画能够浑成一体。题画诗一般界定为两种情况，一则他人为画家所题，一则主要指画家自画、自题，而且一般都是把诗直接题在画面中，从而使诗成为画面不可分割的组成部分，形成诗画交融一体的意境，元代在这方面已经做得很好。明清以来，题画诗更加盛行。当时的许多文人都是诗画兼工，如沈周、文徵明、唐寅、徐渭、郑燮、赵之谦等无不是每画必题，每题必诗，往往则是信手拈来，出神入化，无论是内容还是形式，都比前代有了进一步的突破，获得了更加完美的统一。

---

① 王士禛《带经堂诗话》卷二二，郭绍虞主编，人民文学出版社 1963 年版，第 649—650 页。

图 11 ［明］唐寅《杏花仕女图》。
纸本设色，纵 142 厘米，横 60 厘米。
沈阳博物馆藏。

图12 ［明］唐寅《观杏图》。

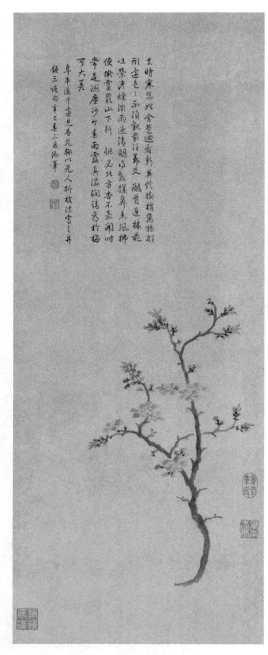

图 13 ［清］爱新觉罗·弘历（乾隆）《杏花图》。纸本设色，纵 79.6 厘米，横 30.7 厘米。故宫博物院藏。

以上梳理了题画诗发展的大概脉络，具体表现在明清时期题咏杏花的题画诗，可以从以下三个方面去展开论述。

（一）对杏花画的题咏

众所周知，题画诗作为诗的一种，必然也具有"诗言志"的基本功能，通过诗来表达诗人主观的思想感情，而这也成为题画诗的一个主要内容。但是一般来说在题咏花卉草木的时候，文人学士多会选择一些具有高雅象征意趣的花卉草木，毕竟作为封建社会宦海沉浮的文人，他们厌倦了官场中的尔虞我诈、勾心斗角，更多时候会把自己在现实生活中不能实现的政治理想表现在创作中，因而那些具有比德寓意，能够寄托志趣、理想的花卉便多所表现，如梅、兰、竹、菊等，这是文人在题画诗中表现较多的主题。对于杏花这类因其自身艳丽妖娆的生物属性，很难透过外在的色、香、姿态而提炼其内在精神价值的花卉，诗人便关注不多，因而明清时期的杏花题画诗也多是直接描摹杏花的外在美。

不妨来检列一下："日光云气晓相参，一路新花似酒酣"①，简短的两句展现了晴朗的天气中杏花刚刚盛开的憨态；《题曲江春杏图》中"杏花凡几树，金水玉河东。绿罗衣袂寒犹重，九陌香多漾软红"②等几句刻画出了曲江池畔杏花盛开，姿态妖娆，清香微送；"青骢嘶动控芳埃，墙外红枝墙内开。只有杏花真得意，三年又见状元来"③，此诗的作者金农是"扬州八怪"之一，他的题画诗歌写得相对比较随意，与其说是诗，但每感觉像日记，浓爱酽愁往往跃然纸上，此诗是对其画杏花一枝的

① 贝琼《题杏花》，《清江诗集》卷一〇，《影印文渊阁四库全书》本第 1228 册第 283 页。
② 陆深《题曲江春杏图》，《俨山集》卷一九，《影印文渊阁四库全书》本第 1268 册第 119 页。
③ 金农《题杏花》，陈履生选注《明清花鸟画题画诗选注》，四川美术出版社 1988 年版，第 212 页。

图 14　[清] 金农《红杏出墙图》。

题诗，由咏杏花而思至状元，联想非常奇妙、独特；"枝枝出墙语，朵朵向人窥。宋玉邻家女，施朱太赤时"①，简短的四句诗运用拟人、比喻的修辞手法向我们展示了杏花盛开时候千变万化的姿态。

以上几首都是作家的自画自题之诗。另外还有一些题画诗是题咏他人的杏花画，如："溪光汃汃山濛濛，杏花十里五里红。此时江南新雨足，农事未起春方中"②，这里题咏的是清初著名的画家王翚的杏花画，王翚字石谷，因其技法突出、成就超越而被誉为"清初画圣"，题咏其作品的题画诗很多；"度雨笼烟带浅嚬，芳园晓日貌来真。始知落墨徐熙格，别具嫣然一段春"③，这里题咏的是明代江南第一风流才子唐伯虎的水墨杏花图，虽然继承了徐熙的风格，但也别有一番韵味。这一时期题咏其他画家的题画诗并不多见，不过清朝一位名为邹一桂的画家，却以其不流俗的画风吸引众多文人

---

① 徐渭《题杏花》二首其二，陈邦彦奉敕编《历代题画诗》下册卷八七，北京古籍出版社 1996 年版，第 337 页。
② 查慎行《题王石谷杏花春雨图》，《敬业堂诗集》卷四〇，《影印文渊阁四库全书》本第 1326 册第 548 页。
③ 宋荦（luò）《题唐解元墨杏花二首》其一，《西陂类稿》卷一〇，《影印文渊阁四库全书》本第 1323 册第 108 页。

对其作品进行题咏，达12首之多。邹
一桂擅长画水墨花卉，画风精细，极
讲究设色，常用重粉重瓣，得到淡色
笼染，粉质凸出纸素，颇有立体感，
所画花卉清润透逸，富丽典雅，别树
一家，自然颇得世人关注，如"雨过
春山杏万枝，花花朵朵露珠垂。却疑
此树何独异，徐悟伊人能而为"①"寒
勒杏林未放花，嫩芳忽见一枝斜。审
观设色小山作，笔有通灵信不差"②
等都是对其杏花画的题咏之作，诗情
画意相得益彰，具有强烈的艺术感
染力。

（二）对杏花飞鸟画的题咏

杏花不是作为题画诗中的唯一意
象，而是和其他意象一起并用。这类

图15 ［清］王翚《杏花
春雨图》。立轴，绢本，淡设色。

题画诗多是题咏的花鸟画，表现在杏花意象中便是明清时期如《杏花
飞燕图》《杏花金羽图》《杏花燕子》《杏花蛱蝶》《柳莺红杏》《杏花画眉》
等，这样的花鸟画很多，自然相关的题画诗也就水涨船高。

这类题材的题画诗同样也分为两种情况：一是自题，即对自己所
画之作进行题咏。比如：高启《杏花飞燕图》中"尾拂花梢露，身翻

---

① 爱新觉罗·弘历（乾隆）《题邹一桂杏花》，于敏中等编《御制诗集》三集卷三，
《影印文渊阁四库全书》本第1305册第324页。
② 爱新觉罗·弘历（乾隆）《题邹一桂杏花》，于敏中等编《御制诗集》三集卷
八八，《影印文渊阁四库全书》本第1306册第699页。

柳絮风"①，沈周《杏花燕子》中"杏花初破处，新燕正来时。红雨里飞去，乌衣湿不知"②，钱逊《杏花画眉》中"红杏花开好鸟啼，章台走马未归时"③等等，这些题画诗便是文人自题之作。二是题他人画作，即对一些著名画家的花鸟画题咏，所题一般都是具有价值的绘画作品。如张以宁《题李遂卿画》中"高堂暮冬见杏花，的皪满树开丹砂。生香丽色晓浮动，春风夜到仙人家"④，张宁《为吴汝辉题杏花鸡》中"枝上杏花红尽吐，枝下鸣鸡日当午。千花万花锦作堆，大鸡小鸡雁成侣"⑤，乾隆《杨大章文杏双禽》中"满树和娇态，双禽栖忘飞"⑥，凌云翰《为徐子方题徐熙杏花青鸟》中"春色分红闹别枝，写生谁复似徐熙"⑦等等，这些题画诗则是对他人画作的题咏，简短几句就形象生动地刻画出了花鸟相伴相依、和谐融洽的情境，一静一动，相互映衬，饶有风味。

（三）对"董仙杏林"图的吟咏

提及"董仙杏林"这一意象并不陌生，董仙是三国东吴一位叫董奉的名医，因其为病人治病但治愈后从不收钱而只要求病人在地方上种杏树得名，病情重的种五株，病情轻的只要求种一株，因其治愈病人众多，不出几年所得杏树就有十万余株，蔚然成林，由于他的医术

① 高启《杏花飞燕图》，《大全集》卷一二，《影印文渊阁四库全书》本第 1230 册第 146 页。
② 沈周《杏花燕子》，《石田诗选》卷九，《影印文渊阁四库全书》本第 1249 册第 716 页。
③ 钱逊《杏花画眉》，《历代题画诗》下册卷一一〇，第 611 页。
④ 张以宁《翠屏集》卷一，《影印文渊阁四库全书》本第 1226 册第 531 页。
⑤ 张宁《方洲集》卷六，《影印文渊阁四库全书》本第 1247 册第 256 页。
⑥ 于敏中等编《御制诗集》三集卷七二，《影印文渊阁四库全书》本第 1306 册第 444 页。
⑦ 凌云翰《柘轩集》卷一，《影印文渊阁四库全书》本第 1227 册第 755 页。

图 16 ［明］ 周之冕 《杏花锦鸡图》。绢本设
色，纵 157.8 厘米，横 83.4 厘米。苏州市博物馆藏。

高明，功德无量，便将这些杏树称为"董仙杏林"。后来历代的文学作品中"董仙杏林"这个典故便被用来称赞医家，作为对医家精湛的医术和高尚的医德的最好颂扬，"誉满杏林""杏林春满"等在明代以前的文学作品中就频频出现。直至明清时期，对"董仙杏林"这一典故的使用已不仅仅表现在简单的诗歌创作中，它又有了进一步的延伸，这便是题画诗。

这一时期，因为对董奉其人其事的了解使得在绘画领域有关董仙杏林的画卷不断增多，绘画作品的出现便带来这一时期和"董仙杏林"图相关的题画诗很多，大致检点一下，明清时期这类的题画诗文有20余首（篇），同样分为自题和题他人之画两种形式，一般从题目便可看出。这些作品在咏杏文学的题画诗（文）中也占有一定的位置，不妨来看一下：贝琼的《书杏林生意图后》一文从此图的作者开始提及，对整幅图作了详细生动的刻画，同时也表达了诗人由此而发的感慨，表达了希望，引、议、联三者密切联系，使我们可以深刻地感受到杏林生意图的美景，"观其依山屋数楹，而坡石之外树数百株，仿佛花开高下，芳红烂紫，与日光霞气参错，不啻游匡庐间过董仙人之所居也，其生意油然可见矣"①。徐贲《题杏林图赠陈子京》中"茅山无四邻，红杏万株春。收谷还凭虎，栽花胜有人。学仙离世久，访病出山频。我独怀芳躅，君能继后尘"②，作为明代文坛"吴中四杰"的徐贲，其诗、书、画兼擅，而此诗便是题在自己画作上的，在这首诗中通过对董仙治病济人的赞叹，表达了希望陈子京能够把治病救人这条路继续下去的美好愿望。这样的诗文还有很多，诸如"夫子教人种杏花，于今绕屋是

① 贝琼《清江文集》卷一三，《影印文渊阁四库全书》本第1228册第370页。
② 徐贲《北郭集》卷四，《影印文渊阁四库全书》本第1230册第593页。

丹砂"①、"嘉林有名果,不与凡植群。伊花炫明丽,厥核存至仁"②、"十年种杏已成林,知子能存济物心。万树采霞凝艳色,满园晴旭散清阴"③、"东风吹春春不住,千树万树飞红雨。红雨飞残碧玉枝,黄金子结何离离"④等等,这些也都是有关杏林图的题画诗,通过在杏林图上题诗作文,充分表现了明清时期的士人对具有精湛医术和高尚医德的医家人士的倾慕与赞扬,也表明当时人们非常渴望像董奉这样的好医生出现。

图 17　山东曲阜孔庙（朱明明摄）。

　　和杏花题材相关的题画诗在明清时期的大量涌现,可以说是杏花文学在明清时代超越前人而有所发展的一个重要方面。

三、杏坛、杏园、杏酪等与杏相关的其他意象的发展

　　明清时期,和杏相关的一些其他意象在诗、词、文等体裁的作品中也多有出现。如"杏坛"是对教育界的尊称,在前代作品中也作为

① 梁兰《杏林图》,《畦乐诗集》,《影印文渊阁四库全书》本第 1232 册第 744 页。
② 王绅《题杏林图》,《继志斋集》卷一,《影印文渊阁四库全书》本第 1234 册第 661 页。
③ 杨荣《题杏林春晓图》,《文敏集》卷六,《影印文渊阁四库全书》本第 1240 册第 88 页。
④ 岳正《张医士杏林图》,《类博稿》卷一,《影印文渊阁四库全书》本第 1246 册第 361 页。

典故频繁使用，这一时期同样如此，"诸生迎拜日，揖让杏花坛"①。"杏园"既寄托了广大知识分子渴望金榜题名的殷切希望，也表达了下第后无奈惆怅抑郁的心情，"二子才奇真倚玉，来年占断杏园春"②的金榜题名着实不多，"杏园"承载了封建时代知识分子太多梦想；还有"杏粥""杏茗""杏梁"等这些和杏相关的意象，我们在前代也都曾提及，这里不再赘述。"杏花村"的意象，在历代的咏杏作品中都相当普遍，它更与酒之间有着密切的联系，且为历代诗人所认可，成为社会约定俗成的一种说法。杏花村因其具有的广泛性、普遍性和典型性，历来学界也多有争论，这里不作进一步展开。在下面经典意象研究中将作具体阐述。

另外有必要叙述一下"杏酪"，这一意象在清代之后的诗歌中频繁出现，尤其在"清明"之类的诗中，如"佳实出精春，仙浆泛玉溶。清明传节物，南国作时供。不杂姜盐和，还噀醴齐醿。最欣湖上坐，瓯影北高峰"③，在这首诗歌中对何为"杏酪"作了详细解释，杏酪是清明时节利用杏仁为原料制作的一种饮品，在一些书中多有记载，也就是"杏仁茶"，在初夏季节饮用还有保健作用，"鹅王乳色白胜酥，仙杏为浆雅称无。寒食和饧（xíng）传故事，鼎娥候火费工夫。口香三日惊犹在，肺气兼旬觉顿苏"④，时人颇为喜爱，不但口感甜美，香气

---

① 王燧《送赵广文赴任》，《青城山人集》卷四，《影印文渊阁四库全书》本第1237 册第 736 页。
② 王翰《送曹李二秀才南上》，《梁园寓稿》卷八，《影印文渊阁四库全书》本第 1233 册第 316 页。
③ 爱新觉罗·弘历（乾隆）《杏酪》，蒋溥等编《御制诗集》二集卷二五，《影印文渊阁四库全书》本第 1303 册第 528 页。
④ 厉鹗《夏日卧疾诚夫惠杏酪一器作此谢之》，《樊榭山房集》续集卷一，《影印文渊阁四库全书》本第 1328 册第 157 页。

缠绕，而且还利于活血养肺，具有治病功效。

图 18　杏酪。

明清时期是小说发展的一个高峰时期，明清小说最能代表这一时期文学发展的成就，但是和杏花题材相关的小说却没有。有一部书名用了"杏花"二字叫《杏花天》的小说，由清代古棠天放道人编次，是一部艳情小说，讲述一书生和许多女子之间艳遇的故事，在清代一直被视为禁书，之所以冠名为《杏花天》，想必也是因为杏花艳冶、粗俗的品性，"红杏出墙"的特点，以致后来"杏花天"成为艳情、成人小说的代表。

另外，在一些小说中会出现说到杏花的诗、词或赋、书一类的，也只是小说情节发展和结构安排的需要，本身和杏花这一意象没有牵涉，在此不作具体论述。

如此，我们对明清时期杏花文学的发展情况作了一个横向上的梳理，力求论及咏杏文学的方方面面，基本上这一时期是沿着前代咏杏文学的发展脉络继续前进，并没有太突出之处。总体看来，明清时期的咏杏文学在作品数量上还是相当繁盛的，也表明了杏花作为一种春天开放、清香扑鼻、姿态妖娆的花卉，还是颇得人们的喜爱，如此才会有大量的作品对其进行描写。

第二章 杏花的审美形象及其艺术表现

杏树虽作为北方地区的传统果木树，但在我国的很多地区其实都普遍种植，而且多植成林，颇有风致；杏花盛开于二月，二月也更有"杏月"之称，杏花一色三变，赏心悦目，怡情悦性；而杏实杏子也有很多用途，既可以直接食用，也可以用来制作蜜饯、杏脯等这些人们喜爱吃的小茶点；还有杏子里面的杏仁也是宝，它可以被用来食用，制作杏仁粥、杏仁茶等，更为关键的是它具有非常大的药用价值，在《本草纲目》等书中均有详细的记载。可以说，杏树浑身都是宝，杏花、杏枝、杏叶、杏实、杏仁等都具有重要的价值。本章将具体介绍杏花这一意象的审美形象及其艺术表现，从而更准确生动地去把握其外在的物色美和内在的精神内涵。

第一节 杏花意象及其描写

从古至今，杏的改良、驯化一直比较缓慢，杏也只有斑叶杏、垂枝杏、山杏这三个变种，而没有其他的什么品种，所以杏历来没有什么别名，这样反而方便人类更加细致深入地了解它。在《广群芳谱》《群芳备祖》《古今图书集成》里都有很多关于杏的传说与故事，也有大量咏杏的文学作品，从而让我们更深入和全面地认识杏这一意象的基本特征。

一、杏花、枝叶、果实

（一）杏花

达尔文说过："花是自然界的最美丽的产物。"鲜花以其自身动人的姿态、鲜艳的色彩、清新的香气总能调动人的情思，令人为之惊喜、振奋。而对于杏树来说，杏花也是其自身最为引人注目的地方，它的观赏价值更为显著，这是一种外在的自然美。杏花一直以来都是属于早春季节的一种花卉，它在二月的时候就已经开放了。其实，它的花期并

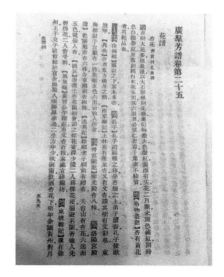

图19　[清]汪灏《广群芳谱·杏花》书影。

不短，再加上各地的气候也不完全相同，所以一般到农历四月都还能看到其花枝招展。但是，人们因为其始发于二月且盛于二月，便把二月当作其当令的时候，并以此命名，二月遂有"杏月"之称。

杏花开放的时候，非常地靓丽、浓密，给人的视觉效果相当好，可以从色彩美、香味美和姿态美三个方面把握杏花外在的这种自然美。

1．色彩美。人们在欣赏一种花卉的时候，最先注意到的便是它的色彩如何。在花卉的诸审美要素中，色彩给人的美感最直接、最强烈①，红色热情、白色素雅、蓝色沉静、橙色温暖等，不同的色彩往往会带来不一样的审美愉悦。很多花卉的颜色都是固定而单一的，杏花则不同，它的色彩非常奇特。杏花"二月开，未开色纯红，开时色白微带红，至落则纯白矣"②。可见，杏花在未开、盛开、凋零的过

---

① 周武忠《中国花卉文化》第6页。

② 王象晋《二如亭群芳谱》果谱卷二，海南出版社2001年版《故宫珍本丛书》本，第471册第353页。

图20　北京延庆县杏花林。

程中是会变色的，它具有姣容三变的色彩。它在未开含苞的时候，花色是纯红的，"红芳紫萼怯春寒，蓓蕾粘枝密作团"[1]，待到它慢慢绽开了花苞，争艳怒放时则是薄粉轻红，"粉薄红轻掩敛羞，花中占断得风流"[2]，最后等到它凋落的时候，则变成了白色，"双成洒道迎王母，十里蒙蒙绛雪飞"[3]。杏花在开放的过程中，颜色红似火、粉似霞、白似雪，因而人们在观赏时便时常看到一棵树上的杏花往往颜色也不尽相同，常常是这边还正盛开，那边已然凋落，"居邻北郭

① 王禹偁《杏花七首》其一，《全宋诗》卷六五，第 2 册第 737 页。
② 吴融《杏花》，《全唐诗》卷六八六，第 20 册第 7884 页。
③ 王禹偁《杏花七首》其七，《全宋诗》卷六五，第 2 册第 737 页。

古寺空，杏花两株能白红"①、"树头绛雪飞还白，花外青天映更红"②说的便是如此。

图 21　北京凤凰岭上野杏花。网友"益河乌拉"上传分享。

究竟人们更喜爱哪种颜色的杏花，对此不同的人也有不同的看法，这也是仁者见仁、智者见智，有的主张"杏花看红不看白，十日忙杀游春年"③，有的则赞赏"纵被春风吹作雪，绝胜南陌碾成尘"④，这也是缘于不同的人具有不一样的审美喜好。但不管怎么说，杏花那娇容三变的色彩都是奇特而引人注目的。杏花的美是一种浓淡适中、红白匀和的美，明代张宁在其《杏花诗序》中这样说："植物可爱者众矣，

① 韩愈《杏花》，《韩昌黎全集》第 55 页。
② 吴师道《城外见杏花》，《礼部集》卷八，《影印文渊阁四库全书》本第 1212 册第 76 页。
③ 元好问《荆棘中杏花》，《元好问诗词集》第 186 页。
④ 王安石《北陂杏花》，《全宋诗》卷五六五，第 10 册第 6693 页。

桃妖艳而少质，梅清真而少文，兼美二物而彬彬可人者，惟杏近之。"①
可见，杏花文质适度，评价之高。

2. 香味美。对于任何一种花卉来说，色香都是联系在一起的，只
有色香兼备方为完美。因为人们在欣赏花卉色彩美的同时，花的香气
也在一种不自觉的状态下刺激人的嗅觉，进而带来一种嗅觉美。具体

图22　沈阳棋盘山下杏花沟。网友"淮海晨"上传分享。

到杏花，对于它的香味有无历来都有争论。古代的士人们在吟咏杏花
的香味美时，有的写道"红云步障三十里，一色繁艳无余香"②，这里
是说杏花没有香味。其实，杏花还是具有香味的，只是它的香气不是
那么浓郁，也不是那么勾人心魄，比不上桂花的甜香、茉莉的馨香、
兰花的幽香，它并不属于以香气取胜的花卉，它拥有的只是一股淡淡

①　张宁《方洲集》卷一六，《影印文渊阁四库全书》本第 1247 册第 408 页。
②　程俱《同许干誉步月饮杏花下》，《全宋诗》卷一四一六，第 25 册第 16316 页。

图23　新疆库尔德宁杏花。网友"独来Ⅰ独网"上传分享。

的芳香，无论开时、落时，还是风中、雨中，任何情况下这种香味都是丝丝缕缕，挥之不去。称其香味为清香的最为普遍，"清香和宿雨，佳色出晴烟"[①]、"东风到晚殊无定，今夜清香属阿谁"[②]、"花间置酒清香发，争挽长条落香雪"[③]、"置酒花前，清香争发，雪挽长条落"[④]等等，都是论及清香。同时，笼统地称其花香就是"香"的也有不少，如"穿花复远水，一山闻杏香"[⑤]、"昨日杏花春满树，今晨雨过香填路"[⑥]、"彤

① 钱起《酬长孙绎蓝溪寄杏》，《全唐诗》卷二三八，第 8 册第 2653 页。
② 徐积《杏花二首》其一，《节孝集》卷二一，《影印文渊阁四库全书》本第 1101 册第 894 页。
③ 苏轼《月夜与客饮酒杏花下》，《苏东坡全集》前集卷十，第 155 页。
④ 林正大《括酹江月》，《全宋词》第 4 册第 3148 页。
⑤ 姚合《杏水》，《全唐诗》卷四九九，第 15 册第 5674 页。
⑥ 刘学箕《菩萨蛮·杏花》，《全宋词》第 4 册第 3128 页

霞遇雨春犹湿，绛蜡凝香雪未消"①等，还有一些诗人则根据他们主观的感受，称杏花之香为幽香、芳香、艳香等，这只是个别，王安石的"看时高艳先惊眼，折处幽香易满怀"②之幽香，梅尧臣的"马上逢丹杏，芳条拂眼过"③之芳香，郑刚中的"柳色半分高致外，鸟声全在艳香中"④之艳香，这些杏花香味的说法并不普遍，这大概也是诗人们在赏花过程中嗅觉上的主观感受，不同的心情、不同的气氛对嗅觉也有一定的影响，自然带来的感受也就不尽相同。从这些描写杏花香味美的作品中，可见人们对杏花的香味所独具的美感也是相当关注的。

图 24　新疆伊犁新源吐尔根野杏花。网友"温暖自由心"上传分享。

---

① 沈梦麟《德中弟招看杏花》，《花溪集》卷三，《影印文渊阁四库全书》本第 1221 册第 84 页。
② 王安石《次韵杏花三首》其三，《全宋诗》卷五六九，第 10 册第 6721 页。
③ 梅尧臣《次韵和王几道涂次杏花有感》，《全宋诗》卷二三三，第 5 册第 2723 页。
④ 郑刚中《宝信堂前杏花盛开置酒招同官以诗先之》，《全宋诗》卷一六九六，第 30 册第 19099 页。

3. 姿态美。这是综合以上两方面杏花的美感所形成的一种整体美。我们知道，花朵开放得鲜艳夺目，香气浓郁，固然会引起人们的赞美，获得人们的喜爱，但是自然规律告诉我们，任何一种花卉都不可能长开不败，都会凋零，不过那种具有美好姿态的花卉的美确是会深深存在于人的脑海中，这是一种持久而固定的美，与季节的更替无关，与时代的变迁无关，所以古人才会说："花以形势为第一，得其形势，自然生动活泼。"①在这里虽然谈及的是画中的花卉，但其实对于自然界花卉的审美来说也是一样。因此姿态也是杏花审美的一个重要方面。

杏花是早春季节的一种花卉，花很少单生，一般都是2—3朵同生，花瓣重叠，比较厚，给人一种浓密茂盛的感觉，而且随着生长阶段的不同，其花朵的颜色也不同，视觉上会产生一种强烈的冲击感。花一般是先叶开放，花朵斜簇着枝干，一朵一朵，非常靓丽，杏花本身并没有什么奇特之处，只是普通花卉，但胜在一般都是成片种植，"杏花无奇，多种成林则佳"②，一色千里的杏花，花团锦簇，壮观而且明艳，"红花初绽雪花繁，重叠高低满小园"③，写出了杏花那种鲜艳夺目，高低重叠，浓密茂盛的姿态。"袅袅风枝偏弄送，酣酣烟蕊自交加"④，描绘了杏花未开欲开时那种清新娇嫩的风姿，惹人爱怜。还有"蓓蕾枝梢血点干，粉红腮颊露春寒"⑤、"杏花一树开如锦，怕触啼莺不倚阑"⑥、

① 松年《颐园论画》，转引周武忠《中国花卉文化》第13页。
② 王世懋《闽部疏》，转引汪灏著《广群芳谱》卷二五，上海书店影印出版1985年版，第596页。
③ 温庭筠《杏花》，《全唐诗》卷五八三，第17册第6760页。
④ 韦骧《赋迎赏欲开杏花得花字》，《全宋诗》卷七三一，第13册第8535页。
⑤ 林逋《杏花》，《全宋诗》卷一〇六，第2册第1218页。
⑥ 马臻《春日幽居》，《霞外诗集》卷一，《影印文渊阁四库全书》本第1204册第59页。

"胭脂淡注宫妆雅，似文君、犹带春醒。芳心婉娩，媚容绰约，桃李总消声"①等这些诗词都展现了杏花那美好的姿态。其中，照影临水，红艳出墙，被认为是杏最富情致的两种姿态，即唐代诗人吴融在其《杏花》诗中所说的那样，"独照影时临水畔，最含情处出墙头"②，而后来历代的诗人在描摹杏花的美好姿态时也多着眼于这两个方面。

从中可见，杏花的姿态美丰富多彩，除了照影临水、红艳出墙这两方面外，历代的诗人对杏花形象的观察和把握也是不断地细致与深入，对杏花的不同形态，如"杏梢""蓓蕾""欲开""半开""全开""半谢""全谢"等，不同的生态，如"清晨""风前""月下""雨中""水边""墙头""薄暮""黄杏花""白杏花"等，这些所有方面的姿态都有所描写。不妨列举一些："楼外轻阴春澹伫，数点杏梢寒食雨"③是杏梢的姿态，而元好问的《纪子正杏园宴集》中"未开何所似，乳儿粉妆深绛唇……曲江江头看车马，十里罗绮争红尘"④更是对杏花未开、半开、盛开这全过程的姿态作了精细生动的刻画。同时，还有一些诗作如"近西数树犹堪醉，半落春风半在枝"⑤、"茅亭高对杏花丛，漠漠阴云小雨中"⑥、"杏花飞帘散余春，明月入户寻幽人"⑦则分别描写了风前、雨中、月下杏花的美好姿态。还有"真宜相阁栽培物，更是仙人种植花"⑧，题咏的则是黄杏花，黄杏花非常珍贵，一般不多见。"杂花乱蕊未须道，

---

① 赵长卿《一丛花·杏花》，《全宋词》第 2 册第 2290 页。
② 《全唐诗》卷六八六，第 20 册第 7884 页。
③ 张元干《天仙子·杏花》，《全宋词》第 2 册第 1427 页。
④ 《元好问诗词集》第 41 页。
⑤ 白居易《杏园花落时，招钱员外同醉》，《白居易集》卷一四，第 1 册第 274 页。
⑥ 韦骧《茅亭观雨中杏花得中字》，《全宋诗》卷七三一，第 13 册第 8532 页。
⑦ 苏轼《月夜与客饮酒杏花下》，《苏东坡全集》前集卷十，第 155 页。
⑧ 韩琦《次韵和崔公孺国博黄杏花》，《全宋诗》卷三二七，第 6 册第 4051 页。

白杏一枝天下无"①，题咏的是白杏花，白杏花一般也不多见，在历代文人的作品中，也很少被提及。

（二）枝叶

在杏树身上，较之于色彩鲜艳、姿态妖娆的杏花，杏的枝叶则很少为诗人关注，在咏杏的文学作品中提及的也不多。先来看它的枝干，杏同梅一样属于落叶乔木，一般高也不过 10 米，它的树冠呈圆头形，树皮红褐色，而枝干颇有光泽，当年生长的新枝一般为青色的，即宋初石延年《红梅》诗中所说"认桃无绿叶，辨杏有青枝"②，也说明了杏枝的颜色是青色。杏枝一般较短，在与梅、桃等同属花卉的比较中，

图 25　杏枝。网友"龙游四海"上传分享。

它的枝干是最短的，在圆头形树冠上一般向上直立生长，但也有斜出者，枝条交加，向外形成一个盆形。林希逸《杏坛》诗中有"叶映缁林好，枝横泗水寒"③，这里便提到它的枝干是横生的。王安石在其《徐熙花》一诗中也说"徐熙丹青盖江左，杏枝偃蹇花婀娜"④，这里诗人是在吟咏五代时著名画家徐熙所作的杏花画，徐熙是五代时南唐的处士，虽

① 吕本中《有怀宿州城北因作诗寄才仲》，《全宋诗》卷一六〇八，第 28 册第 18063 页。
② 《全宋诗》卷一七六，第 3 册第 2005 页。
③ 《全宋诗》卷三一二五，第 59 册第 37344 页。
④ 《全宋诗》卷五三八，第 10 册第 6475 页。

出身大族，却因其高迈的志节和放荡不羁的性格，一生不肯为官，自享田园之乐，其所画花木禽鸟无不生动逼真，神采斐然，人称"落墨花"。杏花在徐熙的妙笔描摹之下，花枝相映，婀娜多姿，画出了杏花的那种灵动。还有"蜡红枝上粉红云，日丽烟浓看不真"①、"红蜡粘枝杏欲开"②，这其中都提到了蜡红枝，是说杏枝是蜡红色的，而这便不是一年生的杏枝。因为随着时间的递增，杏树的根部一般偏于红褐色，所以才会使诗人产生杏枝是蜡红色的感觉。而且有必要强调的是杏枝一般隔年就要修剪，因为它每年都会有一些较长的枝干影响整棵杏树的生长，只有整枝之后，枝干多横生，如此既能投射阳光，畅通空气，而且又利于结果的良好，"拣枝那忍折，绕径只成愁"③说的便是诗人要修剪隔年的杏枝时那种不忍的感觉。

总体看，描写杏枝的作品不是很多。在为数不多描写杏枝的作品中，枯枝意象在诗人的笔下倒是经常出现，多着重的是枯枝开花所带来的那份惊喜之感，如刘因《定兴文庙枯杏复花其尹求诗》、许恕《丁仲贤氏红杏树兵后枝叶复茂》、张埜（yě）《水龙吟·咏杏花》等作品中，已经不仅仅是描写杏枝，而是强调杏枝、杏树身上所具有的那种旺盛的生命力，是任何恶劣的环境、邪恶的力量所打不倒的，诗人在此提倡的是一种不畏困苦、勇敢向前的精神，正如"但余良干在，何必艳花繁"④所云，内在的精神品性远胜于外表的艳丽。接下去简单介绍下杏叶，红花配绿叶，方为完美。杏花不若梅花那样无叶，而是任淡小洁白的花朵斜簇在树枝上，杏花的叶子一般较花开为晚，花先叶而

---

① 范成大《云露堂前杏花》，《全宋诗》卷二二七四，第 41 册第 26054 页。
② 白居易《与皇甫庶子同游城东》，《白居易集》卷二三，第 2 册第 526 页。
③ 杨万里《后圃杏花》，《全宋诗》卷二三〇五，第 42 册第 26491 页。
④ 司马光《杏解嘲》，《全宋诗》卷五〇五，第 9 册第 6142 页。

放，杏叶稍大，为椭圆形有尖，叶与叶之间互相交错生长，边缘有锯齿，正面比较平滑，背面有毛，呈微红色。《广群芳谱》中也有记载："叶似梅差大，色微红，圆而有尖。"[①]这些都有助于形成人们对杏叶的基本认识。不过较之于花朵，杏枝、杏叶确实不为诗人提及，因为它们本身也确实没有太多可以描写并深入阐述之处。

（三）果实

对于杏的果实，也是杏花审美的一个重要方面。在诸多咏杏的作品中，有相当一部分是题咏杏实的。诗人们之所以在笔下不厌其烦地描写杏实，很大一部分原因是它的实用性，实用价值也是较之于审美价值先为人们所

图 26 未成熟时杏子。

关注的方面。杏树开花结果，长成杏子，"落尽残江绿满枝，青青如豆酿酸时"[②]，这是说杏子刚刚结果还没有成熟时是青色的。等到它最终成熟了便变成黄色，"杏子黄金色，筠笼出蓟丘。味甘醒午寝，可是督诗邮"[③]，这里不仅提及了成熟时杏子的颜色，而且还道出了杏子的味道甜美，清爽可口。还有"杏子压枝黄半熟，邻墙风送，荷花几阵香"[④]、

①《广群芳谱》卷二五，第 595 页。
② 张弘范《青杏》，《淮阳集》，《影印文渊阁四库全书》本第 1191 册第 712 页。
③ 马祖常《谢杏子》，《石田文集》卷四，《影印文渊阁四库全书》本第 1206 册第 516 页。
④ 李之仪《南乡子》，《全宋词》第 1 册第 450 页。

"征途一任如天远，不过归时杏子黄"①、"莺声殊自健，杏子况尝新"②等诗词作品中题咏杏子的很多。

在《古今图书集成》里对杏实也有很多记载，如"杏实味香于梅，而酸不及，核与肉自相离，其仁可入药"③、"杏花江南虽多，实味大不如北，其树易成实易结，林中摘食可佳"④等，从中可看出杏实和人类生活的密切关系，不仅可以食用，而且可以药用，尤其是杏仁更是一味好的药材，在医生的指导下使用，可以治疗感冒咳嗽等多种疾病，而杏林这一典故在诗词作品中的频繁出现，也是着眼于杏的药用价值而衍生的。同时，杏实还可以用来做粥，杏子仁可以为粥是说在清明寒食到来的时候，一般人家都有喝杏粥的习惯，这也是一种风俗，从"杏粥榆羹浑不见，蓬池春色梦中看"⑤、"柳絮野莺春向晚，榆羹杏粥食犹寒"⑥、"杏粥因怀旧，榆羹岂为春"⑦等诗句中即可看出。还有真君粥、杏子汤、杏脯之类的食品也都是以杏实作为其主要原料，如真君粥的制作方法是"杏实去核，候粥熟，同烹，可谓真君粥"⑧。

以上可以看出，杏的果实也有很多用途，真是"莫将桃杏等闲看，

---

① 郑刚中《马上》，《全宋诗》卷一六九六，第 30 册第 19097 页。

② 陈造《饮寓隐》，《全宋诗》卷二四三一，第 45 册第 28117 页。

③ 《古今图书集成》第 548 册第 22 页。

④ 《古今图书集成》第 548 册第 22 页。

⑤ 晁说之《寒食书事》，《景迂生集》卷六，《影印文渊阁四库全书》本第 1118 册第 112 页。

⑥ 李彭《寒食日》，《日涉园集》卷八，《影印文渊阁四库全书》本第 1122 册第 680 页。

⑦ 蒲寿宬（chéng）《寒食有感》，《心泉学诗稿》卷六，《影印文渊阁四库全书》本第 1189 册第 867 页。

⑧ 《古今图书集成》第 548 册第 22 页。

栽接名窠有几般。为是开花仍结实，花供赏玩果供餐"①，杏花可以用来观赏，杏实可以用来食用、药用等，作为"五果"之一，真是花果兼备，也才普遍开发、广泛种植，由此带来了相关社会生活的丰富内容，并衍生相应的精神文化内涵。

二、不同生态环境中的杏花

对杏花这一早春芳物的审美认识，人类也是经历了循序渐进的过程，不断发展和深化。伴随着人类社会生产力水平的不断提升，再加上园林经济在唐宋时达到的高度繁荣，带来的是各种花卉草木种植的普遍与兴盛。从而人们对杏花的认识也由最初的单纯、笼统走向细致、深化，也越来越能够把握不同形态下、不同生态环境中的杏花所具备的不一样的审美姿态。接下来着重描绘的就是不同生态环境中的杏花。

（一）风前杏花

杏花是早春芳物，开放的时间次序仅次于梅花，一向被视为报春的使者。在杏花开放的时候，也正是一年中气温逐渐回升的开始，是暖暖的春风慢慢吹开了杏花的姹紫嫣红。可以说，杏花因风而开，风是因，花是果，而促成杏花开放的风便被称为"杏花风"。说到这里有必要提及一下"花信风"，花信风也就是应花期而来之风。这里源出于吕不韦《吕氏春秋》："春之德风，风不信，则其花不成。"②按期而至的春风，因为其遵守信用，可以称之为德风。但是假若春风失信，没有能够按期而至，那么那些本应按期开放的花便会因为没有春风的吹拂而开不成了。这里也是强调花与风之间似乎有那么一层因果关系。

---

① 许纶《信笔戒子种花木》，《涉斋集》卷一八，《影印文渊阁四库全书》本第1154 册第 531 页。
② 转引何小颜《花与中国文化》第 255 页。

后来又因为一年四季都有花卉开放，并不仅仅限于春天，所以便也有"二十四番花信风"的说法。而杏花风自然便是称杏花开放时候所刮的风，而且这已形成一种约定俗成的说法，被人们普遍接受。

正是如此，杏花和风遂有了不解之缘，不但是描写风前杏花的作品很多，而且杏花风这一意象出现的频率也很高。不妨看一下，杏花因风而开，是这袅袅的春风吹开了杏花的花蕾，王涯《春游曲二首》其一云："万树江边杏，新开一夜风。满园深浅色，照在碧波中。"①正是这一夜春风，吹开了满园杏花，有的初绽，有的繁茂，倒映在碧波中，花影辉映，甚是迷人。还有"店香风起夜，村白雨休朝"②这两句诗写得也很有特色，这里运用了倒装的手法，应该是"夜风起店香，朝雨休村白"。正是这风吹拂着杏花，才会散发出缕缕的清香，令人为之沉醉。同时，如"零露泫月蕊，温风散晴葩"③、"文杏堂前千树红，云舒霞卷涨春风"④、"群芳一样受春风，偏向枯枝点缀红"⑤等诗句也都是描述了杏花在春风的吹拂下绽开了花蕾，渐渐盛开繁茂。但是，杏花因风而开，同时也因风而落，等到它盛开的时候也正是恶风令其凋零，风吹杏花凋这一点在历代文人的作品里也有所表现。如白居易《杏园花落时招钱员外同醉》诗："花园欲去去应迟，正是风吹狼藉时。近西数树犹堪醉，半落春风半在枝。"⑥这里描写的是杏花凋落时那种狼

---

① 《全唐诗》卷三四六，第 11 册第 3874 页。

② 温宪《杏花》，《全唐诗》卷六六七，第 19 册第 7643 页。

③ 苏轼《三月二十日多叶杏盛开》，《苏东坡全集》后集卷四，第 496 页。

④ 元好问《冠氏赵庄赋杏花四首》其二，《元好问诗词集》第 516 页。

⑤ 舒頔《杏花》，《贞素斋集》卷七，《影印文渊阁四库全书》本第 1217 册第 651 页。

⑥ 《白居易集》卷一四，第 1 册第 274 页。

藉的姿态,在春风中飘洒。还有"可怜后日再来此,定见随风如锦铺"①,映入诗人眼帘的是花飞千片、随风如锦的壮观景象,而不由也会生出一种惆怅惋惜的思绪。"墙东杏树花千片,片片随风到马头"②、"东风恶,胭脂满地,杏花零落"③、"白白红红春意深,恶风吹折五更心"④等这些也都是着眼描写杏花因风而飘落的种种场景。正是,因风而开,随风而落,"红杏一枝遥见。凝露粉愁香怨。吹开吹谢任春风,恨流莺不能拘管"⑤,说的便是。

透过以上种种描写可以看出,风中杏花的姿态还是颇具特色,它在春风中绽开花蕾,摇曳多姿,展现着迷人的姿态,一种青春的气息洋溢在杏花的身上,它向人们播报春天的到来,而它的欣欣向荣生长也会令人振奋,看到希望。但是,它又无法避免地在春风中败落,花无百日红,因而也会令人惊叹时间的流逝,岁月的无情,人无百日好。

同时,"杏花风"这一说法在咏杏的作品中也非常普遍,如宋朝诗人陈著《梅山摘其八绝为四首和来余因次韵》其四中"须记松梅满山雪,莫随桃李杏花风"⑥、元朝诗人方回《识山堂会饮》中"醉筇斜倚杏花风,邂逅高堂六客同"⑦、黄溍《题平章康里公春日杏园西即事诗后》中"目断云车天路永,小楼春雨杏花风"⑧、张翥《三月二日赏

---

① 文同《惜杏》,《全宋诗》卷四四二,第 8 册第 5390 页。
② 袁桷《送吴成季五绝》其一,《清容居士集》卷一三,《影印文渊阁四库全书》本第 1203 册第 167 页。
③ 康与之《忆秦娥》,《全宋词》第 2 册第 1687 页。
④ 安熙《杏花始开连日大风不获一赏,晨起携筇往观之归而小酌得三绝句》其二,《默庵集》卷二,《影印文渊阁四库全书》本第 1199 册第 717 页。
⑤ 杜安世《忆汉月》,《全宋词》第 1 册第 238 页。
⑥ 《木堂集》卷五,《影印文渊阁四库全书》本第 1185 册第 27 页。
⑦ 《桐江续集》卷三,《影印文渊阁四库全书》本第 1193 册第 256 页。
⑧ 《文献集》卷二,《影印文渊阁四库全书》本第 1209 册第 280 页。

杏花光岳堂分韵》中"柳色初青草渐茸,春寒犹勒杏花风"①、倪瓒《别章炼师》中"鼓柁斜种宾叶雨,钩帘半怯杏花风"②等等,这些诗中都提及了杏花风,可以说这已经由最初只是描写风中杏花的姿态而演变为一种节候特征、固定的说法,从中也足以说明杏花与风之间密切的关系。

（二）雨中杏花

图27　雨中杏花。网友"护花人"上传分享。

前面已经说过,杏花是因为春风的吹拂而绽开了花蕾。凑巧的是,杏花在开放的时候,又恰值清明时候,这时也正是春雨蒙蒙的季节,尤其是在江南一带,更是春雨连绵,不肯放晴,所以才会形成后来的"杏花春雨江南"这一杏花审美的经典意象。可见,杏花和春雨之间也有着另一层的不解之缘,我们提及杏花,便会想到春雨,而当看到春雨,抬头望去见到的又是杏花,所以自然而然描写春雨中杏花的作品也很多。唐朝诗人钱起在其《酬长孙绎蓝溪寄杏》一诗中说到"清香和宿雨,佳色出晴烟"③,不仅勾勒出了花和雨所组成的美妙画景,而且也道出了正是雨的洗礼才成全了花的清香,这种香一层一层的渗透开来,丝丝缕缕,拂之不去,那么

---

① 《蜕庵集》卷三,《影印文渊阁四库全书》本第 1215 册第 42 页。

② 《清閟阁全集》卷六,《影印文渊阁四库全书》本第 1220 册第 244 页。

③ 《全唐诗》卷二三八,第 8 册第 2653 页。

清新宜人令人沉醉。另外,"杏林微雨霁,灼灼满瑶华"①是写杏花在雨中盛开,因春雨的沐浴更加精神,那种生气、活力、灼灼满瑶华的感觉更是咄咄逼人。还有"楼外轻阴春澹伫,数点杏梢寒食雨"②是写杏花在春雨中沐浴生长,"昨日杏花春满树,今晨雨过香填路。零落软胭脂,湿红飞无力"③是写杏花在春雨中凋落,那种残败萧瑟的美也令人心痛怜惜。同时,如"名花韵在午晴初,雨沁胭脂脸更敷"④、"白白红红一树春,晴光眩眼看难真。无端昨夜萧萧雨,细锦全机卸作茵"⑤、"微雨度,疏星挂,晖晖浓艳出,袅袅繁枝亚"⑥、"料黄昏凝雨,盈盈如泪,把胭脂愠"⑦等,这些诗词也为我们呈现了雨中杏花的不同姿态,诗人们能够抓住雨中杏花的那份清新的特点去加以描写。

同时,因为杏花和春雨的这种密切相连的关系,便也形成了"杏花雨"的说法。清明时节多雨,杜牧《清明》一诗中即说"清明时节雨纷纷,路上行人欲断魂",而且这雨纷纷的时候也适逢杏花开放之时,所以这雨便也称之为"杏花雨"。关于"杏花雨"这一说法在历代的咏杏之作中也有很多。如"鹤城半掩人未归,数点春愁杏花雨"⑧、"沙头漠漠杏花雨,依旧年时墙燕语"⑨、"西马塍边红杏雨,金牛寺外白

① 权德舆《奉和许阁老霁后慈恩寺杏园看花同用花字口号》,《全唐诗》卷三二六,第 10 册第 3655 页。
② 张元干《天仙子·杏花》,《全宋词》第 2 册第 1427 页。
③ 刘学箕《菩萨蛮·杏花》,《全宋词》第 4 册第 3128 页。
④ 文天祥《次约山赋杏花韵》,《全宋诗》卷三五九六,第 68 册第 42964 页。
⑤ 杨万里《雨里问讯张定叟通判西园杏花二首》其一,《全宋诗》卷二二八〇,第 42 册第 26153 页。
⑥ 赵彦端《千秋岁》,《全宋词》第 3 册第 1885 页。
⑦ 张埜《水龙吟·咏杏花》,转引《古今图书集成》第 548 册第 27 页。
⑧ 方岳《次韵赵端明万花园》,《全宋诗》卷三二二四,第 61 册第 38475 页。
⑨ 方岳《东西船》,《全宋诗》卷三二一九,第 61 册第 38448 页。

杨风"①等，诗句中往往是通过景色的渲染来表达内心的感受。但也是对杏花、春雨二者之间密切关系的补充说明，二者相互映衬，独具美感，缺一不可。

以上对风前杏花和雨中杏花的阐述，让我们看到了杏花和春风、春雨之间不可分割的联系，杏花因风而起、随雨而开，又因风而凋、随雨而败，可以说风中杏花的摇曳之姿，雨中杏花的清新之态都独具特色。不过更多时候杏花也和风雨一起频繁出现于诗人的笔下，风雨在文学作品中往往也是相辅相成、相伴而生的。"醉里余香梦里云，又随风雨去纷纷"②、"疏园两树杏，风雨夜离披"③是写杏花在风雨中凋残、落败的景象，而"重英迷宿雨，巧笑聘春风"④、"燕子怯春归未得，一帘风雨杏花寒"⑤则是描写杏花在风雨中绽放的不同姿态，也是别具特色。不过比之同属的梅花，杏花的风雨离披之状要比梅花的凌寒傲雪而开逊色许多，只因风雨中的杏花并不是诗人们咏杏作品中着意较多之处。

（三）月下杏花

众所周知，是花卉的美丽装饰了我们的世界，但人类也从不吝啬于表达他们对花卉的欣赏与喜爱，"人看花，花看人；人看花，人销陨到花里边去；花看人，花销陨到人里边来"⑥，真是人和花紧密不分，人们欣赏花卉已经达到一种浑然忘我、融二为一的境界。可以说，欣

---

① 俞德邻《未游杭作口号十首因事怀旧杂以俚语不复诠释》其十，《佩韦斋集》卷七，《影印文渊阁四库全书》本第 1189 册第 54 页。
② 王铚《杏花》，《全宋诗》卷一九〇九，第 34 册第 21320 页。
③ 张嵲《杂兴》，《全宋诗》卷一八三七，第 32 册第 20458 页。
④ 洪适《重杏》，《全宋诗》卷二〇八二，第 37 册第 23493 页。
⑤ 华岳《上巳》，《全宋诗》卷二八八六，第 55 册第 34426 页。
⑥ 金圣叹《唱经堂才子书汇编·语录纂》，转引何小颜《花与中国文化》第 3 页。

赏花卉一直是人类所津津乐道的美事，花前月下正是良辰美景、赏心悦事，尤其是中国古代的文人雅士，他们更是把赏花作为人生的一大乐事。在历代文人的心目中，花卉并不仅仅只是花卉，在人类长期的审美积淀下，渐次赋予了其不同的象征意义，在花卉的身上往往寄托了人类美好的情感和高尚的品德。尤其是入宋以来，儒家义理的深入人心，封建道德意识的普遍高涨，以及理学的繁荣，都进一步促使士人倾向于欣赏那些比德之花，特别是梅花，它在宋代彻底完成了从花品向人品的转换，价值地位也一路攀升，并最终成为"群芳之首"，成了崇高的文化象征。正是因为梅花身上具有崇高的价值与意义，所以历来备受文人的喜爱，而描写吟咏赞叹梅花的作品也就很多。但是奇怪的是，对于月下赏花这一非常雅致的活动，宋代的士人大多却是撇开月下赏梅，而倾向于月下赏杏，并且这种审美取向在从宋至元到明清的相关咏杏的文学作品中也都有突出的表现。

其中最为引人注目的便是苏轼那首《月夜与客饮酒杏花下》：

杏花飞帘散余春，明月入户寻幽人。褰衣步月踏花影，炯如流水涵青蘋。花间置酒清香发，争挽长条落香雪。山城薄酒不堪饮，劝君且吸杯中月。洞箫声断月明中，惟忧月落酒杯空。明朝卷地东风恶，但见绿叶栖残红。

整首诗为我们渲染了月下赏花那种优美的情境，杏花在月光的渲染下，也更加得明亮轻快，花美酒醇，这真是人生的赏心乐事。这首月下咏杏之作在整个咏杏作品的发展史上都具有一定的意义，很具有代表性，更被宋代的诗人林正大改编为词，即《括酹江月》："杏花春晚，散余芳，著处萦帘穿箔……更须来岁，花时寻酒来约。"[1]可见，这首

---

[1] 《全宋词》第 4 册第 3148 页。

诗的魅力之大，它的确是苏轼天才的发挥，但更多的还是得益于月下赏杏这种美好的情境，才会激发诗人的诗情，也才能写出如此脍炙人口的作品。

对于月下赏花如此雅致的活动，诗人们喜欢选取月下赏杏而抛开了月下赏梅的最根本原因还是在于梅杏不同的生物属性。大家知道，梅花的物理特征最重要的是其花蕊冬寒开放，春暖凋谢，也正是因为梅花的凌寒开花、花开之早，因此雪中探梅这一活动于梅花才最具代表性，自然月下赏梅的活动也有，但并不普遍，在梅花开放的清冷夜晚去月下赏

图28　月下杏花（高尔沁摄）。

梅，如不是对梅花具有特殊的情感，像林逋，一般人都不会，这是时间上的原因。同时梅花并不以花色取胜，它以白色、粉红色这两种颜色为主，而这两种颜色给人的视觉效果并不强烈，十分素淡寒薄，很难产生那种强烈喜爱的情感，这也是梅花的不足。但杏花则不然，首先，它开放的时间非常适宜，一般是在农历二月，也恰值清明前后，而这一时候的天气则非常宜人，古人就有"杏花天"的说法，春暖花开，万物复苏，大地一片欣欣向荣的景象，在这样的季节里观赏杏花不寒不暖，非常舒适。其次，杏花的花色层次感非常突出，杏花具有娇容三变的色彩，红的似火，粉的似霞，白的似雪，每每会给人一种视觉上的冲击感，而且杏树一般都成片种植，杏花开放的时候，灿烂如锦，一色千里，杏花纷飞的时候，更是万片如雪，飘飘洒洒，不管是如锦

74

铺还是如雪飞，对诗人来说这种感觉都非常壮观，再加上有明月的清晖伴随，有美酒的醇美助兴，就更添一份兴致。

不妨来看一些作品："零露泫月蕊，温风散晴葩。春工了不睡，连夜开此花"①、"公不见，锦衣白璧谁家郎，春风得意寻春忙。红云步障三十里，一色繁艳无余香。又不见，玉川秾李正清绝，夜携仙客通寥阳。连天剪刻万株雪，缟裙练帨看明妆"②，从中不难想见，一轮明月当空高挂，月下杏花繁茂盛开，明月繁花交相辉映，此情此景，甚是美哉！"今年春早，到处花开了。只有此枝春恰好，月底轻颦浅笑"③，月下的杏花如少女般轻颦浅笑，别具风情。所有这些都可证明诗人对于月下赏花为什么比较偏爱北方地区明媚的杏花，并且把它表现于笔下，而不选取江南春寒料峭中梅花的原因，是因月下赏杏更具代表性，杏花更能调动诗人的闲情逸致，更能带给他们愉悦的心情，也更符合他们的审美需求。

（四）水畔杏花

不同生态环境的杏花，其展现的姿态也不一样，当然所带来的审美感受也是各异的。其实，杏花是一种非常普遍的花卉，它本身并没有什么奇特之处，无论是在栽种的过程中，还是其盛开，乃至结果，都为人类所熟悉。但是成片、成林的杏花却是饶有风致的，往往能给人相当大的视觉冲击，获得独特的审美感受，明人王世懋也说"杏花无奇，多种成林则佳"。成片的杏花非常美丽，如果栽种的地方也适宜，就更是锦上添花，而水畔杏花就是杏花别具风神的一种。

---

① 苏轼《三月二十日多叶杏盛开》，《苏东坡全集》后集卷四，第 496 页。
② 程俱《同许干誉步月饮杏花下》，《全宋诗》卷一四一六，第 25 册第 16316 页。
③ 王庭筠《清平乐·杏花》，转引《古今图书集成》第 548 册第 27 页。

吴融在其《杏花》诗中有这样两句"独照影时临水畔，最含情处出墙头"①，这两种生态环境中生长的杏花一般被认为是杏花最富于情态的表现。首先来看一下"水畔杏花"，现在人们在种植杏树的时候，也多选择在水畔池塘，估计也正是着眼于水畔杏花的动人之处，"独照影时临水畔"写出了杏花临水而开，花影倒映在湖水中，交相辉映，花也迷人，影也动人，非常生动传神。

图29　水畔杏花。网友"bahan2006"上传分享。

　　这种对水畔杏花的描摹，在历代作家的作品中都有所表现，也是诗人们较着意之处。如王涯《春游曲二首》其一中"万树江边杏，新开一夜风。满园深浅色，照在碧波中"②，这里描写的是成片的杏花，这成片的杏花生长在江边，是一夜的暖风吹开了满园的杏花，而这些

---

① 《全唐诗》卷六八六，第 20 册第 7884 页。
② 《全唐诗》卷三四六，第 11 册第 3874 页。

杏花又各具特色，有的含苞初绽，有的完全绽开花蕾，那深深浅浅的颜色倒映在池水碧波中，花影水波荡漾开来，别具风情。

而王安石的《北陂杏花》中"一陂春水绕花身，花影妖娆各占春"①两句则是衍生了吴融水畔杏花的描写，从中能够看到一幅美丽的杏花图：一池碧绿的春水围绕着一树杏花流淌，枝头是红杏独秀，水中是花影粼粼，花映水面，花影水色，显得分外地妖艳美好，此时明媚的春光也都被这花身、花影各自占去了。这样美丽多情的杏花很迷人，欣赏如此的美景，也会让人花不醉人人自醉。还有"不学梅欺雪，轻红照碧池"②、"袅袅纤条映酒船，绿娇红小不胜怜"③、"翱翔夫子坛，栽植泮水涯。花好实亦成，诸公欣拜嘉"④等也都是描写水畔杏花那种迷人的姿态。

（五）墙头杏花

吴融《杏花》诗中"最含情处出墙头"即是说的"墙头杏花"，这也是被视为杏花最富于情态的两种表现之一，可以想见，墙头杏花微露些儿，似隐非隐，别具情致。这里杏花已不仅仅是花，而是被拟人化，在杏花的身上，具有了一种人的生命力，它仿若娇羞妩媚的少女春心荡漾，又仿若闺房中寂寞孤独的少妇在热切盼望着夫君的早日归来，你瞧它正在墙头左顾右盼，深情凝望。墙头杏花生动传神地表现了杏花的那种多情、娇羞的姿态。

对于墙头杏花的描写，历代的作家如王安石、张耒、周紫芝、陆游、

① 《全宋诗》卷五六五，第 10 册第 6693 页。
② 郑谷《杏花》，《全唐诗》卷六七四，第 20 册第 7722 页。
③ 元好问《杏花杂诗十三首》其三，《元好问诗词集》第 475 页。
④ 王十朋《泮官杏花乃阁紫薇为教官时所植复用前韵》，《全宋诗》卷二〇三七，第 36 册第 22860 页。

图 30　紫禁城岁时——墙头杏花（张林摄）。

元好问等都表示过关注和喜爱，都有作品提及。如吴融《途中见杏花》诗中"一枝红杏出墙头，墙外行人正独愁"[1]，王安石《杏花》诗中"独有杏花如唤客，倚墙斜日数枝红"[2]，张耒《伤春四首》其二诗中"红杏墙头最可怜，腻红娇粉两娟娟"[3]，周紫芝《雨中立杏花下》诗中"浅红疏蕊出墙头，事往人空锁北楼"[4]，陆游《马上作》诗中"杨柳不遮春色断，一枝红杏出墙头"[5]，叶绍翁《游园不值》诗中"春色满园关不住，一枝红杏出墙来"[6]，刘豫《杏》诗中"竹坞人家濒小溪，数枝

---

① 《全唐诗》卷六八七，第 20 册第 7891 页。
② 《全宋诗》卷五七〇，第 10 册第 6728 页。
③ 《全宋诗》卷一一七三，第 20 册第 13248 页。
④ 《全宋诗》卷一五一四，第 26 册第 17245 页。
⑤ 《陆放翁全集》中册，北京市中国书店 1986 年版，第 322 页。
⑥ 《全宋诗》卷二九四九，第 56 册第 35135 页。

红杏出疏篱"①,元好问《杏花杂诗十三首》其一中"杏花墙外一枝横,半面宫妆出晓晴"②,段成己《朝中措·偶出见墙头杏花》词中"无言脉脉怨春迟,一种可怜枝。最是难忘情处,墙头微露些儿"③,等等。其中如叶绍翁、元好问的诗句更是因为其描写得生动、传神成为千古名句,而为历代人所津津乐道。叶绍翁的"春色满园关不住,一枝红杏出墙来"两句,为我们展示了春意盎然的美景,这一枝出墙的红杏,既暗示了园内百花争妍、姹紫嫣红的春色,又点染出园外春意融融的气氛,形象极其鲜明,具有以小见大的作用,一枝红杏出墙来描写的只是一幅小景,但这幅小景却透露了春的消息,能够给读者留下广阔的想象空间,回味无穷,别具特色。元好问的"杏花墙外一枝横,半面宫妆出晓晴"两句,则是描写一枝俏丽的杏花伸出墙外,就如同梳妆打扮好的美艳宫妃微露半面,出现在拂晓的晴光中,甚是迷人。这里也是借墙外一枝这一局部,使我们可以想见杏花的整体,形象更突出,刻画也更精粹,而接下去又以晨光中露出半面的宫妃比喻墙头花枝,则进一步表现了杏花那种隐而不露的含蓄美,能够给人以"犹抱琵琶半遮面"④的情韵,如此杏花的美就更加生动、形象。

通过以上的描写与分析,可以见出"墙头杏花"特有的魅力,往往都是一枝出墙,这已成为固定意象,但却最具风致,较万树杏花盛开更具特色,用一枝代几枝,甚至代表全部的杏花,具有画龙点睛、生发想象的作用。它不仅仅向人们预报春天到来的信息,而且这墙头一枝的杏花往往似隐非隐的出现,更能调动诗人那种好奇的心理,引

---

① 转引《广群芳谱》卷二五,第 605 页。
② 元好问《杏花杂诗十三首》其一,《元好问诗词集》第 475 页。
③ 转引《古今图书集成》第 548 册第 27 页。
④ 白居易《琵琶行》,《白居易集》卷十二,第 1 册第 241 页。

起他们的关注，因而红艳出墙这种杏花的美好姿态才会被较多地着眼于诗词中。但后来，这一美好意象竟衍生为"红杏出墙"，也即形容妻子有外遇的流行俗语，应也是墙头杏花这一景象强烈的感染力和想象空间，也是杏花价值定位不断走低的表现。

三、杏花的整体美感特征及与梅、桃、李的比较

（一）杏花的整体美

杏花是作为春天的一种花卉，早在商代的甲骨文中即已有杏的记载，可见它和人类社会生活的密切相关。人们对它的认识也是一个渐趋发展完善的过程，它分单瓣和复瓣两个品种，更为奇特的是有千叶杏花、百叶杏花，杨万里《行阙养种园千叶杏花》诗中 "不信东皇也有私，如何偏宠杏花枝。于中更出红千叶，且道此花奇不奇"[1]，这里是讲千叶杏花的奇特。而元好问《浑源望湖川见百叶杏花二首》其一则是描写的百叶杏花。只不过二者都不多见。总体上来看杏花，它有着姣容三变的色彩，有着芬芳宜人的清香，有着妖娆美丽的姿态，这些都让它获得了人们的赞赏，赢得了人们的喜爱。对于杏花的整体美，具体来说也是分为三部分。

1. 花色。这是杏花不同于一般花卉的地方，它的色彩随着生长阶段的不同不断变化。"花二月开，未开色纯红，开时色白微带红，至落则纯白矣。"[2]这种不断变化的色彩非常引人注目，给人的视觉效果很好，具有一定的冲击力。

2. 花香。花的香味对于任何一种花卉来说都是必不可少的，也只有色香兼备的花卉才能称之为好。杏花的香味并不是很浓郁、很明显，

---

① 《全宋诗》卷二三〇五，第 42 册第 26493 页。
② 转引《广群芳谱》卷二五，第 595 页。

但是却伴随着杏花的整个花期，那是一种淡淡的、挥之不去的清香，带给人们一种嗅觉美。

3. 花姿。花姿对于花卉同样很重要，那是一种持久的美，美丽的姿态往往能够深入人心。而杏花的姿态也是千变万化，清新自然、妖娆艳丽等都兼而有之，而且在不同的生态环境中的杏花，乃至不同形态的杏花也都是各具美态。

前面已经具体论述过杏花的色彩美、香味美和姿态美，这里不多说。总之，杏花的整体美感相当动人，从而总能够使人们获得审美上的愉悦。

（二）杏花与梅花、桃花、李花的比较

杏，与梅、桃、李同属于蔷薇科李属，都是落叶乔木，它们的外貌因此也有几分相像，但还是各具特色和美感，历代的文人墨客对它们描述、吟咏的作品很多。这里正是基于它们的同科同属，比较它们在生物属性上的不同之处。

1. 花时不同。

我们知道很早的时候，它们便被放在一起提及。我国最早的一部历法书《夏小正》就说"正月，梅、杏、杝桃始华"。这里说的是梅、杏、桃三者的开花顺序，虽未提及李，但次序井然，表明的正是它们花时的先后顺序。的确，梅花、杏花、桃花、李花，它们都是同属于春天的花卉。先是梅花在岁末年初盛开，久寒乍暖时节最适宜梅花生长，而杏花则紧承梅花之后，春天天气开始越来越暖和，它便绽开了花苞，而在杏花怒放之时，桃花、李花便也趁着春荣，渐次开放。白居易《春风》诗中"春风先发苑中梅，樱杏桃梨次第开"[①]，即已表明了它们花开的先后顺序。这一点，很多诗人也都有所着笔，如"道上落梅飘脆管，

———————————
① 《白居易集》卷二七，第 2 册第 628 页。

陌头繁杏著游鞯"①、"江梅已尽桃李迟，此时此花即吾友"②、"桃李前头一树春，绛唇深注蜡犹新"③、"桃李未吐梅英空，杏花嫣然作小红"④、"桃花欲发杏花谢，细雨斜风三月三"⑤等这些诗句，都是通过比较来说明它们花时的先后。

2. 花色不同。

杏花的花色非常有特点，前面已经论述过其姣容三变的色彩，未开时花色纯红，等到慢慢绽开了花苞、争艳怒放时则是薄粉轻红，再到凋零飘落时则变成了白色，对于杏花的花色不作具体展开。梅花的花色以白色、粉红色为主，梅花本身并不以花色取胜，反而显得十分素淡寒薄。至于桃花，花色多样，白色、粉红、深红、复色都有，李花的颜色则非常单一，就是白色，一派淡雅洁白，李渔在其《闲情偶记》中说"桃色为红之极纯，李色为白之至洁。'桃花能红李能白'一语，足尽二物之能事"⑥。从中可见，桃之色以红为主，李之色本就为白。

对于这四种花花色的各异，在诗词中也多所表现，"不待群芳应有意，等闲桃杏即争红"⑦是言桃李相互比拼，斗红开放。"不学梅欺雪，轻红照碧池"⑧，通过梅与雪的比较，暗衬梅之白，同时也写出了杏花

① 宋祁《灯夕在告闻游人甚盛》，《全宋诗》卷二一二，第 4 册第 2439 页。
② 黄庭坚《赋陈季张北轩杏花》，《全宋诗》卷一〇一九，第 17 册第 11623 页。
③ 元好问《杏花》，《元好问诗词集》第 514 页。
④ 王十朋《甘露堂前有杏花一株在修竹之外殊有风味用昌黎韵》，《全宋诗》卷二〇三七，第 36 册第 22860 页。
⑤ 郭祥正《三月三日》，《全宋诗》卷七七八，第 13 册第 9002 页。
⑥ 李渔《闲情偶记》，上海古籍出版社 2000 年版，第 293 页。
⑦ 陆龟蒙《和袭美扬州看辛夷花次韵》，《全唐诗》卷六二四，第 18 册第 7175 页。
⑧ 郑谷《杏花》，《全唐诗》卷六七四，第 20 册第 7722 页。

的薄粉轻红。而"冻白雪为伴"①、"早梅初向雪中明"②等都是通过雪的衬托，来表明梅花花色之白。再如王禹偁《杏花七首》其三中写道："桃红李白莫争春，素态妖姿两未匀。日暮墙头试回首，不施朱粉是东邻。"③这首诗通过对杏花与桃花、李花的比较来衬托杏花美丽的风致，这里写了桃的妖艳与李的素淡，点出它们一个过于俏丽，一个又过于质朴，都不如杏花的文质之适度，杏花具有一种不淡不称、匀称协调的美，在此撇开花卉本身的品性如何不谈，而旨在颜色的对比，更加说明了杏花花色的惹人喜爱。另外，如"径李浑称白，山桃半淡红。杏花红又白，非淡亦非称"④也是说明杏花花色的迷人。

总之，描写杏花美丽颜色的作品很多，不一一列举，也只是为了说明杏花花色的姣容三变，引人注目，因为较之于梅色的素淡寒薄，桃色的艳丽媚人，李色的质朴洁白，杏花的颜色确实是秾淡适宜，协调匀称。

3. 花姿不同。

杏花与桃花、李花都盛开在三春芳菲、姹紫嫣红、百媚千娇的季节，它们本身就具有妖娆的姿态，同时它们又是以色彩取胜的花卉，其多姿多彩的颜色更为它们的风姿增添了韵味。再加上杏树与桃树、李树一样都是非常重要的果木树，一般都是大面积成片的种植，这样放眼望去，便是一色千里，甚是壮观，尤以杏花为盛。其盛开的时候，有的红似火，有的粉似霞，有的白似雪，具有不同的姿态。至于桃花盛开时，则是灿烂芳菲，娇艳媚人，一色如锦。李花盛开时又是另外一

---

① 韩偓《早玩雪梅有怀亲属》，《全唐诗》卷六八〇，第 20 册第 7792 页。
② 和凝《宫词》之七十二，《全唐诗》第 1839 页。
③ 《全宋诗》卷六五，第 2 册第 737 页。
④ 杨万里《甲子初春即事六首》其三，《全宋诗》卷二三一六，第 42 册第 26649 页。

种风致，淡雅洁白，一色如雪。这一色三变的杏花，灿烂似火的桃花，淡雅洁白的李花，它们的花色本身就很引人注目，而梅花则不然，其花径较小，只有 2～3 厘米，花期又无叶，它只有淡小的花蕊缀落于枝间，整体上给人的感觉就素淡寒薄。因此在诗词作品中，对它们不一样的花姿也有不同的描写。"梅不嫌疏杏要繁，主人何忍折令残"①这两句，即点明了梅杏的不同姿态，梅花疏淡，杏花浓密，这是由于它们不同的生物属性造成的，而且梅之疏、杏之繁也正是它们的独特之处，失去了反而会破坏那份美感。而"红花初绽雪花繁，重叠高低满小园"②、"红杏墙头最可怜，腻红娇粉两娟娟"③、"浅注胭脂剪绛绡，独将妖艳冠花曹"④等诗句着眼的也正是杏花娇艳无比的姿态。但是更多时候则通过与桃、李的比较来显示杏花所特有的风姿，如司光马"田家繁杏压枝红，远胜桃夭与李秾"⑤、柳贯"秾桃靓李杳然空，山杏一梢红丛丛"⑥、赵师侠"绛萼衬轻红，缀簇玲珑，夭桃繁李一时同。独向枝头春意闹，娇倚东风"⑦等人的这些作品中，通过与桃、李姿态的比较，来表现诗人对杏花那种特有风姿的喜爱与赞赏。这里有必要提及的是杏花与梅花的比较，更多着眼于它们本身的花品及其象征寓意，是一种内在的神韵气节的比较，这将在杏花的人格象征中具体论述。

① 杨万里《雨里问讯张定叟通判西园杏花二首》其二，《全宋诗》卷二二八〇，第 42 册第 26153 页。
② 温庭筠《杏花》，《全唐诗》卷五八三，第 17 册第 6760 页。
③ 张耒《伤春四首》其二，《全宋诗》卷一一七三，第 20 册第 13248 页。
④ 朱淑真《杏花》，《全宋诗》卷一五八五，第 28 册第 17959 页。
⑤ 司马光《和道矩送客汾西村舍杏花盛开置酒其下》，《全宋诗》卷五〇五，第 9 册第 6141 页。
⑥ 柳贯《寒食日出访客始见杏花归而有赋》，《待制集》卷三，《影印文渊阁四库全书》本第 1210 册第 217 页。
⑦ 赵师侠《浪淘沙·杏花》，《全宋词》第 3 册第 2699 页。

4. 花香不同。

较之前面几点，花香的比较相对次要。虽然它们都各具香味，但是这种差别清楚的区分则比较困难，因为"香者，天之轻清气也，故其美也常彻于视听之表"①。花卉的香味美带给人的是一种嗅觉上的刺激，它不同于花卉的色彩、姿态那么清晰明确，给人以实在的感觉，香味美给人的感官愉悦实在是难以言传的，那是一种言有尽而意无穷的味道。简单来看一下梅香与杏香，历代的诗人由于其审美感受的不同，所感受到的花香也是各异，如梅香就有冷香、寒香、暗香、幽香、冻香、远香等，杏香也有诸如清香、芳香、幽香、艳香、微香等，至于桃香与李香，不同的审美主体所获得的审美感受也是不一样的。因此，对于如此众多加诸花卉身上对其花香的不同界定，比较相互之间究竟有何区别，有难度，也没必要。

以上便是从花时、花色、花姿、花香四个方面论述了杏花与梅花、桃花、李花的不同之处，着眼的仅是它们生物方面的属性。可以说，正是基于它们的同科同属，历代的诗人们才喜欢也更自然地把它们放在一起使用，频繁出现于诗词作品中。列举一些，"村杏野桃繁似雪，行人不醉为谁开"②、"一山桃杏同时发，谁似东风不厌贫"③、"争似著行垂上苑，碧桃红杏对摇摇"④、"花深红，花浅红，桃杏浅深花不同，

---

① 刘辰翁《芗林记》，《须溪集》卷五，《影印文渊阁四库全书》本第 1186 册第 517 页。
② 白居易《过永宁》，《白居易集》卷三二，第 2 册第 728 页。
③ 许浑《郊居春日有怀府中诸公并东王兵曹》，《全唐诗》卷五三六，第 16 册第 6116 页。
④ 释齐己《折杨柳词四首》其四，《白莲集》卷十，《影印文渊阁四库全书》本第 1084 册第 419 页。

图31　梅花。

图32　杏花。网友"清隽雅逸"上传分享。

图33　桃花。

图34　李花。网友"dajinglaotouzi"上传分享。

年年吹暖风"①、"官居门巷果园西，桃李成蹊杏压枝"②、"未叹丹杏无余葩，能事已到桃李花"③、"颜色已饶丹杏蕊，馨香不减雪梅疏"④、"鱼虾鳞鳞初出网，梅杏青青已著枝"⑤等，这样的作品很多，尤以桃杏一起使用最为普遍。

第二节　杏花神韵及其表现

　　园艺学家一般把花卉的美分为色、香、姿、韵四个方面。前面三个方面：色、香、姿，它们是花卉本身所具有的生物属性，这是一种客观美、自然美，是花卉先天所具有，属于第一层次的美。第四个方面：韵，即神韵、风韵，这是一种主观美、象征美，是人类后天所形成，通过移情、象征、比喻、拟人等表现手法加诸花卉身上，"意义是人类机体加在物质的东西或事件之上的"⑥，象征"由于人的横加影响而获得意义"⑦，是属于第二层次的美。

　　同样，对于杏花也包括色、香、姿、韵四个方面的美。前面在论述杏花的整体美感时已经具体描述了杏花的色彩美、香味美、姿态美，

---

① 李石《长相思·佳人》，《方舟集》卷六，《影印文渊阁四库全书》本第 1149 册第 589 页。
② 范成大《次韵乐先生吴中见寄八首》其二，《全宋诗》卷二二五〇，第 41 册第 25826 页。
③ 陈造《再分韵得花字》，《全宋诗》卷二四三〇，第 45 册第 28078 页。
④ 陈襄《和桃花因戏如晦》，《全宋诗》卷四一五，第 8 册第 5099 页。
⑤ 萨都拉《初夏淮安道中》，《雁门集》卷三，《影印文渊阁四库全书》本第 1212 册第 638 页。
⑥ 庄锡昌等编《多维视野中的文化理论》，浙江人民出版社 1987 年版，第 244 页。
⑦ 《多维视野中的文化理论》第 244 页。

而下面着眼的将是杏花的神韵美。

一、杏花神韵美——娇、闹、俗、艳

（一）娇

着一"娇"字，一般多会用在少女身上，因为她们有着精致的脸庞、柔滑的肌肤、美好的身材，再加上那扑面而来的青春气息，真是清新娇嫩，可爱无比。但自古以来，在诗词创作中，多有以花喻美人、用美人比花的模式，花与美人之间的相互拟喻已经形成一种传统的模式。因此，对于杏花的神韵美，首先想到的便是娇美。杏花作为早春的一种芳物，它一花三色、芬芳宜人、美丽娇娆，这些便构成了其内在娇美本质的基础。

众所周知，杏花是在早春季节仅次于梅花而盛开，在经历了一冬的严寒与雪霜后，春暖冰融，万物复苏，大地上一片欣欣向荣的景象。这时杏花也绽开了花苞，它是报春的使者，它不但以其美丽的芳姿装扮着世界，而且它更为春天增添了一份青春的气息。在唐代诗人吴融的《杏花》诗里这样写道："春物竞相妒，杏花应最娇。红轻欲愁杀，粉薄似啼销。愿作南华蝶，翩翩绕此条。"[1]这首诗点出了在春天的大地上，万物竞相争妍斗巧的时候，杏花的娇嫩是最突出的，所以才会惹来万物的忌妒，瞧它那薄粉轻红的模样，惹得蝶儿也久久不愿离去。而司空图《村西杏花》二首其二中的"肌细分红脉，香浓破紫苞"[2]两句写出了杏花肌肤的细滑柔嫩，能够看出正面的浅浅脉纹，而它的花香之浓竟然穿透花苞散发出来，这样的杏花，娇嫩无比，惹人爱怜。

---

① 《全唐诗》卷六八六，第 20 册第 7880 页。
② 《全唐诗》卷六三二，第 19 册第 7256 页。

还有如"蓓蕾枝梢血点干，粉红腮颊露春寒"①、"绝怜欲白仍红处，政是微开半吐时"②、"半开何所似，里中处女东家邻。阳和入骨春思动，欲语不语时轻颦"③等诗句，虽未在句中直言杏花之娇美，但是运用了拟人、比喻的修辞手法对杏花的美丽姿态进行刻画。那少女般的粉红腮颊，那微开半吐的娇羞模样，那欲语不语的轻颦浅笑都活脱脱地描画出青春鲜嫩美少女形象。

可以说，杏花的生物属性与少女的娇美特质也有着内在的一致性，比如杏花的多变色彩、芬芳清香、美丽姿态这些外部特征，就比较符合少女青春洋溢、美丽娇羞的特质，"娇红透杏腮"④、"豆蔻杏花红"⑤，在这些诗句里即是用少女与杏花互喻，从中便可见二者关系之密切。再来看"红芳紫萼怯春寒，蓓蕾粘枝密作团"⑥、"袅袅风枝偏弄送，酣酣烟蕊自交加"⑦等，也都为我们刻画出了杏花娇美鲜嫩的形象。而且有必要提及的是杏花多是在雨中、水畔等这些生态环境中生长，因为雨的沐浴、水的环绕，往往更能增添其清新的特质，"长记东墙微雨后，一枝红艳杏花娇"⑧、"东风脉脉情何限，细雨蒙蒙泪不休"⑨，这里是写杏花经过春雨的沐浴，在雨中吸吮着营养，春雨洗尽了杏

① 林逋《全宋诗》卷一〇六，第 2 册第 1218 页。
② 杨万里《郡圃杏花》二首其一，《全宋诗》卷二二八六，第 42 册第 26233 页。
③ 元好问《纪子正杏园宴集》，《元好问诗词集》第 42 页。
④ 叶颙《癸丑新正试笔二首》其二，《樵云独唱》卷五，《影印文渊阁四库全书》本第 1219 册第 96 页。
⑤ 范成大《食罢书字》，《全宋诗》卷二二五五，第 41 册第 25869 页。
⑥ 王禹偁《杏花杂诗七首》其一，《全宋诗》卷六五，第 2 册第 737 页。
⑦ 韦骧《赋迎赏欲开杏花得花字》，《全宋诗》卷七三一，第 13 册第 8535 页。
⑧ 王恽《春夜独坐》，《秋涧集》卷二八，《影印文渊阁四库全书》本第 1200 册第 352 页。
⑨ 周紫芝《雨中立杏花下》，《全宋诗》卷一五一四，第 26 册第 17245 页。

花身上的污尘，使得杏花更加的水灵灵具有生气。另外，如"袅袅纤条映酒船，绿娇红小不胜怜"[①]、"一陂春水绕花身，花影妖娆各占春"[②]等则是描写杏花的临水生长，花姿水色、花映水面，也更显杏花的娇美风韵。

图35 清乾隆珐琅彩杏林春燕纹瓷碗。

总之，杏花身上这种娇美的神韵，是审美主体诗人基于杏花外在的生物属性得到的审美感受，这是一种主观感受，是一种发自内心对杏花的喜爱，才会产生"轻寒争信杏花娇"[③]、"扑扑晴杏开香苞"[④]的审美愉悦。

① 元好问《杏花杂诗十三首》其三，《元好问诗词集》第475页。
② 王安石《北陂杏花》，《全宋诗》卷五六五，第10册第6693页。
③ 寇准《春雨》，《全宋诗》卷九一，第2册第1036页。
④ 葛胜仲《奉同李倅安上赋崔白沐猴杏花》，《丹阳集》卷一八，《影印文渊阁四库全书》本第1127册第583页。

（二）闹

图36　［清］
朱梦庐《杏花图》

用"闹"来形容杏花那独特的神韵，也很具有代表性。

而称杏花神韵为"闹"的最具代表性的作品便是宋祁的那首《玉楼春》①，全词如下：

东城渐觉风光好，縠皱波纹迎客棹。绿杨烟外晓寒轻，红杏枝头春意闹。　　浮生长恨欢娱少，肯爱千金轻一笑。为君持酒劝斜阳，且向花间留晚照。

这首词广为流传，脍炙人口，尤其是"红杏枝头春意闹"一句更为世人津津乐道，王国维在其《人间词话》中就曾评论："着一'闹'字而境界全出。"②宋祁也因这首词而赢得"红杏尚书"的称号。

可以说，着一"闹"字非常形象而生动地概括了杏花的特色，抓住了杏花的内在神韵。杏树大花多，本身就比较浓密，而且花开时千朵万朵，非常繁茂。同时，它的花瓣不像梅花是单瓣的，而是重叠的，一层一层包裹起来，非常厚实，这样给人的整体感觉就是繁盛浓密，有一种闹簇竞相盛开的壮观。"下蔡嬉游地，春风万杏繁"③、"红花初绽雪花

① 《全宋词》第1册第148页。
② 王国维《人间词话》，吉林文史出版社1999年版，第13页。
③ 刘安上《花靥镇二首》其一，《全宋诗》卷一三一六，第22册第14945页。

繁，重叠高低满小园"①、"纪翁种杏城西垠，千株万株红艳新"②，即已表现了杏花繁茂的特色。我们可以想见，那绵延千里的杏树，枝头又都花开繁茂，往往是这边红花初绽，那边白花飘落，次第开放，这样的场景是何等的喧喧嚷嚷，何等的热闹非凡。杏花争先恐后地开放，此起彼长，呈现着一番繁华的景象，这样的过程确实可以称之为"闹"。对杏花闹的特色，从宋祁"红杏枝头春意闹"一句开始，之后历代文人的咏杏作品中都有很多着意于此，大致检点一下，便有"胭脂腻粉光轻，正新晴。枝上闹红无处著，近清明"③、"绛萼衬轻红，缀簇玲珑，夭桃繁李一时同。独向枝头春意闹，娇倚东风"④、"仙子锄云亲手种，春闹枝头，消得微霜冻"⑤、"杨柳杏花山市闹，一番风雨近清明"⑥、"玄都道士不栽桃，却爱生红闹树梢"⑦等很多。从这些诗词的描绘中，可以想见红杏枝头竞相开放、热闹非凡的景象，这里已经把杏花人格化，它们已不仅仅是杏花，在它们的身上分明具有了人的特质和情感，那闹簇枝头的杏花犹如一群天真烂漫的孩子在嬉闹玩耍，他们热爱春天的明媚美好，所以才会在这阳光灿烂的季节里争相去拥抱春天，那春闹枝头的情景很好地表明了这一点。

　　"闹"非常生动贴切，活灵活观，它形象传神地刻画了杏花的繁茂、

---

① 温庭筠《杏花》，《全唐诗》卷五八三，第 17 册第 6760 页。
② 元好问《纪子正杏园宴集》，《元好问诗词集》第 41 页。
③ 曾观《春光好》，转引《古今图书集成》第 548 册第 27 页。
④ 赵师侠《浪淘沙·杏花》，《全宋词》第 3 册第 2699 页。
⑤ 张炎《蝶恋花·陆子方饮客杏花下》，《全宋词》第 5 册第 4419 页。
⑥ 吴师道《春日杂书》，《礼部集》卷九，《影印文渊阁四库全书》本第 1212 册第 91 页。
⑦ 许有壬《杏苑初春》，《至正集》卷二八，《影印文渊阁四库全书》本 1211 册第 203 页。

浓密、活泼、天真，而富有生机的内在神韵。

（三）俗

"俗"通常是一个贬义词，是杏花内在神韵方面的第三个表现，且是基于对杏花的内在神韵理解越来越细致、越来越深入后得出的结果。可以说杏花前两个方面的神韵美还是偏重于从其外在的生物属性娇柔、清新的方面去把握，进而得出杏花的娇、闹特色。但是，俗的特色作为杏花神韵方面的一个表现，更多的则是着眼于它的本质，是一种内在、实质性的东西。不过要强调的是，杏花的美始终都是第一位的，而挖掘其身上更多比拟、象征的意味则是中国封建时代具有儒家比德意识的士大夫们所得出的结论。

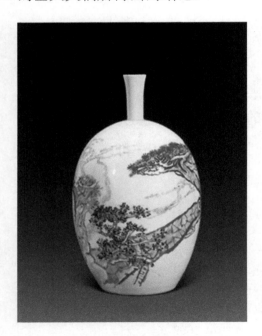

图 37　王锡良新彩瓷瓶《一枝红杏》。

通过前面的分析，我们已经对杏花的生物属性有了大致的了解。杏花是作为春天的一种花卉，本身并没有任何奇特之处。它也是在三春季节与桃、李等春花一起争艳怒放，它喜欢春光的普照，酷爱春雨的滋润，在春光、春雨中绽放花苞，与桃、李也并无二致，没有自己的独特之处，同时其生命力又非常强盛，无论是水边、田野、草丛等地方，哪里都可以种植，因此这都给人一种非常粗俗随意的感觉。所以在中国古代的那些士大夫的眼里，杏花也就是一种俗物，难登大雅之堂。它的生物属性注定了士大夫在其身上很难寄托理想、象征品格。因而杏花的价值便遭到贬抑，诗人一般都不喜欢它，如"杏花俗艳梨花粗"①，写出了杏花的俗气，表达了诗人的不屑。"分明绰约若处子，桃杏尘凡非此流"②，则通过对垂丝海棠品性的肯定，来贬抑杏花的粗俗。还有"欲把群葩次第分，桃粗杏俗未应论"③、"胭脂如醉春意浓，嫣然一笑桃杏俗"④、"丁宁莫管杏花俗，付与春风一道开"⑤等这些诗句中，虽不是直接吟咏杏花之作，但字里行间也都表明了人们对杏花的态度，认为其俗而不可论，它一般就是比德象征寓意高尚花卉的陪衬。同时，还有很多诗人喜用"野"来描写杏，野杏在诗词中也多有出现，因为"野"直觉上给人的即是一种不正统、不入流的感觉，它不入儒家传统道德的范畴，因而野杏的运用也从另一个方面表明人们对杏花的这种不喜爱、不认可的态度，如"野杏乱飞春"⑥、"山桃野杏两三栽"⑦、"绿遍墙头野杏梢"⑧这样的诗句也比比皆是，从中人们对杏花的态度以及其价值定位可见一斑。

可见杏花之"俗"也基本上成了定论，但是，对杏花神韵"俗"的理解多是那些传统道德意识普遍高涨的知识分子，而一般的普通老百姓对这种普遍种植又妖娆多姿的杏花还是相当喜爱的，因为杏花普

① 徐积《琼花歌》，《节孝集》卷二，《影印文渊阁四库全书》本第 1101 册第 791 页。
② 饶节《病起观垂丝海棠感慨作二绝句》其一，《倚松诗集》卷二，《影印文渊阁四库全书》本第 1117 册第 236 页。
③ 郭印《再和》，《全宋诗》卷一六七三，第 29 册第 18741 页。
④ 王炎《嫣然亭》，《全宋诗》卷二五六〇，第 48 册第 29708 页。
⑤ 方岳《社日》，《全宋诗》卷三一九二，第 61 册第 38276 页。
⑥ 韩维《奉酬南陵三君别后见寄》，《全宋诗》卷四二一，第 8 册第 5166 页。
⑦ 王安石《招叶致远》，《全宋诗》卷五七三，第 10 册第 6756 页。
⑧ 韩维《和杜孝锡展江亭三首》其二，《全宋诗》卷四三〇，第 8 册第 5281 页。

遍存在，它是典型的家常风景，它的朴实无华，它的平易近人，它的随处可见，都包含着浓郁的生活气息。

（四）艳

通过对杏花神韵之"俗"方面的分析，已经可以看出人们对杏花的审美认识具有持续走低的趋势这一轨迹。

众所周知，杏花的审美地位一向就不高，从古至今人们也只是把它作为春天的一种花卉来欣赏，它在春天开放，与百花一起争奇斗艳，

图38　清乾隆粉彩描金杏林春燕插屏。

共同装扮了春天的美好。杏花虽然有着妖容三变的色彩，芬芳宜人的清香，以及妖娆美好的姿态，但是这些外在的美并没有提升人类对它的认识。相反，正是因为其多变的色彩、盛开时妖娆的姿态，这些构成了其价值持续走低的基础，是人类对它的审美认识不断贬抑的根据。

我们知道，在中国古代，儒家的传统道德观念在封建士大夫身上一直以来都根深蒂固，他们崇尚一些具有"比德"象征意义的花卉，所以兰花、梅花、荷花这些素淡高雅的花卉才会赢得历代知识分子的喜爱，审美地位一路攀升。因为在这些花卉的身上，梅花的凌寒傲雪独占天下之春的品性，兰花的甘于身在幽谷无人欣赏的气度，以及荷花的"出淤泥而不染，濯青莲而不妖"的节操，似乎更能承载中国士人对道德和价值的要求。在这些花卉的身上，可以寄托士人高尚的情操、美好的人格、坚贞的气节，同时也使花品与人品能够做到完美的统一。

但杏花的生物属性注定了它不可能承担起这样伦理价值的责任，它的色彩多变，这一变化多端的品性为知识分子所轻视，觉得它不可靠；同时它又有着妖艳的姿态，它只会在三春的灿烂阳光里呈姿斗艳，花开繁茂，不若梅花那样，不与春花竞荣，而是凌寒开放，且花朵淡小洁白，斜簇枝间，虽略微显得素淡寒薄，但却象征了士人甘于自守而不媚时趋势的高尚情操，并且人格意味越发浓烈，价值一步步提升。有了这样的比较，在文人雅士的眼里，杏花给人的感觉自然是妖艳、低俗的，并且最终形成对其品性的定位。可以说，对杏花之"艳"的认识一直以来就存在。"看时高艳先惊眼"[1]、"新样靓妆，艳溢香融，羞杀蕊珠宫女"[2]、"红云步障三十里，一色繁艳无余香"[3]等这些诗词，都写出了杏花艳丽的特点。而且因为花与人类生活的密切关系，人类多喜欢称其为"客"、为"友"，因而也才有了"岁寒三友"、花中"六友""十友"及"三十客""五十客"等的说法。宋人姚宽在其《西溪丛语》卷

① 王安石《次韵杏花三首》其三，《全宋诗》卷五六九，第 10 册第 6721 页。
② 赵佶《燕山亭》，《全宋词》第 2 册第 1165 页。
③ 程俱《同许干誉步月饮杏花下》，《全宋诗》卷一四一六，第 25 册第 16316 页。

上说："予长兄伯声尝得三十客：牡丹为贵客，梅为清客，兰为幽客，桃为妖客，杏为艳客……"①而元人程棨在其《三柳轩杂识》中也列出了花中二十客，其中也有"杏为艳客"的认识。从这些笔记史料的记载中，可见人们对杏花的认识是共同的，这并不是个别人的主观好恶，而是经过很多古人的反复与推敲，并在历代文人的认可下才最终确定，形成了全社会的普遍认识，认为艳性是杏花的内在品性。

这种认识随着时代的发展，到了宋元时期更是蔚为大观。诗人在描写杏花韵味的时候，也更多着眼于它的妖娆多姿、娇艳无比的姿态，并且因其开时浓艳、花色多变，又极易凋零的生物属性，在士人的眼里，它更与青楼、娼妓有着内在的相似性。不妨比较一下即可看出：杏花的开放时间不长，而且一经风雨，更易衰败，同样妓女因为她们以色事人的职业注定了她们也往往是红颜薄命，不会长久，等到年老色衰、青春不再时便很悲惨。同时杏花也很美丽，而那种风月场所的女子她们的容貌也都很出众，以色事人，这一"色"字对她们而言即是生存之本。可是美丽归美丽，她们卖笑事人的职业特征、出卖肉体的下贱低俗和中国传统的道德规范格格不入，这也就注定了妓女必然的悲剧。她们即使是风情万种，妖娆多姿，但其行为是羞耻的，是为社会所不容的，自然她们便会遭到世人的轻视和唾骂。如此，杏花的生物属性也正暗合了娼妓的这些特征，最终形成了一种定势，使得杏花的美丽形象发生了意义转换。如"活色生香第一流，手中移得近青楼。谁知艳性终相负，乱向春风笑不休"②，可以看出杏花有着美丽的颜色，有着宜人的芬芳，但是它偏偏要在青楼边生长，所以便注定了它的没有

---

① 姚宽《西溪丛语》第 36 页。
② 薛能《杏花》，《全唐诗》卷五六一，第 17 册第 6515 页。

感情，见一个爱一个的品性，始终是要有负于人，而它那"乱向春风笑不休"的神态即已表明了这一点，从这首诗里也看出了诗人对杏花的态度，是不屑和轻视。还有"同朝众吏共排娼，亦欲学之无自可"[①]、"夭桃倡杏羞涩红，东风未传第二讯"[②]、"山杏轻薄真妾媵"[③]、"青帝红杏总轻薄，自展碧笺书我词"[④]等这些诗句中，对杏花的品性所作的定位也都是"娼""轻浮""轻薄"这些，视它为浮花浪蕊，招蜂引蝶，是一种薄幸之花。

以上我们便看出人们对杏花的态度，认为其是一种薄情寡性之花，对它的这种价值上的贬抑在唐朝时已经初露端倪，然后这种认识在宋代进一步发展，杏花的价值地位遂一路走低，直至元朝最终成熟定型，明清时期维持现状，已然形成一种思维定势，程式化、概念化，没有能够对杏花的美作进一步挖掘。

二、杏花的人格象征兼与其他花木的比较、联用

（一）杏花的人格象征

前面已经从四个方面具体论述了杏花神韵方面的表现内容，即透过杏花外在的色彩、气味、姿态而把握其内在的实质，进而概括出杏花具有娇、闹、俗、艳四个特色。可以说，"娇""闹"这两个方面是着眼于杏花鲜嫩、清新、活泼具有生气的特质，活脱脱就是青春鲜嫩美少女形象，这种形象是为人们喜爱与赞赏的。而"俗""艳"这两个方面则是着眼于其多变的色彩，妖艳的姿态，本身平常粗俗而又没有

---

① 王安石《徐熙花》，《全宋诗》卷五三八，第 10 册第 6475 页。
② 张侃《连夜雨》，《全宋诗》卷三一一〇，第 59 册第 37118 页。
③ 陆游《马上作》，《陆放翁全集》中册第 322 页。
④ 袁桷《伯生约赋竹枝词因再用韵》，《清容居士集》卷一三，《影印文渊阁四库全书》本第 1203 册第 166 页。

什么奇特之处，则完全是一种风情万种如娼妇的形象。

　　这两种形象便构成了杏花人格象征的两个方面。前一种视杏花为青春鲜嫩美少女的形象应该说是杏花人格象征的主要方面，因为人类对杏花的审美认识还是以其本身所独具的美感为主，这一点在历代文人的咏杏作品中都有所表现，这完全是发自诗人内心对杏花这一花卉的喜爱，才会客观、真实、生动地描摹出其娇而不腻、闹而不乱的特色，如"上国昔相识，亭亭如欲言。异乡今暂赏，脉脉岂无恩"①、"红杏枝头春意闹"②、"芳心谁翦刻，天质自清华"③、"君家杨柳墙东，杏花初吐生红，好唤一床金雁，明朝来醉东风"④等都写出了杏花的那种豆蔻少女亭亭玉立、活泼朝气、清新鲜嫩的特色，的确是一副青春气息扑面而来的美少女形象。而后一种视杏花为风情万种如娼妇的形象也是其人格象征的一个方面，但不是主要方面，这里则根据其外表的艳丽增添了内涵的贬抑，这种价值定位也是经过了一个循序渐进的过程，今天"红杏出墙"的普遍使用，作为对女子出轨行为的一种贬抑，也是杏花风情万种如娼妇形象发展的一个必然结果。而杏花的这种形象因不符合中国传统道德的规范，长期以来在文人士大夫的眼里都是遭到轻视与诋毁的。

　　接下去将通过杏花与梅花的比较，以及杏花与杨柳的联用这两个方面进一步地挖掘其内在的本质，也进一步深化人们对杏花内在品性的认识。

---

① 李商隐《杏花》，《全唐诗》卷五三九，第 16 册第 6179 页。
② 宋祁《玉楼春》，《全宋词》第 1 册第 148 页。
③ 苏轼《三月二十日多叶杏盛开》，《苏东坡全集》后集卷四，第 496 页。
④ 张翥《清平乐·约道人看杏花》，转引《古今图书集成》第 548 册第 27 页。

（二）杏花与其他花木的比较、联用

1. 杏花与梅花（红梅）的比较。

众所周知，杏花与梅花都是属于蔷薇科李属的落叶乔木，而且它们在外貌上也非常相似，尤其是梅花中的红梅，它与杏花之间更是经常被人们混淆，"北人初未识，浑作杏花看"①，即可看出对红梅不甚熟悉的北方人就把它误作为杏花了，可以想见二者是何等的相似。纵观最初吟咏梅、杏的一些作品，都是把它们作为春花放在一起使用，仅止于此，本身并没有什么奇特之处，对两者也没有任何的褒贬，如"忽觉东风景渐迟，野梅山杏暗芳菲"②、"重梅双杏巧相将，不为游人只自芳"③、"固教梅忍落，休与杏藏娇"④等这些诗句，都只是把梅、杏作为春花一起并用，认为它们本身并没有高下之别。但是进入宋代以后，梅、杏的价值地位就发生了惊人的转换，由于儒家道德意识的普遍高涨，封建士大夫也越来越崇尚那些"比德"之花，梅花、荷花等这些具有"比德"寓意的花卉的价值都有了进一步提升，尤其是梅花，其价值在宋代一路攀升，到后来更被推为"群芳之首"，成了高尚的文化象征。而杏花则相反，其价值不但没有得到提升，相反却是一路走低，成了娼妓的代表，最终也只能沦为梅花这类高尚之物的陪衬，通过对杏花价值的贬抑来进一步衬托梅花品格的高尚。

前面已经具体论述过杏花与梅花在花时、花色、花姿、花香等方面的诸多不同，但都着眼的是其生物属性方面的特性。而这里则注重分析其内在不同的神韵，进而把握其不同的实质与内涵。在宋代，梅

---

① 王安石《红梅》，《全宋诗》卷五六三，第 10 册第 6682 页。
② 韦庄《春日》，《全唐诗》卷六九六，第 20 册第 8008 页。
③ 陈师道《酬王立之二首》其二，《全宋诗》卷一一一九，第 19 册第 12733 页。
④ 吴融《春寒》，《全唐诗》卷六八五，第 20 册第 7865 页。

花彻底摆脱了其春花的形象，士人更注重把握其内在的神韵，透过其外貌而把握其品格，即梅格。"茜杏妖桃缘格俗，含芳不得与君同"①，通过对梅花高洁形象的肯定，来写桃杏之流格调粗俗，不能与之同流。"一种幽香取次宜，耻同桃杏献琼肌"②，借梅花之口，说明其天姿脱俗，不屑与桃杏之流为伍。而"野杏堪同舍，山樱莫与邻"③、"天姿不与百花邻，枯木前头独自新。桃杏满川浑未识，犹将颜色斗青春"④等诗句，也通过比较，进一步凸显出梅花高洁、脱俗，独具魅力，是那些桃杏之流不能比并的。不过这种认识在发展之初也有人持异议，有这样一则故事，就针对林逋的咏梅名句"疏影横斜水清浅，暗香浮动月黄昏"两句。对于这两句，在当时的文坛上就有人认为这两句咏杏和桃李皆可用也，但是苏东坡却说："可则可，只是杏李花不敢承当。"⑤并且当时在场的人也都为之大笑。这里大家已经能够感受到苏轼对梅花美独具品位的高度评价，而满座之人会意的大笑也表明这种认识在当时已是一种共识。同时看一下宋朝赵必璩《李月野舍旁之李花于梅时郡斋有诗遂次其韵》其一中写道："李花不减梅花白，间与梅花争几回。惟有暗香疏影句，承当不下让还梅。"⑥从中也可看出，诗人把李花人格化，通过李花之口道出了李花没事时也喜欢与梅花一争高下，但是却也有自知之明地认为林逋的"暗香疏影"句是自己不能承当的，而只有梅花其姿、其韵堪当此句之描写。这里也表明，每一种事物，具

---

① 释道潜《梅花》，《全宋诗》卷九一六，第 16 册第 10754 页。
② 李正明《和舒伯源梅花韵》，《全宋诗》卷一五四〇，第 27 册第 17482 页。
③ 梅尧臣《红梅》，《全宋诗》卷二五一，第 5 册第 2993 页。
④ 郭印《次韵宋南伯梅花》，《全宋诗》卷一六七三，第 29 册第 18741 页。
⑤ 《王直方诗话》，郭绍虞辑《宋诗话辑佚》卷上，中华书局 1980 年版，第 13 页。
⑥ 《全宋诗》卷三六五八，第 70 册第 43937 页。

体到花木来说也是一样，都具有其独特的气质神理，而这种独特的气质神理也是他物所不能混淆与冒替的①。从"休笑诗人冷淡，道尽影疏香暗，桃杏虽然无藻鉴，承当应不敢"②、"水月一联诗，桃杏不敢近。卷锦归之梅，梅花无可逊"③这些诗词中，也都表明了当时人对杏花与梅花不同的态度。

后来，红梅这一新品种的出现，尤其是从晏殊开始，它被移植到北方之后，诗人们在比较杏花与梅花时，更多的就是拿红梅来与杏花相比。众所周知，有"南梅北杏"这一说法，即梅多生于南方，而杏则多种植于北国，虽然后来梅、杏都有一个"北上"与"南下"的过程，但是对红梅这一梅花中的新品种，北方人还是相当陌生的，所以也才会每每把它与北方的传统花卉杏花相混淆，从"北人环立阑干曲，手指红梅作杏花"④、"莫道北人浑不识，南人几作杏花看"⑤、"南庭梅花如杏花"⑥这些诗句中都表明了杏花与红梅外貌极其相似，因而才会区别不清。更多时候，诗人们不仅仅是着眼于杏花与红梅体貌上的辨认，而是注重把握其内在的气质、神理的不同。

首先从苏轼的《红梅三首》⑦中即可看出诗人的态度认识，第一首如下：

① 程杰《宋代咏梅文学研究》第113页。
② 李俊民《谒金门·叹梅》，《庄靖集》卷七，《影印文渊阁四库全书》本第1190册第621页。
③ 赵必瑑《吟社递至诗卷足十四韵以答之为梅水村发也》，《全宋诗》卷三六五八，第70册第43940页。
④ 汪元量《醉歌》，《全宋诗》卷三六六四，第70册第43994页。
⑤ 楼钥《红梅》，《全宋诗》卷二五四一，第47册第29418页。
⑥ 梅尧臣《红梅篇》，《全宋诗》卷二五六，第5册第3123页。
⑦ 《苏东坡全集》前集卷十二，第180—181页。

怕愁贪睡独开迟，自恐冰容不入时。故作小红桃杏色，尚余孤瘦雪霜姿。寒心未肯随春态，酒晕无端上玉肌。诗老不知梅格在，更看绿叶与青枝。

这里诗人不满石延年的"认桃无绿叶，辨杏有青枝"的说法，于是加以发挥，运用了拟人的手法。他把红梅想象成一个冰容玉骨不入时的妇人，虽然打起精神来涂脂抹粉，"故作小红桃杏色"，但其高洁的本性是不变的，"尚余孤瘦雪霜枝"即可看出，实际上她不愿意应春媚俗，那份艳丽的颜色也只是无端的醉态。这首诗苏轼在红梅红色的外貌与其内在的高洁本性之间大做文章，已经包含了梅花人格化的倾向。

从苏轼开始，吟咏赞叹梅花之格的大有人在，这也是宋人追求事物内在神韵的必然要求。"淡中著色似狂颠，心与梅同迹不然"①，表明红梅虽与梅花颜色不同，但其内心高洁的本性一样。"强教伊傅粉匀脂，较量尽胜，天桃轻俗，繁杏粗肥"②，也通过红梅与天桃繁杏的比较，来尽显其格之高，是轻俗、粗肥的桃杏之流不能比并的。"耻随繁杏闹清明，先欲群芳识姓名。装脸韵憎铅粉淡，醉魂香绕玉堂清"③，这里写出了红梅外表虽与梅花相异，但依然凌寒开放，与梅花一样早于春花开放，而不愿和繁杏一样在清明盛开，红梅内心孤洁的本性其实是不愿着粉著妆，所以你看它"醉魂香绕玉堂清"。还有如"邻墙艳杏诚

① 曹彦约《同官约赋红梅成五十六字》，《昌谷集》卷三，《影印文渊阁四库全书》本第 1167 册第 37 页。
② 李曾伯《声声慢·赋红梅》，《可斋杂薹（gǎo）》卷三四，《影印文渊阁四库全书》本第 1179 册第 499 页。
③ 侯克中《红梅二首》其一，《艮斋诗集》卷七，《影印文渊阁四库全书》本第 1205 册第 481 页。

图39 杏花。网友"清隽雅逸"上传分享。

图40 红梅。网友"gmxing"上传分享。

非伍，须信南人语未差"①、"梅花精神杏花色，春入莲洲初破萼"②、"休遣北人轻辨认，杏繁较似乏清姿"③等诗句也都表明红梅表象虽与杏花相似，但其内在的清姿雅格却远非杏花能比。

以上比较都是着重于梅花其格之高，深得世人的喜爱与赞赏。也正是通过对梅花的褒扬，才反衬出对杏花的贬抑，道出杏花其格的"俗""艳"，为世人所不屑、轻视。也正是对梅花价值地位的不断提升，才导致对杏花价值地位的渐趋降低，这样的比较也更有助于我们进一步把握杏花内在的实质，它的繁茂、粗俗、妖艳，缺乏高洁的品性。

2. 杏花与杨柳的联用。

杏花与杨柳属于不同的科属，杏花是花，杨柳是树，没有形象上的相似，本身并没有什么可比之处。但是它们都是同属于春天的花草树木，在诗词作品中也同作为春天的意象。当大地回春、春意融融的时候，首先映入眼帘的便是梅、柳、杏、桃、李这些春天的景物。因为梅、柳得春最早，所以二者在诗词中经常联袂出现，"三春桃照李，二月柳争梅"④即说的是梅、柳在春天最早开放。但是梅花花期很短，并不很长，当春天正盛之时，它往往不得不让位于杏、桃、李这些繁茂之花。相较而言，杨柳的生长周期则较长，从春天发芽一直到夏天，它都是枝条柔柔，柳絮飘飘，依依下垂。基于此，和杨柳并列使用作为诗歌意象出现的其他花卉也很多，并不仅限于梅，如桃、李、蒲、荷很多，其中尤以杏花最为普遍。

---

① 叶颙《次卫律本宪史红梅韵》，《樵云独唱》卷六，《影印文渊阁四库全书》本第 1219 册第 108 页。

② 王十朋《元宾赠红梅数枝》，《全宋诗》卷二○二五，第 36 册第 22701 页。

③ 程公许《红梅》，《全宋诗》卷二九九三，第 57 册第 35618 页。

④ 江总《雉子斑》，《先秦汉魏晋南北朝诗》下册第 2567 页。

图41 杏花杨柳相依相伴。网友"天涯咫尺"上传分享。

杏花与杨柳作为春天的意象，这种自然存在的客观性，以及触目即得的直接性，便使杏、柳成了春景诗中一个比较常见的取景，构成了春景的典型组合。杏、柳这种组合在初唐时代即已出现，王绩在其《游北山赋》中写道"谷寒杨柳则条垂，锻沼杏树则花飞"[1]，则生动地概括了杨柳与杏花的特点。后来，由于山水风景诗的繁兴和诗人写作技巧的进一步成熟，诗歌中"杏"、"柳"的组合便成了春景诗中最为普遍的现象，因而也为我们展示了一幅幅春光明媚的图景。如"随风柳絮轻，映日杏花明"[2]、"曲水杏花雪，香街青柳丝"[3]、"红杏花开连锦

---

① 王绩《东皋子集》卷上，《影印文渊阁四库全书》本第 1065 册第 8 页。

② 权德舆《杂言和常州李员外副使春日戏题十首》其一，《全唐诗》卷三二八，第 10 册第 3670 页。

③ 吕温《同舍弟恭岁暮寄晋州李六协律三十韵》，《全唐诗》卷三七○，第 11 册第 4160 页。

障，绿杨阴合拂朱轮"①、"露杏红初坼，烟杨绿未成"②等等这类杏、柳联用作为诗歌意象来描摹春景的很多。首先是基于它们有着共同的生长周期，都是春天开放，此乃二者并用的基础，它们展现了大地回春、万物竞长、一片欣欣向荣的景象。

其次杏、柳并用的另一个方面的原因则是基于杏、柳景象的相依相映。一般来说，花与柳的对比辉映是春色的基调与亮点，非常引人注目，所谓"桃红李白皆夸好，须得垂杨相发挥"③，因而梅、柳并用，杏、柳联用等都是着眼于此。"春日迟迟辗空碧，绿杨红杏描春色"④，可以看出杏与柳色彩上的对比非常鲜明，红绿二色相互映衬较为引人注目。"漠漠菲菲着柳条，轻寒争信杏花娇"⑤，杨柳的长条依依，杏花的姿态娇美，都给人柔美的感觉，非常匀称协调。"墙头红杏雨余花，门外杨柳风后絮"⑥，则描述了经过雨的沐浴、风的吹拂，杏花杨柳的不同姿态，也很生动。还有一些如"尽日倚栏还独下，绿杨风软杏花香"⑦、"杏开暖萼融红蜡，柳放晴花拆白茸"⑧、"杨柳初回陌上尘，胭脂洗出杏花匀"⑨、"照水杏花红翯翯，弄晴杨柳绿茸茸"⑩等诗句也都从不同方面刻画了杏花、杨柳的特色。也正是因为它们的不同特色，才使得它们的组合更为清新柔美、与众不同。

---

① 姚合《咏贵游》，《全唐诗》卷五二〇，第 15 册第 5709 页。
② 白居易《早春独游曲江》，《白居易集》卷一三，第 1 册第 261 页。
③ 刘禹锡《杨柳枝词》九首其二，《全唐诗》卷三六五，第 11 册第 4113 页。
④ 张咏《劝酒惜别》，《全宋诗》卷四八，第 1 册第 523 页。
⑤ 寇准《春雨》，《全宋诗》卷九一，第 2 册第 1036 页。
⑥ 晏殊《木蘭花》，《元献遗文》，《影印文渊阁四库全书》本第 1087 册第 41 页。
⑦ 韩琦《登永济驿楼》，《全宋诗》卷三二一，第 6 册第 3993 页。
⑧ 文同《官舍春日书怀》二首其二，《全宋诗》卷四三六，第 8 册第 5340 页。
⑨ 王安石《陈桥》，《全宋诗》卷五四二，第 10 册第 6510 页。
⑩ 喻良能《东归》，《全宋诗》卷二三五〇，第 43 册第 26990 页。

以上论述了杏花和杨柳作为春天的意象在诗词作品中被经常运用，着眼的是二者的物色属性。同样杏花与杨柳的联用，也是随着时代的发展，人们审美认识的提升，进而得出的共识，认为二者在品性方面具有共同点，价值地位都是持续走低，不入传统道德的正流。通过前面对杏花"俗""艳"特色的分析，得出杏花是徒有外表的薄幸之花，更为娼妓之代表，这里不多说。且看一下杨柳，最初人们也只是把它作为春物来描写，并没有加上什么主观上的好恶，只是客观地描写。但是最迟在北宋，杨柳那"恰似十五女儿腰"的娇美之姿就被视为阿谀无骨之相，而那漫天飞舞的柳絮也就被贬损得如小人得志时的张狂，从"乱条犹未变初黄，倚得东风势便狂。解把飞花蒙日月，不知天地有清霜"①一诗中就能看出诗人对杨柳的态度，认为其骄横淫逸。同时杨柳多在水畔生长这一生物属性，也被认为其所属乃是风尘之地，"水性杨花"，而为人们所厌恶、鄙视。如"晓带轻烟间杏花，晚凝深翠拂平沙。长条别有风流处，密映钱塘苏小家"②，通过对柳条风流多情、眷念钱塘苏小小的描述，可以想见因为苏小小是名妓，而把柳条和娼妓放在一起描写，则杨柳也当是风尘之物。诗人虽未在诗中显露其态度，但贬抑之情依然非常明显。还有"白萼离披翻白雪，柳花轻薄聚圆球"③，其中视杨柳为轻薄之物，也表明诗人对杨柳的轻视与不屑的态度。

　　可以说，杏花的价值地位一路走低，在宋朝是最为关键的一环，正是从宋代开始，对杏花的贬抑、诋毁才逐渐增多并普遍了起来。同样杨柳也如此，至迟在北宋，人们对其贬抑之势也在进一步加深。本

---

① 曾巩《咏柳》，《全宋诗》卷四六〇，第 8 册第 5585 页。
② 寇准《柳》，《全宋诗》卷九〇，第 2 册第 1017 页。
③ 刘挚《次韵李圣和寒食郊居二首》其一，《忠肃集》卷一八，《影印文渊阁四库全书》本第 1099 册第 654 页。

来它们是作为春景的典型组合表现在诗词中，来展示春天的美丽风光，但是后来却共同走向了衰落，在价值地位上都是被贬抑的命运，进而只能沦为其他具有高尚象征寓意花卉的陪衬物。这里通过对杏花与杨柳联用的分析，也能够进一步加深人们对杏花的认识。

通过以上的分析可以看出，杏花与梅花（红梅）的比较，是在与具有崇高文化象征的高尚之物的对比中，反衬出其品性的低俗、妖艳，为世人所轻视与厌恶。而杏花与杨柳的联用，则是对具有共同价值地位的两种意象的分析来说明它们具有被贬抑、被诋毁的共同命运。总之，不管是与具有高尚品格的梅花的比较，还是与具有"水性杨花"之品性的杨柳的联用，都是为了进一步说明杏花的内在价值、品性，表明人们对其所持有的态度。

第三章　杏花审美重要个案分析

杏花，作为中国传统的花卉，在我国的栽培历史也当在三千年以上，但是长期以来，历代的诗人词客对它并不是特别关注。历史上对杏花整篇的吟咏当始于北周庾信的《杏花》诗，这也被誉为杏花诗的开山之作。唐宋时期是我国传统文学即诗词创作的鼎盛时期，而杏花题材的文学作品在此期间也获得了很大的发展，后世渐次发展，逐渐形成了杏花春雨江南、杏花村等重要的经典意象，并最终形成约定俗成的说法。同时，许多文学大家积极参与，出现了不少名篇佳作。我们这里选取苏轼、王安石、元好问三位诗词大家作为代表。通过对他们杏花作品的细致分析，窥斑见豹，以点带面，展示古代杏花文学创作深厚的精神世界和丰富的艺术成就。

第一节　经典意象研究

一、杏花春雨江南

众所周知，杏树作为北方地区的传统果木树，它属于比较抗旱耐寒的树种，以黄河流域为分布中心，在华北、西北、东北等地栽培犹盛，可以说杏树在北方地区是普遍种植的，在南方一直以来栽培都很少，所以王世懋在写《闽部疏》时，发觉福建没有杏花，感到非常惊奇，写道:"闽部最饶花,独杏花绝产,亦一异也。"①这是与他不了解杏花的生长环境有密切关系。而历来就有的"南梅北杏"的说法,也足以说明这一点。在很多诗词作品中我们也经常发现在最初的时候北方人是不辨梅、杏的,尤其是容易把长相与杏非常相似的红梅这两者混为一谈,所以也才会有"北人环立阑干曲,手指红梅作杏花"②这样的认识,直到元代这种情况都偶有发生。不过,自从晏殊首次把红梅移种北京之后,北方人对红梅也渐渐了解,红梅有一个由南入北的过程,而杏花同样也有一个由北入南的过程。

现在,在长江流域,在江南的很多地方,在春雨绵绵的日子里都能看到杏花的身影。杏花由北入南这一过程最初可以追溯到宋代,因为在宋代的很多作品中,已有不少关于江南杏花的记载,如寇准《江南春》"波渺渺,柳依依,孤村芳草远,斜日杏花飞。江南春尽离肠断,蘋满汀州人未归"③,即是描述的江南春末季节杏花飘落的场景。还有如"江南此际春如何,红杏海棠开正多"④、"江南二月好风光,杏蕊桃花间绿杨"⑤等诗句也都表明了宋代南方的很多地区都有杏花栽植。我们知道,杏花开放的时候一般是在农历的二月,也就是清明前后,而这个时候正是江南春雨绵绵的季节,因此杏花与春雨之间遂有着不解之缘,最为我们熟悉的便是,如"清明时节雨纷纷,路上行人欲断魂。借问酒家何处有?牧童遥指杏花村"⑥、"燕子不归春事晚,一汀烟雨

① 转引《古今图书集成》第 548 册第 22 页。
② 汪元量《醉歌》,《全宋诗》卷三六六四,第 70 册第 43994 页。
③ 《忠愍集》,《影印文渊阁四库全书》本第 1085 册第 672 页。
④ 郭祥正《落花》,《青山续集》卷四,《影印文渊阁四库全书》本第 1116 册第 810 页。
⑤ 赵公豫《江行漫兴》,《全宋诗》卷二五〇二,第 46 册第 28941 页。
⑥ 杜牧《清明》,《宛委别藏》,台湾商务印书馆 1981 年,第 109 册第 61 页。

杏花寒"①、"小楼一夜听春雨，深巷明朝卖杏花"②等等，这些诗句都说明了杏花与春雨密切的关系。让人每每一提到杏花，便会想到春雨，而一遇到春雨，抬眼看到的又都是杏花，尤其是在这江南一带，这清明前后更是春雨蒙蒙，天很难放晴，所以杏花、春雨、江南这三个意象就自然而然被联系在了一起，经常在诗歌中使用，到了元代更是成了南方的经典意象，在作品中经常出现。

其中，最初的时候杏花、春雨、江南这三个意象还是分开使用，如张伯淳《寒食》一诗中："春雨松楸望眼赊，春城杨柳舞腰斜。四千里地江南客，百五风光陌上车。儿为归迟稀遣信，仆多愠见苦思家。公余少慰凄凉意，蓓蕾一庭红杏花。"③第一句提及春雨，第三句提及江南，最后一句则说到杏花，这里三者虽未共同使用，但已表明杏花、春雨、江南之间有着一定的联系，才会在诗歌作品中被自然而然联系在一起。后来才渐渐形成了"杏花春雨江南"这一固定的说法，表现在诗词作品中，"为报道人归去也，杏花春雨在江南"④说的便是。"蜡烛青烟出天上，杏花疏雨似江南"⑤，这里虽说的是京城春雨中的杏花，但是一个"似"字已经点明了杏花春雨也是江南地区特定的景致。还有"江南二月风雨过，梅花开尽杏花红"⑥、"先生归卧江南雨，谁为掀帘看杏花"⑦等诗

① 戴叔伦《苏溪亭》，《全唐诗》卷二七四，第 8 册第 3105 页。
② 陆游《临安春雨初霁》，《陆放翁全集》中册第 300 页。
③ 《养蒙文集》卷九，《影印文渊阁四库全书》本第 1194 册第 510 页。
④ 虞集《腊日偶题》，《道图学古录》卷四，《影印文渊阁四库全书》本第 1207 册第 59 页。
⑤ 吴师道《京城寒食雨中呈柳道传吴立夫》，《礼部集》卷七，《影印文渊阁四库全书》本第 1212 册第 63 页。
⑥ 萨都拉《春望》，《雁门集》卷三，《影印文渊阁四库全书》本第 1212 册第 639 页。
⑦ 陈旅《题虞先生词后》，《安雅堂集》卷一，《影印文渊阁四库全书》本第 1213 册第 7 页。

句也都颇有一番杏花春雨江南的意味。但最早"杏花春雨江南"一语完整使用则是见于元代作家虞集的作品《风入松》①，全词如下：

> 画堂红袖倚清酣，华发不胜簪。几回晚直金銮殿，东风软，花里停骖。书诏许传宫烛，香罗初剪朝衫。　　御沟冰泮(pàn)水挼（ruó）蓝，飞燕又呢喃。重重帘幕寒犹在，凭谁寄，金字泥缄。为报先生归也，杏花春雨江南。

这首词中，第一次完整地出现"杏花春雨江南"这一意象。从字面理解，杏花、春雨、江南意即仲春时节，春光明媚，季节美好，绵绵春雨，杏花摇曳，好一派江南风光。其实不然，这美丽的"杏花春雨江南"之景应是诗人向往中的生活，但在现实生活中官场黑暗、理想抱负不得实现，因此只能寄托于笔端，在作品中去感受与回味。

可以说，"杏花春雨江南"这一经典意象之所以在元代很流行，首先缘于杏花与江南清明前后的雨之间有着密切的关系，前面已经具体说过二者的关系。其次便是杏花与春雨搭配在一起使用所形成的那种经典美。我们知道杏花非常浓艳，一色多变，它的花瓣也很多，一层层叠加起来，所以给人的视觉感受非常繁茂浓密，而且杏树一般多成片种植，花开时节，一色千里，非常壮观。正是因为其艳、其密，导致了它在凋零的时候也是相当壮观，那如雪的杏花纷纷扬扬，漫天飞舞，非常浓密，这样的场景就和江南春雨的场面很吻合。因为江南的春雨一般也是绵绵不断、非常浓密地降落于大地上，如此二者之间便建立了一种同质的关系。因而描写春雨中杏花的诗词作品有很多的原因，大概也都是着眼于二者的相似性，因为在雨打落花的过程中不仅

---

① 虞集《风入松》，《道图学古录》卷四，《影印文渊阁四库全书》本第1207册第60页。

仅是对花落凋零的感叹，更多的也会感受到一种春雨落花的清新明快。

试想，在"杏花春雨江南"这样的画面中，杏花这一早春芳物，它有着美丽的容颜、清新的芬芳，这些都注定了它更适合在江南佳丽地里生长，而且再加上江南那蒙蒙细雨的滋润，这样的场景更能表现江南早春特有的风致，柔婉妩媚，也就更能打动诗人的情怀，撩拨起他们的情思，所以说"杏花春雨江南"这一说法的逐渐流行是必然的。同时，这也是历代文人对杏花美感不断细致、深入地把握所积累下来的审美经验，才最终使得杏花春雨成了南方的经典意象。

图 42 ［清］王翚《杏花春雨江南》。绢本设色，纵 81 厘米，横 51 厘米。辽宁省博物馆藏。

二、杏花村

提及"杏花村"，首先想到的便是杜牧的那首《清明》诗："清明时节雨纷纷，路上行人欲断魂。借问酒家何处有？牧童遥指杏花村。"这首诗中，杜牧以清新明快的语言为我们描述了清明时节特有的景象，春雨绵绵，杏花染染，一股浓郁的春天气息荡漾于字里行间之中。更重要的是,其中的两句"借问酒家何处有？牧童遥指杏花村"

尤为世人称道，也最终引起了一直以来都争论不休的"杏花村"的归属问题。

（一）"杏花村"的源起

"杏花村"究竟在哪里？学界一直都有争论，但是相关的论述杏花村的论文却很多，不同的学者基于不一样的立场和看法，对杏花村的最终归属都有自己的看法，所以至今都是"仁者见仁，智者见智"，未能形成共识。据有关文献记载论证，我国现在有80多个杏花村，而其足迹也遍布江苏、安徽、湖北、山东、山西、河南、陕西、甘肃等众多省份，但并不是每一个"杏花村"都很出名。相对而言，比较重要的杏花村一共有6个。简单提及一下，它们分别为：一是山西杏花村，在山西汾阳县东部，自北朝以来，这里就以盛产"汾酒"而著名。相传在唐代最兴盛的时候，全村共有72家烧酒作坊，而产酒所用的水则出自村中的一口"神井"，井水甜美甘馨，用这样的水酿酒，味道馥郁芬芳，让人回味无穷。正是因为山西汾酒名气之大、时代之久，故"山西杏花村"一说在学界乃至世人的心目中赞成者颇多。二是山东杏花村，这个杏花村的得名，很大一部分原因是得益于《水浒传》的深入人心。众所周知，在《水浒传》里有一个"十里杏花村"，而这个"十里杏花村"就在山东的梁山脚下，那里有一片杏、桃、柿、梨间植绵延十余华里的果木山林，每到阳春时节，满村的杏花怒放，非常艳丽夺目，甚是壮观，"杏花村"也从此得名。三是江苏杏花村，位于南京城西凤凰台一带，又称金陵杏花村。这里岗峦叠翠，绿水环绕，前临大江，下靠秦淮，历来就是风景名胜之地，在《南京文献记载中的杏花村》一文中，就非常详细而具体地论证了金陵杏花村才是杜牧《清明》诗中杏花村之正宗。四是徐州杏花村，位于江苏徐州丰县，也颇有名气。宋朝大

图 43 安徽池州杏花村。

文豪苏轼的《送陈季常所蓄朱陈村嫁娶图》一诗云"我是朱陈旧使君，劝农曾入杏花村"①，说的便是丰县杏花村。五是湖北杏花村，即湖北麻城县。历史上也以产酒著名，至今在当地还流传着这样的一首民谣："三里桃花店，四里杏花村。村村有美酒，店中有美人。"②可见此处杏花村也颇有渊源。六是安徽杏花村，即安徽池州。这里也以产酒著名，而杜牧曾任过池州刺使，因而其诗中的"杏花村"可能应是这里，因为他在任上的时候在此喝酒最为正常。而且"安徽池州说"③现在颇

① 《全宋诗》卷八〇三，第 14 册第 9299 页。

② 《神州几多杏花村》，《山西档案》1994 年第 3 期，第 56 页。

③ 池州市近年来已复建三处杏花村景点。此图为欧华房地产有限公司建设的杏花村文化园大门。该园占地 200 余亩，封闭运营。另一处是欧华公司早年建设的杏花村古井文化园，今已关闭。第三处是池州市贵池区 2012 年以来倾力打造复建的"杏花村文化旅游区"，规划建设面积 35 平方公里，第一期 8 平方公里开放式休闲公园已经建成。本书第二部分《杏花村文化研究》中提供的景点图片均属于杏花村文化旅游区复建或新建的景点，第三部分的相关诗文与建议均指向杏花村文化旅游区。

反响热烈，在《"杏花村"地望之争辨析》一文中便在否定"山西汾阳说""江苏南京说""湖北麻城说"的基础上而认定安徽池州才是真正的杜牧诗中的杏花村。

以上六处杏花村相对于遍布神州大地大大小小的"杏花村"是比较重要的，也是在今天现实生活中真实存在的，可以说很大一部分原因还是因为杜牧的那首《清明》诗太出名,太脍炙人口,太深为人们喜爱,所以各个地方才会不惜花费大量的时间、精力、金钱,希望能和杜牧诗中的杏花村攀上关系,如此既为自己作了宣传,具有极大的广告效益,同时也能产生巨大的经济效益,这才是当今人乐此不疲地争论"杏花村"最终归属的最本质原因。但这里作"杏花村"的个案研究,是从纵向上着重分析杏花村如何产生、发展的过程,以及它和酒之间的那种密切不可分的关系,这才是本节的重点所在。

纵观古代的文献记载,以及历代作家的诗、词、文、赋等作品,大致检点一下,发现最初引起关注的也是杜牧的那首《清明》,《钦定四库全书总目》中云:"杜牧之'牧童遥指杏花村'非实指,概泛言风景之词。"[1]但这也只是一家之言,针对杜牧《清明》诗中"杏花村",不同的地方志都有记载,大致不出作为本地杏花村的佐证。来看一些文献中的记载,《钦定大清一统志》中的"杏花村",云:"在麻城县西南岐亭镇有杏林、杏泉,宋陈慥隐此。"[2]这里即是湖北杏花村。《至大金陵新志》中所云的"杏花村"是江苏杏花村[3]。《江南通志》中"杏

① 《钦定四库全书总目》卷七七,《影印文渊阁四库全书》本第 2 册第 622 页。
② 《钦定大清一统志》卷二六三,和珅等撰,《影印文渊阁四库全书》本第 480 册第 120 页。
③ 《至大金陵新志》卷一一,张铉撰,《影印文渊阁四库全书》本。

花村在府秀山门里许，因唐杜牧诗有'牧童遥指杏花村'得名"①，这里说的是安徽杏花村。《江西通志》中"玉山县治西隅临溪有杏花村"②，即江西杏花村。《山西通志》中《虞美人·寒食太原道中》一词所说的即山西杏花村③。《云南通志》中的"昆明杏花村"，即是云南杏花村④。还有苏轼《送陈季常所蓄朱陈村嫁娶图》一诗中所云的是徐州杏花村。

　　这些有关"杏花村"的记载在各个地方志中比比皆是，但是依然不出山西、山东、金陵、安徽等几处，当然还有云南、江西、新疆、甘肃等地"杏花村"的足迹，可是比较起来杏花村仍然以北方偏多，山西杏花村、山东杏花村、湖北杏花村、安徽杏花村等这些北方的杏花村也更为出名。之所以杏花村在北方更为普遍的原因可能很大一部分也与杏花在北方生长更为普遍这一自然物色特性有关。众所周知，历来就有"南梅北杏"的说法，杏是北方地区的一种重要的果木树，所以在北地杏花是相当普遍且被人们熟识的，因而"杏花村"在北方更为普遍也是合情合理的。但是需要强调的是对于这众多的文学作品中的杏花村不可能把它具体化，因为文学的特性决定了它缘于生活，但同时又高于生活，它不是对生活原原本本地复原与观照，而是在生活本原的基础上进行了艺术处理，它不同于生活，文学本质上是比较虚的，这也是"杏花村"在文学作品里很难确切所指的原因所在。

① 《江南通志》卷三四，赵弘恩等监修、黄之隽等编撰，《影印文渊阁四库全书》本。
② 《江西通志》卷四〇，谢旻等监修，《影印文渊阁四库全书》本第 514 册第 339 页。
③ 《山西通志》卷二二六，觉罗石麟等监修、储大文等编撰，《影印文渊阁四库全书》本第 550 册第 667 页。
④ 《云南通志》卷二九，鄂尔泰等监修、靖道谟等编撰，《影印文渊阁四库全书》本。

上面已经分析了杏花村无论在古代，还是在现代，都是非常普遍存在的。但是顾名思义，"杏花村"首先应该有杏花，而且必定是有很多的杏花，杏花成为这个村子的特征，才会取名杏花村。而中国各地的杏花村非常普遍，也是和杏花栽培的相当普遍有关系。"蒲烟杨柳树，微雨杏花村"①、"田家繁杏压枝红，远胜桃夭与李秾"②、"春风杨柳岸，寒食杏花村"③等这些诗句都表明杏花村在中国大地上是相当多的，也为很多文人诗客所熟悉。他们喜爱杏花村里美丽的杏花，因此对杏花村也便多所吟咏。同时需要强调的是各地的杏花村非常多，但是杏花村也不一定是村名，它只不过表明了这个村子盛产杏花。比如唐代大诗人白居易的《洛阳春，赠刘、李二宾客》一诗中所云"明日期何处？杏花游赵村"④。这里的赵村即在洛阳城东，村中有杏花千余树，甚为壮观，所以也很引人注目，赵村遂因而得名。而其另一首《游赵村杏花》中"游春红杏每年开，十五年来看几回"⑤说的也是赵村杏花非常漂亮，但是诗人却无暇欣赏的惆怅心情。赵村杏花名气之大，在杨万里的《赵村》诗中是这样写的："杏花千树洛阳春，日传年年爱赵村。月蕊晴葩风露格，老夫移得在东园。"⑥从这首诗中，可以看出正是因为白居易的两首描写赵村杏花的诗，杨万里才会把其东园杏花径亭子命名为赵村。当然描写杏花村的诗句还有很多，这里就不一一列举。

---

① 许浑《下第归蒲城野居》，《全唐诗》卷五三二，第 16 册第 6076 页。
② 司马光《和道矩送客汾西村舍杏花盛开置酒其下》，《全宋诗》卷五〇五，第 9 册第 6141 页。
③ 洪刍《次李少微韵》，《老圃集》卷上，《影印文渊阁四库全书》本第 1127 册第 382 页。
④ 《白居易集》卷二九，第 2 册第 672 页。
⑤ 《白居易集》卷三七，第 3 册第 844 页。
⑥ 《全宋诗》卷 2310，第 42 册第 26565 页。

（二）"杏花村"与酒的关系

　　另外提及"杏花村"，则不能不论述其与酒之间的密切关系，而今天各地的杏花村争名的很大一部分原因也是为其本地的酒作宣传，杏花村和酒之间有着一股不解的血缘关系。这种血缘关系的最初缘起应该也是杜牧的《清明》一诗，正是因为其中的"借问酒家何处有？牧童遥指杏花村"的脍炙人口、深入人心，遂把杏花村和酒联系在了一起，以至于后来的历代诗人一提及杏花村，必定想到酒家、想到美酒，而同样说到美酒，也必然会认定杏花村里的美酒才是最正宗的，杏花村和酒已经成为一种共同使用的意象，影响着诗人的思维，付诸他们的笔端诗中，注定会把两者放在一起使用。比如"杏花村馆酒旗风，水溶溶，飏残红。野渡舟横，杨柳绿阴浓"①，这里虽不是全篇描写杏花村、酒店，但却能够感受到杏花村和酒店放在一起很和谐、很自然，别有一番风致。还有"杏花无数连村落，也有人家挂酒旗"②、"一鸟闹红春欲动，酒帘正在杏花西"③、"山村路僻客来稀，红杏梢头挂酒旗"④、"白鸥长绕分鱼市，红杏深藏卖酒家"⑤等这些历代诗人对杏花和美酒的描述也都能看出二者之间那种密切相连的关系。

　　至于在历代诗人的作品中，是先有杏花村然后有美酒，还是先有美酒然后有杏花村这样的讨论，通过检索《四库全书》以及翻阅相关的作品，得出杏花村的出现和美酒并列使用应该是大致同时。对此，

---

① 谢逸《江城子》，《溪堂集》卷六，《影印文渊阁四库全书》本第 1122 册第 514 页。
② 韩元吉《洞溪绝句三首》其二，《南涧甲乙稿》卷六，《影印文渊阁四库全书》本第 1165 册第 72 页。
③ 刘过《村店》，《龙洲集》卷九，《影印文渊阁四库全书》本第 1172 册第 47 页。
④ 刘秉忠《山洞桃花》，《藏春集》卷四，《影印文渊阁四库全书》本第 1191 册第 670 页。
⑤ 马臻《野外》，《霞外诗集》卷三，《影印文渊阁四库全书》本第 1204 册第 85 页。

有两个方面的原因：一是在杜牧《清明》一诗出现以前，吟咏喝酒、欢宴的作品很多，但这和杏花村并没有任何关联，而且"杏花村"一词在杜牧此诗之前的文献典籍中也没有提及，所以二者并无牵扯。直到杜牧《清明》诗才把杏花村与酒联系在了一起，以后更是因为这首诗的影响深远，后代的诗人便喜欢也习惯把二者放在一起作为意象使用，因此二者的起步应该是同时。二是这是一种视觉乃至艺术上审美的必然结果，我们知道，杏花最初是在北方地区广泛种植，其花开浓密繁茂鲜艳夺目，而且又多成片种植，远远望去，甚是壮观，往往会给人一种视觉上的冲击感，而这时在大片的杏林旁有一酒店，外面酒旗飘飘，花香酒香交织在一起，丝丝缕缕，既能悦目，又能娱口，非常地具有美感，自然更加吸引人，而且杏花村着一"村"字也更是带有一股乡土气息，有一股粗犷的味道，把北方人那种特有的豪爽张扬的性格也融入其中，所以在杏花村里喝酒似乎于北方人也是相当普遍且热衷，"白社皆惊放狂客，青钱尽送沽酒家。眼前不得醉消遣，争奈恼人红杏花"①，酒美、花美，二者交织在一起，不知该饮酒还是赏花。还有"风飐青帘出杏林，行人未醉甕头春"②，描述的也是杏花村与酒的相伴相依。至于杜牧《清明》诗中"借问酒家何处有？牧童遥指杏花村"两句更是千古流传，因为其生动地描绘出了"路人询问酒家处，牧童遥指花深处"的情景，酒家环绕着杏花村边，有花的映衬，更显其清幽、宁静，自然影响深远，令人难以忘怀。至于这些诗词中的"杏花村"究竟指哪里，其实也没有必要深究，因为诗人吟咏杏花村更加

---

① 穆修《村郭寒食雨中》，《穆参军集》卷上，《影印文渊阁四库全书》本第1087册第6页。
② 黄庚《酒家》，《月屋漫稿》，《影印文渊阁四库全书》本第1193册第809页。

关注的应是其带给阅读者怎样的一种审美愉悦，这便是文学作品的功能，即它具有愉情悦性的作用，能够使读者获得审美上的愉悦，或者达到教育、引导的功用，如此的文学作品便是相当成功。

通过以上的分析，可以看出杏花村是因杜牧的《清明》诗而得名，历代诗人对此也多有吟咏。同时也因为杜牧其诗生动地道出了杏花村与酒的密切关系，而最终形成了一种定势，使得杏花村与酒之间具有了一种水乳交融、不可分割的关系。所以，我们提及杏花村便会想到馥郁芬芳的美酒，而品尝到美酒又自然而然会联想到杏花村，这其实是一种互动的关系。而这互动的过程直到今天都在延续，那些大量提及杏花村与酒之间关系的论文普遍存在便足以说明人们对其关注的程度。可见，"杏花村"不仅仅是作为一个文学意象而出现在诗词作品中，它更多地承担起了一种文化上的象征，具有极高的文化价值，需要各行各业的研究者从不同的方面去进一步研究。

第二节　代表作家研究

一、苏轼

苏轼，字子瞻，又字和仲，号东坡居士，世称苏东坡、苏仙。作为宋代文坛的领袖，其文学成就卓著，在诗、词、文等诸多领域都取得了巨大的成就，对当时乃至后世都产生了深远的影响。而作为一位诗人，东坡一生存诗 2600 多首。他的诗包涵宏大，内容丰富，兼有众长，对许多题材都有所涉及。其中花卉题材的诗歌数量有 120 余首，在其诗歌作品中的比例将近 5%，这已经表明了苏轼对花卉草木这些美丽的自然风物是相当关注，这同样也是宋人热爱生活、享受生活的一种表现。

在东坡120余首花卉诗歌中，涉及的花卉种类有将近20种，包括牡丹、山茶、瑞香、桂花、芍药、海棠、杏花、梅花、荷花、杜鹃等，他都倾注了一些笔力，去描写它们的美丽多姿，其中尤以牡丹与梅花为最，咏及牡丹的作品有16首，咏及梅花的作品更有将近50首之多。可以说这两种花卉应是苏轼

图44　苏轼像。

所喜爱的，才会吟咏那么多，不过牡丹与梅花在其文学创作的生涯中并不是同时兼爱，牡丹是苏轼早年风华正茂、仕途平坦时颇为喜爱，而梅花则是其后来辗转流离、政治抱负不得施展时内心郁闷情怀的寄托。不过相较于牡丹与梅花，杏花诗在东坡的花卉诗中就显得很不突出，首先作品数量很少，只有5首（其中包括2首题画诗），其次杏花也不是苏轼所着意的花卉，他只是不经意碰到而加以描写罢了。但正是这很少的杏花诗以及他对杏花的认识看法对后世产生了不小的影响，才促使我们有必要谈及一下苏轼的杏花诗。

先来看一下苏轼对杏花的认识。我们知道，在宋代之前诗人描摹杏花多着眼的是其花色、花香、花姿等自然属性，从而来表达内心对

杏花这一花卉的喜爱之情，但本身并没有对杏花的价值品性有所贬抑，而对杏花之艳颇有微词也只是个别文人的主观看法，并没有形成全社会的共识。但是进入宋代以后，杏花的价值地位持续走低，对它不满、贬抑、不屑的作品日渐增多，表明这一时期杏花的命运发生了彻底的转换，它不再是文人倾心去描写的美丽的自然风物，而是透过其外表的艳丽妖娆见证其内在的水性杨花，杏花是不能承载起文人那美好人格、坚贞气节的象征寓意。而这种对杏花的贬抑态度可追溯到苏轼，前面已经简单说过，有这样一则故事：在宋初的文坛上，有一些文人针对林逋的咏梅名句"疏影横斜水清浅，暗香浮动月黄昏"①两句来发表议论。这两句是林逋《山园小梅》二首其一中的名句，林逋也更因这首诗而千古流传，可见这首咏梅诗描写梅花的形神兼备。于是，在当时的文坛上，就有一些人认为其实这两句咏杏花和桃李也可以。针对咏杏和桃李皆可的说法，苏轼很是不满，于是在一次文人的聚会上他就调侃地说："可则可，只是杏、李花不敢承当。"②苏轼此话一出，当时在场的人都为之大笑。这里可以看出苏轼对梅花美独具品位的高度评价，他认为这"暗香""疏影"句是桃杏之流不能承当的，而满座之人会意的大笑也表明这种认识在当时已是一种共识，世人都已认为杏花的妖艳与梅花的高洁是不能同日而语的。后来的"李花不减梅花白，闲与梅花争几回。惟有暗香疏影句，承当不下让还梅"③、"休笑诗人

---

① 《全宋诗》卷一〇六，第 2 册第 1218 页。
② 《王直方诗话》，《宋诗话辑佚》卷上第 13 页。
③ 赵必豫《李月野舍旁之李花于梅时郡斋有诗遂次其韵》其一，《全宋诗》卷三六五八，第 70 册第 43937 页。

冷淡，道尽影疏香暗，桃杏虽然无藻鉴，承担应不敢"①、"水月一帘诗，桃杏不敢近。卷锦归之梅，梅花无可逊"②等诗词也都是针对苏轼此语有感而发。从中便可见，苏轼对梅杏的不同态度也在一定程度上促使了杏花的价值遭到贬抑和降低，并持续发展下去。

接下去有必要提及的便是苏轼的那首《月夜与客饮酒杏花下》一诗，全诗如下：

> 杏花飞帘散余春，明月入户寻幽人。褰衣步月踏花影，炯如流水涵青蘋。花间置酒清香发，争挽长条落香雪。山城薄酒不堪饮，劝君且吸杯中月。洞箫声断月明中，惟忧月落酒杯空。明朝卷地春风恶，但见绿叶栖残红。

这首诗里，开头两句便渲染了一种清幽宁静的境界，接下去"褰衣"二句写出了杏花的繁茂生气，也道出了明月的温柔恬静，这样的场景人的心境也非常舒适安然。而"花间"二句，则是说诗人在繁茂盛开的杏花边饮酒，伴随着的是阵阵的清香，而飘零落下的纷纷花蕊也是香绕鼻间，此情此景甚是愉悦。接下去直到诗末，则是劝导友人要及时地开怀畅饮，享受生命的欢愉，如此才不辜负这良辰美景。

总之，整首诗写出了杏花明媚清新的姿态，同时也渲染了月下赏花的那种怡然自得、超脱舒适的情怀，感染着同时及以后的文人。从此诗开始，宋代以后的文人在吟咏赞赏杏花的时候也多喜爱选择月夜花下，对酒赏花，认为这是人生一大乐事，而且杏花的姿态非常繁茂明艳，给人的视觉效果非常好，同时其开放的季节也非常适宜，正是

---

① 李俊民《谒金门·叹梅》，《庄靖集》卷七，《影印文渊阁四库全书》本第1190册第621页。
② 赵必璩《吟诗递至诗卷足十四韵以答之为梅水村发也》，《全宋诗》卷三六五八，第70册第43940页。

不寒不暖的"杏花天"。如此，月下赏杏较之雪中探梅又别有一番滋味，也才会出现如司马光《和道矩送客汾西村舍杏花盛开置酒其下》、程俱《同许干誉步月饮杏花下》、郑刚中《宝信堂前杏花盛开置酒招同官以诗先之》等这些月下赏杏之作，正与苏轼此诗不谋而合。而宋代的林正大更是把苏轼的这首诗改写为词，名为《括酹江月》，文人翻衍之作的不断也从另一个侧面反映出苏轼此诗写得相当成功，深得当时人的喜爱，也才会让人有兴致去加以改写。

以上简要概述了苏轼在咏杏文学的发展过程中所起的作用与影响，他对杏花本性的基本态度在一定程度上加速了世人对杏花的贬抑，因为以他当时在文坛上的地位，这种影响是显而易见的。但是另一个方面他的那首《月夜与客饮酒杏花下》一诗确实写得也很有特色，便也促成了宋代乃至后代文坛上文人在进行月下赏花时多喜爱选择明媚的杏花这一基本倾向。因此我们说，虽然苏轼的杏花诗很少，不能说他是一位咏杏大家，但是他却不失为一位对咏杏文学的发展起着重要作用的诗人。

二、王安石

王安石，字介甫，晚号半山，北宋著名的政治家、思想家和文学家。但他首先是作为一位政治家、思想家出现在北宋的历史舞台上，他发起和领导的"熙宁变法"影响深远，直到今天人们对其政绩聚讼纷纭，还争论不休。不过，撇开他超卓的政治才能和驳杂的学术思想，他更是一位伟大的文学家。他一生创作了1600余首诗，300余篇文章，以及大量的学术著作和内外应制文等，可以说在北宋文坛上，王安石的创作数量名列前茅，创作内容也是相当丰富，后世对他所取得的文学成就评价都很高，所以他才会位列"唐宋八大家"之中，他的文学作品也一直受到人们的喜爱。

图45　王安石像。

王安石所取得的文学成就固然巨大，但历来研究者多着眼于其政治成就或散文创作的独到之处，而对其诗歌，尤其是花卉诗关注的并不是很多，因为较之于其他方面，花卉诗的成就并不引人瞩目。但是在其1600余首诗中，吟咏花卉和以花卉为主要意象的诗歌还是占有相当的比重。通过检索《四库全书》别集和整理《王安石全集》，大致得出这样的结论：他的全部花卉诗中，整篇吟咏梅花的有13首，杏花的有11首，菊花5首，蔷薇花4首，还有吟咏桃花、李花、牡丹、金沙、荷花、山樱、海棠等，至于以花卉为主要意象的单句更是不胜枚举。因而从这组简单的数据也可看出王安石对花卉还是相当喜爱的，否则是不会花大量的笔墨去描摹和吟咏花卉，但其中他还是比较喜欢梅花和杏花，这从他的咏花诗中梅、杏数量都相对较多即可看出。这里我们主要探讨他的杏花诗中独特的美感及其艺术特色。

众所周知，王安石首先是作为一位政治家而存在，他早年就心有大志，渴望建功立业，因此其诗多是这种心态的反映，而并不以吟咏花草为主。直到他经历了两度为相，又两度被罢相，在这样一连串的打击之下，他内心的经世之意开始消磨殆尽，晚年隐居江宁。从他熙宁十年(1077)

退居江宁起，到元祐元年 (1086) 逝世为止，这十年他一直在钟山 (今江苏南京) 过着隐居的生活，远离政治中心，整日登山临水，寻幽揽胜，访僧问禅，吟咏花草，以此来排遣心中的寂寞，生活是非常优游闲适的，因此这一时期他的诗风也发生了明显转变，不同于早年倾向性鲜明，直揭现实，慷慨激昂，而是心情趋于平淡，诗风更多平易自然，从容闲婉。而这一时期的诗歌就多以山水风景、闲居优游为题材，其杏花诗也大多创作于这一个时期。

我们知道，虽然杏花作为中国的传统花卉是早就存在于人类的社会生活中，但是直到魏晋南北朝时期都没有专题吟咏杏花的作品，因而北周庾信的《杏花》被视为杏花诗的开山之作。在有唐一代，杏花题材诗歌获得了初步发展，作品数量、质量都有一定程度的提高，但是吟咏杏花的作家并不是很多，专力描写的作品也屈指可数。一般说来，唐代的杏花诗还是多着眼于其自然物色属性，着重描摹其色、香、形、貌等外在的美感，如"清香和宿雨，佳色出晴烟"①，不仅道出了杏花其香，而且还描绘出了其在烟雨中的美好姿态，真是一幅清新流丽的杏花风景图。还有"居邻北郭古寺空，杏花两株能白红"②、"红花初绽雪花繁，重叠高低满小园"③、"春物竞相妒，杏花应最娇。红轻欲愁杀，粉薄似啼消"④等这些诗句都重在描摹杏花其色、其姿等外在的美，那姣容三变的色彩，那娇艳风情的姿态，都颇生动传神地道出了杏花的美，而这一点特色在王安石的杏花诗里也很明显。

王安石喜欢用他那清新明丽的笔调去描绘春天盛开欣欣向荣的杏

---

① 钱起《酬长孙绎蓝溪寄杏》，《全唐诗》卷二三八，第 8 册第 2653 页。
② 韩愈《杏花》，《韩昌黎全集》第 55 页。
③ 温庭筠《杏花》，《全唐诗》卷五八三，第 17 册第 6770 页。
④ 吴融《杏花》，《全唐诗》卷六八六，第 20 册第 7880 页。

花。可以说，王安石特别喜欢春天，喜欢那种大地回春、百花盛开、红娇绿冶的景象，尤其是在杏花春雨的时候，更是不寒不暖，到处都是一片韶光明媚的气象。在他晚年时期，退居江宁十年之久，而江宁历来就是一个好地方，地处长江边上，是六朝古都，既是"帝王州"，又是"佳丽地"，那山林池陂、寺院胜迹，还有花团锦簇，都尽收眼底，每每都能让人感到身心愉悦。面对着如此美景，杏花的多姿多彩就更是锦上添花，如"俯窥娇娆杏，未觉身胜影"①中，杏花那美艳的色彩，那盛开繁茂的姿态，是颇令诗人喜爱的。"一陂春水绕花身，花影妖娆各占春"②、"看时高艳先惊眼，折处幽香易满怀"③这些诗句也都是在描绘杏花的美丽，色彩的夺目，芳香的宜人。这些对杏花外在姿态的进一步吟咏就是王氏杏花诗内容的第一个方面的表现。

不过作为伟大的诗人，他们往往都并不局限于对事物外在的形、色、香等自然美的描述，而是能够让自己的主体精神世界与花卉作交流，花即我，我即花，能够刻画出花卉内在本质的神韵，正如邵雍所说"人不善赏花，只爱花之貌。人或善赏花，只爱花之妙。花貌在颜色，颜色人可效。花妙在精神，精神人莫造"④。而王安石就很好地做到了这一点，他能够透过杏花外在的自然属性，把握其内在的本质。其实任何花卉本身并没有品格上的高低区别，但是人们往往根据其秉性而赋予了更多人类品格的象征，杏花也是如此，不同的士人对它的价值定位也是不一样的。虽然杏花的价值在宋朝一路走低，最终竟被比附为青楼、娼妓，但是在王安石手里，杏花还是具有独特的美感、特殊的风神，这应该得益

---

① 王安石《杏花》，《全宋诗》卷五三八，第 10 册第 6477 页。
② 王安石《北陂杏花》，《全宋诗》卷五六五，第 10 册第 6693 页。
③ 王安石《次韵杏花三首》其三，《全宋诗》卷五六九，第 10 册第 6721 页。
④ 邵雍《善赏花吟》，《全宋诗》卷三七一，第 7 册第 4559 页。

于王氏对杏花特别地喜爱，在杏花的身上也寄托着他的理想，是他不屈不饶精神节操的表现，蕴涵着深厚而持久的感情。如"嫣如景阳妃，含笑堕宫井"①，这里已经把杏花比拟为美艳的宫妃，开后代元好问杏花"美女宫妆"意象的先河，杏花不仅仅是简单作为花卉而存在，它的外表和内心都分明具有人的情感。还有"只愁风雨劫春回，怕见枝头烂漫开。野鸟不知人意绪，啄教零乱点苍苔"②，零乱的杏花寄托了诗人内心落寞、哀伤的情绪，这应与其政治上沉浮变迁有一定的关系，对杏花凋零的描写是对其现实政治生活的一种折射。"垂杨一径紫苔封，人语萧萧院落中。独有杏花如唤客，倚墙斜日数枝红"③，整首诗的感情基调非常低沉，"封""萧萧""独有"等词语的连用，都体现着诗人在创作这首诗时的心境，那倚墙孤独的杏花分明就是诗人的化身，因其倡导发起的变法运动，除了神宗皇帝支持外，朝中很多大臣、权贵都不能理解，诗人很多时候都是处于一种孤立无援的境地，因此内心深处痛苦而复杂的情感是可想而知的，他非常渴望别人的理解，正如杏花数日倚在墙头，希望能够遇到知音欣赏是一样的。

在他的杏花诗中最为著名、也最能代表诗人内心深处思想感情的则是那首《北陂杏花》，诗中道："一陂春水绕花身，花影妖娆各占春。纵被春风吹作雪，绝胜南陌碾成尘。"④这首七言绝句前两句是仿效唐朝诗人吴融《杏花》诗中的"独照影时临水畔"句加以变化而来，为我们惟妙惟肖地刻画出了一幅美丽的杏花图：一池碧绿的春水绕着一树杏花流淌着，枝头红杏独秀，水中花影粼粼，花映水面，花影水色，显得分

① 王安石《杏花》，《全宋诗》卷五三八，第10册第6477页。
② 王安石《次韵杏花三首》其一，《全宋诗》卷五六九，第10册第6721页。
③ 王安石《杏花》，《全宋诗》卷五七〇，第10册第6728页。
④ 王安石《北陂杏花》，《全宋诗》卷五六五，第10册第6693页。

图46　林散之书法。王安石《北陂杏花》。

外娇艳美好，明媚的春天也似乎都被花身、花影各自占去了，真是非常逼真、生动、传神，向我们展示了杏花曼妙的风姿。诗的后两句则一洗前人面对残败凋零的落花意象而产生的愁怀和伤感，表现的是一种旷达的情怀，"纵被春风吹作雪，绝胜南陌碾成尘"，这北陂的杏花宁愿被春风吹落而凋谢，它们犹如片片雪花在空中飞舞，但也绝对胜过在南边的小路上被车轮压碎化作尘土。这里通过抒写杏花的高洁之美来寄托诗人的情志，同样也要联系诗人的生平遭际，他主持的变法自始至终都遭到以司马光为首的"旧党"的强烈反对，王安石本人也不断遭到罢黜，最后在忧愤中病死。诗人在此借咏杏花来表达自己献身变法的坚定意志，从整首诗中，能够感受到诗人的无怨无悔、执着坚定、为变法献身的壮烈情怀。

以上论及王安石的杏花诗，不但注重描写杏花其形，而且更加着意于其神，这是其杏花诗描写的两个方面的内容。同时有必要提及王安石的那首题咏杏花的题画诗。题画诗，滥觞于汉代，而正式的题画诗则开始于唐代，唐代大诗人如王维、李白、杜甫等人都有题画诗传世，不过题画诗盛行则是在宋、金时期，因为这一时期绘画艺术创作的繁荣，使得题画诗也跟着兴盛起来。王安石的《徐熙花》这首题画诗是歌颂五代南唐著名画家徐熙的《杏花》画。徐熙是五代时期非常著名的画家，他的花卉画每每都能生动逼真地刻画出花卉特有的风神，后代为他的画所作的题画诗很多，来看王氏的这首题画诗，"徐熙丹青盖江左，花枝偃蹇花婀娜。一见真谓值芳时，安知有人槃礴羸。同朝众吏共排娼，亦欲学之无自可。锦囊深贮几春风，借问此木何时果"①，前四句诗人赞美了徐熙画才之高，才能画出杏花的婀娜多姿，并且他笔下的杏枝也是独具特色，目睹此画就能够感受到一股春天的气息扑面而来，而后四句则是在描写的基础上抒情，表达诗人昂扬向上乐观的情怀。可以说，这首题画诗是诗人杏花诗的一个特例，应该予以关注。

总之，王安石的杏花诗承继唐朝杏花诗重在描摹其色、香、形、姿等外在自然美的基础上进一步发展，不但描绘出了杏花于春天盛开的那种娇美的风致，而且更加注重刻画出其内在的风神，在杏花身上寄托自己的情志，并取得了很好的效果。但需要强调的是因为王安石身当北宋文坛，而整个宋朝文坛那种寄托、象征的思潮还未呈普遍深入之势，因此他的杏花诗虽然时有特别的命意，但大多还是统一于春来花开、乐物感时的主题，同时又因为其相当地喜欢明媚的春光，喜欢那欣欣向荣繁茂盛开的杏花，故使得他的晚年诗（包括杏花诗）虽然身处衰境，但却不见愁苦哀怜之情，而仍然渗透着靓丽秀色的基调。他的杏花诗，清新自然，净雅明丽，是他咏花诗中写得最为生动的，呈现在世人眼前的也都是一派春色温柔、百媚千娇的景象，这也为后代杏花诗向着更加细致、深入的方面发展打下了基础。

三、元好问

金元易代之际的元好问，他的杏花诗可谓是中国古代吟咏杏花作品的集大成。众所周知，元好问是金元时期的文坛巨匠，伟大而杰出的诗人，字裕之，号遗山，也是宋金对峙时期北方文学的杰出代表。

① 《全宋诗》卷五三八，第 10 册第 6475 页。

图 47　元好问像。

在那个非常动乱的年代里，"国家不幸诗家幸"，元好问的诗、词、歌曲、小说都取得了相当大的成就，他一生共存诗 1365 首，词 370 余首，在这些诗词作品中，吟咏花卉的文学作品大概有 50 多首，较之他全部作品的数量，吟咏花卉作品的比例不是很高，但是在这 50 多首专题描写花卉的作品中，吟咏杏花的作品就有 35 首之多，并且在其他诗中还有十余处提及杏花。单单从杏花作品的数量上来看，就足见元好问是相当喜爱杏花。事实也确实如此，他对杏花情有独钟，分外偏爱，正如其在《赋瓶中杂花七首》小序中说："予绝爱未开杏花，故篇末自戏。"①可见，他的杏花诗已经深入到杏花物色的方方面面，对不同形态、不同生态的杏花都有独到的描写，其诗形神兼备、惟妙惟肖地刻画出了杏花的精神风貌，同时诗中还饱含自我对生活美的追求，对自己的身世遭遇，以及故国之思、遗民之恨，还有对人生的思索与感悟等复杂的情感都凝结到自己所咏的杏花之中，融情入景，情景交加，"一切景语皆情语也"②。也正是基于此种身世际遇，我们可以看出，元好问的杏花诗无论数量上还是质量上，在杏花文学的发展史上都是首屈一指。

他继承了唐宋以来杏花诗的精髓，注意吸取王禹偁、王安石、杨万里等大家吟咏杏花作品的成功经验，善于把握、强化、拓展杏花诗

①《元好问诗词集》第 544 页。
②《人间词话》第 1 页。

134

的原有意象，在此基础上，融入自己的情感因素和对生命的感悟，别具一格，独领风骚。

（一）杏花意象审美认识的拓宽与创新

杏花外在相当美丽，具备一定的审美价值，它是报春的使者，对于其审美的认识，无论是外在的形象美，还是内在的神韵美，在元好问之前都有很多作家吟咏与赞美。杏花那"春物竞相妒，杏花应最娇"（吴融《杏花》）的娇美，那"红杏枝头春意闹"（宋祁《玉楼春》）

图48 《元好问诗词集》。贺新辉辑注，中国展望出版社，1987年版。

的热烈，那"一陂春水绕花身，花影妖娆各占春"（王安石《北陂杏花》）的风情都令人为之倾倒。对于前人吟咏杏花的名篇佳作，以及描写时独到的艺术技巧，元好问在他的杏花诗中都有所发挥。如其"杏花墙外一枝横，半面宫妆出晓晴"[1]则是对唐代吴融《杏花》诗中"最含情处出墙头"句的进一步发挥，写得相当传神。但更多的时候元氏善于去把握杏花那种独特的美感，尤其在《纪子正杏园宴集》[2]一诗中，其把杏花的美感写得淋漓尽致，这首诗生动地描述了杏花从未开到半开、再到怒放的全过程，看"未开何所似，乳儿粉妆深绛唇。能啼能笑痴复黠，画出百子元非真"，杏花未开的时候，天真似痴。杏花半开的时候，则"半开何所似，里中处女东家邻。阳和入骨春思动，欲语

---

① 元好问《杏花杂诗十三首》其一，《元好问诗词集》第475页。
② 元好问《纪子正杏园宴集》，《元好问诗词集》第41页。

不语时轻颦"，杏花仿佛如少女一般春思涌动，欲语轻颦，含情脉脉，惹人怜惜。最终它盛开怒放了，则又是一片烂漫的景象，"就中烂漫尤更好，五家合队虢与秦。曲江江头看车马，十里罗绮争红尘"，它们喜欢争奇斗艳，烂漫地竞相开放，就如同唐玄宗驾幸华清宫，虢国夫人、秦国夫人等五家扈从浓妆丽服、合队照映的盛况，热闹非凡。在此元好问用比喻、拟人、象征等修辞手法为我们勾勒了一幅杏花全景图，透过诗歌其成功地选择画面和驾驭语言的能力都可见一斑。他的杏花诗较之前代诗人，更加细腻，也更加全面。

同时，元好问不仅仅停留于对杏花已有意象的描绘上，而是进一步开拓、创新，具体表现在杏花的"美女宫妆"意象、"乳儿"意象，以及"铜瓶"意象三个方面。

1. "美女宫妆"意象的杏花。

这类描写运用了拟人的手法，把杏花比拟为宫妆美女，具备美女的特质，美丽、娇羞、妩媚等种种风情。这样的写法在前代作家的作品里已经出现，最早在唐代刘方平的《望夫石》中就有"犹有春山杏，枝枝似薄妆"①，其后如王安石诗中的"俯窥娇娆杏，未觉身胜影。嫣如景阳妃，含笑堕宫井"②，就把杏花拟人为美丽的景阳妃。此后元好问对此开拓较多，如"粉艳低回工作态，绛唇寂寞独含情"③、"昨日樱唇绛蜡痕，今朝红袖已迎门"④等这些诗句，这里元好问用"红袖"、"绛唇"等非常女性化柔美的词语来描摹杏花，使其神韵更加通脱，风姿也更加绰约。其中写得比较有特色的当是"画眉卢女娇无奈，龋齿孙

① 刘方平《望夫石》，《全唐诗》卷二五一，第 8 册第 2839 页。
② 王安石《杏花》，《全宋诗》卷五三八，第 10 册第 6477 页。
③ 元好问《甲辰三月旦日以后杂诗三首》其二，《元好问诗词集》第 370 页。
④ 元好问《张村杏花》，《元好问诗词集》第 422 页。

娘笑不成"①这首诗，作者写了杏花在暖融融的春日里聚满枝头，而四周围的树木花草尚未拥叶吐蕊，也只有杏花在这料峭的春风里，报道春天的到来，并且还用卢女、孙娘来衬托杏花，我们知道卢女、孙娘都是天姿国色的美女，而她们在面对杏花时，也"娇无奈"、"笑不成"，可以想见杏花是如何的娇美和动人，真是一位活灵活现的杏花美女。也正是元好问独特的才情，以及精细入微的表现，才使得杏花美女宫妆的形象更加丰满。

2. "乳儿"意象的杏花。

这是元好问杏花诗的独创之处，在他的杏花诗中，把杏花比拟为乳儿的一共有 3 处，而这在以前的杏花作品里并未出现。在其《癸卯岁杏花》中"读书山前二月尾，向阳杏花全未开。待开竟不开，怕寒贪睡嗔人催"②，虽未直接提及杏花，但是那"怕寒贪睡"的性格分明一个慵懒的乳儿形象，非常惹人爱怜。而在《冠氏赵庄赋杏花四首》其一中有"一树生红锦不如，乳儿粉抹紫襜褕"③这样的诗句，这里杏花那红艳的姿色，被拟化为是乳儿在自己的脸上涂粉施朱后憨态可掬的脸蛋，杏花那娇憨的形象跃然纸上，生动、形象、贴切。但描写杏花乳儿形象最为成功的还是其《纪子正杏园宴集》一诗，诗中为我们展示了杏花成长的全过程，那未开时"乳儿粉妆深绛唇"很是清新、自然。

3. "铜瓶"意象的杏花。

这同样也是元好问的独创之处，在前代作家描写杏花的作品里，

---

① 元好问《杏花二首》其一，《元好问诗词集》第 349 页。
② 《元好问诗词集》第 57 页。
③ 《元好问诗词集》第 516 页。

多注重描摹其不同的形态、不同的生态环境下的独特之处，至于瓶中杏花的姿态风神则作品很少，能够找出的也仅有杨万里的那首《瓶中梅杏二花》，"梅花耿耿冰玉姿，杏花淡淡注胭脂"①描绘了杏花的那种淡而不素、称而不艳的特色。之后瓶中杏花的意象在元氏的手中进一步向前发展，在他的杏花诗以及其他以杏花为主要意象的作品中，就有3处出现铜瓶杏花意象。《癸卯岁杏花》中"两月不举酒，半岁不作诗。更教古铜瓶子无一枝，绿阴青子长相思"，这首诗是诗人1243年54岁之时，春夏染病居家中所作，因为其有病在身故不能亲自去大自然一览杏花的生机与盎然，而只能把自己满腔的情思寄托在这铜瓶杏花中。《寒食》中"山斋此日肠堪断，寂寞铜瓶对杏花"②这两句，则是表达作者那种感慨昔日繁华、而悲叹今日兴亡的情怀，但这忧愤之情是无人理解的，似乎也只有那瓶中的杏花还能予以慰藉。而《赋瓶中杂花七首》其七"古铜瓶子满芳枝，裁剪春风入小诗。看看海棠如有语，杏花也到退房时"③，则纯然是描写瓶中未开杏花，而这未开杏花也是作者的最爱，瓶中的杏花虽未开，但洋溢着浓浓的春意，惹人爱怜，作者想用铜瓶来与杏花长久为伴，以免其凋零残败，但是这样留住的也只能是相思，从中可见作者对杏花那种深厚的情感。

（二）作者主体精神与杏花的交流

一直以来，杏花以其姣容三变的色彩，沁人心脾的清香，以及美丽娇娆的姿态，赢得了众多诗人词客的喜爱，所以才会留下那么多吟咏杏花的作品，但纵观历代吟咏杏花的诗人及其作品，没有一个如元

---

① 《全宋诗》卷二二八二，第42册第26182页。
② 元好问《元好问诗词集》第396页。
③ 元好问《元好问诗词集》第545页。

好问这般对杏花是发自内心的喜爱。在元好问的杏花诗里，杏花不仅仅是作为一种春天的花卉而存在，在杏花的身上，寄托了诗人的理想与追求。很多时候杏花就如同诗人一样，是有生命、有思想的个体，杏花和诗人交融在了一起，他们之间往往能够产生共鸣，这在他的很多杏花诗里都能看出印记。

众所周知，杏花是早春的花卉，在阳春三月的暖和天气里，它们和桃李一样争艳怒放，共同渲染着春天欣欣向荣的气象，"红杏枝头春意闹""等闲红杏即争红"，这里的"闹""争"都非常鲜明地表现了杏花那种热烈、活泼的朝气，在杏花的身上洋溢着蓬勃的生命力，这一点在唐宋时期诗人的杏花作品里表现得很普遍。

元好问对杏花这种生命的热情的描写也有所拓展，比如《杏花杂诗十三首》其五中有"纷纷红紫不胜稠，争得春光竞出头"[1]、《癸卯岁杏花》中有"牙牙娇语山樱破，稠闹成团稀作颗"[2]、《甲辰三月旦日以后杂诗三首》其二中有"溅溅猩红闹晓晴，攒头争似与春争"[3]、《杏花》中有"只嫌憨笑无人管，闹簇枯枝不肯匀"[4]等这些诗句，都渲染了杏花那种簇拥欢闹的热烈气氛。可以看出杏花虽与桃李一样争春，但是它比之于李花的素淡和桃花的妖艳，则是刚好匀称协调，不秾不淡，王禹偁《杏花三首》其三、杨万里《甲子初春即事》等诗也都是描写杏花颜色的文质之适度。而元好问之所以会在他的杏花诗里大量描写杏花的热烈、欢快、充满生机，也充分说明了他自己就是一个有着强烈主体精神的诗人。他天资聪颖又少有大志，在很小的时候就已经显

---

[1] 元好问《元好问诗词集》第 475 页。
[2] 元好问《元好问诗词集》第 58 页。
[3] 元好问《元好问诗词集》第 370 页。
[4] 元好问《元好问诗词集》第 514 页。

露了出众的文学才华，他一生都渴望着以自己的才能为国效力，虽然他目睹了破国亡家的全过程，但自始至终他对生命都是热爱的，也从来没有放弃过对理想的追求，而他编《中州集》，并且为编《元史》一直在奔波劳碌都充分说明了这一点。而其诗中那争春闹春的杏花也正表现出了诗人伟大的志向和超越常人的心态，杏花道出了诗人的心声。

一方面，诗人在作品中充分表现那生机盎然的杏花，但另一方面，他也颇为关注残谢、凋零意象的杏花，这类作品的数量也有不少。如《荆棘中杏花》中有"落花萦帘拂床席，亦有飘泊沾泥沙"①，《纪子正杏园宴集》中有"落花著衣红缤粉，四座惨澹伤精魂"②，《杏花落后分韵得归字》中则是全篇描写杏花零落及诗人那种惆怅无可奈何的心情，《杏花杂诗十三首》其九有"屈指残春有别期，春风争忍片红飞"③等等这些都是描写杏花衰败、凋零的作品。杏花作为一种花卉，有开必有落，花开有时，花落有期，这是自然界必然的规律，诗人深谙其中的道理，故而才会"生红闹簇枯枝，只愁吹破胭脂。说与东风知道，杏花不看开时"④，流露出诗人对杏花的爱怜和期盼。一般来说，落红的纷纷凋零往往会令人触景生情，不免惆怅、遗憾、伤心，感叹时间的流逝，岁月的无情，但是我们透过元好问的那些描写杏花残谢意象的诗句，"画图只爱残妆好"⑤、"且看锦树烘残春"⑥等却并不让人怅惘和失落，反而有一种对残缺美的欣赏以及对明年花开的期盼之情油

---

① 元好问《元好问诗词集》第 186 页。
② 元好问《元好问诗词集》第 42 页。
③ 元好问《元好问诗词集》第 476 页。
④ 元好问《清平乐·杏花》，《元好问诗词集》第 709 页。
⑤ 元好问《甲辰三月旦日以后杂诗三首》其二，《元好问诗词集》第 370 页。
⑥ 元好问《纪子正杏园宴集》，《元好问诗词集》第 42 页。

然而生,可见诗人内心深处始终保持着一种冬季已去、春日不远的泰然。这些残谢的杏花意象也正暗示了诗人虽然身处丧乱的环境中,但依然具有不屈不挠、乐观坦然、积极地奋发拼搏、勇敢而坚定地生活下去的决心。

同时有必要强调的是在元好问的杏花诗中,杏花与酒也多联系在一起并列使用。对酒赏花,固然是中国古代知识分子所热衷的一种非常高雅的娱乐活动,但是在元氏生活的那个时代氛围中,杏花下饮酒,饮酒中赏花,诗人应该都别有寄托,"只应芳树知人意,留著残妆伴酒尊"①、"袅袅纤条映酒船,绿娇红小不胜怜"②、"闻道纪园千树锦,一尊犹及醉清明"③等这些诗句中,诗人都借杏花而别有寄托,抒发着内心深处不能倾吐的郁闷,在与杏花进行着精神上的交流,而酒则是促成这种交流的媒介。

(三)杏花诗中深沉的丧乱色彩

赵翼说过"国家不幸诗家兴,赋到沧桑句便工"④,这两句道出了遗山诗之所以取得杰出成就的原因,同时也点明了诗人所身处的社会环境。元好问生活在金朝由盛而衰的时期,并且最终目睹了金朝的灭亡,经历了战争的动乱,国破家亡的巨痛在诗人内心留下了难以磨灭的伤痕。在金元易代之后,诗人终生没有出仕,故国之思、易代之感就明显表现在他的作品里,而他的诗歌中也以"丧乱诗"的成就为最高,这部分诗作最能反映诗人的心声,也真实地反映出了他所生活的那个时代,并且典型地体现了他的悲怆、慷慨、遒劲的诗风。也正是

---

① 元好问《张村杏花》,《元好问诗词集》第 422 页。
② 元好问《杏花杂诗十三首》其三,《元好问诗词集》第 475 页。
③ 元好问《冠氏赵庄赋杏花四首》其四,《元好问诗词集》第 516 页。
④ 赵翼《题元遗山集》卷下,《瓯北集》,上海古籍出版社 1997 年版,第 772 页。

基于此，他的杏花诗就不可避免地带有那种丧乱的色彩，那种战争年代动乱的气息。我们知道，元好问是宋金对峙时期北方文学的杰出代表，他一生都生活在北方地区，行踪未出山西、河南、山东、河北四省，而且一生大部分时间都是在山西与河南两地度过。而杏花正是北方的传统果木树，所以使得诗人会比较多的接触到杏花，而且动乱的年代里，那种漂泊流离之苦也使得元氏对杏花特别关注，以至萌生特别的感情。元好问在蒙古军入侵之后一直过着辗转避难的生活，这时间长达二十年之久，因此那每年春日都能看到的杏花，在诗人眼里正如陪同自己四处逃生的老友，不免也会经受战争的摧残蹂躏，其中也就不自觉地蒙上了丧乱的色彩。而据考证，其35首杏花诗有很大一部分都是作于1234年金朝亡国之后，这也进一步证明了他的杏花诗与战争的关系。如《冠氏赵庄赋杏花四首》①其二中"荒村此日肠堪断，回首梁园是梦中"，其三有"荒蹊明日知谁到，凭仗诗翁为少留"，这组诗作于1236年，也是作者由聊城到冠县后开始过遗民生活的第二年，两个"荒"字直接影射出了人民的流离失所，以及对金王朝腐败无能以致亡国的痛恨。这时的元好问内心深处是苦闷、抑郁和痛苦的，看着这春意盎然的杏花也难以排遣心中那种复杂的情感，国破家亡的伤痛时时冲击心头，自然就会表现在作品中。还有"儿时忆向西溪庙，丹杏曾看百叶花。今日山中见双朵，自怜憔悴老天涯"②、"山斋此日肠堪断，寂寞铜瓶对杏花"③、"荒城此日肠堪断，老却探花筵上人"④等，也都从不同的侧面抒发了战争给人民带来的痛苦，以及亡国破家的巨

---

① 元好问《元好问诗词集》第516页。
② 元好问《浑源望湖川见百叶杏花二首》其二，《元好问诗词集》第547页。
③ 元好问《寒食》，《元好问诗词集》第396页。
④ 元好问《杏花二首》其二，《元好问诗词集》第350页。

变给诗人带来的伤痛，这将是永久的创痕。其中最具代表性的是其《荆棘中杏花》一诗，这首诗全篇都渗透着丧乱羁縻之苦、身世沉浮之痛，借杏花抒发了诗人内心深处那种痛苦无奈，但又坚定勇敢的情怀，可谓其杏花诗中的代表作（也有认为此诗为宋末谢枋得作）。

总之，元好问杏花诗大多创作于金亡之后。而那个时期，社会充满着战争、饥饿与灾难，人民生活在水深火热之中，使得他的杏花诗难免会笼罩着时代的悲哀。不过，遗山的伟大正在于他不拘泥于为描写而描写，而是能够做到以杏花自拟，并与杏花进行生命的对话，在吟咏杏花的过程中，同时也释放了自我的情感，能够与杏花同悲同喜。透过其杏花诗，我们不但能够感受到金元时期的时代精神，了解到元好问的身世遭遇，而且也更能明白他的个性气质，及他较之于前代诗人赋予杏花的那种独特的审美意蕴。他为我国杏花诗的发展注入了更加新鲜的血液，不愧为我国杏花诗的集大成者。

征引书目

说明：

1. 本书所引之文学总集、别集、资料汇编、学术专著等均在此列，引用之报刊论文、学位论文等则在相应内容的脚注中标出。

2. 所列书名按书名的汉语拼音字母顺序排列。

1. 《安雅堂集》，〔元〕陈旅撰，《影印文渊阁四库全书》本。

2. 《北郭集》，〔元〕许恕撰，《影印文渊阁四库全书》本。

3. 《北郭集》，〔明〕许贲撰，《影印文渊阁四库全书》本。

4. 《白居易集》，〔唐〕白居易撰，北京：中华书局，1988年。

5. 《白莲集》，〔唐〕释齐己撰，《影印文渊阁四库全书》本。

6. 《藏春集》，〔元〕刘秉忠撰，《影印文渊阁四库全书》本。

7. 《春草斋集》，〔明〕乌斯道撰，《影印文渊阁四库全书》本。

8. 《昌谷集》，〔宋〕曹彦约撰，《影印文渊阁四库全书》本。

9. 《翠屏集》，〔明〕张以宁撰，《影印文渊阁四库全书》本。

10. 《槎翁诗集》，〔明〕刘嵩撰，《影印文渊阁四库全书》本。

11. 《杜甫全集》，〔唐〕杜甫撰，上海：上海古籍出版社，1997年。

12. 《东皋子集》，〔唐〕王绩撰，《影印文渊阁四库全书》本。

13. 《带经堂诗话》，〔清〕王士禛撰，郭绍虞主编，北京：人民文学出版社，1963年。

14.《东里诗集》,〔明〕杨士奇撰,《影印文渊阁四库全书》本。

15.《斗南老人集》,〔明〕胡奎撰,《影印文渊阁四库全书》本。

16.《大全集》,〔明〕高启撰,《影印文渊阁四库全书》本。

17.《对山集》,〔明〕康海撰,《影印文渊阁四库全书》本。

18.《多维视野中的文化理论》,庄锡昌等编,杭州:浙江人民出版社,1987年。

19.《丹阳集》,〔宋〕葛胜仲撰,《影印文渊阁四库全书》本。

20.《待制集》,〔元〕柳贯撰,《影印文渊阁四库全书》本。

21.《二如亭群芳谱》,〔明〕王象晋撰,海口:海南出版社,2001年。

22.《二十二子》,上海古籍出版社编辑,上海:上海古籍出版社,1986年。

23.《伐檀斋集》,〔明〕张元凯撰,《影印文渊阁四库全书》本。

24.《樊榭山房集》,〔清〕厉鹗撰,《影印文渊阁四库全书》本。

25.《方周集》,〔宋〕李石撰,《影印文渊阁四库全书》本。

26.《方洲集》,〔明〕张宁撰,《影印文渊阁四库全书》本。

27.《范忠宣集》,〔宋〕范纯仁撰,《影印文渊阁四库全书》本。

28.《古今图书集成》,〔清〕陈梦雷撰,北京:中华书局影印,1985年。

29.《广群芳谱》,〔清〕汪灏撰,上海:上海书店,1985年。

30.《艮斋诗集》,〔元〕侯克中撰,《影印文渊阁四库全书》本。

31.《韩昌黎全集》,〔唐〕韩愈撰,北京:北京市中国书店,1988年。

32.《华泉集》,〔明〕边贡撰,《影印文渊阁四库全书》本。

33.《何水部集》,〔南朝梁〕何逊撰,《影印文渊阁四库全书》本。

34.《汉魏六朝笔记小说大观》,上海:上海古籍出版社,1999年。

35.《汉魏六朝百三名家集》,〔明〕张溥编,扬州:江苏广陵古籍刻印社，1990年。

36．《花溪集》，[元]沈梦麟撰，《影印文渊阁四库全书》本。

37．《淮阳集》，[元]张弘范撰，《影印文渊阁四库全书》本。

38．《花与中国文化》，何小颜著，北京：人民出版社，1999年。

39．《具茨诗集》，[明]王立道撰，《影印文渊阁四库全书》本。

40．《江南通志》，[清]赵弘恩等监修、黄之隽等编撰，《影印文渊阁四库全书》本。

41．《节孝集》，[宋]徐积撰，《影印文渊阁四库全书》本。

42．《江西通志》，[清]谢旻等监修，《影印文渊阁四库全书》本。

43．《景迂生集》，[宋]晁说之撰，《影印文渊阁四库全书》本。

44．《敬业堂诗集》，[清]查慎行撰，《影印文渊阁四库全书》本。

45．《继志斋集》，[明]王绅撰，《影印文渊阁四库全书》本。

46．《空同集》，[明]李梦阳撰，《影印文渊阁四库全书》本。

47．《可斋杂稿》，[宋]李曾伯撰，《影印文渊阁四库全书》本。

48．《类博稿》，[明]岳正撰，《影印文渊阁四库全书》本。

49．《礼部集》，[元]吴师道撰，《影印文渊阁四库全书》本。

50．《历代题画诗》，[清]陈邦彦编，北京：北京古籍出版社，1996年。

51．《陆放翁全集》，[宋]陆游撰，北京：北京市中国书店，1986年。

52．《老圃集》，[宋]洪刍撰，《影印文渊阁四库全书》本。

53．《李太白全集》，[唐]李白撰，上海：上海书店影印出版，1988年。

54．《兰庭集》，[明]谢晋撰，《影印文渊阁四库全书》本。

55．《梁园寓稿》，[明]王翰撰，《影印文渊阁四库全书》本。

56．《龙洲集》，[宋]刘过撰，《影印文渊阁四库全书》本。

57．《默庵集》，[元]安熙撰，《影印文渊阁四库全书》本。

58．《眉庵集》，〔明〕杨基撰，《影印文渊阁四库全书》本。

59．《穆参军集》，〔宋〕穆修撰，《影印文渊阁四库全书》本。

60．《明清花鸟画题画诗选注》，陈履生选注，成都：四川美术出版社，1988年。

61．《木堂集》，〔宋〕陈著撰，《影印文渊阁四库全书》本。

62．《南邨诗集》，〔明〕陶宗仪撰，《影印文渊阁四库全书》本。

63．《南涧甲乙稿》，〔宋〕韩元吉撰，《影印文渊阁四库全书》本。

64．《瓯北集》，〔清〕赵翼撰，上海：上海古籍出版社，1997年。

65．《曝书亭集》，〔明〕朱彝尊撰，《影印文渊阁四库全书》本。

66．《佩韦斋集》，〔宋〕俞德邻撰，《影印文渊阁四库全书》本。

67．《青城山人集》，〔明〕王燧撰，《影印文渊阁四库全书》本。

68．《钦定大清一统志》，〔明〕和珅等撰，影印文渊阁四库全书》本。

69．《秋涧集》，〔元〕王恽撰，《影印文渊阁四库全书》本。

70．《清江诗集》，〔明〕贝琼撰，《影印文渊阁四库全书》本。

71．《畦乐诗集》，〔明〕梁兰撰，《影印文渊阁四库全书》本。

72．《全明词》，饶宗颐初纂、张璋总纂，北京：中华书局，2004年。

73．《清閟阁全集》，〔元〕倪瓒撰，《影印文渊阁四库全书》本。

74．《清容居士集》，〔元〕袁桷撰，《影印文渊阁四库全书》本。

75．《全宋词》，唐圭璋编撰，北京：中华书局，1999年。

76．《全宋诗》，北京大学古文献研究所编，北京：北京大学出版社，1995年。

77．《青山续集》，〔宋〕郭祥正撰，《影印文渊阁四库全书》本。

78．《全宋文》，曾枣庄、刘琳主编，成都：巴蜀书社，1994年。

79．《全唐诗》，北京：中华书局，1979年。

80．《全唐诗》，上海：上海古籍出版社，1986 年缩印扬州诗局本。

81．《樵云独唱》，[元] 叶颙撰，《影印文渊阁四库全书》本。

82．《人间词话》，[清] 王国维著，长春：吉林文史出版社，1999 年。

83．《日涉园集》，[宋] 李彭撰，《影印文渊阁四库全书》本。

84．《苏东坡全集》，[宋] 苏轼撰，北京：中国书店，1980 年。

85．《宋代咏梅文学研究》，程杰著，合肥：安徽文艺出版社，2002 年。

86．《山海经校注》，袁珂集，上海：上海古籍出版社，1980 年。

87．《尚絅斋集》，[明] 童冀撰，《影印文渊阁四库全书》本。

88．《司马相如集校注》，朱一清、孙以昭校注，北京：人民文学出版社，1996 年。

89．《岁时广记》，[宋] 陈元靓撰，《影印文渊阁四库全书》本。

90．《宋诗话辑佚》，郭绍虞辑，北京：中华书局，1980 年。

91．《少室山房集》，[明] 胡应麟撰，《影印文渊阁四库全书》本。

92．《石田诗选》，[明] 沈周撰，《影印文渊阁四库全书》本。

93．《石田文集》，[元] 马祖常撰，《影印文渊阁四库全书》本。

94．《山西通志》，[清] 觉罗石麟等监修、储大文等编撰，《影印文渊阁四库全书》本。

95．《涉斋集》，[宋] 许纶撰，《影印文渊阁四库全书》本。

96．《蜕庵集》，[元] 张翥撰，《影印文渊阁四库全书》本。

97．《桐江续集》，[元] 方回撰，《影印文渊阁四库全书》本。

98．《柘轩集》，[明] 凌云翰撰，《影印文渊阁四库全书》本。

99．《檀园集》，[明] 李流芳撰，《影印文渊阁四库全书》本。

100．《文端集》，[清] 张英撰，《影印文渊阁四库全书》本。

101．《文恭集》，[宋] 胡宿撰，《影印文渊阁四库全书》本。

102．《文敏集》，［明］杨荣撰，《影印文渊阁四库全书》本。

103．《宛委别藏》，台北：台湾商务印书馆，1981年。

104．《王魏公集》，［宋］王安礼撰，《影印文渊阁四库全书》本。

105．《文献集》，［元］黄溍撰，《影印文渊阁四库全书》本。

106．《物种起源》，［英］达尔文著，北京：商务印书馆，1981年。

107．《西陂类稿》，［清］宋荦撰，《影印文渊阁四库全书》本。

108．《闲居丛稿》，［元］蒲道源撰，《影印文渊阁四库全书》本。

109．《小鸣稿》，［明］朱诚泳撰，《影印文渊阁四库全书》本。

110．《先秦汉魏晋南北朝诗》，逯钦立辑校，北京：中华书局，1983年。

111．《闲情偶记》，［清］李渔撰，上海：上海古籍出版社，2000年。

112．《心泉学诗稿》，［宋］蒲寿宬撰，《影印文渊阁四库全书》本。

113．《希澹园诗集》，［明］虞堪撰，《影印文渊阁四库全书》本。

114．《溪堂集》，［宋］谢逸撰，《影印文渊阁四库全书》本。

115．《霞外诗集》，［元］马臻撰，《影印文渊阁四库全书》本。

116．《西溪丛语》，［宋］姚宽撰，北京：中华书局，1993年。

117．《须溪集》，［宋］刘辰翁撰，《影印文渊阁四库全书》本。

118．《荥阳外史集》，［明］郑真撰，《影印文渊阁四库全书》本。

119．《尧峰文钞》，［清］汪琬撰，《影印文渊阁四库全书》本。

120．《元好问诗词集》，贺新辉辑注，北京：中国展望出版社，1987年。

121．《雁门集》，［元］萨都拉撰，《影印文渊阁四库全书》本。

122．《云南通志》，［清］鄂尔泰等监修、靖道谟等编撰，《影印文渊阁四库全书》本。

123．《俨山集》，［明］陆深撰，《影印文渊阁四库全书》本。

124．《倚松诗集》，［宋］饶节撰，《影印文渊阁四库全书》本。

125.《月屋漫稿》,〔元〕黄庚撰,《影印文渊阁四库全书》本。

126.《御制诗集》,〔清〕于敏中等编,《影印文渊阁四库全书》本。

127.《御制诗集》,〔清〕蒋溥等编,《影印文渊阁四库全书》本。

128.《至大金陵新志》,〔元〕张铉撰,《影印文渊阁四库全书》本。

129.《中国花卉文化》,周武忠著,北京:中国农业出版社,1999年。

130.《庄靖集》,〔金〕李俊民撰,《影印文渊阁四库全书》本。

131.《忠愍集》,〔宋〕寇准撰,《影印文渊阁四库全书》本。

132.《养蒙文集》,〔元〕张伯淳撰,《影印文渊阁四库全书》本。

133.《紫山大全集》,〔元〕胡祗遹撰,《影印文渊阁四库全书》本。

134.《忠肃集》,〔宋〕刘挚撰,《影印文渊阁四库全书》本。

135.《贞素斋集》,〔元〕舒頔撰,《影印文渊阁四库全书》本。

136.《竹斋集》,〔元〕王冕撰,《影印文渊阁四库全书》本。

137.《至正集》,〔元〕许有壬撰,《影印文渊阁四库全书》本。

138.《中州集》,〔元〕元好问撰,《影印文渊阁四库全书》本。

139.《弇州四部稿》,〔明〕王世贞撰,《影印文渊阁四库全书》本。

后　记

从 2005 年夏天硕士研究生毕业，弹指一挥间已然十余年过去了。十余年的时间改变了很多，我从青涩的学生步入社会，忙碌的工作、繁重的生活，这些都让我变得更加勇敢与成熟。我已然渐渐忘记当年那个南师校园里无数奔波苦读的日子。我的学生生涯、我的美好回忆在 2016 年的夏天被悄然唤起。

这个夏天有幸参与《中国花卉审美文化研究丛书》之第 4 种《杏花文学与文化研究》的撰写。本丛书由我的导师程杰教授，南京师范大学曹辛华教授主编。借此机会，将我的硕士论文《杏花意象的文学研究》进行了修订与完善。程杰教授是我的硕士生导师，当年这篇硕士学位论文从选题、写作到修改都得到了导师深入细致的指导，其中凝聚了老师大量的心血。此次修订，老师也给予了我很多帮助。程老师的道德文章历所称道，我也一直奉为楷模，今后需要我学习和努力的地方还有很多。我一定尽我所能，希望无愧于师门。这里感谢老师这么多年学习上对我的指导与帮助，生活上对我的关心与爱护。同时，在文章的修订过程中，也得到了安徽池州学院中文系纪永贵教授等许多同门的指点与帮助，他们身上孜孜不倦、刻苦钻研的学术精神以及严谨求实、深入独到的治学态度，都深深感染和影响着我，从他们身上我也学到了很多，在此对他们也表示衷心的感谢。

感谢我的工作单位三江学院，十余年的时光，见证了我的成长，始终给予我关心和帮助，让我学会了感谢与感恩。感谢领导和同事们的支持。回首整个修订的过程忙碌而充实，感动而收获，我仿佛又重新回到了学生时代，每天挤出时间在不断地学习，这种感觉真的是奇特而美好的。

感谢导师程杰教授，感谢曹辛华教授，感谢所有对本丛书付出心血的人们，是你们的共同努力让这套《中国花卉审美文化研究丛书》得以顺利出版，也给了我再一次重新学习的机会，也让我重新去审视自己未来发展的方向。吾生也有涯，而知也无涯，我想在今后学习工作的道路上我会更加自信坚定，更加从容坦荡，不断追求，不断提升。

丁小兵

2018 年 4 月

152

杏花村文化研究

纪永贵 著

自　序

笔者虽非植物文化研究专家，但于研究古代文学与民俗学专题时，常遇植物之青葱影像，于是根据需要，或者顺手拈来，曾对数种植物花卉进行过比较有限的研讨，也有一些了然于心的感悟，这些文章便是了然于手的收获。本集收录的是关于杏花村的专题论文12篇，约16万字，可谓笔者关注杏花村文献资料与杏花村现实复建的文字见证。

本集收录之论文均已发表过，或独发以单篇，或剪裁于专著。历时十余载，注目心系于杏花村一域，乃得益于杏花村独特的民俗魅力，实亦难舍于杏花春雨的芳菲引诱。

世上自然是先有杏树物种，然后有杏花村。远古以来杏花芬芳自在，仅千余年前才受到民俗与文学的关注。杏花开满村庄，亦是古已有之，只待晚唐诗人笔锋一转，方能入史入心。杏花一村，本是自然村落，有诗为证，但未必均能落到实处。

南宋以后，《清明》一绝于无人知处出世，且托名杜牧而传之。又千百年来，安徽贵池独享此例，积累了不菲的文化故实。于地已景点密布，于史已志书成册，于诗已捆绑难分，于今已重建复植。其间，虽有山西、山东、湖北、江苏等地杏花村齐出，但均不能与贵池杏花村比晒史料矣。晚唐风韵，江南风烟，杏花一村，人物一簇，共奏千古绝唱。

笔者对杏花村情有独钟，主持成立杏花村文化研究中心有年矣。

研读史料，考镜源流；乡邦文献，细大不捐；连篇累牍，要言不烦；跟踪复建，摇旗呐喊。

　　笔者有幸侧身于程杰先生精心结撰的植物花卉研究团队，于心欢喜。缘自草木，意关情怀。先生钟意芳物，身体力行，于梅花一道深究广研，旁及芦苇、水仙、杏花诸题，云霞满纸，力透纸背。多年以来，先生置身前沿，深情留意国花难题，梅花与牡丹，权衡为双国花。宏论已出，影响自成。力余，先生倾情提携扶持数十位后学新知从事植物花卉文学与文化研究，花果满园，清香四溢。本丛书20种之所呈现，均为先生浇灌培植而成。草木可谓葱茏，风华堪称绝代。笔者侥幸领得二种，喜形于色，暗生惭愧。然于此一途，举目所见，早已是林深叶茂，枝密花繁，色香俱粹，生意无穷。乃所谓求仁而得仁，又何怨哉！

　　是为序。

2018 年 5 月

于池州清风名苑

目　录

论杏花村意象的文学渊源和文化延伸

　　杏花村在当代并不是一个特别响亮的文化符号，但是在山西临汾、安徽贵池、江苏徐州和南京、湖北麻城、山东梁山等地，它却是一个尽人皆知的地方文化的口头意象。山西杏花村汾酒公司因其强势宣传策略（包括首先注册"杏花村"酒类商标）致使世人产生了一种错觉：唯有这个杏花村才是真正的杏花村，而自明代以来地方志书就已记载历历的安徽贵池则对此颇感伤怀。

　　自 1950 年代以来，文化界、学术界对这一问题即有所讨论，主要有三派。一派支持"山西说"。虽说山西有关杏花村的史料一直是个空白，但地方上主要是拿汾酒来做文章，用汾酒的古老历史来倒推杏花村存在的可能性，可以说正是山西派才首先挑起了论争。1957 年10 月《旅行家》刊登的《汾酒产地——杏花村》一文可谓始作俑者，后来《羊城晚报》(1959、1981)、《山西日报》(1978)、《北京晚报》(1980)、《文化与生活》(1980)、《旅游》(1980)、《山西大学学报》(1983)[①]等报刊都引杜牧《清明》诗证说杏花村在山西临汾。刘集贤、文景明还合著了《杏花村里酒如泉》[②]、合编了《杏花村酒歌》[③]，后者收录杜牧与今人诗作、歌词 300 余首。另一派则是有针对性地从方志史料和

---

① 刘集贤、文景明《借问酒家何处有，牧童遥指杏花村——为杏花村考辨》，《山西大学学报》1983 年第 2 期。

② 刘集贤、文景明《杏花村里酒如泉》，山西人民出版社 1978 年版。

③ 刘集贤、文景明《杏花村酒歌》（第一集），山西人民出版社 1982 年版。

《清明》诗意出发，肯定杜牧笔下的杏花村在安徽贵池，如周笃文《〈清明〉诗与杏花村》①、金鑫《古杏花村考辨》②、罗衡与丁剑《"牧童遥指杏花村"考》③、刘尚恒《杏花村"贵池说"辨》④等。至今，贵池的杏花村文化氛围极浓，政府制定了复建古杏花村的规划⑤。2002年，丁育民、张本健主编出版了《千古杏花村》⑥一书，收杜牧以下、民国以前历代名人吟咏杏花村的诗作580余首、古文10篇以及当代报刊文章61篇。该市现已建成"杏花村文化商业街"和由艾青题字的"杏花村古井文化园"。2005年春天，规模更大的杏花村文化公园破土动工。第三派认为杏花村乃是泛指，这一派多从怀疑杜牧《清明》诗的著作权出发。如朱易安《〈清明〉诗是杜牧作的吗？》⑦，从目录学和诗歌风格学两个角度来推论，结论是：《清明》诗"不像是杜牧的作品"，那么杏花村为山西说、贵池说均不能成立了。又如缪钺《关于杜牧〈清明〉诗的两个问题》⑧，从目录学和诗韵学角度论证了："第一个问题：《清明》诗是否杜牧所作？我的答案是：可以怀疑的。"再进一步讨论了："第二个问题：《清明》诗中所谓'杏花村'，究竟在什么地方？我的答案是：无从考定。"再如薛正昌《〈清明〉诗与"杏花村"辨》⑨，搜集了关于杏花村的五种说法，然后从方志、地理、气象等角度展开讨论，结

① 周笃文《〈清明〉》诗与杏花村》，《贵州社会科学》1981年第4期。
② 金鑫《古杏花村考辨》，《安徽大学学报》1981年第4期。
③ 参见罗衡、丁剑《"牧童遥指杏花村"考》，《艺谭》1982年第1期。
④ 刘尚恒《杏花村"贵池说"辨》，《安徽师大学报》1984年第1期。
⑤ "池秘〔2001〕21"文件《中共池州市委关于成立池州杏花村复建工作领导小组的通知》。
⑥ 丁育民、张本健主编《千古杏花村》，黄山书社2002年版。
⑦ 朱易安《〈清明〉诗是杜牧作的吗》，《河北大学学报》1981年第1期。
⑧ 缪钺《关于杜牧〈清明〉诗的两个问题》，《文史知识》1983年第12期。
⑨ 薛正昌《〈清明〉诗与"杏花村"辨》，《西北大学学报》1989年第3期。

论是："我以为《清明》诗里的'杏花村'，只能是虚指一个杏花盛开的村庄而已，在当时绝非一个专有地名，也不是指一个真实的村庄名，更不指贵池城西。"他没有否认杜牧写过《清明》诗。

图01　贵池杏花村（纪永贵摄）。

此后，各种报刊都随意说开了①。近年来，因为经济发展的需要，南京②、合肥③、黄州、徐州、铜陵④等地又都认为杏花村在自己的领地，

---

① 本书图片除注明创作者与拍摄者之外，均来自网络，特此说明，并致谢忱。后文不再一一注明。

② 陈济民主编《金陵掌故》书中有《杜牧诗吟杏花村》，南京出版社，1989年版。

③ 金鑫《古杏花村考辨》："今年春季（1981），合肥广播电台也曾以杜牧诗的意境来描述合肥西郊杏花村的历史变化。"20世纪90年代，合肥市建成杏花公园。

④ 铜陵本有杏山，后才转称杏花村。《明一统志》卷一六："杏山。在铜陵县东三十里，昔传葛仙翁尝留此种杏，有溪，襟带其下，落英飞堰上，名花堰。宋郭祥正诗：'传闻花落流堰水，每到三月溪泉香。'"

而学术界则比较淡漠了。2003 年，铜陵退休老人郎永清先生发表《"杏花村"地望之争辨析》①一文，又重起事端。该文用 15000 余字的篇幅有针对性地证说了山西在历史上并没有出现过杏花村、金陵的杏花村与麻城的杏花村均不是杜牧所到、所咏的杏花村，最后认定："历史典籍、古代方志和众多名人诗作均已证实，杜牧《清明》诗吟的就是贵池杏花村。"郎永清先生对杏花村情有独钟，后来还写出多篇关于杏花村与贵池的论文，比如《关于〈清明〉诗与杏花村问题》《再谈〈清明〉诗的两个问题》《三谈〈清明〉诗的两问题》《评"杏花村"在玉山》《〈杏花村志〉版本源流与比较》等②。

但是，郎文关于杏花村地望的观点存在着两个致命的缺点。第一个是，文章的推论建立于未经证实的前提之上——文章确凿无疑地认为，《清明》诗为唐代诗人杜牧所作。于是通过考察杜牧的行踪来判断他到过的到底是哪个杏花村。第二个缺点是，文章将本属"文学—文化"视野中的"杏花村"完全等同于地理视野中的杏花村，混淆了文学与史学的不同品性，企图"以诗证史"，结果陷入了自设的两难境地。

笔者认为，要想解开杏花村的"千古之谜"，最不能回避的问题即是杜牧是否写过《清明》诗？如果没有写过或不能肯定他写过此诗，则郎文的结论便是空中楼阁。其次还要认识到，千百年来"杏花村"之所以能够成为一个引人注目的意象、词语、商标，其关键原因则是其中包含着惹人遐思的"杏花"意象，而"杏花村"的整体意蕴则又集中在一个"酒"字上。经考察我们发现，"杏花村"原本只是唐宋文学无意间营造的一个虚拟意象，明代以后方与地理杏花村相结合从而

---

① 郎永清《"杏花村"地望之争辨析》，《中国地方志》2003 年第 3 期。
② 这几篇论文发表时间晚于本文的发表时间，为此次结集时所增补。

形成了文化杏花村。既然如此，我们不妨从文学传播与继承的角度来探讨一下"杏花村"的渊源之所在，然后再来看看它又是如何向文化视野延伸的。

一、"杏园宴"与"清明饮"

构成"杏花村"意象的关键词"杏花"与"村"二者之间，窃意"杏花"是主，"村"为辅。所以笔者的思路是，有必要先研讨一下杏花意象在中国古代文学中的境况。

图 02　杏花（饶颐摄）。

杏花是杏树的花。按现代植物学分类，杏树为蔷薇科李属，落叶乔木，原生于中国，喜干怕湿，分布于北纬 44°以南的地区。在中国，黄河流域是其主要生长区，但自古以来，就已传播到南方的广大地区。梅树虽然于隆冬怒放，其性却不耐寒。梅树"主要生长于秦岭、淮河以南，尤其是长江以南，而梅与淮河以北地区普遍栽种的另一果树——杏，无论是花期还是树形，都极为相近，对梅树不太熟悉的北方人很难把两者区分清楚"①。梅是典型的南方之物，以致"北人不识"②。杏与梅的果实均为古人日常食用品，杏树还是上古时代的改火之木③。在文化发展的过程中，这两种树因其花色迷人的特点，都分别成为"文化产品"，突出地表现在古代诗词的吟咏之中。根据程杰先生的研究，梅花意象在诗中的地位有一个明显的发展过程，咏梅文学至南宋繁荣至极，其间包含着复杂的时代意识和人格追求。与此同时，当我们将目光投向"梅花的奴婢"（程杰语）杏花时，我们会发现，杏花在文化发展的历程中，虽然也受到一定的关注，但在它身上，却未能发掘出丰沛的象征意蕴。也就是说，与梅花相比，杏花的身份只配做梅花的"奴婢"。《辞源》收录以"杏"开头的古词只有16条，而以"梅"开头的古词有44条（其中5条为人名），于此也可见一斑。

梅花在唐前就已受到重视，而杏花则是典型的"唐代意象"。唐前文学作品中极少提及杏与杏花，即使偶一提及，除了实用价值外，象征用意皆很单纯。有些以杏组成的词组如杏坛、杏梁其实与杏花没有关系。杏花的又一义只是用作为农时的指称而已。如《文选》卷三六："将使杏花菖叶，耕获不愆。"④李善注曰："氾胜之书曰：杏始华荣，辄耕轻土、弱土；望杏花落，复耕之，辄蔺之。此谓一耕而五获。"

① 程杰《宋代咏梅文学研究》，安徽文艺出版社2002年版，第399页。
② 《全宋诗》卷一七三晏殊"句"："若更迟开三二月，北人应作杏花看。"《全宋诗》卷五六三王安石《红梅》："春半花才发，多应不奈寒。北人初未识，浑作杏花看。"
③ 《周礼·夏官》郑注："《邹子》曰：春取榆柳之火，夏取枣杏之火，季夏取桑柘之火，秋取柞楢之火，冬取槐檀之火。"
④ 南朝齐王融《永明九年策秀才文》之二。

唐代是诗的时代，不仅诗的作者和数量激增，同时也是一个发现与创造新意象的时代。笔者曾考察过槐花与功名的关系，发现它是中晚唐时才被发现的一个新意象①。杏花也一样，是唐代诗歌发展到中唐以后才被发现的另一个新意象。据统计②，《全唐诗》（含唐词）"杏花"词组共出现 209 次，其中正文 168 次；"梅花" 196 次，其中正文 155 次。"杏"字出现 581 次，其中正文 484 次，"梅"字出现 1161 次，其中正文 1017 次。题咏杏花最早的是中唐诗人，也仅有韩愈、张籍、元稹、白居易四人，其余均为晚唐作家，其中司空图一人就有 23 首（《力疾山下吴村看杏花》19 首、《村西杏花》2 首、《故乡杏花》1 首、《杏花》1 首）。

图 03　杏树行道树（纪永贵摄）。

---

① 纪永贵《槐树意象的文学象征》，《东方丛刊》2004 年第 3 期。
② 本文有关唐诗与宋诗的数据，是使用北大中文系网站上 2006 年所挂的由北大李铎博士主持开发的《全唐诗电子检索系统》和《全宋诗电子检索系统》所检获。

通读唐诗中提及杏花意象的诗句以及考量题名含"杏花"的诗篇，笔者发现杏花主要包蕴着五层意义。第一层也即它最普遍的用意就是春天的象征。如杜审言《晦日宴游》："日晦随甍荚，春情著杏花。"王维《春中田园作》："屋上春鸠鸣，村边杏花白。"李贺《恼公》："歌声春草露，门掩杏花丛。"在这层意旨里包含着"农时"这层意思，宋人称作"杏花耕"①。第二层用意是，言及杏花是为了指代偏村僻壤。题含"杏花"的唐诗多指称某一具体村庄，如白居易《游赵村杏花》，司空图的23首题咏杏花诗有22首均有具体地域所指。吴融《途中见杏花》、王周《道中未开木杏花》虽不言村，也必在僻乡之处。这些村庄虽然因杏花引发了诗人之雅兴，但是它们都有专名，曰赵村、吴村不等，但并不能说它们就是"杏花村"。第三层用意是将杏花不可阻挡的春意与时光流逝、人生浮沉作对比。如张籍《古苑杏花》："废苑杏花在，行人愁到时。独开新堑底，半露旧烧枝。晚色连荒辙，低阴覆折碑。茫茫古陵下，春尽又谁知。"第四层用意是借用杏花与成仙相关的典故②，如元稹《同醉》："柏树台中推事人，杏花坛上炼形真。心源一种闲如水，同醉樱桃林下春。"第五层用意，诗中"杏花"乃是代指另一个唐诗意象"杏园"，其中积淀着科举功名的意旨。如张籍《哭孟寂》："曲江院里题名处，

---

① 宋祁有"催发杏花耕"（《全宋诗》卷二〇九）、"先畴少失杏花耕"（卷二一六）、"催耕并及杏花时"（卷二一七）等诗句。

② 《御定佩文斋广群芳谱》卷二五"杏花"条下引《西京杂记》："上林苑有蓬莱杏，又有文杏，谓其树有文彩也。东海都尉于台，献杏一株，花杂五色，六出，云仙人所食。"又引《述异记》："赖乡老子祠前，有缥杏。天台山有杏花六出而五色，号仙人杏。"即《艺文类聚》卷八七所引："述异记曰，杏园洲在南海中，多杏，云仙人种杏处。汉时，尝有人舟行遇风，泊此洲五六月，日食杏，故免死。又云洲中有冬杏。又云濑乡老子祠有缥杏。"《太平广记》卷二又引录三国吴董奉在杏林修炼成仙之事。

十九人中最少年。今日春光君不见，杏花零落寺门前。"这首诗中的杏花特指"杏园中的杏花"。唐诗中杏花意象的以上五层用意，唯有第五层用意是唐诗所独创，也是最有象征意味的艺术创设。

杏园本是具体的地点，因为它在唐代曾经承载着科举功名的荣耀，致使它终至成为一个历代诗词屡吟不绝、意味明确的象征意象。在唐代，称名杏园的地点本有多处，其中长安曲江池畔的杏园最为著名，园中有慈恩寺塔（即雁塔）。《旧唐书》卷一八："大中元年二月，当时以大中之政有贞观之风焉。又敕：'自今进士放榜后，杏园任依旧宴集，有司不得禁制。'武宗好巡游，故曲江亭禁人宴聚故也。"

图 04　杏花（纪永贵摄）。

有幸荣享杏园宴的皇家恩典，从此成为唐朝所有文人心头的梦想。据统计，《全唐诗》诗中提到"杏园"70 次，诗题中含"杏园"的 26 题。

《全宋诗》诗中提及"杏园"78次,诗题含"杏园"的仅2题。这些诗中的杏园少量是指杏园渡或杏花之园,如刘长卿《过郑山人所居》:"寂寂孤莺啼杏园,寥寥一犬吠桃源。落花芳草无寻处,万壑千峰独闭门。"而绝大多数均指曲江杏园。除此之外,如上所述,唐诗中还有看似吟杏花其实是吟杏园的诗也有不少。

进士杏园宴在文化上升华了得意者与酒的关联,真是酒不醉人人自醉!然而,在现实中成功者总是寥寥无几。成功者回味杏园宴的醇美,失意者则在诗中难免泼醋。成功者如权德舆,有《和李中丞慈恩寺清上人院牡丹花歌》:"澹荡韶光三月中,牡丹偏自占春风。时过宝地寻香径,已见新花出故丛。曲水亭西杏园北,浓芳深院红霞色……花间一曲奏阳春,应为芬芳比君子。"赵嘏《喜张濆及第》:"九转丹成最上仙,青天暖日踏云轩。春风贺喜无言语,排比花枝满杏园。"刘沧《及第后宴曲江》:"及第新春选胜游,杏园初宴曲江头。紫毫粉壁题仙籍,柳色箫声拂御楼。霁景露光明远岸,晚空山翠坠芳洲。归时不省花间醉,绮陌香车似水流。"真是云霞满纸、欢畅满腹。政治失意者如刘禹锡《杏园花下酬乐天见赠》:"二十余年作逐臣,归来还见曲江春。游人莫笑白头醉,老醉花间有几人。"元稹《杏园》:"浩浩长安车马尘,狂风吹送每年春。门前本是虚空界,何事栽花误世人。"杜牧《杏园》:"夜来微雨洗芳尘,公子骅骝步贴匀。莫怪杏园憔悴去,满城多少插花人。"功名失意者如喻凫《送友人下第归宁》:"紫阁雪未尽,杏园花亦寒。"杨知至《覆落后呈同年》:"二月春光正摇荡,无因得醉杏园中。"贾岛《下第》:"下第只空囊,如何住帝乡。杏园啼百舌,谁醉在花傍。"温庭筠《下第寄司马札》:"知有杏园无路入,马前惆怅满枝红。"许棠《陈情献江西李常侍五首》:"童蒙即苦辛,未识杏园春。"杜荀鹤《下第出关投郑拾遗》："杏园人醉日，关路独归时。"杜荀鹤《入关寄九华友人》："箧里篇章头上雪，未知谁恋杏园春。"

杏园之醉其实是人生得意的别一种表达方式，是古代文人尘世人生的终极追求。在这里，杏园、杏花与酒都成为象征符号，意指自然的春天与仕途的春天。在唐代，杏花与酒的这种象征关系终于建立起来了。

杏花与酒的关系虽然可以从科举定例中寻得一个现实依据，但是这种杏园宴饮其实只是大多数人的理想，既然不能都同赴曲江宴，那么在日常生活中，人们又是根据什么原则来满足渴酒的愿望呢？在唐代民俗生活中，寒食、清明时节的饮酒就是全民性的，这更为"杏花时节"的饮酒提供了实例。

图 05　国画《杏花春雨江南》。

寒食节据说是纪念春秋时晋国介之推的，历代都有寒食禁火的规定。在唐代，寒食节禁火三天，即冬至后第一百零四天、第一百零五天、

169

第一百零六天三天。宋孟元老《东京梦华录》卷七："寒食第三节，即清明日矣。"寒食期间，虽不能生火，但并不禁酒。如韦应物《寒食》："把酒看花想诸弟，杜陵寒食草青青。"白居易《寒食日过枣团店》："酒香留客住，莺语撩人诗。"王建《寒食看花》："酒污衣裳从客笑，醉饶言语觅花知。"清明是寒食结束后的乞新火之日，清明节期间，节俗很丰富，其中饮酒也是一件寻常之事，有驱寒逐暖之意。李群玉《湖寺清明夜遣怀》："饧餐冷酒明年在，未定萍逢何处边。"来鹄《鄂渚清明日与乡友登头陀山寺》："冷酒一杯频相劝，异乡相遇转相亲。"郑准《清明日赤水谷中寺作》："浊酒不禁云外景，碧峰犹冷寺前春。"正如宋代诗人魏野《清明》诗所咏："无花无酒过清明，兴味萧然似野僧。"清明没有酒难以避寒，没有花也索然寡味。清明时节有些什么花呢？无非是杏花、李花、桃花、梨花等，其中杏花花期最早，自然也就容易受到关注。吴融《忆街西所居》："衡门一别梦难稀，人欲归时不得归。长忆去年寒食夜，杏花零落雨霏霏。"窦常《之任武陵寒食日途次寄刘员外》："杏花榆荚晓风前，云际离离上峡船。"罗隐《清明日曲江怀友》："鸥鸟似能齐物理，杏花疑犹伴人愁。"来鹄《清明日与友人游玉塘庄》："几宿春山逐陆郎，清明时节好风光。归穿细荇船头滑，醉踏残花屐齿香。"寒食清明季节，正是杏花开放之时，看花与饮酒是极普通寻常之生活内容。

杏花在唐代与酒的对应关系通过官方高层次的杏园宴和民间低层次的清明饮得到充分的体现。这种关系建立之后，在宋代诗人笔下已经成为通例。然而，与唐诗相比，杏花在宋诗中的地位与却是相对较低的。通过下面的几组数据，就可以看得很清楚。《全宋诗》提到"杏花"的诗共416首，诗题中含"杏花"的70题。《全宋词》提到杏园的词 13 首。宋词咏花之作共 2208 首，所咏之花 57 种。数量居前十位的依次为：梅花、桂花、荷花、海棠、牡丹、菊花、酴醾、蜡梅、桃花、芍药。杏花竟然不在其列。根据南京师范大学的《全宋词检索系统》得出的数据是，《全宋词》作品正文（不含题目）包含梅字单句有 2946 句，其次分别是柳、桃、竹、兰、杨、松、菊、桂、荷、莲、李、杏，杏排在第十三位，共 553 句，只有梅的五分一强[①]。杏花是唐诗的新意象，在唐诗中，它的地位相对较高。

《全唐诗》花名出现次数排序表

花名	题目	正文	总数	排序
李	1883	995	2878	1
兰	179	1688	1867	2
桃	184	1621	1805	3
桂	146	1507	1653	4
莲	150	1094	1244	5
梅	144	1017	1161	6
荷	58	885	943	7
菊	107	713	820	8
杏	97	484	581	9
梨	27	331	358	10
桃花	74	418	592	1
牡丹	130	126	256	2
杏花	41	168	209	3
梅花	41	155	196	4
莲花	27	155	182	5
梨花	13	135	148	6
菊花	13	131	144	7
桂花	2	91	93	8
荷花	9	67	76	9
芍药	12	50	62	10
李花	12	29	41	11

---

① 《全宋词》的两组数据均引自程杰《宋代咏梅文学研究》第 18 页，其中第一组数据来源于南京师大 2001 届许伯卿博士学位论文《宋词题材研究》。

《全宋诗》花名出现次数排序表

花名	题目	正文	总数	排序
梅	4027	11030	15057	1
李	3874	5122	8996	2
桃	674	6243	6917	3
兰	499	5064	5563	4
菊	902	4194	5096	5
荷	331	3699	4030	6
莲	571	3020	3591	7
杏	129	1444	1573	8
梨	168	1080	1248	9
桂	70	178	248	10
桂花	709	3544	4253	1
梅花	787	3143	3930	2
桃花	230	1463	1693	3
海棠	382	682	1064	4
牡丹	500	477	977	5
菊花	105	653	758	6
荷花	127	392	519	7
杏花	70	416	486	8
芍药	190	292	482	9
梨花	70	386	456	10
莲花	72	306	378	11
酴醾	89	153	242	12
李花	47	130	177	13
蜡梅	134	42	176	14
兰花	26	36	62	15

在唐诗花名的单字排序中，"杏"列在第九位（其中有些单字是指姓，以李姓居多，所以"李"排在首位不能说明问题)，双字花名"杏花"列在桃花、梅花之后居第三位。在宋诗中，单字花名"杏"与双字花名"杏花"均列第八位。因此可见，杏花在宋代受关注的程度反而下降了，其原因主要在于，此花的象征意义不甚丰厚，不像梅、兰、菊、荷等花已经人格化，所以难以引起诗人词客的特别关爱。

宋诗、宋词所咏杏花多不出唐诗的五种意旨，其中象征春天的用意在宋代有所加强，较为突出，如"红杏枝头春意闹"（宋祁）、"春色满园关不住，一枝红杏出墙头"（叶绍翁）等都是脍炙人口的杏花之咏。其中也不乏将杏花与酒连类比拟的篇什，但总而言之，时至宋代，由中晚唐诗人发覆的杏花意象更加边缘化了，那真是"薄幸未归春去也，杏花零落香红谢"（欧阳修《蝶恋花》)。然而，在宋代，杏花虽然悄然飘落，不过"杏花"与"村"的结合，却形成了一个新的意象——杏花村，其实这个意象是由唐人所创，而它所附着的独特意义才是宋人完成的。

二、"杏花村"文学考源

"杏花村"一词通常有两解，一是泛指有杏花的村庄，即"杏花之村"，二是特指某个村庄之名。后者也未必总有杏花，但它的得名一定是因为该村历史上曾经有过杏花，后来却没有杏花了。今天全国各地的杏花村大多已没有杏花，于是重栽复植。也就是说，前者实是后者的前身，没有虚称的"杏花之村"就不会有实指的"杏花村"。笔者所见史料中，虚指的杏花村是先出现的，实指的杏花村是后起的。

图 06   国画《清明问酒》。

"杏花村"一词最早出现出于唐诗，今存唐诗中有三首诗提到了"杏花村"这个完整的词组，但笔者所见研讨杏花村的论文均未提及这三首唐诗。

1. 许浑《下第归蒲城墅居》（《全唐诗》卷五三二）：

失意归三径，伤春别九门。薄烟杨柳路，微雨杏花村。

牧竖还呼犊，邻翁亦抱孙。不知余正苦，迎马问寒温。

2. 薛能《春日北归舟中有怀》（《全唐诗》卷五六〇）：

尽日绕盘飧，归舟向蜀门。雨干杨柳渡，山热杏花村。

净镜空山晓，孤灯极浦昏。边城不是意，回首未终恩。

174

3. 温庭筠（补遗）《与友人别》（《全唐诗》卷五八三）：

　　半醉别都门，含凄上古原。晚风杨叶社，寒食杏花村。

薄暮牵离绪，伤春忆晤言。年芳本无限，何况有兰荪。

　　一望即知，这三首诗中咏及的杏花村并不是特指的村名，而只是泛指。三首诗不约而同地为杏花村提供了对仗的意象，杨柳路、杨柳渡、杨叶社，它们泛指的身份更明显。对仗的两个意象共同营造出潮湿、淡冷、孤寂、无助、偏僻的境界，表达了一层浓浓的感伤情怀。这三首诗中已经出现所谓杜牧《清明》诗中的所有意象：寒食（清明）、微雨、行人、伤春、失意（断魂）、牧竖呼犊（牧童）、半醉（酒家）、杏花村，但是这些意象之间还未能有机地融合起来，尤其是杏花村中尚无酒。值得注意的是，这三个杏花村作为景点，既不可能在山西，也不可能在安徽。

　　许浑《下第归蒲城墅居》中的"蒲城"最易产生混淆。"蒲城，古县名，非河中之蒲州，而在今陕西大荔县。浑大和前屡次赴京应试并未有营建别墅之举，营建蒲城别墅当为'西上四年'久羁北归期间"[1]，所以许浑所咏杏花村当是关中之景。薛能诗中既曰"归舟向蜀门"又是"北归舟中有怀"，当更在蜀地之南的"边城"。晁公武《郡斋读书志》卷一八："薛能，字太拙，汾州（今山西汾阳）人。"但这并不能成为今天山西汾阳杏花村的历史证据，因为汾阳人薛能的这首诗其实是在嘉州（今四川乐山）北归舟中所写，诗中是典型的蜀中之景。《唐才子传》卷七："福徙帅西蜀，（薛能）奏以自副。咸通中，摄嘉州刺史。造朝，迁主客、度支、刑部郎中，俄为同州刺史，京兆大尹。"据此当知，他的"北归""向蜀门"，是他离开嘉州向北而行，目的是"造朝"（回长

---

① 罗时进《唐诗演进论》，江苏古籍出版社 2001 年版，第 239 页。

安去）。温庭筠与友人告别的地理背景是"半醉别都门，含凄上古原"，可知是在长安周边地区。因此可以说，唐代仅存的这三首诗中的杏花村都不可能是具体的村名，而只是泛写作者所见的春景而已。

到了宋代，关于杏花村的诗词明显增多，其意义也渐次明朗起来。可是研究论文却从未关注过这些重要的文献材料，今笔者特将所见作品全部录存于此。

1. 宋白《宫词》（《全宋诗》^①卷二）：

绣衣宫女把宫门，不遣中人谒至尊。晚霁微行向何处，灞陵原接杏花村。

2. 苏轼《陈季常所蓄朱陈村嫁娶图二首》（《全宋诗》卷八〇三）：

何年顾陆丹青手，画作朱陈嫁娶图。闻道一村惟两姓，不将门户买崔卢。 我是朱陈旧使君，劝农曾入杏花村。而今风物那堪画，县吏催租夜打门。

3. 洪刍《次李少微韵》（《全宋诗》卷一二八〇）：

春风杨柳岸，寒食杏花村。对月惊生魄，思人暗断魂。我闲无吏考，君治有司存。又作匆匆别，相逢席未温。

4. 邓肃《南归醉题家圃二首》（《全宋诗》卷一七六八）：

填海我如精卫，当车人笑螳螂。六合群黎有补，一身万段何妨。 近辅暴迫狼虎，圣君德大乾坤。万里去黄金阙，一杯得杏花村。

5. 释慧远《送杨高士归蜀》（《全宋诗》卷一九四五）：

龙驰虎骤道何存，肯转灵丹奉至尊。令下家山言下准，瓢中日月掌中分。昔年握手登金殿，今日擎拳出禁门。我欲

---

① 北京大学古文献研究所编《全宋诗》，北京大学出版社1995年版。

送君迷旧隐，桃源流水杏花村。

6. 林光朝《傅使君安道再有治莆之命取道城外还泉南得来书云已出十里》（《全宋诗》卷二〇五二）：

何事风流旧使君，江边听说下朱旛。逢迎要问平津邸，准拟来呼垤泽门。竹马已喧明月浦，篮舆却出杏花村。不知锦瑟流传遍，欲愈头风好细论。

7. 释从瑾《颂古三十八首》（《全宋诗》卷二〇七四）：

洞庭湖里失却船，赤脚波斯水底眠。尽大地人呼不起，春风吹入杏花村。

8. 虞俦《和汉老弟雪中对梅》六首之一（《全宋诗》卷二四六五）：

雪样清虚玉样温，桃花麤丑杏花村。可能腊月头开尽，却恐春风眼见昏。

9. 曾丰《壬戌二月十九日都巡李叔永躬按酒课于会田市二十八日闻余且至还家若相避然赋三绝》三首之一（《全宋诗》卷二六〇九）：

临邛界里杏花村，戏着家人犊鼻裈。试问长卿躬涤器，何如作赋献金门。

10. 万俟绍之《金陵郊行》（《全宋诗》卷二六四四）：

快提金勒走郊原，拂面东风醒醉魂。好景流连天易晚，来朝更过杏花村。

11. 薛师石《渔父词》七首之一（《全宋诗》卷二九二〇）：

十载江湖不上船，卷篷高卧月明天。今夜泊，杏花村，只有笭箵当酒钱。

12. 何文季《宣差曾思丁得替归诗以赠之》（《全宋诗》卷

三二七一）：

  田家不放泪痕干，日日深山吏打门。忆昔宣差提调日，关征不到杏花村。

13. 方回《清明日有感》（《全宋诗》卷三五〇〇）：

  想见吾儿挈我孙，浇松烧笋杏花村。自怜久蟹青蚨囊，犹喜能赊绿蚁樽。万事是非双鬓识，十人兄弟一身存。春残决合为归计，未听啼鹃已断魂。

14. 何应龙《老翁》（《全宋诗》卷三五一八）：

  八十昂藏一老翁，得钱长是醉春风。杏花村酒家家好，莫向桥边问牧童。

15. 于石《次韵杜若川春日杂兴集句》（《全宋诗》卷三六七七）：

  行约青帘共一樽，牧童遥指杏花村。如今只有花含笑，悍吏催租夜打门。

16. 东湖散人《春日田园杂兴》（《全宋诗》卷三七二二）：

  物色天成画不如，东风又到野人庐。蜜蜂辛苦供常课，科斗纵横学古书。小雨杏花村问酒，淡烟杨柳巷巾车。汀洲水暖芦芽长，更买扁舟伴老渔。

《全宋诗》诗题中含"杏花村"的诗一首。

17. 沈继祖《杏花村》（《全宋诗》卷三七二二）：

  杏破繁枝春意闹，牙盘堆实荐时新。仙家种此应知味，试问庐山姓董人。

《全宋诗》提到"杏村"的诗三首。

18. 黄庭坚《行迈杂篇六首》之四（《全宋诗》卷一〇二一）：

  杏村桃坞春三月，少有人家不出游。一顾虽无倾国色，千金肯为使君留。

19. 方回《上南行十二首》之六（《全宋诗》卷三四九七）：

小序：何以谓之《上南行》？吾州城南有三路：右曰上南路，左曰下南路，中曰水南路。岁庚寅十二月初五日甲戌，予偕紫阳精舍王博士俊甫，出上南路，访吾友曹清父，故曰《上南行》也。平明出城，即渡溪，曰古航渡，为诗一……行二十里杏村溪，南北西有村名曰富登、富代、泽富，而不见富人，犹杏村未必有杏花也。为诗六。

……

溪北曰富登，溪南曰富代。其西曰泽富，富固人所爱。民贫今已极，名实殊不对。此村名杏村，杏花果安在？

20. 黄庚《酒家》（《全宋诗》卷三六三八）：

风飐青帘挂杏村，田家新酿瓮头春。今年米贵无钱籴，买醉衔杯能几人。

《全宋词》中提到"杏花村"的词有四首。

21. 周邦彦《满庭芳·忆钱唐》：

山崦笼春，江城吹雨，暮天烟淡云昏。酒旗渔市，冷落杏花村。苏小当年秀骨，萦蔓草、空想罗裙。潮声起，高楼喷笛，五两了无闻。　凄凉，怀故国，朝钟暮鼓，十载红尘。似梦魂迢递，长到吴门。闻道花开陌上，歌旧曲、愁杀王孙。何时见、□□唤酒，同倒瓮头春。

22. 谢逸《江神子》：

杏花村馆酒旗风，水溶溶，扬残红。野渡舟横，杨柳绿阴浓。望断江南山色远，人不见，草连空。　夕阳楼外晚烟笼，粉香融，淡眉峰。记得年时，相见画屏中。只有关山今夜月，千里外，素光同。

23. 朱熹《青玉案》：

图07 华三川《清明》。

雪消春水东风猛，帘半卷、犹嫌冷。怪是春来常不醒。杨柳堤边，杏花村里，醉了重相请。 而今白发羞垂领，静里时将旧游省。记得孤山山畔景，一湾流水，半痕新月，画作梅花影。

24. 王沂孙《一萼红·红梅》：

翦丹云。怕江皋路冷，千叠护清芬。弹泪绡单，凝妆枕重，惊认消瘦冰魂。为谁趁、东风换色，任绛雪、飞满绿罗裙。吴苑双身，蜀城高髻，忽到柴门。 欲寄故人千里，恨燕支太薄，寂寞春痕。玉管难留，金樽易泣，几度残醉纷纷。谩重记、罗浮梦觉，步芳影、如宿杏花村。一树珊瑚淡月，独照黄昏。

《全宋诗》和《全宋词》中咏到"杏花村"的诗词一共21首，提到"杏村"的诗3首。也就是说，今存宋诗和宋词中，杏花村意象一共在24篇作品中出现过，这在数量上已是唐诗的8倍。与唐诗相类的是，这

24 个杏花村也多是泛指。在此逐一分析即可明鉴。

第一句宋白的"灞陵原接杏花村"。与唐代许浑、温庭筠诗中的杏花村联系起来看，此诗相当可疑。许、温二诗所写均在长安附近，此联中的"灞陵原"与"都门""古原"近在咫尺。是否有可能当时长安附近真有一个地点称名为杏花村的？笔者以为不可。因唐诗中杏花村所对的是杨柳渡、杨柳路、杨叶社，均是处处可见的景点，何必坐实？看来长安一带在唐代是广植杏树的。长安城里有引人遐思的杏园春色，长安城外也一定处处都有"杏花之村"。宋白所写的是"宫词"，讲的应是唐宫之事，是说宫女协助"至尊"微服出游的佳话。诗中的杏花村是与深宫相对应的一个理想境地，所用的意蕴是杏花第一层和第二层用意。

第二句苏轼的"劝农曾入杏花村"。细味此诗，此村并不名杏花村。第一首咏朱陈村《嫁娶图》，说的是一村两姓之间的门当户对、和乐融融，即使是唐代崔、卢二大姓也不能与之媲美。这个朱陈村是确凿的村名，最早见于唐代白居易的笔下。《全唐诗》卷四三三《朱陈村》：

> 徐州古丰县，有村曰朱陈。去县百余里，桑麻青氛氲。
> 机梭声札札，牛驴走纭纭。女汲涧中水，男采山上薪。县远
> 官事少，山深人俗淳。有财不行商，有丁不入军。家家守村业，
> 头白不出门。生为村之民，死为村之尘。田中老与幼，相见
> 何欣欣。一村唯两姓，世世为婚姻。亲疏居有族，少长游有群。
> 黄鸡与白酒，欢会不隔旬。生者不远别，嫁娶先近邻。死者
> 不远葬，坟墓多绕村。既安生与死，不苦形与神。所以多寿考，
> 往往见玄孙……一生苦如此，长羡村中民。

图 08　徐州丰县朱陈村。

在白氏眼中，朱陈村其实是一个桃花源般的理想之境，苏轼也是此意。苏轼用"杏花村"指代了桃花源，着意于杏花意象的第二层用意，即偏远之境，就像白诗所言的"县远官事少，山深人俗淳"。苏诗第二首的主旨是为了与第一首诗进行对比。"我"原是那个和乐村庄的地方官，曾经到过那个开满杏花的温馨村庄，但而今世易时移，村中的境况大变，"县吏催租夜打门"，曾经有过的静谧与和谐的美好环境再也没有了。苏诗之意是用杏花村比拟、指代朱陈村而已。苏轼同时人就是这样看的。赵逢《和华安仁花村二首》①："路入前村认杏花，门前水积半溪沙。风流彷佛朱陈俗，白酒黄鸡姓两家。"但是苏轼此诗一出，历代好事者牵强附会，硬说朱陈村附近另有一个杏花村，后来徐州附

---

① 见《全宋诗》卷一〇九三，赵逢，生平未详，与华镇有交往。华镇，字安仁，生活于神宗、哲宗、徽宗时代。

近真的就有了一个地名叫杏花村了。

第三句洪刍的"寒食杏花村"。此诗与唐诗三首中的杏花村用法全同。与之作对的是"杨柳岸",定是泛指。

第四句邓肃的"一杯得杏花村",也是泛指,代指酒家。其所对应的意象与唐诗三首的意义正对不同,此处是反对之法,是将伴君如伴虎之处的"黄金阙"与逍遥自在的江湖之间"杏花村"进行比照,表达的是归隐江湖的意趣。此处用的是杏花的第二层象征意义。此杏花村已含饮酒意旨。

第五句释慧远的"桃源流水杏花村"。用的是杏花的第二层意蕴,是泛指无疑。

第六句林光朝的"篮舆却出杏花村",也是泛指,与之作对的意象换成了"明月浦"。

第七句释从瑾"春风吹入杏花村"。此处杏花村的对应意象没有写出,若写作"芦荻洲"有何不可?用杏花第二层用意。

第八句虞俦的"雪样清虚玉样温,桃花麤丑杏花村"。麤(cū),是"粗"的异体字。此句中的"村"字不是名词村庄的"村",而是一个形容词,即村俗之意。与"麤丑"的桃花连类衬托出梅花的"清虚"与"温润"的品质。这倒是杏花意象的一个新意旨,这是宋代文学的功劳。因为宋代梅花的地位直线上升,更加衬托出杏的粗鄙与村俗,正是在宋代,杏花作为梅花的"奴婢"身份才得以确立。又如梅尧臣《梅花》:"已先群木得春色,不与杏花为比红。"徐积《琼花》:"杏花俗艳梨花粗,柳花细碎梅花疏。"《答范君锡泛泛爱花之句》:"第二桃花及杏花,此花大抵颜色奢。"

第九句曾丰的"临邛界里杏花村"。表面上看,这简直就是一个实指，因为明确了它在川西临邛县地境。但是后文却一下子使之虚化开来。只是用杏花村意象比拟司马相如的酒家而已，并不是那里真有一个杏花村。

第十句万俟绍之的"来朝更过杏花村"。诗题《金陵郊行》最易成为金陵有一个杏花村的证据。其实此诗明显是托名杜牧《清明》诗的一首和诗。从诗意上看，二诗用韵相同，用意也相类。这里，杏花村只是酒店的代指。从时间上看，这位作者是有读到《清明》诗的条件的。《江湖后集》卷一一有其简略小传，其人生卒年不详，当生活于南宋中后期，而此前刘克庄所编的《千家诗》已经流行。又据南宋理宗景定年间编定的《景定建康志》记载，当时建康城内确有一个地名杏花村，但可以明确的是，它不在"金陵郊外"。此杏花村已直用《清明》诗意。

第十一句薛师石的"今夜泊，杏花村，只有笭箵当酒钱"。此杏花村已直用《清明》诗意。

第十二句何文季的"关征不到杏花村"，明确化用苏轼"杏花村"之诗意。

第十三句方回的"浇松烧笋杏花村"，此用的杏花第二层意旨，已也隐用《清明》诗意。

第十四句何应龙的"杏花村酒家家好"，已直用《清明》诗意。

第十五句丁石的"牧童遥指杏花村"是集句诗，所集此句正是来源于《清明》诗。

第十六句东湖散人的"小雨杏花村问酒"，直用《清明》诗意，且用"杨柳巷"为"杏花村"作对。

第十七句沈继祖的《杏花村》诗用的是杏花意象的第一层"春意"和第四层"成仙"意蕴。重点并不在杏花，而是留意于杏果的甘美。

作者生活于孝宗、宁宗时代，已具备了解杏花村与酒家关系的条件，而此诗中不及一意，则诗名所谓"杏花村"，其实此地也只是有"杏果作为特产的村庄"而已，即使是实名，此诗也暗示我们其间并没有一个酒家。

第十八句黄庭坚的"杏村桃坞春三月"。与"桃坞"相对，"杏村"便是泛指。用的是杏花第一层象征意义——"春色逼人"。

第十九句方回的"此村名杏村，杏花果安在？"这是全部24个杏花村里唯一一个实地。在歙县（"吾城"）城外上南路，离城二十里有一个叫"杏村"的村庄。可是大煞风景的是，这个村庄根本就没有杏花！且此处也不见酒家。

第二十句黄庚的"风飐青帘挂杏村"，直用《清明》诗意，只是为了吟咏题中的"酒家"，方才引出"杏村"二字。

最后四首宋词中的杏花村皆不是实指，只用作酒家的代词，分别点出此意的词是"酒旗渔市""酒旗风""醉了""残醉纷纷"。只有周邦彦的《忆钱唐》有些可疑，细品则知其中的杏花村也只指代酒家而已。谢逸的《江神子》据说是过黄州杏花村而作。《四库全书总目提要》卷七七题解《溪堂词》："逸以诗名宣、政间，然《复斋漫录》载其尝过黄州杏花村馆，题《江神子》一阕于驿壁，过者必索笔于驿卒，卒苦之，因以泥涂焉。其词亦见重一时矣。是作今载集中，语意清丽，良非虚美。"《提要》所说的《复斋漫录》之语其实转录自《草堂诗余》诸书，因为"《复斋漫录》今已佚"（《提要》卷一三五）。《千顷堂书目》卷一五录有《复斋漫录》十六卷，却不题撰人。历代有多人号复斋，南宋也不止一个，最早的要数宋宗室赵彦肃，字子钦，号复斋，与赵汝愚、朱熹同时，离谢逸不算太远。而杜牧恰恰到黄州做过刺史，他曾自言"三守僻左，七换星霜"(《上吏部高尚书状》)，说的就是他七年之内从黄州到池州再到睦州的地方官经历。然而要不是此则"词话"，光从词本身是一点也看不出这个杏花村是在黄州，而词本身只是吟咏了村野之处的一个酒店而已。如果轻易就认定这个杏花村是实指，则金陵、徐州、钱塘甚至洞庭湖等地也都有实名杏花村了，而且耐人寻味的是，不管哪个杏花村都必有酒家。可见，杏花村本与实地无关，只与酒家有缘。

综上所析，暂时可以得出的结论是，唐宋两代近七百年间留存至今且可见的诗词作品中，"杏花村""杏村"这两个词组一共出现了 28 次（包括《清明》诗）。但是经过分析，我们不无遗憾地发现，除了方回提到歙县城南确实有一个名叫"杏村"的地方，其余全是虚指。也许诗人们所见真是一个个"杏花之村"，但是经过文学处理之后，它便成了一个文学意象；它已不再是地理意义上的村庄，而是涵容了独特而固定的寓意了；它只可能存在于诗人的意念世界里，在历代文学创作中沿袭传承。后来各地杏花村的理论起源都不约而同地向《清明》诗靠拢了。其间定是先有村、后挂名者，也必有因诗而得名者。总之，今日文化视野中的杏花村在理论上全都是文学意象生根发芽的结果。既然 28 个杏花村中，已知一个是确指，26 个是虚称，那么所剩杜牧"笔下"的杏花村是否是确指呢？

三、托名杜牧《清明》诗的发生时间

托名杜牧的《清明》诗，最早借古代童蒙读物《千家诗》而得以广泛传播①。南宋刘克庄（1187—1269）最先编纂了《分门纂类唐宋时贤千家诗选》，又称《后村千家诗》，分十四个门类，二十二卷，共选近体诗1281首。因过于庞杂，童蒙不易消化，据说宋末谢枋得（1226—1289）对之进行了精选，后来明末王相又加以重订，名为《增补重订千家诗注解》，共223首。清人黎恂又再选重订，使之趋于成熟②。然而，这个选本有不少错讹。刘永翔先生说："这部选本却有很多错误，诗中的字句每每误钞妄改，甚至连诗作者的姓名也常常张冠李戴。究其原因，当由编者是三家村学究，学非通人，书又失检，诗的来源大都辗转传抄，遂至以讹传讹。旧题作谢枋得选，绝不可信。因谢氏原是颇有学养的高士，要是由他来操选政，决不会犯常识性的错误如此之多。何况入选的七言绝句之《花影》，实出自谢氏本人的手笔，却署上了苏轼的大名！"③

《千家诗》七言绝句是按时令、节候编排的，杜牧《清明》诗编为第48首，刘永翔先生校议曰：

> 此诗在任何一种版本的《樊川诗集》中都找不到。刘克庄选此诗入《后村千家诗》卷三，不知何故，竟署作者为杜牧，此选继之，遂一直被认为杜牧之所作。按宋乐史《太平寰宇记》卷九十《升州（今南京）》，已有"杏花村在县（江宁）西，相传为杜牧之沽酒处"之记，虽未录其诗，但可见至少在五

① 编者序于宋孝宗淳熙十五年（1189）的《锦绣万花谷》"后集"卷二六"村·杏花村"下录此诗，小注曰"出唐诗"，未署杜牧之名，也无"清明"之题。编者早于刘克庄。
② 李连昌《〈千家诗〉版本简析》，《贵州文史丛刊》2004年第1期。
③ 刘永翔《〈千家诗〉七言绝句校议》，《华东师范大学学报》（哲社版）1996年第6期。

代时已有此轶事流传,故后世编写的《江南通志》《池州志》等,也都相承此诗为杜牧所作。由于书阙有间,至今作者未能考定。

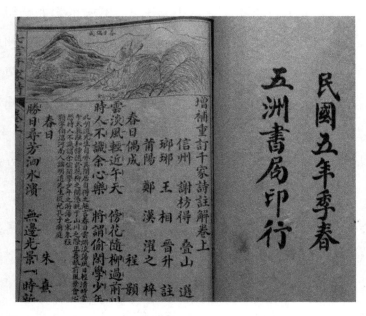

图 09　《千家诗》书影。

　　这段话的第一句说了一个意味深长的事实:杜牧诗集中从未收录过此诗。但后面就有些问题了,不知道刘先生所据的是何种版本的《太平寰宇记》。查《影印文渊阁四库全书》本,"升州"条下并没有这句话。郎永清先生也发现了这个问题,并查出这个说法"源于《新修江宁县志》上的'寰宇记谓即杜牧沽酒处'的错误记述"。按《新修江宁县志》所说,如果《寰宇记》就是《太平寰宇记》,则《清明》诗为杜牧所作也就没有问题了,因为该书成书于北宋初年,既然有此语,说明《清明》诗当时完整存在且已广为传播。作者确认为杜牧,这是何等的重要,哪里要等到南宋《千家诗》出来呢?其实,这种说法既违背历史,也违背逻辑。

《太平寰宇记》是宋人乐史奉太宗皇帝之命编撰的全国性地理书，共二百卷，当是北宋文人政客必读书。其中既然有此一语，苏轼等人岂能不知？从杏花村与酒家的对应关系来看，在宋初，这种说法也绝不可能发生。笔者以为，此志中的"寰宇记"三字不是指宋乐史所撰的《太平寰宇记》，而可能是《明寰宇记》，此书今已不见，但史有记载。清人黄虞稷撰《千顷堂书目》卷六"地理类上"记有三种明代相关地理著作："《寰宇通衢书》一卷（洪武二十七年九月书成）。《寰宇通志》一百十九卷(景泰□年陈循等修)。《明寰宇记》一卷。"如果《太平寰宇记》可以简称《寰宇记》，则《明寰宇记》简称为《寰宇记》有何不可！这样就符合情理了。因为明代正德十四年（1519）所修《江宁县志》已记有杏花村，所以《明寰宇记》根据地方传闻记下此语完全可能，而《新修江宁府志》则是清嘉庆十六年（1811）所修，是在《千顷堂书目》之后。刘永翔先生学识渊博，但他所引的《太平寰宇记》之语的来源很像他批评纪昀等人常犯的错误——引诗常不从本集而从《千家诗》上引用，于是连错讹之处一并引来了。刘先生所引此语当从地方县志而来也是无疑的。

朱易安、缪钺等先生从版本学、目录学、诗韵学出发对杜牧写过《清明》诗的怀疑，因为"书阙有间"，至今仍难成定论。于是最简便的方法就是什么也不想，只认同即可，今日很多唐诗选本就明确将之归于杜牧名下。也有人从诗歌风格来表示怀疑的，认为该诗"倒反而和宋人诗'清明时节家家雨，青草池塘处处蛙'同一类型，所以，这首诗绝不是唐人之作，更不是杜樊川之作可以肯定。独怪1983年上海辞书出版社编辑的《唐诗鉴赏辞典》将《清明》一诗收入，并附周汝昌先生解说，对此一点也没有表示怀疑"。^①然而，他虽说"可以肯定"，其实只是凭感觉，并没能说出发人深省的理由来。这正是文史学界的通则：说有容易说无难！

（一）从诗意传承的角度看，《清明》诗只能产生于两宋徽宗至孝宗之间

笔者以为，除了目录学、诗韵学和诗歌风格学提供的证据不支持《清明》为杜牧所作之外，我们还可以从诗意传承的角度来看看这首《清明》诗可能出现于何时？文学史的通例是，诗意传承具有不可超越的时间局限性。比如，只有陶渊明写了《桃花源记》之后，桃花源的意义才能够被后代诗人所化用，如果有谁发现庄子有一首包含此种诗意的作品，那就是伪托。杏园意象只有在盛唐之后、槐花意象只有在中晚唐之际才能与科举功名的意义相关联，而唐前绝不可能出现这类意蕴的诗作。《清明》诗最受人关注的要义乃是营造了杏花村与酒家的诗意融合，那么杏花村可以指代酒家的观念在文学史上始于何时？

前文所引的 16 首宋诗基本上是按作家的生活时代排列的，只要留心一下，就可清楚地发现，最早将杏花村比拟为酒家的是第 4 首邓肃的诗"一杯得杏花村"。邓肃，南剑州沙县（今属福建）人，师事李纲，入太学。生活于徽宗、钦宗、高宗时代。绍兴二年（1132）避寇福唐，以疾卒，年四十二^②。其余涉及此意的诗均出于南宋人之手。第 9 首作者曾丰生活于孝宗、宁宗时代，第 10 首万俟绍之生活于孝宗、宁宗时代，第 11 首薛师石生活于宁宗、理宗时代，第 13 首方回、第 14 首何应龙、第 15 首于石、第 16 首东湖散人等均生活于宋末元初。

---

① 罗继祖《〈清明〉绝非杜牧诗》，《社会科学战线》1995 年第 3 期。
② 《全宋诗》卷一七六八，第 19679 页。

所引的四首宋词也恰好说明同样的问题，最早将杏花村与酒家联结的是周邦彦《忆钱唐》和谢逸的《江神子》。周、谢均生活于徽宗时代。邓肃的诗与周、谢的词不约而同地向我们暗示，在北宋徽宗时代，杏花村意象已经与酒家相关联了。但是这层意旨在当时似乎并不广为人知。连周邦彦的主子宋徽宗也不太留心此意。清钱谦益《牧斋初学集》卷一三有一首《题宋徽宗〈杏花村图〉》：

> 宜春小苑春风香，宣和阆殿春昼长。帝所神霄换新诰，江南花石催头纲。至尊盘礴自游艺，宛是前身画师制。岁时婚嫁杏花村，桑麻鸡犬桃源世。杏花村中花冥冥，纥干山雀群飞鸣。巾车挈篚去何所，无乃负担趋青城。君不见，杏花寒食钱塘路，鬼磷灯燄风雨暮，麦饭何人浇一盂，孤臣哭断冬青树。

图 10　［宋］赵佶《杏花村图》。

宋徽宗赵佶确有一幅《杏花村图》，今由台商珍藏，2013 年 7 月曾在山西展出。此画所画的杏花村在哪里呢？钱谦益诗所谓"岁时婚嫁杏花村，桑麻鸡犬桃源世。杏花村中花冥冥，纥干山雀群飞鸣"，则徽宗只是为白居易和苏轼笔下的朱陈村与杏花村所感动，形象而生动地重现了苏轼所见到的《朱陈村嫁娶图》中的情景。宋徽宗并没有像他的臣子邓肃和周邦彦那样，写一幅"杏花村酒旗渔市图"，一种简便的解释就是，这位具有文艺天才的皇帝并不太关心杏花村的这层象征意义。

在徽宗时代之前，唐人三首诗中的杏花村与酒或酒家都没有直接的关系，温诗中虽有"半醉"之辞，但他明显是在"都中"喝的酒——"半醉别都门"，而他所见的"杏花村"却在"古原"上。

从时间上看，十分巧合的是，许浑（791？—？）与杜牧（803—852）交谊甚深，许年长于杜牧。既然许浑写了关于杏花村的诗，杜牧读到的可能性是非常之大的。许浑诗中的杏花村只是泛指，因没有包含酒家之意，所以与杜牧《清明》诗构不成仿作或和作的条件。杜牧对温庭筠（812—870）的诗才也颇为赞赏，在杜牧临死的那年，温庭筠曾向杜牧上书[1]，可知二人关系不错。因不知温的杏花村诗写于何时，所以可作两种推想——该诗写于杜牧《清明》诗之前或之后。

薛能（817？—880）比杜牧稍晚，薛能于"会昌六年狄慎思榜登第"[2]。会昌六年为公元846年，正是杜牧离开池州赴睦州任上的那年。当薛能去四川嘉州任职时已是"咸通中"了，可见他的杏花村诗也写于此时，可是咸通（860—874）时，杜牧已经谢世（852）。据此可以清楚地看出，薛能笔下的"杏花村"是写于杜牧《清明》诗之后的。"杜牧在当时负有盛名，所以他的文集流传很快，在他卒后数年间，皮日休为童子时，在乡校中已见到《樊川集》的传抄本。"[3]皮日休，湖北襄阳人，约生于公元834至838年间。皮日休当于855年前后就见

---

① 温庭筠《上杜舍人启》见于《全唐文》卷七八六。
② 辛文房《唐才子传》卷六。
③ 缪钺《杜牧》，见吕慧鹃等《中国历代著名文学家评传》第二卷，山东教育出版社1983年版，第636页。

过杜牧诗集，则社会名流薛能在"咸通中"更有可能读到杜牧的作品。如果杜牧真有《清明》诗，薛能就不会在诗中不化用或借用杜诗中杏花村的酒家意韵。

图 11　寒食节诗画。

若杜牧是因许、温二人之诗或自出胸臆写了《清明》诗，则该诗对后代的诗人一定是有影响的。虽然《樊川诗集》没有收录，但南宋刘克庄还能见到，则此前该诗一定有自己的流播渠道和领地，换言之就是，总会有人见到这诗的，见到了总有人会化用其诗意的。可是在晚唐至徽宗时代的二百余年间，今只发现了宋白和苏轼的杏花村诗。二诗都只是运用杏花意象的第二层用意，意谓"春意浓郁的理想境地"。以苏轼阅历之丰富、学识之渊博，只要当时真有这首《清明》诗，他就不会不知道；再以苏轼之风雅，他既然已将杏花村意象入了诗，就不会对杏花村包蕴酒家的意韵漠然处之。那就是说，从保守的角度看，这二百年间没有人读到过这首《清明》诗。在当时那个诗潮涌动的时代，唯一的解释是，其时压根儿就没有这样一首署名杜牧的《清明》诗。

如果没有这首诗，而徽宗时代已经建立的杏花村与酒家之间的对应关系又是从何而来的呢？笔者认为，这是杏花意象在宋代文学中自然发展的结果。

宋初穆修《村郭寒食雨中作》：

> 寂寥村郭见寒食，风光更着微雨遮。秋千闲垂愁稚子，
> 杨柳半湿眠春鸦。白社皆惊放狂客，青钱尽送沽酒家。眼前
> 不得醉消遣，争奈恼人红杏花。

这简直就是《清明》诗的"姊妹篇"，它写的也是一个名副其实的"杏花村"。其诗意象虽然处处都与《清明》诗对应：寒食节、稚子、狂客、酒家、恼人、红杏花等，但是作者绝没有模仿清明诗的意图，他倒是很得意自己对这个"杏花之村"的独特发现呢！欧阳修也有一首写杏花时节的宴饮之作《圣俞会饮》："京师旱久尘土热，忽值晚雨凉纤纤。滑公井泉酿最美，赤泥印酒新开缄。更吟君句胜啖炙，杏花妍媚春酣酣。"又如元绛《和上巳西湖胜游》："清明风日战方酣，朱毂雍容拥旆旄……湖水绿烟浮醉席，杏花红雨拂春衫。"刘敞《狎鸥亭》："波光柳色交相乱，野客沙禽特共闲。未醉那宜径归去，夕阳犹在杏花山。"徐积《答杨存中》："出郭人来又换诗，七香官酒杏花枝。我诗却恐春风惜，莫使春风度度知。"郭祥正《毂毂》："毂毂复毂毂，怪禽安用啼。杏花已烂漫，月色正相宜。提壶取新酒，酌我金屈卮。行恐风雨来，乱红辞旧枝。"这些将杏花与清明、饮酒相联的宋诗还有不少，像穆修那首"清明诗意"已很完整的宋诗也不是孤篇。

郭祥正《招陈守倪倅小酌》：

> 梅花落尽杏花迟，终日廉纤细雨霏。不倒一樽消客恨，
> 可令醒眼送春归。

郭祥正《三月三》：

　　一盏扶头又半酣，久无归梦到江南。桃花欲发杏花谢，

细雨斜风三月三。

苏辙《次韵子瞻山村五绝》：

　　山行喜遇酒旗斜，无限桃花续杏花。与世浮沉真避世，

将家漂荡似无家。

很难想象，这些诗人心中若有杜牧《清明》诗在，他们在立意、构思、造语时还会这样固执己意吗？合理的解释是，他们没有读过那首《清明》诗。而郭祥正（1035—1113）和苏辙（1039—1112）的生活年代均已延伸到徽宗朝（1101—1125）了。

杏花与酒意的结合在唐代就已分两途，一在官方的杏园宴，一在民间的清明饮。前者包容了得志者的激动与狂热，后者在文人心头中多少含有失意者的苦涩与无奈。在宋代，诗人们将杏花与酒的关系有意无意地引向了乡村，因为"杏园宴"已经成为一种远去的象征，则村酒对他们更具有吸引力了。笔者对"村酒"意象进行了统计，《全唐诗》提及"村酒"的诗有18首，《全宋诗》同类诗有140首。唐诗中除卢纶、张南史、白居易之外，使用此意象的诗人均生活于晚唐。宋诗只有20首写于北宋，其余120首全出于南宋，其中陆游一人就有29首之多。虽然酒来源于乡村并非始于中唐，但是非常明显的是，作为文学意象，它也是在晚唐才被发现的，并且在文人心目中，其重要性要等到南宋之时才得以体现。可见，在两宋之交，从诗意传承的角度而言，"村酒"与"杏花"意象相结合的契机已经成熟。事实也正是如此，历史恰好为就我们留存了三首徽宗时代的"杏花村"与酒家相融合的诗词。而《千家诗》传播之后，这种诗意就已经成为一种常识，无论是文人

笔下，还是民间口语中，都不再是什么秘密。如马子严（1175 年进士）《归朝欢·春游》："听得提壶沽美酒，人道杏花深处有。杏花狼藉鸟啼风，十分春色今无九。"刘辰翁（1232—1297）《须溪集》卷七《答赴启》："宠招敢敬，承兹佳惠。杏花村里，何须更指于牧童；竹叶尊中，行即相从乎欢伯。"张炎（1248—1320）《风入松·赋稼村》："门前少得宽闲地，绕平畴、尽是桑麻。却笑牧童遥指，杏花深处人家。"而今存元明清戏曲小说中提到"杏花村酒家"的例子就更多了。

从诗意传承的视角来看，《清明》诗最可能产生于两宋之间，虽然没有证据来确断它与周邦彦等人的作品孰先孰后，但是对《清明》所营造的诗酒气氛的感悟，笔者以为此诗似应产生于周邦彦之后。

可以肯定的是，这首诗出于某个水平不错的诗人之手，但不知何故，不久其作者即已失考，后被《千家诗》挂于杜牧名下。这首诗能与杜牧相关联，窃以为主要有三个原因：其一是在晚唐诗人中，杜牧风流落拓，诗艺高超，其中绝句极佳；其二则是他在很多诗中都描绘了自己对酒的钟爱，"落拓江湖载酒行""夜泊秦淮近酒家"等都是脍炙人口的佳句；其三，此诗的江南风味也是一个似而非的理由。至于后来各地从杜牧宦迹来考察他到过的杏花村在哪里的思路，在此诗托名于杜牧之初并不是一个原因，因为从现存文献来看，当时现实中的杏花村与杜牧还没有发生关系。而宋人在诗词中也从不认为此诗中杜牧所游是金陵、黄州、池州等地的杏花村，因为在宋代，杏花村作为文学意象是没有地望所属的。如果硬从地域来看，笔者倒是怀疑杜牧《寓言》诗很可能是其间联络的线索。《全唐诗》卷五二五《寓言》：

暖风迟日柳初含，顾影看身又自惭。何事明朝独惆怅，

杏花时节在江南。

这首诗见于由宋人所辑的《樊川别集》，而宋人所辑的《樊川别集》与《樊川外集》均不收《清明》诗。从诗意来看，它同样表达了诗人的"春愁"。另外，宋人刘仙伦①《一剪梅》：

> 唱到阳关第四声，香带轻分，罗带轻分。杏花时节雨纷纷，山绕孤村，水绕孤村。　更没心情共酒尊，春衫香满，空有啼痕。一般离思两销魂，马上黄昏，楼上黄昏。

这首词化用了《清明》诗意，将"杏花时节"与"雨纷纷"连接起来，看上去就像是将《清明》诗与杜牧《寓言》诗嫁接在了一起。既然有这样的作品存在，则这种联想也有可能是将此诗托名于杜牧的可能之一。

（二）已化用《清明》诗意的词《锦缠道·春游》不可能为宋祁之作

为证说《清明》诗不可能为杜牧所作，从文献角度来看，还有一个难题必须面对，南宋以来的词选中录有一首署名宋祁的词《锦缠道·春游》：

> 燕子呢喃，景色乍长春昼。睹园林、万花如绣。海棠经雨胭脂透。柳展宫眉，翠拂行人首。　向郊原踏青，恣歌携手。醉醺醺、尚寻芳酒。问牧童、遥指孤村道，杏花深处，那里人家有。

宋祁（996—1061），字子京，与欧阳修同修《新唐书》，卒谥景文，有《宋景文集》。如果这首词真是宋祁所作，则杜牧作了《清明》诗的

---

① 刘仙伦，字叔儗，号招山，庐陵（今江西吉安）人。仙伦与刘过（1154—1206）齐名，称为"庐陵二布衣"。岳珂《桯史》卷六谓其"才豪甚，其诗往往不肯入格律""大概皆一轨辙，新警峭拔，足洗尘腐而空之矣。独以伤露筋骨，盖与改之为一流人物云。叔儗后亦终韦布，诗多散轶不传"。

可信度就大大提高了，因为此词已直接化用《清明》诗句了。有人就曾引用此词来解决问题："《汾阳县志》还有'汾酒曲'：'甘露堂荒酿法疏，空劳春鸟劝提壶。酒人好办行春马，曾到杏花深处无？'末句的'杏花深处'，本于北宋文人宋祁的名句：'醉醺醺，尚寻芳酒。问牧童，遥指孤村道：杏花深处，那里人家有。'而宋祁的句子，又公认源于杜牧《清明》诗。可见，这个甘露堂的杏花村，自唐宋以来是一脉相承的。"①其实，《汾阳县志》是清乾隆年间由戴震主修的，时间已经很晚。而"宋祁的句子，又公认源于杜牧《清明》诗"之语，更是经不起推敲的。

图 12　刘书民《杏花春雨江南》。

新发现的明末成书的词选集《天机余锦》所录第 1000 首即此词，署名叔原。王兆鹏先生校曰："此首原题叔原（晏几道）作，非，应为无名氏作。明洪武本《草堂诗余前集》卷上无撰人姓氏，《全宋词》第3736 页从之作无名氏词，是。《类编草堂诗余》卷二、《啸余集》卷

---

① 刘集贤、文景明《借问酒家何处有，牧童遥指杏花村——为杏花村考辨》，《山西大学学报》1983 年第 2 期。

二二作宋祁词，误。《天机余锦》题晏几道作，亦误，盖各本《小山词》俱未收。"①王先生未加细论，笔者经进一步考察，认为这个结论是可信的。

1. 今所见材料,最早收录此词并附于宋祁名下的词选是《草堂诗余》

《四库提要·草堂诗余》：

> 《草堂诗余》四卷，不著撰人名氏。旧传南宋人所编，考王楙《野客丛书》作于庆元间，已引《草堂诗余》张仲宗《满江红》词证"蝶粉蜂黄"之语，则此书在庆元以前矣。词家小令、中调、长调之分，自此书始。后来词谱依其字数以为定式，未免稍拘。故为万树《词律》所讥。

《草堂诗余》的版本很复杂，虽说它的底本可能出现于南宋初年，但是后代流行的则是《类编草堂诗余》，此书最早由顾汝刻于明嘉靖二十九年(1550)七月，另有胡桂芳重辑、万历三十五年(1607)黄作霖等刊本②。明初洪武本《草堂诗余》只题作无名氏之作，而嘉靖本《类编草堂诗余》却明确题作宋祁之作，成书于嘉靖、万历年间的《天机余锦》又题作晏几道之作。可见，宋祁对这首词的著作权是明末才被提出来的。

即使《草堂诗余》真的是南宋初年编成的词选，若该书已收《锦缠道·春游》，也不能说明这首词与宋祁有关。"庆元"为南宋宁宗年号(1195—1201)，这一时间与上文笔者所疑的《清明》诗所出时间并不矛盾。从词意看，肯定先有《清明》诗，后来才有这首《锦缠道》。后来的词选、词谱如明陈耀文《花草粹编》卷一四、康熙《御选历代诗余》卷四三、万树《词律》卷一〇、嘉庆年间舒梦兰《白香词谱》

---

① 王兆鹏《唐宋词史论》，人民文学出版社2000年版，第268页。
② 王兆鹏《唐宋词史论》，人民文学出版社2000年版，第243、252页。

等均将此词作者署为宋祁，其实都是照抄《类编草堂诗余》的说法，因为《花草粹编》成书于万历十一年(1583)，比《类编草堂诗余》晚了33年，而其他几本词选则都是清人所编的了。

图13　于非闇《红杏枝头春意闹》。

《宋景文集》在南宋时还保存完好，有一百五十卷和一百卷两说[①]。宋祁若有此词，则北宋如苏轼[②]等人定当知晓。如前所论，当苏轼使用了杏花村意象时，怎能不会联想到它所包含的酒家之意呢？若宋祁能够读到杜牧的《清明》诗并将其诗意化用到己作之中，则欧阳修等人又怎能对此视而不见呢？宋后，《宋景文集》流失不少，到了清初已经失传，《四库全书》从《永乐大典》中辑出此书，现仍存有六十二卷、

---

① 晁公武《郡斋读书志》卷四、马端临《文献通考》卷二三四均录作一百五十卷，陈振孙《直斋书录题解》卷一七录作一百卷。

② 晁公武《郡斋读书志》卷四："（景文）通小学，故其文多奇字。苏子瞻尝谓，其渊源皆有考，奇险或难句，世以为知言。集有《出麾小集》、《西川猥稿》之类，合而为一。"

补遗二卷、附录一卷，但其中不见此词，所以，若说宋祁作了这首词，是没有北宋文献可以支持的。

鉴于元末明初的刻本《增修笺注妙选草堂诗余》注明"新增""新添"了80余首，"考所引黄升《花庵词选》、周密《绝妙好词》均在宋末，知为后来所附入，非其原本"（《四库提要》）。从元代诗词曲中广为引用杏花村酒家之意，笔者以为《锦缠道·春游》出现于宋末或元代更为合理。

2. 没有材料可以证明，词牌"锦缠道"在北宋前期已经出现

北宋后期，倒可能有一个词牌叫"锦缠绊"。清人沈雄《古今词话·词辨下》[①]"锦缠绊"：

> 《乐府纪闻》曰：建中靖国时，士人江衍，过慧应庙下，阍者拒曰：公与夫人方坐白云障下按歌，客子无唐突也。寻呼衍问之，汝闻此歌否。衍曰：世间那得闻此。公曰：此黄钟宫锦缠绊也。词曰："屈曲新堤，占断满林佳气。画檐两行连云际。乱山叠翠水回环，岸边楼阁，金碧遥相倚。　柳阴低映，稼艳花光洵美。好升平、为谁初起。大都风物不由人，旧时荒垒，今日香烟地。"词极寻常，留以记调，与锦缠道小异。

据王兆鹏先生考证，"《乐府纪闻》的成书年代，乃在清康熙十八年(1679)至康熙二十六年(1687)之间"[②]，后失传，编者也不可考。上

---

① 沈雄《古今词话》共八卷，著于康熙二十八年（1685）。沈雄，吴江人。该书凡例："旧有《古今词话》一书，撰述名氏，久矣失传，又散见一二则于诸刻，兹仍其名。"按南宋杨湜有《古今词话》一书，明以后失传，赵万里曾辑得一卷。《历代诗余》卷一一二《词话》引《古今词话》，涉及宋南渡后与元明之人事，则又与杨著不同。参见吴熊和《唐宋词通论》，浙江古籍出版社1989年版，第377—379页。

② 王兆鹏《唐宋词史论》，第311页。

引一段则是据元代佚名《异闻总录》卷二节改的①。江衍史有其人，字巨源，兰溪人，仁宗嘉祐六年 (1061) 进士 (省元)②，官山阴、鄞县主薄，又曾任庐州观察推官③、京西转运判官④。"建中靖国"(1101) 为徽宗年号，只一年。即使真有过此一种词调，也只是北宋末年才出现的，并且此后并没有推广。

　　看上去，"锦缠绊"与"锦缠道"只一字之隔，都为 66 字，但二词牌的断句有所不同，不能随意将之视而为一。北宋后期，贺铸 (1052—1125) 有一首词题作"锦缠头"，其实只是"浣溪沙"："旧说山阴禊事休，满书茧纸叙清游，吴门千载更风流。绕郭烟花连茂苑，满船丝竹载凉州，一标争胜锦缠头。"在后代词谱中，除了挂名宋祁的这首词外，今人所编《全宋词》第 2071 页录有南宋初马子严⑤一首《锦缠道·桑》："雨过园林，触处落红凝绿。正桑叶、齐如沃。娇羞只恐人偷目。背立墙阴，慢展纤纤玉。听鸠啼几声，耳边相促。念蚕饥、四眠初熟。劝路旁、立马莫踟蹰，是那里唱道秋胡曲。"此外，已经不能举出别的作品了。但康熙五十四年《御定词谱》却将该词署为无名氏之作，在"锦缠道"下共录了宋祁词《锦缠道》、无名氏《锦缠道·桑》、江衍所闻之词三首，清人编《御定佩文斋广群芳谱》卷一一、《全芳备祖集》后集卷二二所录《锦缠道·桑》词均不署作者。也就是说，这首词被看作是马子严所作其实也不是可靠坚实之说。

---

① 王兆鹏《唐宋词史论》，第 291 页。
② 《文献通考》卷三二。
③ 《宋史》卷九七。
④ 《续资治通鉴长编》卷三三三。
⑤ 马子严，字庄父，号古洲，建安人。孝宗淳熙二年 (1175) 进士。尝为铅山尉。参见《全宋词》第三册。

从现存文献来看，一方面，这个使用方便的"中调"词牌如果北宋初年就已出现，却没有发现北宋有第二个词人使用过，这就很不正常。另一方面，今所见"锦缠道"曲子倒有不少，清代仍未绝迹。其实，一开始，"锦缠道"只是一个南曲的曲牌。

"锦缠道"曲子表

曲名	出处	朝代文体
《锦缠道》	《张协状元》第四十三出	宋南戏
《南曲锦缠道》	《小孙屠》第十四出	元南戏
《锦缠道》	《荆钗记》第四十六出	元南戏
《锦缠道》	《幽闺记》第八出	元南戏
《锦缠道》	《杀狗记》第二十五出	元南戏
《锦缠道南》	方伯成①套数	元散曲
《锦缠道》	《牡丹亭》第二十四出	明传奇
《锦缠道》	《牡丹亭》第二十九出	明传奇
《锦缠道》	《长生殿》第八出	清传奇
《正宫过曲·锦缠道》	《长生殿》第三出	清传奇
《锦缠道犯·锦缠道》	《长生殿》第三十七出	清传奇
《锦缠道》	《长生殿》第五十七出	清传奇
《朱奴带锦缠·朱奴儿》	《雷锋塔》第二十九出	清传奇
《锦缠道》	《雷锋塔》第二十九出	清传奇
《锦芙蓉·锦缠道》	《清忠谱》第二十折	清传奇
《锦缠道》	《桃花扇》第五出	清传奇
《锦缠道》	《桃花扇》第三十八出	清传奇
《锦缠道》	《伏苓仙传奇》第九出	清传奇

---

① 方伯成，生平里籍不详，姓名仅见明张禄《词林摘艳》，存世套数一套。

南戏作品中，最早使用这个曲调的是《张协状元》第四十二出"苦天天，几年来劳笼着万千，寻思自埋冤。少它张协债负，是奴前缘。大雪下身无寸缕，投古庙泪珠涟涟。奴家便相怜，与它身衣口食。教人说化我，共它成因眷，只图它共百年。"这一曲共67字，比宋词《锦缠道》多出一字。而《御定词谱》所引《锦缠道·桑》正好是67字，并注曰："此词与宋（祁）词同，惟后段第五句添一字，异，盖衬字也。"因为该书所引《锦缠道·桑》最后一句为"是那人口里，却道秋胡曲"，这比"是那里唱道秋胡曲"更顺口一些。所以有一种可能是，《锦缠道·桑》原就是南戏中的一段，而不是后人所认为的一首词。

图14　南戏《张协状元》剧照。

据俞为民先生考证，"《张协状元》的产生年代当在北宋末年、南宋初年这一时期……这也说明，《张协状元》产生于北宋时期。但考虑到剧中已出现'知官'这一始于宋徽宗政和三年(1113)的名称，故其产生的时间当在北宋末年"①。这个时间与江衍所见《锦缠绊》的时间

① 俞为民《宋元南戏考论续编》，中华书局2004年版，第121、129页。

(1101) 年只迟 12 年，比马子严 (1175 年进士) 至少早 50 年。而作为一个民间曲调，用到一篇具体作品中的时间，与这个曲调的产生时间一般都要迟些，可见，南曲《锦缠道》北宋末年在民间已经产生。王国维将之看成是元南戏曲牌"出于唐宋词者一百九十"之一种①，那只是推测，他并没有经过认真考证。

江衍所过的"慧应庙"，一作"惠应庙"。古代称名惠应庙的很多，昆山②、会稽③、德清④、钱塘⑤、湖州⑥都有，但江衍所过的慧应庙 (惠应庙) 更有可能在福建。清人郑方坤撰《全闽诗话》卷一二"惠应庙神"："邵武惠应庙神，初封佑民公。"接下去全文引录了关于江衍的文字，末署"异闻总录"四字。邵武在武夷山西南，此地与南戏发源地浙江温州相距不远。因为南曲"锦缠道"在民间流传有日，文人将之误认为词牌也极有可能。

3. 宋人以及近人所编的词总集、词选均采取谨慎态度而不将此词署名宋祁

南宋时期出现了许多词选集，《草堂诗余》为其中一种，除此书之外，其他词集均不见《锦缠道·春游》一词。如《百家词》《六十家词》未收宋祁之作，又如曾慥《乐府雅词》、黄升《中兴以来绝妙好词选》、周密《绝妙好词》等均未收此词。只有明清时代的词选以讹传讹者多。近人赵万里辑《宋景文长短句》一卷，得词六首，刊入《校辑宋金元人词》

---

① 王国维《宋元戏曲史》第十四章《南戏之渊源及时代》。
② 《姑苏志》卷二八。
③ 《会稽志》卷六。
④ 《吴兴备志》卷一四。
⑤ 《浙江通志》卷二一七。
⑥ 《浙江通志》卷二二〇。

中。唐圭璋主编《全宋词》照录了宋祁这六首词，分别为《浪淘沙近》"少年不管。流光如箭"、《蝶恋花》"雨过蒲萄新涨绿"、《玉楼春·春景》"东城渐觉风光好"、《蝶恋花·情景》"绣幕茫茫罗帐卷"、《鹧鸪天》"画毂雕鞍狭路逢"、《好事近》"睡起玉屏风，吹去乱红犹落"。

清人贺裳《皱水轩词筌》中有一则词话"词病浅直"：

> 词莫病于浅直，如杜牧《清明》诗"借问酒家何处有，牧童遥指杏花村"。本无高警，正在遥指不言，稍具画意。宋子京演为《锦缠道》词，后半曰："向郊原踏青，恣歌携手。醉熏熏尚寻芳酒。问牧童，遥指孤村道，杏花深处，那里人家有。"何伧父也。未审赋落花时，伎俩何在。然其《蝶恋花》云："绣幕茫茫罗帐卷。春睡胜腾腾，困入娇波慢。隐隐枕痕留玉脸，腻云斜溜钗头燕。远梦无端欢又散。泪落胭脂，界破蜂黄浅。整了翠鬟匀了面，芳心一寸情何限。"此真是半臂忍寒人语。

这则词话批评了宋祁在《锦缠道》中用词过于"浅直"的毛病，并举其《蝶恋花》词以作对比，可是作者却没有怀疑这首词是否为宋祁所作，这正如他没有怀疑杜牧作《清明》诗一样，只是附和流俗而已。而唐圭璋先生并不认可《锦缠道》为宋祁之作，所以在《全宋词》中，这首《锦缠道》被署作"无名氏"之作[①]。当代学者所选宋词选集中均不取此词，如龙榆生《唐宋名家词选》、胡云翼《宋词选》都只选了宋祁《玉楼春》一首。

4. 这首《锦缠道》词中历来最受称道的一句"海棠经雨胭脂透"同时还别有作者

王世贞《弇州四部稿》卷一五二："永叔极不能作丽语，乃亦有之

---

① 《全宋词》第五册，第3736页。

曰'隔花啼鸟唤行人'，又'海棠经雨胭脂透'。"清人黄苏《蓼园词评》"锦缠道"条："宋子京'燕子呢喃'。《古今词话》云：此词'海棠经雨胭脂透'一句，最善形容景物。至下段用问酒杏花村事，曲尽郊外游春之情，此亦游览题。好在'海棠经雨'一句，比兴浓深，余亦清倩不俗。"此则所引的《古今词话》不知何出，赵万里辑宋杨湜《古今词话》和清沈雄《古今词话》均无此说。

王世贞视之为欧阳修语，实乃误记，或照录当时某书的误说（如《天机余锦》一类的词选）。《蓼园词评》将之认作宋祁之句无疑。其实都是未经查证、附和流俗之论。这句"比兴深浓"的不俗之词其实还出于王安石之子王元泽（名雱）之名下。宋曾慥编《乐府雅词·拾遗》卷上引王元泽《倦寻芳慢》（中吕宫）：

> 露晞向晚，帘幕风轻。小院闲昼，翠径莺来，惊下乱红铺绣。倚危墙，登高榭，海棠经雨燕脂透。算韶华，又因循过了，清明时候。　倦游燕，风光满日。好景良辰，谁共携手？恨被榆钱买断，两眉长斗。忆高阳，人散后，落花流水仍依旧。这情怀，对东风尽成销瘦。

《草堂诗余》卷三引王元泽《倦寻芳·春景》作"海棠著雨胭脂透"。《花草粹编》卷一九引王元泽《倦寻芳》作"海棠着雨胭脂透"。清徐釚《词苑丛谈》卷一引《扪虱新语》①谓王元泽词作"海棠带雨胭脂透"，徐釚说："《调寄倦寻芳慢》，今曲中'帘幕风柔，庭帏昼永，海棠带雨胭脂后。因循过了清明也'等句本诸此。"

---

① 《扪虱新语》当作《扪虱新话》，宋陈善著，十五卷。《四库总目》卷一二七："其书考论经史、诗文兼及杂事，别类分门，颇为冗琐，持论尤多踳驳，大旨以佛氏为正道，以王安石为宗主……善，南北宋间人，其始末不可考。观其书，颠倒是非，毫无忌惮，必绍述余党之子孙。不得志而著书者也。"

王雱（元泽）为王安石之子①，比宋祁晚。著《扪虱新话》的陈善为"南北宋间人"，且"以王安石为宗主"，所以对王元泽的了解定然颇多，所录有一定的准确性。另外两种早期文献《乐府雅词》和《草堂诗余》也几乎同时出现。曾慥生活于两宋之交②，卒于绍兴二十五年（1155），比庆元元年（1195）早了40年，可见曾慥《乐府雅词》（其自序末署绍兴丙寅，即绍兴十六年）和无名氏《草堂诗余》底本大抵编于同时，而且《草堂诗余》还同时录存了署名宋祁的《锦缠道》和王元泽的《倦寻芳》。这足可以说明，若认为这句好词"海棠经雨胭脂透"是宋祁所独创也不是确凿之论。

图15　雨后海棠花。

因此，认为宋祁写了这首《锦缠道》词，是难以成立的。从最早载录此词的《草堂诗余》的出现年代（且认为该书底本已收录此词，

① 参见《宋史》卷三二七《王安石传》附《王雱传》。
② 曾慥（？—1155），字端伯，号至游居士，晋江人。高宗建炎元年（1127）为仓部员外郎，绍兴元年（1131）除江南西路转运判官。参见《全宋词》第二册。

而这种可能性并不是太大）来看，这首词也不能成为杜牧写过《清明》诗的证据，因为从杜牧到《草堂诗余》（南宋庆元之前）关于《清明》诗有近三百年的文献空白，相反，若《清明》诗产生于两宋之间，则《锦缠道》只能产生于南宋初年以后。

综合前文材料可以看出，这首《清明》诗虽然有赖于《千家诗》将之与杜牧联系起来，但是它的出现比《千家诗》编定年代（刘克庄生于1187年）要早则是事实。序于宋孝宗淳熙十五年(1189)的《锦绣万花谷》已引了该诗，并注曰"出唐诗"；1175年中进士的马子严《归朝欢·春游》中"听得提壶沽美酒，人道杏花深处有"之语也明显化用了《清明》诗意。所以，此诗最早只能出现于徽宗与孝宗之间。

从诗意传承的角度，我们可以清晰地看到，杏花与酒家、杏花村与酒家之诗意结合发展的过程。明白了这个道理，我们就不会轻信《清明》诗会突兀地、孤立地出现于晚唐时期的。

四、"杏花村"的文化延伸

现实生活中，只要有杏花存在，地理意义上的杏花村就会产生，但是若没有文化的干涉，则这种村庄之名不仅不会受到世人的关注，同时也不会引起本地人的兴趣。南宋以后，托名杜牧的《清明》诗随着《千家诗》的传播不胫而走，促使中国民间文化中的"杏花村文化"产生与发展起来。通过文献考察，我们不难发现，这一文化现象正是明代之后的文化产品。

《清明》诗之后，宋元明清的诗、词、戏曲、小说中，杏花村成为酒家和偏村的代称已是常识，但是这些诗、词、曲、小说中的杏花村，都与具体的地点无关。因戏曲与民俗世界最相关联，试举元曲数例。

1. 姚守中《中吕·粉蝶儿·牛诉冤》：

性鲁心愚，住烟村，饱谙农务。丑则丑，堪画图。杏花村，桃林野，春风几度。疏林外红日西晡，载吹笛牧童归去。

2. 周德清《中吕·红绣鞋·郊行》：

茅店小斜挑草鈌，竹篱疏半掩柴门，一犬汪汪吠行人。题诗桃叶渡，问酒杏花村，醉归来驴背稳。

3. 张可久《肃斋赵使君致仕归》：

杏花村酒满葫芦，记竹马相迎，郊外先驱。清献家风，渊明归兴，尽自欢娱。

4. 杨朝英《双调·水仙子》：

闲时高卧醉时歌，守己安贫好快活。杏花村里随缘过，胜尧夫安乐窝，任贤愚后代如何。

5. 爱山《越调·小桃红·消遣》：

一溪流水水溪云，雨霁山光润，野鸟山花破愁闷。乐闲身，拖条藜杖家家问。问谁家有酒，见青帘高挂，高挂在杨柳岸杏花村。

6. 《白兔记》第十四出《途叹》：

刘智远行到此间，无计奈何？几度晚行芳草径，也有夜宿杏花村。在家不道生身好，出外方知行路难。

7. 《白兔记》第三十出《诉猎》：

黄昏将傍赴城门，隐隐钟声隔岸闻。渔人罢钓归竹径，牧童遥指杏花村。

8.《琵琶记》第七出：

　　闻道洛阳近也,还又隔几个城闉。(合)浇愁闷,解鞍沽酒,同醉杏花村。

9.贾仲明《李素兰风月玉壶春》第一折：

　　日喧喧芳草汀晴沙暖衬鸳鸯荐。露涓涓杨柳楼柔丝困摆黄金线,风习习杏花村粉墙乱落胭脂片,翻滚滚玉阑干扇粉翅飞倦采香蝶,急煎煎翠池塘展乌衣忙杀衔泥燕。

10.贾仲明《铁拐李度金童玉女》第二折：

　　杂杂嘈嘈,一程程锦绣似花枝绕,一处处管弦般鸟语调。垂杨院卖花人,一声声叫过红楼,杏花村题诗客,一个个醉眠芳草。

11.无名氏《庞涓夜走马陵道·楔子》：

　　你送庞子去到前面杏花村,早些儿回来也。

12.无名氏《渔隐》：

　　清风生酒斝,明月照盘飧。樵夫野叟,相近相亲。昨日离石头城,今朝在桃叶渡,明日又杏花村。

　　这些南戏北曲中提到的杏花村均为文学意象,一泛指荒村野店,如"杏花村,桃林野",一特指村野酒家。周德清的"题诗桃叶渡,问酒杏花村"和末例"昨日离石头城,今朝在桃叶渡,明日又杏花村"两句,容易让人误解其中的杏花村是实指金陵城中的杏花村,其实不然。虽说金陵城外的江边确有一个叫桃叶渡的地方,但是桃叶渡又可以是对渡口的泛指。末句中的桃叶渡似与金陵城有关,不过杏花村却已不是城中的杏花村,因为明明是"昨日离石头城",则"明日"所到的杏花村只能是荒村野店了。

也就是说，宋元时代，在文人观念与民间视野中，杏花村的意义已经固定在"村野"和"村野酒家"两个义项之上，后一项意义无疑是对《清明》诗意的直接化用。不过，迟到元代，我们还不能从文学作品中发现：第一，有意将这种诗意与杜牧联系起来；第二，将这层诗意与某个具体地点联系起来。因此，我们可以说，在南宋与元代，文学杏花村与地理杏花村之间还有观念上的距离。

从文献角度来看，文学杏花村在唐诗、宋词、元曲中一脉相承，其意义从"村野"到"村野酒家"的发展，《清明》诗起到了重要的推动作用。那么，地理杏花村的文献状况又当如何？

图 16　贵池杏花村"问酒驿"（饶颐摄）。

今存文献最早所记的地理杏花村既不在山西，也不在贵池，而在金陵。宋周应合《景定建康志》卷二三《城阙志》四："制效军寨二所，一在城南门外虎头山，一在城里杏花村。"卷二四《官守志》一："镇青堂，在府廨之东北，其上为钟山楼……又其西为杏花村、桃李蹊。"这则文献与方回提及歙县城南"杏村"在时间上处于同一时代。方回 (1227—1307)，景定三年 (1262) 进士，元成宗大德十一年卒。景定 (1260—1265) 为南宋理宗最后一个年号。

建康城中的杏花村只是一个地理景点而已，一点也看不出这个村与《清明》诗意之间的关联，而整部书中也没有记载一首题咏这个杏花村的任何诗文作品。合理的解释是，其时文化的杏花村在南京还没有诞生。五十年后，元人张铉所编《至大金陵县志》卷一○还在照抄《景定建康志》："制劲军寨，一在虎头山，一在城内杏花村。"卷一一下"祠祀志"二："大通尼寺，即大通庵，宋咸淳元年建，郡守马光祖立石。庵本在御街南隅，刘观察虎子妇秀岩落发为尼，移庵额于秦淮南杏花村内，建今寺。"清人所编《江南通志》卷三○也说："凰台山少西，即建初寺，寺西即杏花村。"

到了明清时期，各地关于地理杏花村的材料大都出于地方志。程杰先生曾指出：

> 据爱如生《中国方志库初集》检索统计,津、冀、晋、辽、吉、黑、沪、苏、浙、皖、闽、赣、鲁、豫、湘、粤、桂、黔、滇、陕、甘、台等22省市的方志中有"杏花村"的字眼430条，其中山西、辽宁、吉林、江苏、浙江、安徽、江西、山东、河南、湖北、陕西等11省市出现频率较高。这一数据虽然有不少相互重复的现象，但所指多是实实在在的村名和园林。更多的是虚指，即杏花盛开的村庄[①]。

比较明确的杏花村记载略如：

1.江苏扬州杏花村

① 程杰《水村山郭酒旗风，杏花消息雨声中》，《文明》2015 年第 4 期。

《江南通志》卷三三"扬州府"四："四并堂，宋韩琦于郡圃建堂，取四难并之义，《府志》云：后庆元中，赵巩复建于杏花村。"

2. 江苏淮阴杏花村

《记纂渊海》卷一一"淮安军·淮阴"："杏花村，在望云门外。"

3. 安徽怀宁杏花村

《江南通志》卷一〇："……西七十里至小河沿保，潜山县界；南八十里至杏花村，怀宁县界；北四十里至老关岭，庐州府舒城县界。"

4. 安徽贵池杏花村

《山堂肆考》（明彭大翼）卷二六"地理·村"："杏花。贵池县秀山门外，有杏花村。唐杜牧诗：牧童遥指杏花村，即此。一在徐州古丰县。"

《山堂肆考》卷一九八："又曰池州府秀山门外，有杏花村，杜牧诗'遥指杏花村'即此。"

《江南通志》卷三四"池州府"："杏花村，在府秀山门外里许，因唐杜牧诗有'牧童遥指杏花村'得名。《南畿志》云：有古石井，圈刻'黄公广润玉泉'六字。"

5. 江西南昌杏花村

《江南通志》卷六七"南昌府"："熊复，字庶可，新建人，以五经教授乡里，四方来学者，常数百人，著《春秋成纪》，以惠后进，门人称为西雨先生。时富州陈仲易，亦以经术授徒于郡城杏花邨。"

《江南通志》卷一五五："王仲序诗《杏花村》：省垣东去路迂斜，犹有名村是杏花。春水平芜千万顷，暖风沽酒两三家。劝农何事花迎马，送客归时柳带鸦。明日青原遥引望，江城如抱暮云遮。"

6. 江西玉山杏花村

《江南通志》卷四〇："广信府"："杏花村。《名胜志》：玉山县治西隅，临溪有杏花村，相近有蔡家园，今皆废为桑地。爽垲水不能侵，谚云：水侵蔡家园，玉山出状元。"

7. 湖北黄安杏花村

《湖广通志》卷八："黄安县。杏花井，县东二里杏花村。"

8. 湖北麻城杏花村

《湖广通志》卷二五："陈季常祠，在岐亭北二里杏花村，季常墓侧。"

《湖广通志》卷七七："杏花村，在岐亭，有杏林、杏泉。陈慥隐居处，旁为苏步桥。"

图17　湖北麻城杏花村。

9. 山西杏花村

《山西通志》卷二二六："朱彝尊《虞美人·寒食太原道中》：去年寒食横汾曲，晓雨平芜绿。今年寒食尚横汾，又听饧箫吹入杏花村。古今多少横汾客，饮马台骀泽，并州虽好不如归，输与一双新燕旧巢飞。"

215

图18　山西汾阳杏花村。

10.云南杏花村

《云南通志》卷二九："冯时可《傅公祠记》：时水浅舟胶，不及过杏花村。余行滇中，惟金澜二江横络，其他多积洼成海，如洱海、通海、杨林海。"

图19　贵池杏花村红墙照壁（饶颐摄）。

以上只是见于记载的，而现实中一定更多。这十处杏花村，只有安徽贵池才明确将之与杜牧《清明》诗联系起来，从文献资料的产生时间看，也以明人《山堂肆考》为早，而《江南通志》等书都是清人所编。那么，在唐宋时代，贵池是否真有一个地理杏花村呢？我们可以通过三条路线来探究这个问题。第一，杜牧在诗中提到过贵池的哪些地点？第二，唐人与宋人笔下所写的贵池地点还有哪些？第三，记载贵池杏花村的最早文献是什么？

杜牧因为做过池州刺史 (844—846)，他在池州有较为广泛的游历，池州城中的景点，他一定谙熟得很。可是，除了《清明》诗中的杏花村，他并没有在第二首诗中提到此处。唐宋其他诗人也没有一个人提到过贵池杏花村。

现将唐宋诗人提到池州地名的诗列表如下[①]。

地点	池州	贵池	秋浦	齐山	九华山
《全唐诗》	35+0	3+5	34+29	6+8	18+18
《全宋诗》	50+6	16+19	25+112	73+102	25+23

除了少数词组非是指称池州境内的地名外，其余诗题和正文中提到以上地名的诗之作者要么是亲自来过此地，要么是因为朋友去过此地，也就是说，凡说及这些地名的诗人，对池州境内的景点多少都是熟悉的。再看另一组数字。

《全唐诗》的情况：

1.诗题中提到"池州"的诗作者为刘长卿、杜牧等19人，其中杜牧有12首诗。

---

① 表中前面数字表示诗题中包含该词组的诗的数量，加号后的数字表示诗的正文中包含该词组的诗的数量。池州府辖贵池县，府治、县治均在贵池城（或称池州城）。贵池县即秋浦县。齐山在城东5里，九华山距城106里，在青阳县。

2.诗题中提到"贵池"的诗作者为张祜、杜牧、罗隐3人,杜牧有1首。诗题中提到"贵池"的诗作者为耿湋、刘禹锡、赵嘏、罗隐4人。

3.诗题中提到"秋浦"的诗作者为李白、刘长卿、杜牧、罗隐、杜荀鹤、李中6人,其中李白27首,杜牧1首。诗正文中提到"秋浦"的诗作者为张九龄、李白、李贺、耿湋、杜牧、杜荀鹤、齐己、李昼等,其中李白20首,杜牧2首。

4.诗题中提到"齐山"的诗作者为韩翃、张祜、张乔、徐铉、许坚5人。诗正文中提到"齐山"的诗作者为喻凫、罗隐、郑谷等。

5.诗题含"九华山"的诗作者为刘禹锡、顾非熊、柴夔、杨鸿、林滋、孟迟、谭铢、卢嗣立、郭夔、王季文、张乔、罗隐、李中、徐铉、李白、神颖等人。诗正文中提到"九华山"的作者有刘禹锡等11人。

这些诗中,还提到了贵池城内和周边的一些有名的景点,如夫子庙麟台、弄水亭、九峰楼、贵池亭、林泉寺金碧洞、清溪、清溪馆、清溪玉镜潭等。

图20 贵池齐山。

《全宋诗》的情况：

1. 诗题中提到"池州"的诗作者为范仲淹、梅尧臣、王安石、郭祥正、苏辙、孔平仲、孔武仲、岳飞、王十朋、陆游、范成大、杨万里、张栻、刘过、魏了翁、方回、文天祥等 39 人，诗正文中提到"池州"的诗作者为王禹偁、林逋、郭祥正、王十朋、郑会 5 人。

2. 诗题中提到"贵池"的诗作者为郭祥正、黄庭坚、周紫芝、韩淲、华岳等 10 人，诗题中提到"贵池"的诗作者为梅尧臣、徐积、郭祥正、黄庭坚、王十朋、杨万里等 13 人。

3. 诗题中提到"秋浦"的诗作者为穆修、王安石、周紫芝、张耒、杨万里、周必大等 22 人，诗正文中提到"秋浦"的诗作者为范仲淹、王安石、郭祥正、苏轼、孔武仲、李复、苏过、徐俯、周紫芝、李纲、王十朋、洪适、韩元吉、陆游、范成大、周必大、项安世、朱熹、吕祖谦、辛弃疾、叶适、姜夔、刘克庄、黄庚等。

4. 诗题中提到"齐山"的诗作者梅尧臣、王安石、范纯仁、徐积、沈辽、韦骧、郭祥正、张舜民、苏辙、孔武仲、晁补之、李纲、黄彦平、王十朋、杨万里、周必大、项安世、张孝祥、林淳、魏了翁、方岳、方回等等。诗正文中提到"秋浦"的诗作者为苏舜卿、张伯玉、吴中复、司马光、王安石、王安礼、晁补之、周紫芝、李纲、王十朋、洪适、喻良能、袁友说、赵蕃、陈文蔚、苏元鼎等。

5. 诗题含"九华山"的诗作者为张咏、梅尧臣、刘敞、王安石、郭祥正、苏辙、王十朋、杨万里、周必大、曹清等，诗正文中提到"九华山"的作者有王禹偁、郭祥正、李纲、王十朋、陈造、王阮、徐照等。

宋代诗人咏及的贵池具体景点就更多了，如梅尧臣《西禅院竹》、陈舜俞《秋浦亭》、汪远犹《昭明庙》、杨振《乾明寺前古松》、李荐《文选阁》、喻良能《展敬文孝庙》、赵葵《秋浦楼》、贡奎《铁佛寺》等。

从唐宋两代诗人到过池州和对池州了解的情况看，他们对池州城（即贵池城）内外的景点理当是熟知的，可是除了杜牧那一首伪托的《清明》诗之外，没有第二个到过池州、了解池州的诗人在他的作品中提到"城西"有过一个景点叫"杏花村"的。如果这首《清明》诗真是杜牧所写，则他自己对此"杏花村"一定会情有独钟，也将会在其他诗中再次提及，可是没有；宋代众多来过池州的诗人骚客也必定要前去该村凭吊、游历、解愁、唱和的，可是也没有。若写过杏花与酒的诗人郭祥正、苏辙等人来到池州，也必定要留意杏花村，可是，在这么多风雅之士的笔下，时间上下四百余年，竟没有第二首提及池州杏花村的诗歌出现。

更重要的是，从到过、写过池州的诗人来看，南宋中后期的诗人较多，而当时，《清明》诗早已传播开来，如朱熹、刘克庄、方回等与"杏花村""杏村"有关的作者，如果自己来到贵池杏花村，又怎会对之一言不发呢？周必大（1126—1204）《过池阳赋诗》："千古风流杜牧之，诗才犹及杜筠儿。向来稍喜《唐风集》，今悟樊川是父师。"周是应该知道《清明》诗的，也可能知道它是署名杜牧的，但他经过池州时，想到杜牧却没有想到池州、《清明》、杏花村三者之间的关系。朱熹经过池州，有诗《九日登湖山（一作天湖）用杜牧"登高"韵，得"归"字》，这位写过"杏花村里，醉了重相请"词句的名人来到贵池，想起了杜牧著名的《九日齐山登高》诗，却不提杏花村，实在令人费解，因为他所登临的"湖山"，正在贵池城西，站在山顶，能看见较远的齐山，却不见就在山脚下的"杏花村"，这怎么可能呢！这些只能说明，唐宋时代，贵池没有一个叫"杏花村"的具体地点。

那么，贵池境内的杏花村在文化上又是何时才与《清明》诗和杜牧联系上的呢？也即贵池的杏花村在文化上起源于何时？

明英宗天顺五年(1461)成书的《明一统志》卷一六"池州府"还没有提到杏花村，序于万历乙未(1573)的彭大翼《山堂肆考》已将杜牧《清明》诗与池州杏花村相联系，则贵池杏花村当产生于1461—1573这百余年间。嘉靖二十四年(1545)《池州府志》卷一已记有杏花村："在城西里许，杜牧诗'借问酒家何处有，牧童遥指杏花村'。旧有黄公酒垆，后废，余井圈在民田内，上刻'黄公广润泉'字。嘉靖间同知张邦教访置教场前，立亭表之。联云：胜地已无沽酒肆，荒村忽有惜花人。"已知文献，张邦教（山西蒲州人）于嘉靖年间在贵池最先"立亭表之"，亭即"杏花亭"。当然，张氏到贵池一定是根据当地的传说才做了这件风雅之事。地方志对此类传说总是重视的，既然1461年的《明一统志》还没有记录下这个说法，我们只能认为，其时，贵池境内有杜牧题咏过的杏花村之说还没有产生。因为从元代到明代天顺年间，未见任何可靠的材料记载过贵池的杏

图21 李可染《杏花春雨江南》。

花村。但贵池方志中署为"宋人"的一首诗与此观点相矛盾。

曹天祐《杏花村》：

久有看春约，今才出郭行。杏花飞作雨，烟笛远闻声。

旧踪寻何处？东风暖忽生。酒垆仍得醉，倚待月华明。

光绪九年陆延龄《续修贵池县志》卷八将此诗作者定为"宋人"，同卷又录"元人"曹天祐《秋浦宛似潇湘洞庭图》一首，但嘉靖《池州府志》未录曹天祐的这两首诗。今人所编《千古杏花村》一书将两个曹天祐并为一人①。其实这两个曹天祐不应是一人，《秋浦宛似潇湘洞庭图》作者确是元人，因诗中有"挥毫泼墨如有神，至正以来无此人"之句，至正 (1341—1368) 为元顺帝年号，而诗的语气正是表明该诗写于至正年间，但此诗不吟杏花村。写《杏花村》诗的曹天祐当为明人，明代嘉靖、隆庆年间，确有名叫曹天祐的人，《江西通志》卷五四"选举"："嘉靖二十九年庚戌唐汝楫榜"下有"曹天佑，浮梁人，浙江按察史"，《浙江通志》卷一一八也有"曹天祐，浮梁人"的记载。所谓"酒垆仍得醉"，应是对《嘉靖池州府志》中"黄公酒垆"说法的化用，因为在宋元时代，当咏及杏花村时，不言"酒垆"只言"酒家"。

贵池乡邦文献收录题咏杏花村的诗，其实最早只能举出明代景泰、弘治年间邑人沈通、沈昌父子的两首诗。沈通《题友人西郊书屋》：

卜居城闉外，居临杏坞西。桑麻深绕屋，桃李闹成蹊。

种竹开新径，移花带旧泥。小园闲坐处，幽鸟一声啼。

沈昌《杏花村》：

---

① 丁育民、张本健《千古杏花村》："曹天祐，生卒年不祥。字宁一。贵池人。元代诗人，教育家。延祐年间 (1314—1320) 曾任池州路教授。"后附两诗。黄山书社 2002 年版，第 32 页。

杏花枝上著春风，十里烟村一色红。欲问当年沽酒处，竹篱西去小桥东。

沈通，贵池县舞鸾乡人，景泰三年(1452)贡士，曾任今河南荥阳县令①。其子沈昌："弘治十五年(1502)以岁荐廷试第一（贡元），不乐仕进，归隐梅山下。著有《池阳怀古》诗，合前后两集，共200首。杏花村名胜，俱有题咏。长林（乡）杨暹得之村塾，余录而传之。"②沈通诗中只提到"杏坞"一词，似对杜牧《清明》诗与杏花村的关系不甚明了，他提到的只是一个地理杏花村。沈昌诗已与《清明》诗意有关，他提到的才是一个文化杏花村。《明一统志》成书的1461年正处于这五十年（1452—1502）之间。据此可以认为，贵池的文化杏花村极有可能发端于这一时段。

对贵池杏花村有影响的地方官，还有明末天启年间来守池州的归安人顾元镜（《杏花村志》卷四）。到了清代康熙年间，文物与文献积累已很可观，邑人郎遂于是作《杏花村志》。《四库全书总目提要》卷七七：

图22 《杏花村志》书影。

> 《杏花村志》，十二卷。国朝郎遂撰，遂字赵客，号西樵子，池州人。按，杜牧之为池阳守，清明日出游，诗有"借问酒家何处有，牧童遥指杏花村"句，盖泛言风景之词，犹之"杨柳

---

① 《河南通志》卷三三。
② 丁育民、张本健《千古杏花村》，第33、34页。

岸""芦荻洲"耳，必指一村以实之，则活句反为滞相矣。然流俗相沿，多喜附会古迹，以夸饰土风。故遂居是村，即以古今名胜、建置及人物、艺文集为是编，盖亦志乘之结习也。至于郎氏族系，亦附录其中，则并非志乘体矣。

《总目》虽然不以为杏花村为实指，但也轻信俗说，以为《清明》诗为杜牧守池之时所作。其实自明中叶以后，《清明》诗、杜牧、贵池三者之间已经形成一统的关系。民国四年，贵池人胡子正又编成《杏花村续志》①，分为卷首、卷上、卷中、卷下、卷末，《凡例》：

郎《志》成书于清康熙乙未，至今已二百三十余年，中间事迹湮没诚多。然据续修郡邑志及名人书籍、碑刻，未始无可采者，不为之续，恐岁月积深，又不知散失几许矣。此续志之所以作也。

贵池杏花村的文献从此备矣。文人政客，游者如织，诗词曲赋，文采焕然。然而，到了20世纪80年代，历史渊源如此深厚的贵池杏花村里却无一棵杏花，相关景点均已倾圮无存！直到1984年，贵池县政府才开始重视此事，11月21日《关于讨论杏花村植树问题的会议纪要》决定："第一，抓紧研究杏花村的历史，认真制定整建杏花村风景区的总体规划；第二，抢时间、早动手，发动机关单位和群众栽杏树，育杏苗；第三，建议从现在起，贵池的建筑设计、印染工艺、包装工艺、食品装潢、厨窗图案都要有杏花色彩；第四，抓紧做好杏花村井（黄公井）区的土地、房屋的征用工作。根据可能，尽快地把'黄公广润玉泉'井碑、杏花村六角亭、《清明》诗碑、杜公祠、杏花酒肆坊等建筑物整建恢复

---

① 《中国地方志集成·乡镇志专辑（27）》，江苏古籍出版社，1992年8月。《杏花村志》见第458—556页，《杏花村续志》见第557—706页。

起来。"①

因为杜牧在贵池创作了《清明》诗的说法只是明代中叶以来的民俗传闻，所以各地的地理杏花村在清代以后都纷纷与此诗相勾连，文化杏花村遂蔚为大观。当时为《杏花村志》题序的"秦淮郑濂莲水氏"说：

> 杏花村三，金陵有二焉，一在凤凰台，枕江夹石，纷覆
>
> 千家；一在城西南芙蓉山畔，碧草芊绵，摇红十里。争为名胜，
>
> 与池阳杏花村为三，牧之诗所云"借问"、"遥指"处也。

这位金陵人氏还只认为贵池杏花村乃杜牧所吟之地，而嘉庆十六年 (1811)《新修江宁县志》已认为"城南西信府河凤凰台一带"的杏花村是"杜牧沽酒处"了，但修于明正德十四年 (1519) 的《江宁县志》卷六记杏花村时并没有提到任何"杜牧沽酒"的信息，只是说"值杏花开，命驾一赏，是后游者每春群集，遂成故事"——当时沈昌的《杏花村》诗早已完成。至于近代、当代全国各地杏花村与杜牧《清明》诗的关联，皆是"流俗相沿，多喜附会古迹，以夸饰土风"习俗的结果了。不过，从时间之早和文献之富两个角度而言，全国没有一处文化杏花村可以与贵池的杏花村相提并论，自明代中叶以来，贵池杏花村是文化杏花村的主干，其余都是枝叶。然而，即便如此，贵池杏花村的历史也仅有 500 余年 (1500—2000)。

文化杏花村是沿着"杜牧—《清明》诗—酒家"的意义链发展起来的，但并不表明它们都是地理杏花村发展的必然产物，不仅是 20 世纪，即使早在修纂《池州府志》的嘉靖年间和郎遂编写《杏花村志》的康熙年间，贵池杏花村里早已没有"酒肆"和"杏花"了——其实它们生来仅存在于诗人的意念世界里，在这一点上，各地的情形大都一致。杏花不

---

① 丁育民、张本健《千古杏花村》，第 393—394 页。

仅在宋代之后的审美视野中有凋零式微之态，同时在现实视野中更是无人问津了。只是因为有了署名杜牧的《清明》诗，只是因为这诗中有浓郁的酒文化氛围，更是因为这首诗与酒在当今时代具有巨大而无需成本的广告价值——无论是制酒业的商业宣传还是在地方旅游业的商业包装，所以，文化杏花村的魅力要远胜于地理杏花村，但这并不是文化品格所能决定的了。

　　（本文的相关内容曾先后以《论杏花村的文化属性》为题发表于《中国地方志》2006 年第 3 期；以《杏花村：从文学意象到文化符号》为题发表于新加坡南洋理工大学《南大语言文化学报》第六卷第二期，2006 年；以《重审杜牧〈清明〉诗案》为题发表于《池州学院学报》2010 年第 2 期。收入本集时，内容略有增改。）

贵池杏花村景点

自明代中叶以后，贵池杏花村与杜牧《清明》诗相关联，从而产生了丰富的地方文化事象。因为明代之前的历史资料缺失严重，今天关于贵池杏花村的知识，大多定格于《杏花村志》编辑时代也即康熙年间郎遂的视野。《杏花村志》记录了写定年代（1685）作者所能看到的杏花村景点布置与历史遗留、历代与当时诗人对杏花村的吟诵作品以及可以追溯的杏花村的模糊历史。也就是说，当我们提起贵池杏花村时，其实只是清代规模与清代风格的杏花村，而唐宋元时代，或者更加久远的杏花村风貌我们只能靠想象才能去复原了。即便如此，清代贵池杏花村的内涵也是极为丰富的，村落布置也是相当有文化品位的，是全国其他任何杏花村都无法比肩的。

一、地理方位

贵池杏花村具体在什么方位呢？今天能见到关于贵池杏花村的较早文献是明代《嘉靖池州府志》："在城西里许。"《山堂肆考》也有两处提到了杏花村，其中一处说："池州府秀山门外，有杏花村，杜牧诗'遥指杏花村'即此。"光绪九年（1883）陆延龄主修的《贵池县志》卷八：

《府志》：在秀山门外里许，有古井，阑刻"黄公清泉"四字。

明天启间顾太守元镜作杏花亭于其地。邑人郎遂有《杏花村志》。《江南通志》：因唐杜牧诗有"牧童遥指杏花村"句得名。《南畿志》：有古石井，圈刻"黄公广润玉泉"六字。

明清时代，贵池城的西门叫秀山门，杏花村在贵池"秀山门外里许"，即城市西郊外，已由城市进入村野。但历代杏花村的具体方位与范围并不太确定。杏花村大多数时候是一个泛指，有时既不是一个行政单位（如明代洪武四年它就是一个行政居民点），也不是一个有具体疆域的区划。从《杏花村志》可知，西郊杏花村随着其景点的布局，具有地理的伸缩性和开放性。杏花村主要地理内涵可分为"杏花村十二景"和上百处村中的历代文化累积点。前者多是自古皆然的自然风貌，后者则大多是唐代之后的文化载体。

图 23　贵池西城门——秀山门。

郎遂《杏花村志·图序》讲明了其大致地理特征：

池州杏花村，在郡治之西，立名不知昉于何代，自唐刺史杜牧行春后名始著。《清明》一绝，凡樵夫牧竖无不取而歌咏之。或曰村以杜牧之诗传，实杜牧之诗以村传也。相传，盛时老杏万余株，连村十里，炫烂迷观，诚胜景也。至今，巩井、大塘诸地皆以杏花名村，其村境不只限在今之一区一隅也。

《杏花村志·凡例》：

齐山当池城之南四五里许，杏花村则在城之西郭外。齐山以岩石胜，杏花村以平原胜，皆有江与湖为之助。齐山旧有《志》，而杏花村《志》阙焉。遂，村人也，乃纪所闻以志之。

村名自杜刺史著。始此乎？前此矣，前此故杜以入诗，村不杜名也，非犹夫长林之杜村以荀鹤名也。杜坞，则相传以杜刺史游历著，或曰刺史遗腹子荀鹤别业也。

二、杏花村十二景

中国景观观念，往往将某地的自然人文风景概括出一个成数，如五景、八景、十景，而杏花村则提炼出"十二景"，可见其内涵之丰富。杏花村十二景是对杏花村景点的文化概括和诗意打造。

郎遂康熙二十四年聚星楼刻本（下文简称"郎刻本"）《杏花村志》卷一用图例展示了十二景及镌刻景点标识的物件。现将这些物件逐一说明并附带点明一下今天的大致方位。

平天春涨：石镜。是一件圆形的欠打磨石镜。是指平天湖涨水的景象，语出李白《秋浦歌》之十二："水如一匹练，此地即平天。耐可乘明月，看花上酒船。"是说春讯期间湖水大涨，有水天一线的壮观景象。

原址大约在今西门大桥以东、华邦阳光城以南的广阔地带，可一直延伸到齐山脚下。古时候这里的清溪河还没有建成防讯设施，所以春夏间平天湖涨水时，水天一色。后因此地均已开发，再也找不到原来的广阔水域，转而将城东面的白沙湖借名为平天湖了。

白浦荷风：爵衾。是一件带头饰石碑。即白浦圩里种满荷花之景，白浦圩原在杏花村南，平天湖以北，接近村中地界。

西湘烟雨：尊胜幢。是一件六角立式灯柱。西湘在圣母桥下，有溪水流入湖，在村中。

茶田麦浪：晋钱。是一件铲形钱币，上刻四个篆文。西门外茶田岭麦田里的春景。茶田岭也称栖云岭，靠近西湘。

三台夕照：三台石。是一件原生态叠层的长方形石块。西门外、村北的三台山，即轿顶山、虎山、湖山三台，映照在夕阳中的景象，当以秋景最佳。而今原址已建成三台山公园，但三座山却因修路开发切削了半座山。

图24 饶永《杏花村十二景——三台夕照》。

栖云松月：石钟。是一件悬挂的石钟。西门外栖云岭上的夜景。

黄公酒垆：青琅

玕。是一件长方形竹片。西门外村中一处远近闻名的酒店，今已复建。

铁佛禅寺：贝叶。是一件贝壳。村中一处庙宇，因其中有一尊生铁铸成的佛像而著称，即乾明寺。

昭明书院：玉壶冰。是一件玉壶。是纪念梁昭明太子而建的书院，昭明太子的封地在贵池。

杜坞渔歌：竹册。是一件竹简。杜坞在今西门外秋浦河上，古时此处未围堤时，有一处开阔水域，传说晚唐诗人杜荀鹤在此隐居，因而得名。

桑柘丹枫：桐圭。即桐珪，是一件桐叶状珪片。村北有桑柘门，在虎山（即三台山中间的那座山）东北，门对青山，秋天枫叶飞红，景色优美。

梅洲晓雪：溁螭首瓶。是一件带螭首口的瓷瓶。梅林洲在杜坞对岸，梅里洲，即今秋浦河西岸之梅里集镇。旧时未修河堤，梅林洲在水中央，冬天大雪纷飞，梅雪相映成趣。

民国八年(1919)刘世珩刻本（下文简称"刘刻本"）《杏花村志》由刘世珩的夫人

图25　齐白石《杏子坞》。

傅春姗临摹重制了十二幅图景。刘刻本卷一载录了三组吟咏"杏花村十二景"的七言绝句，现录存虞邦琼《杏花村十二景》于下。

平天春涨

绿涨平湖雨霁时，新芦细草影迷离。也知寒食天涯近，树里村帘待牧之。

白浦荷风

漠漠澄波白鹭飞，夕阳倒影如林扉。不知何处香风起，六月凉生暑不威。

西湘烟雨

一路寒花锁绿畴，空濛树色过桥幽。秋来门巷潇湘雨，引得诗人上酒楼。

茶田麦浪

晴翻翠浪野云边，日午风微皱绿田。疑是清明时节事，一村烟雨杏花天。

三台夕照

奇峰秀景四时夸，树顶岚光散晚霞。天外归云催暮色，江边返照漾晴沙。

栖云松月

荒苔明月几徘徊，飘渺烟萝鹤去来。清磬一声天籁远，超然尘世接天台。

黄公酒垆

频来花墅问黄公，香井遗踪夕照中。牛背数声吹篴去，游人犹自醉春风。

铁佛禅林

图26 饶永《杏花村十二景——茶田麦浪》。

祇林寂寞耐孤游，佛面山光到寺幽。尚有老僧勤扫叶，空阶明月许淹留。

昭明书院

石磴丰碑接野坰，晴郊林木带春星。六朝遗得风流在，门外寒鸦散远汀。

杜坞渔歌

山客遗徽今尚存，水云深处似桃源。长空不复闻清啸，犹有歌声出晚村。

桑柘丹枫

碧水丹霞半映门，疏林秋色画图存。风高日暮吹鸿断，带得边声落小园。

梅洲晓雪

遥空玉蕊点烟峦，面面瑶光趁晓寒。驴背不愁诗思冷，
雪花都作杏花看。

杏花村十二景，自然景色考虑到了时令的错开，人文风景均与历史人物相关，可见其携带了深厚的地方文化内涵。

三、村中景点

（一）康熙年间

《杏花村志》卷二、卷三均在介绍杏花村中的景点分布，分为村中、村南、村北、村东、村西五个板块，共 105 处自然与文化景点，分为名胜、建置、古迹、丘墓四类。编者还就这些景点的来历、位置以及相关传说作了说明，并且还交待了当时的存废情况，可视为一部杏花村简史。

105 处景点分布于十几平方公里的范围内，也是相当的密集了，可见当日杏花村文物景点之丰富。320 余年过去，除了山水之外，文物几乎全部废弃了。现用《杏花村志》中原文[①]，稍作删减，依次简介。

1. 村中（43 处）

（1）湖山。在杏花村，登顶俯眺，大江如素带焉，飞帆上下，宛似凫雁。顶上平旷，昔建有亭台，今废。

（2）虎山。与湖山并峙，山颠浅草如茵，湖光山色、城郭烟火交相映带，游人历此心旷神怡。山列中台。

---

① 本节中凡说到某景点"今废"的，其中的"今"是指康熙年间。

（3）钵顶山。在演武场后，亦名笠山。以上三迭峰，起总名"三台山"。

（4）芙蓉岭。在三台山之间。

（5）西湘。在圣母桥下，有溪水流入湖。

（6）茶田岭。亦名栖云岭，近西湘。昔人品杏花村十景，"茶田麦浪"其一也。

（7）清凉境。在西湘、茶田之间。

（8）杏花村坊。在演武场前，左右各一。明郡守顾元镜鼎建，后存其一。清郡守颜敏新之，易名"牧童遥指处"。康熙己酉，郡守郭世纯重修，里人请还旧名。甲子冬，喻郡守太母丧车过，折毁。乙丑冬，郡丞周公重建，有纪事诗。

（9）杏花亭。在演武场前，嘉靖中，郡丞张邦教立，崇祯初，郡守顾元镜重修，顺治乙酉，毁于左兵。尝闻之父老云亭额书"悠然见南山"句，又曰"有花有酒亭"，联则"马嘶芳草地，人醉杏花天"也，皆顾公所取，可想见遗意及流风之盛。

（10）陆舫。在杏花亭前，明贵池令成都张灿垣立，今废。

（11）湖山别业。在湖山之麓，恭川李氏肆业处也，今废。

（12）乘云斋。在湖山南麓，名花古树，皆伐为薪，惟绣球一株，古干犹存，游览名人多咏之。斋前有洗心池，翠竹千竿，环于水际，今亦俱亡矣。

（13）湖山堂。即乘云斋故址，杞林方以正拓而新之，落成之日，载酒问奇者趾相错。同学李锟、郎遂辈尝会文于此。

（14）净林。在虎山之阿，明学博歙州胡虞支题额。万历间，高僧妙光行脚来池，郎子棋尝饭之，与之谈禅甚得，因以学圃地建庵，迎居之。

（15）三圣庵。在净林右，杞林方氏建。康熙初，住持僧竺厓募众重修。

（16）窥园。在昭德坊，明董模筑。有图，有序，有诗。新安潘之恒《窥园记》曰:曰窥园者，何居？歙州学博董子修先生模，读书处也，其地在杏村湖山间。昔汉儒董仲舒学不窥园，先生则而效之，曰："吾以吾之窥，学吾祖之不窥也。"

图 27　窥园（饶颐摄）。

（17）怀杜轩。在西郊外,面湖,文学郎士昌授徒处也。士昌甫弱冠，即坐皋比，称经师，一时高弟子皆以文学显，渊源家学盖有自也。

（18）焕园。在杏花亭左，宋奉议大夫郎文韶入元，隐居于此。余族属皆文韶公裔也，焕园遗址大半荒芜，拟重构数椽用承先志。

（19）演武场。在钵顶山麓，相传旧在小路口之南，后移建今址。明万历间，兵备副使冯叔吉拓而新之，前建上游节制坊，中建教机亭，傍建将台，左右建府卫。康熙癸丑年，游击杨胜捐俸重修，今废。

236

（20）关帝庙。在钵顶山，其左有火神庙，右有马王庙，俱康熙癸丑年池阳营游击杨胜重修。

（21）乾明寺。在小路口西北，名原于唐，宋绍兴五年重建。唐有西禅院，久废，后又兴，有罗汉堂。明万历丙午，郡守黄流芳欲徙于湖心相公墩，未果。盖郡脉自西来，不宜重压故也。宋亦称光孝寺，今额"乾明"，一曰铁佛禅院。康熙间，住持僧清言重为修复，开堂接众；邑人郎大徵倡首募建前殿，以祀关壮缪；里人唐正清相继募建白汉静室。庚戌间，拟重建山门未果。宋杨振有《乾明寺前古松》诗。

图 28　涣园（饶颐摄）。

（22）栖云庵。在清凉境。

（23）黄公酒垆。杜牧清明诗所云"牧童遥指"处也。相传，泉香似酒，汲之不竭。今演武场前有古井，酒垆遗址即其地耶？所存井阑有旧篆，今已泐矣，游览名人尝过而凭吊之。明大尹李岐阳题"杜刺史行春处"

237

六字，断碑在井阑边，今尚存。

（24）昭德坊。在西郊，今不存。见宋人墓志。

（25）郭西禅院。在今乾明寺左，遗址尚存。南唐伍乔，宋潘阆、梅尧臣，俱有诗。

（26）光孝寺。今乾明寺址。见宋陆游《入蜀记》。

（27）西峰铁笛。在光孝寺。

（28）西峰铭石刻。在光孝寺。按：铁笛与铭石虽久不存，以西峰故，特书，俾后人犹知有此也。

（29）铁佛。在乾明寺，宋绍兴辛未年铸。元检讨贡奎明、宫詹周廷鑨俱有《谒铁佛》诗。

（30）秋浦亭。今清凉境是其遗址，以路通秋浦，故名。宋状元陈舜俞、明贡举孙象壮俱有诗。万历间，郡守金本高率汪义民修葺。

（31）圣母桥。在西湘。按：圣母，系明太祖敕封镇泗州水道之神。桥创于唐，元至正十一年郡人管云甫重造，明万历甲寅年，司李秦懋义命西祠神首新之。详见碑记。桥上有鳝鱼石，藏荆棘中；桥下有遗爱祠祀田，明郡守何绍正置，祀孝肃包公。后郡人即以何公并祀。祠在毓秀门内。

（32）圣母桥元碑。在西湘亭内，按：是碑篆额者称"通议大夫、池州路总管府达鲁花赤兼管内劝农事、知渠堰事吉祥"，书丹者称"从事郎、池州路总管府经历刘初"，立石者称"提调官征仕郎、池州路贵池县达鲁花赤兼劝农事、知渠堰事刺马丹"。曰劝农，曰渠堰，则皆民事矣。

（33）唐观察使张悦愚墓。在钵顶山，莲塘张御史廷瑞祖茔也。

（34）评事刘仲昭继妻杜氏墓。在杏花村，今失其处。杜氏为杜荀

238

鹤曾孙女，见西馆家乘。

（35）宋奉议大夫郎文韶墓。在杏花村，见族谱。

（36）明御史刘永墓。在乾明寺前。按：永，制锦，里人。洪武三十年岁荐，由沅州郡丞升授。

（37）监察御史许潜墓。在湖山下南陂，有坊表，今废。按：潜，在城人，由天顺壬午举人登成化戊戌进士。

（38）赠承德郎郎铨墓、赠迪功郎郎钧墓，俱在演武场左，虎山之麓。

（39）律师翠崖墓。在大铸堂后，墓碣尚存。

（40）别驾房宿墓。在杏花村坊西南，今族裔多以文学显。

（41）明茂才郎汝文墓。在演武场左，田陇间。汝文，名子述，茌平少尹郎瀹之子也。少有慧才，年十一补诸生，十三食廪于庠。十六赴玉楼，时人惜之。业师丁旦为理学名儒，亲表其墓。吊之者有曰："传经原父训，表墓勒师名。"又有曰："文章推父子，道义重师生。"可以窥见一斑矣。

（42）孝友郎国宾墓。在虎山之阳。国宾，字光宇，有才名。少与同里丁文恪绍轼、柯咸虚之来读书齐山得得楼，以科第相期许，惜赍志以殁。万历壬子，太守李思恭嘉其文学孝友，为之立传，登《府志》。

（43）清四明山人梁鲁庵墓。在清凉境。鲁庵，名甸，余姚人。早弃诸生，逃于禅。同吴游戎之官池阳，因寄寓栖云庵以终。

2. 村南（6处）

村之南，两湖绕于前；村之北，三台负于后。故建设等项无多，非略之也。

（44）白浦圩。村前湖名，广植芦苇。每当夏秋水涨，可驾轻舟垂钓。昔人品西郊十景，"白浦荷风"其一也。

图 29　白浦圩（饶颐摄）。

（45）平天湖。在白浦圩外。

（46）萃月庵。在小路口西南，俗名俞家庵。

（47）广润泉断石。在杏花村南，濒湖。嘉靖间，村农得之田内。郡丞张邦教访置演武场前，建亭榭以表之。有联云："胜地已无沽酒肆，荒村忽有惜花人。"按：莆田曹能始（学佺）廷尉所著《舆地名胜志》曰：池州秀山门外里许，湖岸嘴有古井，阑上刻"黄公广润玉泉"六大字，盖古黄公酒垆也。明九华诗人吴少友所辑《樊川池州诗注》亦述广润泉云云。所得石刻处，至今父老犹能言之。明季左兵之乱，好事者以断石收移于秋浦楼。乙酉以后，刘梅根州丞曾访之而未得也。郡、邑《志》皆称"尚存"者，亦留此以待后人搜求耳。

（48）明太子中允李贤墓。在小路口。按：贤，贵池人。由洪武十七年贡授蕲州学正，升都督府断事。坐事，编伍营州左屯卫，未几以贤能保除兵部郎中，升陕西左参政。又坐事，编伍兴州左屯卫，寻以贤能保除监察御史，升中允云南佥事。屡进屡退，喜怒不形，直道

240

不变。

（49）名贤方时来泊妻贞节陶氏合墓。在小路口东南，有墓碣。

3. 村北（11处）

（50）马鞍山。在湖山侧，以形肖，故名。旧有湖山亭，今废。

（51）华严庵。在湖山东北之阿，和州鹰阿子戴本孝篆额，今不存。

（52）西隐庵。即华严庵地，顺治间，池郡绅士迎讲师含融居之。刘廷銮有序。

（53）三台庵。在三台山之西北，为女僧所居。庵有秋桂数株，花时多游女盘旋其下。

（54）也罢了庵。原名瓢庵，与三台庵相近。四明有老僧行脚至池，居数载。示寂后，潜川半禅道人寓此，易今名，题咏俱逸。顺治间废，遗址尚存。

（55）旗纛庙。在钵顶山北，嘉靖间，郡守田赋建，祀军牙六纛之神，今废。

（56）桑柘门。在虎山东北，唐时，土城门路通古鲑口。

（57）明太学张琏墓。在村之西北桂花园。按：琏嗣子太春，即靖靖时从亡侍郎金焦裔也，今族人尝言之。

（58）州刺陈俊墓。在村之西北下南冲。按：俊登永乐乙酉科，附葬有陈桥墓，兵备副使熊俸撰志铭。

（59）觉源和尚墓。在湖山北。按：觉源，岭南人，万历间行脚至池州，居城内祝圣寺。坐一龛，常十余日不食，饮水而已。一日，遍辞寺僧曰："某以十三日行。"众僧意其他往，及至期沐浴，则跌坐示寂于龛中。寺僧塔之于湖山。

（60）禅师丹霞墓。在华严庵山门前，有塑像祀庵内。

4. 村东（19 处）

村之东，雉堞参差，高宜登眺；村之西，湖光缥渺，暇可垂竿。

（61）芙蓉塘。在吊桥下，每当夏秋水涨，荷香遍野，尝有采菱舟，往来不绝。处士吴非诗有"芙蓉塘畔泛湖船"之句。

（62）秋浦楼。旧在治东。按：曹学佺《名胜志》曰李白诗"秋浦长似秋，萧条使人愁。客愁不可度，行上东大楼"，即此。宋绍定戊子，郡守赵范移建治西，以路通秋浦也，石刻东坡词、山谷字于壁，端平郡守王伯大易名"秀山"。明正德丁丑，郡守何绍正增筑瓿城，仍因之。宋丞相赵葵有《秋浦楼》诗。

图 30　西湘桥（饶颐摄）。

（63）吊桥。在秀山门外。吊，亦作钓。旧以木为之，后易以石。明正嘉间，邑人□伯文、檀龙祥相继修造。据形家云，此桥湮塞，则居民多病。今日益塞矣，所宜亟疏之。

（64）社稷坛。在吊桥头，旧在贡院东，明弘治间，郡守祁司员迁今址。嘉靖三十年，郡守曾仲魁修。顺治癸巳，郡守梁应元重修，有邑绅陈以运碑记。周缭以垣，四正为门各一。其中为坛，其左为斋室，其右为厨、为库，久废。今康熙己未，邑令刘公光美复新其门垣。祭期，春秋二仲月戊日。

（65）永怀堂。在坡上街南偏，文学李庄别业也。同邑丁相国绍轼有诗。

（66）丁相国园林。即拓永怀堂故址，浚池筑山，极园林之胜，俗称"丁家花园"。今已成墟，存之《志》中，后之人必有与兰亭梓泽同其欷歔者。万历己未六月二十八日，丁文恪公绍轼因辽事抗疏，寻以疾告归，日憩西郊小园。今历数十年，父老尝言之。

（67）息园。在吊桥西北，乡先达陈以运课子读书处。

图31　五谷堂（饶颐摄）。

（68）自西草堂。汪汉拓息园遗址，易名，今亦废。黄冈杜芥有诗，今逸。

（69）半亩园。即自西草堂旧址。青阳罗山人，隐于医，尝种花于此园之东，开小径通芙蓉塘，山人自题曰"离垢处"。

（70）如刿亭。在吊桥西南，今废。

（71）宋贡院。今社稷坛是其遗址。宋南渡，池州固有贡院试士。详《梅根集·试门记》，为市心街之贡院作也。按《郡志》：宋绍兴初，本州设科试于景德寺。淳熙戊甲，提举周必正傫建贡院于市心街，东植八桂，题曰"八桂书院"，尚书陈太昌为《记》。嘉定癸卯，知郡李骏移建秀山门外。时贡额三，岁大比，应举之士余二千人。上春官者，六经六人，词赋二人。宋季罢试。

（72）湖山楼。当在贡院中，今失其处。见程珌《洺水集记》。按：珌嘉泰甲子尝校士池州，作《湖山楼记》，公署因以文传。

（73）兴贤坊。旧《志》云，在制锦里，宋在秀山门外，以有贡院也，今废。按：坊遗址当在今社稷坛前。

（74）秀山驿。在坡上街，元置。

（75）马站坡。即秀山驿故地。

（76）元理问郎礼卿墓。在鸭儿嘴，此即贵池郎氏鼻祖礼卿公墓也，相传为司马头陀所卜，吴仰宽安葬。处士吴非有《郎礼卿户牒歌》及洪武四年给杏花村郎礼卿"安字二百二号"《户牒》。

（77）明处士郎观璟墓。在鸭儿嘴。观璟，宣德时人。

（78）王相郑恕墓。在吊桥西南，同邑明经王大爵嘉靖六年志墓。

（79）登仕郎郎思舜墓。在吊桥南塔儿嘴，有小篆墓碣。

5. 村西（26处）

（80）耀龙山。在杜坞，亦名杜坞山。

（81）杜坞。在村西四里。《名胜志》曰：贵池杜坞，以刺史杜牧尝游，故名。或曰:杜牧遗腹子荀鹤别业在焉。杜荀鹤有《山居寄同志》诗。按：山居，当在杜坞别业。但诗中每用仙桂、云梯沾沾仕进不置，似有愧于林泉也。

（82）杜湖。即杜坞河，溯河而入，可通秋浦。近人指齐山湖及清溪为秋浦，误矣。

（83）杜坞渡。在杜坞河，每年夏秋间有夜行舟。

（84）梅林洲。在杜坞隔岸，亦作梅里洲。相传，宋元以来梅花极盛，因以名之。或曰洲与治东相公墩，皆地肺也。闽诗人陈元钟游此，拟筑寄庐于洲上，后寓霍丘，有怀旧诗。

图32　杏花亭（饶颐摄）。

(85)梁昭明庙。在村西三里,即郡治西也,土人亦称西庙。唐永泰初,因秀山远于郡治,复即文选阁旧地建祠今所。宋赐额曰"文孝",累封"英济忠显灵佑王",明仍称"昭明"。有坊,有重门,有殿,有寝室,有迴廊,有钟鼓楼,规制壮丽,俨若宫阙。自元迄明,历修皆有碑记可考。庙后有梁武帝殿,庙左偏为僧居。庙祝周氏亦附居其侧,世掌祠事。池人以八月十五日为昭明诞辰,先期十二日知府率寮属迎神像入祝圣寺,十五日躬致祭,十八日送还庙所。盖贵池里社无不祀昭明为土神者,或朱甍飞栋,或数椽栖神,或片石筑坛,水旱必祷,灵响异常,诚福主也。唐罗隐,宋喻良能、汪远猷、曾极、黄庭坚,俱有诗。元钟世美有碑记。

(86)寓思亭。在西庙右,为郡守祁司员建,今废。明弘治中,学博袁孟愃有记。祁公尝重修昭明庙,有碑记。

(87)秦公祠。在西庙后右偏,今废,肖像尚存。秦公,讳懋义,字喻庵,仁和人,由巡抚来理池郡,百废具兴,重修昭明庙及西湘圣母桥,池人因祀之。今城南翠微堤,亦称秦公堤,以志遗爱云。

(88)杜翰林祠。拟建未果。杜坞回澜庵僧通粲《请建唐翰林杜荀鹤祠呈》曰:为举报前贤遗址仰祈采纳事:前月宪驾停旌湖上,访杜翰林别业遗迹,一时村农仓皇失对,僧适行脚兰溪,不获上呈鄙见,有负表彰,盛心惶惧无量。窃按《名胜录》洎郡乘村志,称治西五里许有荀鹤别业。岁久碑碣不存,传闻多惑。近考顺治间有行僧于潜修庵右辟地种蔬,掘得旧砖十余方,上有字痕驳蚀难辨,其彷佛可认者为"咸通"二字。咸通,唐懿宗年号也。今以年谱证之,荀鹤正懿宗时人,至昭宗大顺元年及第。尝读《唐风集》,有曰"竹门茅屋带村居",又曰"挂罾垂钓是生涯",则别业故址其在杜坞何疑?

(89)杜坞庄。在杜湖之岸,今废,丁昴归隐处也。

（90）杜坞草堂。渔人孙昌宅也。昌死，妻携遗孤适人，所著《杜坞集》皆散失，并绝命词亦不传。草堂今已成墟。

（91）回澜庵。在杜坞，濒湖。按：《郡邑志》皆称潜修庵，诗僧通粲尝居之。

（92）水神庙。在回澜庵前，祀楚三闾大夫，今废。

（93）河泊所。贵池有三，一在杜坞河滨，嘉靖间裁革，署亦废。乌落洲之杨家滧诸地，皆隶此所，明初，杨仲贤诸氏，渔户之首也。诚意伯刘基有《送姚伯渊之池阳河泊所》诗。

（94）文选阁。在西庙正寝殿右，今遗址尚存。顺治己亥，司李钱黯拟重修，贮《文选》版，因海兵犯池未果。此古迹之最著者，亟宜修复之。唐罗隐、宋李廌俱有诗。

（95）丽景楼。当与文选阁相近，见检讨方谟碑记。今不存。

（96）花园。在文孝庙后，相传为梁昭明游玩之处。今废。

图 33　憩园茶社（饶颐摄）。

（97）独柱坊。在文孝庙神道前。按：壁间石刻谓"唐永泰三年仙人所建，至明隆庆六年信官章彬募众重修"云云。今池父老相传为公输班化身来建。近牌楼已圮，惟两石柱及横木尚存，藤萝旋绕，云间听秋子取而图画之。

（98）双眼井。在文孝庙前左偏。相传初建庙时涌出大木数株，至今父老尝述其事。

（99）宋封康、卢二将军敕碑。在文孝庙左偏，藏荆棘中。文剥蚀难读，有可辨者，碑额"康卢将军敕封"六大字，楷书。中间大书"尚书省"，"省"下一字莫辨，为行草书。下方"序次加封条法合当从建炎三年并淳熙十四年"云云。文孝庙供神康太保，合"崇封"二字；将军，今拟"灵翊将军"；卢太尉，今拟"灵济将军"，为小楷。左方又大书"奉敕赐灵翊灵济"，断文为行草。

（100）紫石碑。在文孝庙前右偏，碑勒昭明麻庇池事甚悉。日久，殿宇颓废，碑露风雨中，石光莹洁，紫彩夺目，诚异观也，游览词人多咏之。

（101）宋崇宁褒封敕。宣和二年，建德尉张升摹本刻于西庙。淳熙中，郡守袁说友又取真迹龛置神殿侧。见元吴师道《隐山寺碑记》。

（102）明中宪大夫陈𫖮墓。在上杜坞耀龙山，有坊表，今废。按：𫖮，字公锡，登正德舒芬榜进士，御史仕昭之孙，为郎遂族祖赠参军铨公之快婿也。历官主政，至袁州郡守，以养亲归里。邑《志》有传，列之贤哲。

（103）周金和尚墓。在西庙前。金自少林来居九华东岩，值王阳明再登九华，金谒之。阳明赠之偈云："不向少林面壁，却来九子看山。锡杖打翻龙虎，只履踏倒巉岩。这个泼皮和尚，如何留在世间！呵呵，会得时与你一棒，会不得时，且放在黑漆桶里偷闲。"嘉靖戊子，金自九华还罗汉寺。一日，告众僧曰："千圣本不差，弥陀是释迦。问我还乡路，日午坐牛车。"语毕，跏趺而逝。

（104）桐城汪守川夫妇合墓。在駒儿岭。子孙家于江北，而墓在江南。崇祯间，宫詹方拱乾表之。

（105）清诗人孙啸啸墓。在杜坞。吴非有《墓铭》曰："渔邪，诗邪，长啸而呼谁邪？人乎，天乎，吾为之铭名以存。"

（二）民国初年

图 34　西湘湖（饶颐摄）。

郎遂《杏花村志》成书于康熙二十四年（乙丑年，1685 年），其所记录的杏花村景点反映了清代初年的历史视野。但是到了民国四年（1915 年），胡子正在其编辑的《杏花村续志跋》中说："若今日者，直一片荒芜而已，无所谓杏花，并无所谓村也。"他在《续志》卷上设置了名胜、建置、古迹、人物四个部分，但内容非常简略。让我们来看看郎遂之后 230 年即距今 100 年前的杏花村还留下了什么自然文化遗迹。

（1）十里冈

平冈如带，袤长十里，故名冈。自檀婆山蜿蜒而来，本村诸山，由此过脉，以递遶于城内。冈尽处即村之东南隅也，旧有分路碑。

（2）贵池

《水经》作贵长池，《元和郡县志》贵池。《元和郡县志》：贵池水在县西七里，梁昭明太子以其鱼美，封其水为贵池。水道提纲，大江南岸，有池河自南来注之，即贵池水。

（3）秋浦

《府志》：在城西南七十里，长八十余里，自石城至池口皆是。按：以上二水曰"贵长池"，曰"池河"，曰"长八十余里，自石城至池口皆是"，是此水名虽二而实则一也。其经流处，距村西不二里，则村固得而专之。郎《志》不及，故特为补入。

（4）黄沙滩

在村西。

（5）花园滩

在西庙后，相传梁昭明太子尝游憩于此。

（6）坡上街

在秀山门外，为往来杜坞要道。

（7）黄涧桥

在村西。

（8）穆公井

在旧镇江门外，宋靖康间，有河朔道士，避乱来此，有道术。邑

250

人为建祠，并浚此井。

（9）杜公祠

在演武场前，清雍正丁巳，知府李暲建，有记。今断碑废础尚存遗址中。

（10）遗爱坊

在西庙神道前，形式古雅，绝非近代石工所造。郎《志》"独柱坊"，殆即指此。按：郎《志》谓"横木尚存"，今横梁及两柱皆石为之，不见有寸木矣，且外额为"青宫遗爱"四字，内额为"福庇池阳"四字。郎《志》不载，岂横梁亦后人所修改软？

图35　饶永《杏花村十二景——桑柘丹枫》。

（11）舫斋

在杜公祠旁，清雍正甲寅，知府李暲建。

（12）茅蓬店

清知府李暲尝于村前植杏及桃柳，招农夫辟地卖酒于此，以标名胜。

（13）解厄泉井

在西庙院内，井阑石六方式，上镌"解厄泉"三字，无年月题识。

（14）海螺石

在西庙院内，与解厄泉左右并列。石长方式，高尺余，中空，旁有小洞，喔口吹之，其声俨如海螺。

（15）牧童遥指处

在演武场前，即杏花村坊址也。清知府颜敏改建，后邑人重修，复还旧名，然今已并废矣。

（16）西庙石狻猊

在西庙前，狻猊有二。居右者以小石扣之，声清越如磬。游人至此，多拾石试之以为快。

四、布局特点

康熙年间的村落景点，让我们感受到了杏花村的繁荣与诗意，民国初年的杏花村让我们明显体会到了时光与岁月的沧桑变化。文物的物质形态总是会消失的，但它们的精神存在已经被载入史册，是不会消亡的。那些"杏花村十二景"不管是民国初年，还是到如今，大多依然存在，这决定了杏花村这个历史文化遗产将是永恒的。

下面，我们以《杏花村志》中的景点布局做一个分析。

杏花村105处自然文物景点，分布在十几平方公里的地域内，村中43处，村南6处，村东19处、村北11处、村西26处。在每一个板块中，均分为名胜、建置、古迹、丘墓四个门类。村庄的五个部分中景点多少不一，错落有致。村中是主体部分，景点最多。村南离城较远，是今天的十里长岗北及东边白洋河两岸，6处景点有3处是丘墓，符合地理特点。村东紧接城市的西门，有楼有阁，景点相对较多。村北即在今天三台山一带，位置偏狭，景点较少，11处中有3处是丘墓。而村西是比较广阔的地带，即今天通往梅里集镇的道路旁及秋浦河沿岸，景点较多，且以昭明太子与唐代诗人杜荀鹤为中心，文化气息浓厚。

杏花村景点的存在不是通过规划而建设的，而是历朝历代——主要是明清之际自发的文化累积与展现，体现着中国江南传统村落的民间文化特征。虽然大多是不经意中形成的景点分布，但仍然可以见到一些显著的布局特点。

（一）山水相依

贵池城为什么在城西会存在一个文化杏花村呢？山水相环绕是一大特色。从今天的视野看，仍然可以做出明确的判断，贵池城四面，只有城西之外山水形态丰富。

城东是一片开阔的平原，过去其实是一片相对广阔的水域，这片水域在北、西两个大方向环绕齐山，北与长江相通，所以杜牧在齐山上往北看，可以见到"江涵秋影雁初飞"的景象。

城南也是一片水域，和城东一样，只在很远的地带才有群山，康熙时期白浦圩、平天湖就在城南，城南不宜定居。城北因与长江相距不远，古时候江水在汛期往往会淹没青峰岭以北一带，所以没有开阔的文化发展地带。

　　而城西不远处有一条清澈的秋浦河，城西这片土地的东边有一条绕城的清溪河，城南的平天湖也与十里长岗山水相连，在这三片水域之间，则是山峦重叠，民居繁多，建筑相对密集。也就是说，除了贵池城内之外，离城不远的主要生活区则只有城西了。

图 36　饶永《杏花村十二景——昭明书院》。

　　《杏花村志》说："村之东，雉堞参差，高宜登眺；村之西，湖光缥渺，暇可垂竿。"是说村东有高大的城墙，主要是贵池城的西城门秀山门，还有亭台，还有远处的齐山，可以登高远眺。而城西有广阔的湖面，有蜿蜒的河水，其实还有层峦叠嶂，《杏花村志》提到村西杜荀鹤旧居时，说"此地临水背山，疏花野篠，不莳自生；或芳草连阡，或平湖喷浪；或秋潦而雁宿沙汀，或春至而渔争古渡；或巾峰晴日，媺来飘渺双蛾，或梅里和风，点入湖天一色；地留高士遗踪，景属诗人本象"，简直是美不胜收的一派景象，所以城西才有可能发展成一个文化景点集中区。《村志》说"村之南，两湖绕于前；村之北，三台负于后。故建设等项无多，非略之也"，所以村南景点最少，而村北因延伸至三台山而止，所以建筑也不多。

因为贵池古城四周只有城西才有开阔的延伸地带，所以此处形成了一个可供城内居民出游的最佳地点。又因杏花之故，该地终于累积成为一个名传千古的文化杏花村，也就在情理之中了。

（二）人文关怀

从以上景点介绍可以清晰地看出，每一处景点的名称背后都有一段风雅的故事，都与历史名人、地方人事、民间传说相关联，没有单调的自然风景，没有孤立的人文故事，自然与人文相互融合是文化遗产的基本特征，杏花村景点也不例外。

杏花村景点的布置与人文内涵的发生地点密切相关，许多景点是不能随意挪动的，村东的不能挪到村西，村南的不能挪到村北。比如，庙宇的位置（如西庙、光孝寺、栖云庵、牌坊等）、自然风景的位置（西湘、茶田、三台山、桑柘门等）、丘墓的位置、桥梁渡口的位置都是历史形成的，后人为了纪念前人，在特定的地点建成可视的景物，体现了民族传统特色的人文关怀。

有些人物的故事在这些景点中会浓缩为核心人文精神的象征，比如昭明太子、杜牧和杜荀鹤。人们纪念昭明太子，是因为他崇高的历史地位以及与贵池的文化关联。人们景仰杜牧，是因为他首先发现了杏花村。人们关注杜荀鹤，特别在意他与杜牧的身份关联以及他在杏花村里有据可查的隐逸生活。因为他们都进入了历史，是历史人物榜上的名流，则他们的文化影响就会提升杏花村的文化品位。

从人文关怀的角度来看，人文景点的布置看似无章可循，其实人文关怀是错开的，文人们总会在不同的点上释放自己的影响力，都会拥有一方属于自己的文化领地。唯其这样，后人才会将这些散落的景点串起来，构建成一幅杂然相陈、各领风骚的文化地图。

（三）村落诗化

我们若将105处景点从文字上浏览一遍，会有什么样的总体感受呢？看来看去，其实都是些小山小河、湖面渡口、道路桥梁、寺庙庵堂、亭台楼阁、门祠井坛、花园场地、石碑墓碑等物质，都是冰冷的存在，而那些生动故事都已消散，那些风流人物都已作古。但这些村庄中的事物为什么会焕发出文化的光彩呢？仅仅是它们都与历史人物相关？

杏花村每一处景点不仅与人物故事相关联，使之构成了一个有文化意味的村庄，其实杏花村还是一个诗意的村庄，正是诗意让这个村庄的光芒升华、投射直至绚烂多姿！

从第一首《清明》绝句开始——其实，这还不能说是第一首杏花村诗，在此之前的李白等人在城西所写的诗歌也是前导——这个村庄便被诗意浸染了，当然，历朝历代，像这样的诗意村庄有很多，有的有诗无名，有的有名无物，而这个村庄则是开放在杏花香阵里的村庄，历过千百年流淌，竟然淌成了一条诗意的长河。它是独一无二地将杏花融入诗歌、融入美酒、融入民俗、融入精神的千古第一诗村！

（原载纪永贵著《文化贵池：杏花村》第25—56页，黄山书社2014年版。）

贵池杏花村文献

从文化意义上来看，杏花村其实只是文献里的杏花村。文献可以穿越历史，保存各个历史层面的杏花村文化形态。现实世界里，千余年来，贵池杏花村里的各种人文事物均在不断地交替变换，没有永驻的庙宇，没有长存的牌坊，没有安稳的丘墓，没有不断的桥梁。这一方水土现在依然呈现在我们面前，其山经过修理，已道路纵横；其水经过改道，已今非昔比；其树枯荣更迭，已不知凡几；其花年年岁岁，且开且落。但是，我们的心中，却固执地横陈着杏花村美丽的画卷，营造出花飞如雨的杏花梦，这一切之所以能够找到现实的依托，都是历代杏花村文献为我们夯实了不可动摇的基础。

一、诗文集

（一）《昭明文选》

《文选》编成时，杏花村的名称还未见载于史籍，但是因为昭明太子的封地在贵池，所以后世杏花村纪念昭明太子的文化非常繁盛，则《文选》应该是第一部杏花村文献，或者称之为"前杏花村文献"。它虽然没有为我们提供关于杏花村的文学作品，但昭明在杏花村里编辑《文选》的传说在贵池一直口耳相传，丰富了杏花村文化内涵。昭明在贵池，成为傩戏里春秋祭祀的主神，昭明神是杏花村最大的保护神。

萧统（501—531），字德施，小字维摩，南朝梁武帝萧衍长子，于天监元年十一月被立为太子，然英年早逝，未及即位就于531年去世，死后谥号"昭明"，又称"昭明太子"。

萧统非常有文学才华，在东宫做太子时，东宫藏书近三万卷，他组织一批文人编成《文选》。《文选》初稿据说有1000卷，后精减为30卷，上起先秦，下迄当时，但不录活着的作家作品。全书收录100多个作者的作品514题700余篇，划分为38类。

《昭明文选》是中国现存最早的诗文总集。后世注本主要有两种：一是唐显庆年间李善注本，改分原书30卷为60卷；一是唐开元六年（718年）吕延祚进表呈上的五臣（吕延济、刘良、张铣、吕向、李周翰）注本。北宋哲宗元祐九年（1094）秀州州学本是第一个五臣与李善合并注本，其后的六家注本（即五臣在前、李善在后）如广都裴氏刻本、明州本，是此本的重刻本。南宋孝宗淳熙年间，尤袤在贵池所刻李善的注本（尤刻本）对后世很有影响。

昭明太子因为很年轻就去世了，他是否来过贵池也不能确定，但是贵池人对他却充满了绵延千余年的深情。《杏花村志》记载关于昭明庙、昭明神、文选等内容的诗文非常多。如卷三记载，为了纪念昭明太子，唐永泰（765—766）初，贵池地方官员在杏花村西三里地的文选阁旧址建昭明庙，后称西庙。规制壮丽，俨若宫阙。宋代明代累有诏封，自元代到明代，历次修缮都有碑记可考。村民水旱必祈祷，灵响异常，被视为当地福主。历代诗人咏颂不绝。又建有文选楼，在西庙正寝殿右，因为已废，有遗址，郎遂曰："此古迹之最著者，亟宜修复之。"与昭明相关的诗文也很多，如卷九有《郭西昭明庙记》《重建昭明太子殿碑记》

《池州迎昭明会记》等，可见昭明在杏花村的地位之隆。

（二）《樊川集》

在贵池民间视阈里，杜牧是杏花村的第一关注者，他的《清明》诗是贵池杏花村诞生的标志性文献，他应该是杏花村历史上最早的"荣誉村民"。

杜牧（803—852），京兆万年（今陕西西安）人，号樊川居士。晚唐时期著名的文学家、诗人，风流倜傥，刚直落拓，后人称之为"小杜"。杜牧的祖父是宰相杜佑。唐文宗大和二年中进士，授弘文馆校书郎。后赴江西观察使幕，转淮南节度使幕，后任国史馆修撰，膳部、比部、司勋员外郎，出知黄州、池州、睦州刺史，最终官居中书舍人。武宗会昌四年九月至六年九月（844—846）在池州任上。

图 37　连环画《杜牧》书影。

杜牧有《樊川集》传世。《唐书·艺文志》著录《樊川集》作二十卷，《樊川别集》一卷为杜陵田概所辑，《外集》一卷则不知何人所辑，包括《别集》《外集》在内的二十二卷本《樊川文集》即为当今通行本。

但这些作品集并没有收录《清明》这首诗。今存文献,《清明》诗初见于南宋初年的类书《锦绣万花谷》,该诗未署作者姓名,只标明"出唐诗"。后由《千家诗》有确认为杜牧作品。杜牧有关池州的诗文确有不少,如诗歌《池州送孟池先辈》《池州清溪》《题池州贵池亭》《池州废林泉寺》《游池州林泉寺金碧洞》《题池州弄水亭》《春末题池州弄水亭》《赴池州道中作》《九日齐山登高》《登九峰楼寄张祜》《郡楼望九华》《九华楼》等。文章有《池州重起萧丞相楼记》《池州造刻漏记》《上李太尉论江贼书》《祭木瓜神文》等。

杜牧的诗除《清明》外,写到"杏"意象的还有:《寓言》:"何事明朝独惆怅,杏花时节在江南。"《长安杂题长句六首》:"韩嫣金丸莎覆绿,许公鞴汗杏黏红。"《街西长句》:"游骑偶同人斗酒,名园相倚杏交花。"《杏园》:"莫怪杏园憔悴去,满城多少插花人。"《柳长句》:"莫将榆荚共争翠,深感杏花相映红。"

杜诗中提到"村"意象的诗有 20 余例,这些村庄遍布各地。读其村诗,可见杜牧村落关怀之情。《村行》是比较典型的一首诗:"春半南阳西,柔桑过村坞。袅袅垂柳风,点点回塘雨。蓑唱牧牛儿,篱窥茜裙女。半湿解征衫,主人馈鸡黍。"

(三)《唐风集》

唐代池州本地最有影响的诗人为杜荀鹤。杜荀鹤(846—904),字彦之,自号九华山人。池州石埭(今池州市石台县)人。曾多次赶赴长安应考,皆不中,还乡隐居。后因朱温表荐,授翰林学士、主客员外郎,不久因病去世。

杜荀鹤的诗集叫《唐风集》,共三卷,收录 300 余首诗。民国贵池刘世珩辑《贵池先哲遗书》本,有补遗 1 卷。后据《全唐诗》加以补录、校勘，编成《杜荀鹤诗》，另有《杜荀鹤文集》三卷。杜荀鹤诗歌在晚唐比较突出，有"杜荀鹤体"之说。在过去的《中国文学史》教材中，杜荀鹤均被视为关心民间疾苦的诗人，但是通读其所有诗篇，发现关心现实的诗非常少，他的大部分作品都在吟诵自己求取功名与隐居的生活。

图 38　杜荀鹤《春宫怨》画意。

自南宋之后，在贵池有一个关于杜牧与杜荀鹤的美丽传说，传说杜荀鹤是杜牧的儿子。宋代计有功《唐诗纪事》和元代辛文房的《唐才子传》都说：杜牧在"会昌末年自齐安移守秋浦时，妾有妊，出嫁长林乡正杜筠，生荀鹤"。南宋的名人周必大在《二老堂诗话》不相信此事："此事人罕知。余过池州，尝有诗云：'千古风流杜牧之，诗材犹及杜筠儿。向来稍喜《唐风集》，今悟樊川是父师。'"接着周必大说："是成何语，且必欲证实其事，是诚何心，污蔑樊川，已属不堪，于彦之尤不可忍，杨森嘉树曾引《太平杜氏宗谱》辨之，殊合鄙意。"杜牧曾有诗《示阿宣》："一子呜呜夸相门，宣乎须记若而人。长林管领闲风月，曾有佳儿属杜筠。"民间传说此诗所写疑似杜荀鹤。

《杏花村志》说："杜荀鹤，字彦之，杜牧遗腹子也。性豪放，志经史，尝筑别业于杜坞，与同里顾云、殷文圭、康骈辈为好友。"杏花村里杜湖、杜坞都与杜荀鹤相关。

《唐风集》里有三首诗咏到了杏意象。《下第出关投郑拾遗》："杏园人醉日，关路独归时。"《入关寄九华友人》："箧里篇章头上雪，未知谁恋杏园春。"《遣怀》："红杏园中终拟醉，白云山下懒归耕。"这三处"杏园"都是指长安城曲江池边的杏园，指代科第功名。因当时新科进士要参加一项活动，叫"杏园赐宴"，非常荣耀。如前引杜牧诗"何事明朝独惆怅，杏花时节在江南""莫怪杏园憔悴去，满城多少插花人"，也都是此意，而非指杏花村。又晚唐温庭筠诗说得更直白："知有杏园无计入，马前惆怅满枝红。"

二、地方史志

明代中后叶，杏花村与杜牧《清明》诗相关联是一个新发现，而此前的各种史料都没有说到这个问题，是地方志首先关注。《杏花村志》之前有好几部书确认了这一说法。

(一)《嘉靖池州府志》

据该志的后记,时间署为嘉靖丙午季春,即嘉靖二十五年(1546)成书。

卷一:杜坞山。在城西四里,唐杜牧游乐焉。本朝邑人孙仁《杜坞夕照诗》:"水绕山环石磴斜,夕阳明处景偏佳。翎光刷雪投林鹭,背影浮金入树鸦。催暝远钟来野寺,弄风寒笛出樵家。一从小杜行骖过,草木长含几倍华。"

卷一:杏花村。在城西里许。杜牧诗"借问酒家何处有,牧童遥指杏花村"旧有黄公酒垆,后废,余井圈在民田内,上刻"黄公广润泉"字,嘉靖间同知张邦教访置校场前,立亭表之,联云:"胜地已无沽酒肆,荒村忽有惜花人。"

(二)《山堂肆考》

《山堂肆考》是明代万历年间江苏通州彭大翼撰著的大型类书,全书共240卷,该书采集宏富,浅显易懂。全书分宫、商、角、徵、羽五集,共四十五门。《山堂肆考》有两种明代版本:明万历二十三年刊本与万历四十七年增补本。

图 39 《山堂肆考》书影。

卷二十六：贵池县秀山门外，有杏花村。唐杜牧诗"牧童遥指杏花村"，即此。一在徐州古丰县。

卷一九八：又曰池州府秀山门外，有杏花村，杜牧诗"遥指杏花村"即此。

（三）《江南通志》

《江南通志》，清朝兵部尚书、两江总督赵宏恩等监修。康熙二十二年（1683），总督于成龙与江苏巡抚余国柱、安徽巡抚徐国相等，奉部檄创修《通志》，凡七十六卷。雍正七年，署两江总督尹继善等奉诏重修，经过五载，至乾隆元成年书。其开创之年早于《杏花村志》的成书之年。

卷三十四：杏花村，在府秀山门外里许，因唐杜牧诗有"牧童遥指杏花村"得名。《南畿志》云：有古石井，圈刻"黄公广润玉泉"六字。

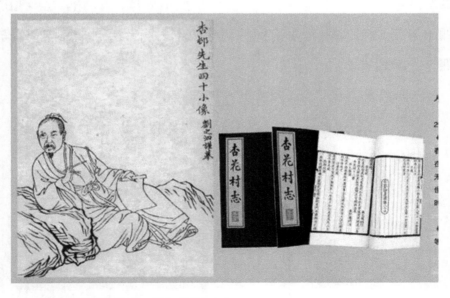

图40　郎遂与《杏花村志》。

（四）郎遂《杏花村志》

1. 郎遂其人

康熙初年，杏花村里有一个大姓郎氏，为明代贵池"郎、王、许、戴"四大姓之首，支系蕃衍，人丁繁多。郎家出了一个文采超人的儒生，名叫郎遂（1654—约1739），字赵客，号西樵子，是县里的庠生。父亲名叫郎必光，是个孝子。儿子名叫郎封，是府里的庠生。郎家世居贵池城西杏花村之村东。郎遂虽然是一位文人，但是从他的名字可以看出，这是个向慕功名的有志之士，大约他是要向春秋时期赵国的毛遂看齐，毛遂本是战国时期平原君赵胜的门客，后因"毛遂自荐"而出名。郎遂大有怀才不遇之叹，才因名取字。除《杏花村志》外，郎遂还有《杏花拾遗》《还朴堂撰著丛书十二种》等书，现在都难以找到了。

《贵池县志·人物志》：

> 郎遂，字赵客，号杏村。由诸生入太学，以诗文名于时。手辑《池阳韵纪》一书，阐幽表微，搜括殆尽。所居杏花村山川明秀，徜徉其间吟咏自得，年逾八十弗衰，人称耄而好学。

与郎遂同时、在京为官的名人贵池曹曰瑛《题杏村先生小像》诗："杏村深处卧烟云，把酒含毫兴侠群。万树年年抒碎锦，一天春色入奇文。"这是对郎遂风神的写照。关于郎遂的个人信息并问序于人的若干情况，我们可以从《杏花村志》的几篇序文得到大致的印象。

郎遂《跋》：

> 越乙卯，余携儿辈读书杏花村舍，先人之室庐丘陇在焉，前贤之遗踪胜迹存焉。客有过余者，问酒黄垆，垂竿白浦，致足乐也。闲则稽往帙、摩残碑、翦荆擗棘、搜泉石之趣，爰拟创立村志。凡名胜、建置，以及人物、艺文，一有所得，

即散录注一篑。越数载，不下千百纸，始贻书牛冈深处，商榷定例而后起稿，稿凡数易而后成书。

不能不提的是，《杏花村志》虽然是郎遂主编，但是他的许多朋友参与了此事，志书卷首提供了一份《参订姓氏》，一共记录了许承钦、尤侗、张芳等105人的姓氏与籍贯，以示不掠人之美，可见郎遂的宽广胸怀。

花了十一年的时间（1674—1685）来撰写一部村志，这在历史上是空前的，加上早年搜集的资料当然花费的时间会更多。也可以说，他毕其一生，修成一部地方志书，是极其风雅的一件事。他也许根本没有想到，他的这本志书在文献世界里开辟了一个源远流长的文化长廊，在现实世界里预留了一个实现美丽乡村梦想的平台。

2. 康熙刻本《杏花村志》

《杏花村志》由贵池邑人郎遂费十一年之功，寻访四方、广辑材料所编成，康熙二十四年聚星楼首次刻印成书。除卷首、卷末之外，共十二卷正文。这是杏花村文献的集大成之作，也是贵池杏花村命中注定的文化里程碑。

《四库全书总目提要》卷七十七·史部三十三·地理类存目六：

《杏花村志》十二卷（浙江巡抚采进本）

国朝郎遂撰。遂字赵客，号西樵子，池州人。按，杜牧之为池阳守，清明日出游，诗有"借问酒家何处有，牧童遥指杏花村"句，盖泛言风景之词。犹之杨柳岸、芦荻洲耳。必指一村以实之，则活句反为滞相矣。然流俗相沿，多喜附会古迹，以夸饰土风。故遂居是村，即以古今名胜、建置及人物、艺文集为是编。盖亦志乘之结习也。至郎氏族系亦附录其中，则并非志乘体矣。

这是《杏花村志》最骄傲的身份象征，被收入《四库全书》也是著书者的极大荣耀。虽然只收录在存目类里，没能进入全文版，但该书由此得以让正统的读书人知晓，也是贵池乡邦文献之幸事。

《杏花村志》的内容安排是:卷首是序文、题辞、凡例、征启、书目、姓氏，卷一是小像（刘刻本增）、总图、分图、图序（刘刻本增）、像诗（刘刻本增）、图诗（刘刻本增），首二是村中、村南、村北，卷三是村东、村西，卷四是人物、闺淑、仙释，卷五、卷六、卷七都是题咏，卷八是题咏与词赋，卷九是宸翰、文章，卷十是文章，卷十一是户牒、族系、传奇，卷十二是杂记，卷末是书后、后序、跋。

《杏花村志》为我们提供了一份详细的征引材料的《考据书目》，一共有92种103本书，也就是说，这些历代书籍中都收录了或多或少的关于杏花村的资料。这些书籍都非常珍贵,尤其是地方文人的作品集，但今天几乎都见不到了，零星作品被《杏花村志》保存下来，也属难能可贵。

（五）刘世珩刻本《杏花村志》

刘世珩（1875—1926），贵池人，字聚卿，又名葱石，继庵，号楚园。从小随其父亲清末外交家刘瑞芬移居江宁。光绪二十年（1894）应江南乡试，中举人。长期生活在江浙沪地区，是一个关心时事、留意文献的雅士。他特别关注贵池乡邦文献,历经多年,编成《贵池先哲遗书》一套，录书共三十一种，自唐至清，规模宏大，

图41 刘世珩像。

劉世珩先生像

其中就有《杏花村志》。

时至民国，康熙刻本《杏花村志》已非常稀见。《杏花村续志》卷下"杂记"记录了他向胡子正索书的情况：

> 郎赵客所辑《杏花村志》，于邑中掌故搜集颇多。惜自咸丰兵燹后，存本寥寥，欲睹无自。邑人刘聚卿先生寓居上海，锐意重刻乡先哲遗书，尤注重于此。每贻书里中，必先提及村志，以为非觅到不可。今竟于西乡孙齐卿之戚陈君静亭家，得其原本。亦可谓："思之，思之，鬼神通之矣。"

刘世珩为了重印《杏花村志》，多方搜罗，与胡子正在此方面有书信往还。非常幸运的是，胡子正为其搜到了原刻本。刘世珩于是重新排版、刻印，并重附了插图，写了后记。

北京图书馆和宁波天一阁文物保管所分别藏有康熙二十四年聚星楼刻本，上海图书馆藏有康熙二十四年刻本，另外据说还有一种康熙乙丑十竹斋刻绘图本，藏宁波天一阁。1992 年，江苏古籍出版社据民国八年《贵池先哲遗书》本影印。1996 年，齐鲁书社据北京图书馆藏康熙二十四年聚星楼刻本影印。2006 年，广陵书社又将其收入郑晓霞主编的《中国园林名胜志丛刊》。其实，《续修四库全书》"史部地理类"即第 717 册影印的正是"据上海图书馆藏康熙二十四年影印"。而北京图书馆藏康熙二十四年聚星楼刻本与上图本完全一样，是同一个版本。只有康熙本是由郎遂本人所定稿，即使后来还有其他的民间仿刻，那都是第二手材料了。

（六）胡子正《杏花村续志》

胡子正（1860—1923），字东溪，贵池刘街人。光绪二十二年（1896）在本县成立四乡公所时，被推为所长。光绪三十年与邑人王源瀚、高丙麟等同筹建贵池县立小学堂于九华街，胡子正任学堂国文老师。关心时事，参与变革。民国二年10月10日，出版其手稿《池阳光复记》，民国四年，《杏花村续志》付印。《杏花村续志》三卷，首末各一卷，为民国胡子正编纂。此书乃其续补郎《志》，纂于民国四年（1915）。正文分上、中、下三卷，上承郎《志》，下迄民国初，凡杏花村二百三十余年人物、事迹。此书今存铅印本和手稿本。

《杏花村续志》里录存了其友人贵池舞鸾乡（今晏塘）纪伯吕（澹诚）的五绝组诗《清明过杏花村遇雨得八绝句》，而纪伯吕的佚著《啸乡刦余集》里则收录了胡子正所撰的挽联《挽胡君东溪》："遗书未订，壶园就荒，后死者责；浦水不波，齐山无恙，先生之风。"

胡子正在民国初年搜集杏花村史料的行为是贵池文化一次璀灿的闪光，若没有这一份资料存在，我们对杏花村的认识只会停留在330年前的康熙年间，那样杏花村就会离我们更加久远，杏花村在我们的精神世界里也会更显荒芜。而这三百余年间的杏花村资料建库几乎是无法重建的，可见，乡邦文献的整理对地方文化的传承是多么重要。

三、新编文化资料

从胡子正的《杏花村续志》到今天的100年时光里，没有再出现以杏花村为主题的史料专辑。这一百年间，现实世界发生了翻天覆地的变化，贵池西门外杏花村的那一方水土几经变迁，至上世纪末，历史文物已荡然无存，人们在关注社会发展的同时，并没有将太多的注意力投向若有若无的杏花村。这种漠视杏花村存在的现状在20世纪末发生了转变，最近三十年间，尤其是最近十余年间，贵池杏花村经历了一个从失到得、从冷到热、从小到大的复建与开发的过程。在这个过程中，文献的整理也是其中一个重要的内容。

（一）文献整理

1. 《千古杏花村》

整理杏花村的文献史料是从杏花村文学作品开始的。第一本全面整理杏花村诗歌的书籍是由丁育民、张本健二位先生主编的《千古杏花村》一书，2001年1月黄山书社出版。该书选录了两部村志里的诗文700余首（篇）以及当代的一些作品。该书的《序》说："为了更有力地宣传杏花村、宣传池州……《千古杏花村》一书，汇集、编撰了丰厚而十分珍贵的古代有关杏花村的诗词歌赋及当代人对杏花村的歌颂、考辨文字，展示了杏花村悠久的历史风采和浓厚的文化底蕴，是不可多得的一本杏花村史料大全。"

最有创意的地方是，该书还选录了当前的一些诗文作品，包括发表于省级以上报刊的诗文和发表于《池州日报》上"复建杏花村"的一组获奖征文，一共55篇，附录里还保存了1984年《关于讨论杏花村植树问题的会议纪要》和《2001年关于成立池州杏花村复建工作领导小组的通知》两份文件资料。这是自《杏花村续志》以来第一次补充新的杏花村资料的学术行为，是非常有意义的。

该书除了对古诗文进行了断句标点之外，还有一个独到之处，不仅根据史料整理了作者的小传，还对诗文做了简要的注释，这为一般读者阅读杏花村诗文提供了极大的方便。

2. 重印《杏花村志》与《杏花村续志》

2014年春天，贵池区杏花村文化旅游区为配合杏花村文化节的举办，影印了刘世珩辑《贵池先哲遗书》第二十五种之刘刻本《杏花村志》、重新小楷书写胡子正《杏花村续志》二书，作为会议礼品而传世。二书由饶颐整理，纪永贵受托为二书分别撰写了《重印序》。

《杏花村志》与《杏花村续志》是贵池杏花村的基本文献，十分珍贵，因其流传不广，读者很难接触到，虽说电子版本易得，但不易阅读，关注者寥寥。此次重印二志之举为关注杏花村的读者与研究者提供了便利。

对杏花村诗歌进行整理、选录的书籍还有一些，比如董藩编注的《池州景观古诗选》[①]、池州市文化局编的《历代名人咏池州诗选》[②]、池州市委宣传部编的《池州古诗词》[③]等书都选取了一些杏花村的诗词作品。

3.《杏花村志》《杏花村续志》点校

（1）纪永贵、柯迁娣点校本

2012 年，纪永贵、柯迁娣主持申报的安徽省重点文科研究基地"皖南民俗文化研究中心"重点研究项目"《杏花村志》点校——兼论杏花村文化内涵"获准立项。

该项目主要就现存的《杏花村志》与《杏花村续志》的各种版本进行校勘，出《校勘记》，并做简要注释。同时，对杏花村的文化内

图 42 《千古杏花村》书影。

---

① 《池州景观古诗选》，黄山书社 2003 年版。

② 《历代名人咏池州诗选》，文化艺术出版社 2004 年版。

③ 《池州古诗词》，黄山书社 2013 年版。

涵进行研究。《论杏花村意象的文化内涵》一文已发表于《阅江学刊》2014 年第 1 期。两部志书的点校工作已初步完成，正在打磨与完善，计划于近期出版。

(2) 杏花村文化旅游区点校本

贵池区杏花村文化旅游区管委会主持点校的《杏花村志》与《杏花村续志》，一册，2015 年 8 月由黄山书社出版。

《杏花村志》点校本原样逐字校对重印，保留原书插图。《续志》用民国刊本。二志点校本 16 开、简体、标点、横排，全书未见任何校勘记，为通俗读本。

（二）文学创作

1. 黄梅戏《魂断杏花村》

将杏花村写进文学作品不是新鲜事了，用戏曲形式来表达也有迹可寻，《杏花村志》就里有一篇《杏村醉雨》的剧本，而用新时代的戏曲形式黄梅戏来演绎杏花村故事，不能不说是一个创举，这就是方文章先生编剧的《魂断杏花村》①。

剧本共分五场，主要讲述了唐代会昌年间杜牧在池州刺史任上，闲暇之日到西门外杏花村饮酒，途中遇雨，即兴创作了《清明》诗，碰上歌女张鹤娘并与之生情的故事。同时展示了杜牧坎坷的人生经历、为民解忧的高尚品质，尤其是营造了浓郁的杏花村诗意氛围。

女主人公名叫鹤娘，暗寓她是杜荀鹤生母之义。自南宋以来，文史界就有传说，晚唐著名诗人杜荀鹤是杜牧在池州的小妾所生，虽然历来很有争议，但一个历史的巧合是，杜牧是武宗会昌六年（846）离开池州的，而这一年正是杜荀鹤的生年。

---

① 发表于《戏剧》2005 年第 5 期，又名《情洒杏花村》。

该剧由池州市黄梅戏剧团上演，王勇前饰杜牧、汪菱花饰鹤娘。2003 年 11 月赴湖南长沙参加第七届中国"映山红"民间戏剧节，荣获剧目金奖、编剧银奖。主演王勇前、汪菱花获表演一等奖，2004 年 8 月由文化部调进北京汇报演出，同年参加安徽省第七届艺术节，荣获安徽省第九届精神文明建设"五个一工程奖"。该剧成为池州对外宣传地方文化的保留节目之一。

2. 黄梅戏《烟雨杏花村》

黄梅戏《烟雨杏花村》，陈耀进、李覃主创，为 2014—2015 年度安徽省重点影视剧和安徽省文化强省重点项目。2015 年 7 月，池州市黄梅戏剧团新排了该剧。10 月，该剧参加了中国（安庆）第七届黄梅戏艺术节的演出。在艺术节上，该剧获新剧目奖，市黄梅戏剧团主演王勇前、胡杰分获优秀演员奖和演员奖。

剧本根据晚唐著名诗人杜牧在池州任刺史期间，敢于弹劾奸吏、铲除邪恶、伸张正义、勤政爱民、造福一方的故事，抓住杜牧在雨纷纷的清明时节，为前任池州刺史李方玄为何获罪而发愁并为之请命平反。事出虚无，立意平淡，但也不失为一部以贵池杏花村为背景的文学创作，其宣传价值大于美学价值。

关于杏花村的文学艺术创作，还在不断地涌现新的作品，既有诗歌、散文、小说，也有戏剧、音乐、绘画、雕塑作品等。即如《清明诗意图》或《杏花春雨江南》等的绘画作品，在网上查寻，也能查到上数十种风格不同的画作，但目前还缺少一个这样的资料汇集本。

（三）旅游宣传材料

欧华房地产公司本是一家由外籍华裔商人经营的公司，自 21 世纪初来到池州后，主要开发贵池西门外的几处房地产。2002 年，成立安徽省杏花村文化旅游发展有限公司。应政府的要求，在开发房地产的同时，该公司先后营建了两处杏花村文化公园，也做了一些杏花村文献建设工作，比如线装复印了尤刻本《昭明文选》和刘刻本《杏花村志》作为旅游纪念品、发行杏花村十二景纪念邮品、编写《杏花村古井文化园旅游指南》、出版连环画《杏花村的故事》等。

1.《杏花村古井文化园旅游指南》

这是一本内部出版的小册子，有五个章节，四个附录。第一章讲杜牧与池州的故事，第二章讲天下第一诗村贵池杏花村的主要景点，第三章专题讲郎遂的《杏花村志》，第四章讲新建的杏花村古井文化园里的景点，第五章是关于杏花村的文字材料，如媒体报道、征文、古今对联等。附录录存了杏花村复建时间档案、池州市主要旅游景点、古井文化园里的楹联与牌匾以及导游图等材料。

图 43　连环画《杏花村的故事》书影。

这虽是一本以新建的杏花村古井文化园为主题的导游材料，但该册子对杏花村历史与景点也进行了较有特色的介绍，保存了杏花村复建工作的一些信息资料。因这本册子没有正式出版，所以限制了它的传播范围。后来该公司建成较大规模的杏花村公园，古井文化园随之废弃，根据新建的景点，又重新编写了《杏花村旅游景区导游词》。

2. 连环画《杏花村的故事》

用连环画来描摹、展示杏花村文化故事是一个新方法。该连环画一组三本，分别是《杜牧与黄公酒》《杜牧与官伎》和《武状元曹曰玮》，散文家许俊文撰稿，漫画家吕士民绘画，2011年6月由合肥工业大学出版社彩印出版。《杜牧与黄公酒》讲的是杏花村村民黄广润酿出好酒招待杜牧的故事。《杜牧与官伎》讲的是杜牧与池州官伎程秋红在杏花村里邂逅，彼此相识、相知、相爱的故事，后来杜荀鹤出生。《武状元曹曰玮》讲的是康熙贴身侍卫曹曰玮的故事。曹曰玮是曹曰瑛的弟弟，贵池人，曹曰玮中武举获得提升，但英年早逝。曹曰玮与杏花村似乎没有关系，他哥哥倒是与郎遂相识，写过关于杏花村的诗。

值得一提的是，吕士民的漫画手法非常新颖，他用水墨写意的手法画漫画，画面简洁，线条拙朴，色彩浓艳，人物造型幽默、生动、可爱，大有民间年画之风，这与杏花村村落文化的色调是非常契合的。

但连环画在编排故事时，往往信口随说，如官伎程秋红就是凭空想象的名字，又如对"黄公酒垆"故事的阐释就是一个曲解的典型。志书里记载杏花村古有黄公酒垆一处，附近有古井一口，井圈上刻有"黄公广润玉泉"数字。该书设想"黄广润"是唐代的一个人名，似乎有些凿枘。

"黄公酒垆"一词并非杏花村所独创，而是首先见于南朝宋刘义庆《世说新语·伤逝》。

> 王濬冲为尚书令，著公服，乘轺车，经黄公酒垆下过，
> 顾谓后车客："吾昔与嵇叔夜、阮嗣宗共酣饮于此垆，竹林之游，

亦预其末。自嵇生夭、阮公亡以来，便为时所羁绁。今日视此虽近，邈若山河。"

一般认为，黄公酒垆是由"黄垆"附会而成，黄垆即指黄泉，后世也用"黄垆"作悼念亡友之辞。不管这种说法是否可靠，但白纸黑字写作"黄公酒垆"四字的书却是比唐朝更早。后来有一些诗人偶尔也咏到这个意象，比如盛唐诗人李颀《别梁锽》"朝朝饮酒黄公垆，脱帽露顶争叫呼"，这个诗人比杜牧要早很多。宋代苏轼《庆源宣义王丈求红带》"不学山王乘驷马，回头空指黄公垆"，宋黄庭坚《渔家傲》词序"大葫芦干枯，小葫芦行沽。一往金仙宅，一往黄公垆"，这些"黄公垆"指的都是酒店。

图44　饶永《杏花村十二景——黄公酒垆》。

杏花村里的黄公酒垆大约是用历史现成的典故，说明此处的酒家非常有名，旁边还有一口可以酿造美酒的水井，"广润"是指特别清澈甘甜的意思，或者是指泉水甘冽，可以为四方行旅解渴之意。而连环画的推衍，只不过是一种想当然。

（四）科研成果

1. 郎永清研究成果

郎永清先生是铜陵市地方志办公室退休老干部，多年来他对杏花村情有独钟。2003 年在《中国地方志》发表论文《"杏花村"地望之争辨析》[①]，在池州产生较大影响。后来他还写出多篇关于杏花村与贵池的论文，比如《关于〈清明〉诗与杏花村问题》《再谈〈清明〉诗的两个问题》《三谈〈清明〉诗的两问题》《评〈"杏花村"在玉山〉》《〈杏花村志〉版本源流与比较》等。

2. 杏花村文化研究中心成果

2006 年，池州学院成立了杏花村文化研究中心，纪永贵任研究中心主任。该中心主要从事杏花村历史、民俗、文学、文化、旅游的学术研究活动，并深度介入池州市贵池区杏花村文化旅游区复建工作，从事杏花村文化的普及与宣传，并以池州学院美术与设计学院的师生为主体，积极参与池州市杏花村文化设计与传播活动，取得不俗的成果。

除纪永贵已主持多个杏花村研究项目、发表多篇杏花村研究论文与论著外，该中心还委托池州学院青年教师魏鸿飞副教授主持杏花村公园装饰设计研究、柯迁娣主持《杏花村续志》若干问题研究、方竞卿主持黄梅戏《情洒杏花村》创作研究、王尧主持杏花村 VI 设计、杨广艳主持杏花村体育资源开发研究、冯鹤主持杏花村文化旅游区装饰

---

① 郎永清《"杏花村"地望之争辨析》，《中国地方志》2003 年第 3 期。

设计研究等科研项目，有的科研项目已发表了成果并结题。

3. 硕士论文《杏花村初探》

根据现存的贵池杏花村史料，从建筑设计学的角度对杏花村展开系统研究的是一篇硕士学位论文《杏花村初探》，作者潘铮，2006 年毕业于同济大学建筑与规划学院。作者是在参与上海古元设计建筑有限公司 2002 年制作《池州市杏花村总体规划》课题组时，产生了研讨杏花村建筑文化的构想。

文章的主体部分有三章，其中第二章《杏花村村史研究》讨论了

图 45　书影。

杏花村与池州关系探源、《杏花村志》与杏花村兴衰、杏花村无形文化遗产、得天独厚的地理优势等四个问题。第三章《清代（盛时）古杏花村的构成分析》讨论了杏花村的人文与自然景观（杏花村二十景）、杏花村建筑与空间环境、人文建筑、杏花村民俗四个问题。第四章《杏花村现状研究、文化遗产价值判断与传承》研讨了现状研究与杏花村的价值与遗产传承。

文章对杏花村保有丰富多量的无形文化遗产进行研究，使村落历史中丰富多样的沉寂的文化信息被挖掘梳理，充实了地方文化宝库，加强了人们意识中对地域文化的认同。因为建筑与环境所传承的历史文化信息与民族精神正是其生命力所在。另一方面，针对杏花村物质文化遗产所剩无几的现状，侧重思考的是历史上杏花村的真实面貌如何，

其非同一般的无形文化遗产从何而来、价值如何以及其发展的生命力何在。

文章还制作了《杏花村十二景示意图》《古杏花村盛时建筑一览表》《村中建制与历代文学作品对照表》《杏花村历史事件》等图表，可谓图文并茂，方法新颖，思路清晰。

4.《文化贵池：杏花村》

池州市贵池区《文化贵池》编撰委员会编写了《杏花村》《贵池傩》《罗城民歌》三册一套丛书。《杏花村》一书由纪永贵撰文，2014 年 3 月黄山书社出版，16 万字。

该书主要就贵池杏花村的历史渊源、景点分布、文学遗产、文献资料、文化内涵、复建工程等六个板块进行了铺排陈述。作为地方文化读本，该书重在文化普及，侧重内容的可读性，并配有精美的插图若干。《文化贵池：杏花村》是迄今关于贵池杏花村最为全面系统的文化读本。

5.《中国杏花审美文化研究》

程杰、纪永贵、丁小兵合著之《中国杏花审美文化研究》，2015 年 1 月由成都巴蜀书社出版，该书是该社"中国花卉审美文化研究书系"中的一种。全书分前言、上编、下编三大板块。前言是宏观通论，就杏的自然分布、经济价值和文化意义进行梳理勾勒和系统阐发，力求全面、简要地展示杏这一物种的自然、社会和文化价值，深入把握其对于我们这个民族物质和精神文明发展的贡献和意义。

上编为文学研究，共分三题：

一就古代文学杏花意象和题材的创作历程、题材内容、审美表现及其文学意义梳理和阐发，全面、系统地揭示了杏花意象和题材的创作特点、内容成就和文学史贡献。二就古代文学杏花意象和题材发生、发展、演变历程的纵向勾勒。三对"杏花春雨江南"这一名句的创作心理、审美内涵及其经典意义进行深入剖析。以上三题纵横交叉，点、线、面有机结合，较为充分地展示了中国古代文学杏花意象书写的丰富情趣、基本历史和深厚意义。

下编为风景名胜研究，主要又分三个方面：

一就唐长安（今西安）曲江杏园、唐宋徐州丰县朱陈村（亦名杏花村）、明清北京香山等著名杏花景点的具体地址、来龙去脉、风景状况、历史影响等进行详细考述。二对江苏南京、安徽贵池等地杏花村地址的详细考述，进而就全国各地所谓"杏花村"各鸣其正、竞显风流的文化现象及其社会心理进行全面的总结梳理和深入的文化分析。三对当代各地各类杏花节的全面综述和现实背景挖掘。风景名胜是杏花风景最为集中、丰盛之地，也是杏花观赏文化最为生动、活跃的场景，包含着丰富的历史、地理信息和深厚的社会文化积淀。

通过上述跨越古今、有点有面的集锦式考论，广阔、深入地展示了我国杏花观赏历史的核心景象和杏花观赏文化的生动情趣，饱含丰富的社会历史信息和文化生活启迪。总之，该书是对杏花进行审美文化学研究阐释的学术专著，文史兼融，考论并举，内容丰富，阐述深入，既是花卉文化研究的重要收获，也是我国古代文学研究富有特色的开拓性成果。

贵池杏花村文献之丰富由上可见，这是全国其他地方的杏花村无法比拟的。这些文献资料的基本特点，一是历史悠久，历代不断地增加与累积；二是聚焦点非常明确，均指向贵池西门外；三是均有历代官员与文人的参与；四是都留下了文字依据。如果没有这些，杏花村只可能是传说中的一个符号，不可能走到现实的面前，也不可能沉淀下这么深厚的村落文化内涵。

但是，综观杏花村文献，仍然还有一个巨大的缺憾，那就是自民国四年（1915）《杏花村续志》付印之日到1984年政府动议开始广植杏树之时的70年间，杏花村里发生了哪些人与事？有多少文人墨客游过其地？又有多少诗文作品重新讴歌了杏花村？杏花村在1949

图46　书影。

年之后的开发史与村居史又是怎样？这些材料至今还是空白。同时，1984年以来的所有杏花村文献资料也没有一个综合的档案可以备查，如果不及时建立杏花村档案馆，那么时光飞逝之后，后人又如何能够想象今天人们对杏花村的那股炽热情怀呢！

（原载纪永贵著《文化贵池：杏花村》第83—104页，黄山书社2014年版。此处有增补。）

杏花村文学遗产研究

　　杏花村文学作品的作者虽然多为历代文士政客，但大多数是生活于民俗境界中的地方文人和地方官员，因此其文学特性表现出更多的民俗性。杏花村文学遗产可以分为两大块，一是历代文学作品中杏花村文学意象的传承，二是历代文人对地理杏花村所在地的吟咏成果及相关民间传说。对第一块文学遗产的研讨已有先声，笔者曾作《论杏花村的文化属性》①《杏花村文学考源》②《杏花村：从文学意象到文化象征》③《重审杜牧〈清明〉诗案》④等论文，虽然明清以来的杏花村文学意象尚有探讨的空间，但其间新意已然锐减，今特作文研讨关涉地理杏花村文学遗产的相关问题。

　　杏花村本是创自唐诗的一个文学意象，自南宋署名杜牧的《清明》诗出，杏花意象与酒意象进一步相融合，致使杏花村成为酒家的代名词，在此意旨之下，历代吟咏不绝。从南宋始，地理杏花村便可见零星记载，天下地理杏花村不下十数处，而现实地名也许更多。但自明代中叶以来，将杜牧《清明》诗与地理杏花村相联系者仅有贵池杏花村。所以，天下所有杏花村之说，唯有贵池杏花村留下丰富的文献资料，而他处杏花村并无此文献优势。贵池杏花村的文献主要有两部，一部是编印于

---

① 《论杏花村的文化属性》，《中国地方志》2006 年第 3 期。
② 《南大语言文化学报》，新加坡南洋理工大学编，2006 年第 2 辑。
③ 《第二届皖江历史与文学研讨会论文集》，合肥工业大学出版社 2007 年版。
④ 《重审杜牧〈清明〉诗案》，《池州学院学报》2010 年第 2 期。

康熙二十四年（乙丑年，1685）的《杏花村志》，一部是编印于民国四年（1915）的《杏花村续志》。

一、历代文人

杏花村之所以成为"天下第一诗村"，并不是此地山水天下绝佳，也不是此地文化举世无双，而是历代文人的诗意推介。杏花村之得名固然是因为杜牧的题咏，而杏花村之传名则要归功于历代文人的文学关怀。历代题咏者不绝，但从《杏花村志》所载的诗文来看，这些作者基本都是在明代中叶贵池杏花村被确认之后，尤其以明末清初的文人为多，而最多的则是与村志编辑者郎遂相互唱和的作者。

《杏花村志》卷四专门设立了"人物"传，所录人物大致分两种情况，一种是外地来贵池任职的官员或者因故来贵池的游客；一种为生活于杏花村里的名人。杏花村名人大多都有题咏。现简要复制《杏花村志》原文的介绍文字，稍作删减，将来往杏花村有题咏的文人选择重要者介绍如下。

（一）唐代文人

1. 杜牧

字牧之，佑之孙也。第进士，复举贤良方正，沈传师表为江西团练府巡官。又为牛僧孺淮南节度府掌书记，擢监察御史。移疾分司东都，以弟顗病弃官。复为宣州团练判官，拜殿中侍御史内供奉。少与李甘、李中敏、宋邧善，其通古今，善处成败，甘等不及也。牧亦以疏直，时无右援者。从兄悰更历将相，而牧困踬不自振，颇怏怏不平，卒年五十。牧之诗情致豪迈，人号为"小杜"，以别杜甫云。

按：《牧本传》，不详刺池事，而《樊川集》中池州诗最多。当其刺池时，喜登眺齐山、清溪诸胜，又尝游历金碧洞、杏花村，皆见诸题咏。明九华吴光锡刻《杜樊川池州诗集》行世，盖池州山水实以牧重也。《唐诗纪事》曰：杜牧之守秋浦，与处士张祐游，酷吟其宫词，亦知乐天有非之之论。乃为诗曰：睫在眼前人不见，道超身外更何求。谁人得似张公子，千首诗轻万户侯。按：祐产池之青阳，家南阳乡，性喜林石清幽之致，且与牧之唱酬，岂有不赓咏于杏村、杜坞间乎？今遗篇莫考，是知风雅之缺失多矣。

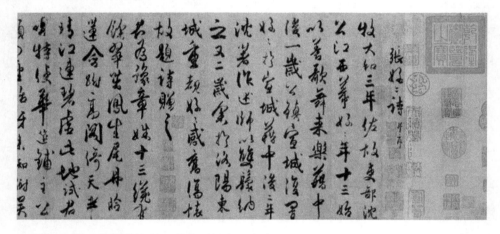

图47　[唐]杜牧《张好好诗》手迹。

2. 杜荀鹤

字彦之，杜牧遗腹子也。性豪放，志经史。尝筑别业于杜坞，与同里顾云、殷文圭、康骈辈为好友。登昭宗大顺元年榜，及第第一人，授翰林学士，主客员外郎，知制诰。诗律自成一家，称晚唐格，所著有《唐风集》。郡人刘廷銮《池上诗人集》为人十有九，荀鹤其一也。罗浮姚子庄重刻《杜翰林诗集》行世，板藏池州石埭。

3. 李昭象

字化文，父方玄。尝刺池州，裁减蠹民者十余事。又树九华楼，筑翠微堤，凿齐山北面，得岩洞怪石，不可名状。后迁去，老稚攀辕，留家池州。懿宗末年，昭象以文谒相国路岩，问其年，曰十有七矣。岩年尚少，尤器重之。荐于朝，将召试。会岩贬，遂还秋浦。与张乔、许棠辈为友。龙纪中，杨行密贲宣州，以书招之不就。

按：集中有《喜杜荀鹤及第诗》曰：深岩贫复病，榜到见君名。贫病浑如失，山川顿觉清。一春新酒兴，四海旧诗声。日使能吟者，西来步步轻。荀鹤筑别业于杜坞，昭象当有题咏，今逸不传。

4. 罗隐

字昭谏，号江东生，余姚人。乾符间，父罗则为盐铁小吏。迁秋浦尉，值黄巢乱，遂同隐、虬、邺三子隐于梅根浦。郡守窦滳作别墅居之，遂籍本州岛。有《文选阁》《文孝庙》诸诗。隐以钱镠辟为从事节度判官副使。所著有《三罗诗》三卷、《江东集》十卷、《甲乙集》十卷、《吴越掌记》十卷，皆自为序。又有《谗书》、《湘南集》、《淮南寓言》等书。

5. 伍乔

贵池人。贫约自甘，访道庐山国学。方夜诵，窗外忽一巨掌入，中书"读易"二字。乔遂取《易》治之，探索精微，深契其旨。有僧梦一大星坠，人曰伍乔星也。及访得，因资俸之。南唐保大十三年春，试画《八卦赋》，举进士第一，为歙州通判。寻召为考功郎，诏令刊《八卦赋》于国学门以式四方。国除，耻仕易姓，遂归隐。有《游西禅院诗》，即今乾明寺也。

（二）宋代文人

6. 梅尧臣

字圣俞，宣城人，历官员外郎。家贫好饮，与欧阳修为友。其序《宛陵集》曰："世谓诗少达而多穷，盖非诗能穷人，殆穷者而后工也。"尝有人得西南夷布，其织文乃尧臣诗。庆历中令建德（今池州东至县），有《咏西禅院竹》诗。

7. 黄庭坚

字鲁直，号山谷，分宁人。以绍圣元年九月辛丑过池阳，与兄黄士临、弟叔献、叔达，率子孙题名蕉笔岩，并有《昭明庙纪事》诗。

8. 朱熹

字符晦，婺源人。父松，究心河洛宗旨，成大儒，为尤溪尉卒。熹年十四，奉遗命依刘子羽，寓居崇安。晚徙建阳，集诸儒之大成，发宣圣之秘要，谥曰"文"，封徽国公。曾游池州，有《九日登湖山和杜韵》诗。

9. 周必大

字子充，一字洪道，庐陵人。嘉泰元年，御史施康年劾必大首唱伪徒，与赵汝愚留正皆为罪首。四年薨，年七十有九，谥"文忠"。宁宗题篆其墓碑曰："忠文耆德之碑。"自号平园老叟，著书八十一种，有《平园集》二百卷。按：周益公泛舟山浙一录，所至必游，所游必核。尝两过池州，有"天遣江山助牧之"之句。

10. 陆游

字务观，号放翁，会稽人。年十二能诗，荫补登仕郎。锁厅荐选第一，秦桧孙埙适居其次。桧怒，至罪主司。明年试礼部，主事复置游前列，桧显黜之，由是为所嫉。桧死，始赴福州宁德簿。嘉泰二年，修《孝宗光宗实录》成，升宝章阁待制，致仕。游才气超逸，尤长于诗，卒年八十五。按：放翁游池州时，乾明寺尚名光孝也。

（三）元代文人

11. 贡奎

字仲章，号云林，宣城人。甫十岁辄能属文，既壮，通经史，以文学发身。大德五年授池州路齐山书院长。有《游铁佛寺》诗，凡秋浦古迹名胜皆有题咏。官至检讨，谥"文靖"。按：文靖之子名师泰，历官国子司业。父子俱擅词藻，既从游秋浦，当亦歌咏杏村，今诗佚不传，徒令人追慕于千载之下矣。

12. 张正卿

至大间，任池州同知，尝捐五十金刻《文选》于池州，贮板昭明庙。

13. 余琎

以大德九年祀官池州，累官肃政廉访使，后于至大间，即池故地归老。撰《重刻文选序》。

（四）明代文人

14. 陶安

字主敬，当涂人。锐志濂溪关闽之学，元至正间，授明道书院长。洪武初，以迎车驾授左司员外郎，升翰林学士。赐对曰："国朝谋略无双，翰苑文章第一。"池州境内题咏最多，西郊有诗。

15. 沈昌

号野航，鸾乡人。弘治间，以岁荐廷试第一。不乐仕进，归隐梅山下。其自题诗曰："我是梅山旧主人，寒香惟我得平分。年年分得知多少，欲献君王羞自云。"所著有《池阳怀古诗》，合前后两集，共二百首，杏花村名胜，俱有题咏。长林杨暹得之村塾。

16. 佘翘

字聿云，铜陵人，吏部验封司敬中子。生四岁，颖异绝伦。稍长读书，目数行下。善属文。万历辛卯中,应天乡试,屡上春官不第。归治一画舫,曰"浮斋",往来湖上。杏花村名胜多有题咏。

17. 顾元镜

字韵弢,归安人,天启末守池州。文采风流,以杜牧、欧阳修自比。登山临水,有康乐风。建杏花亭于村中,建阆亭于齐山湖,同僚属饮酒赋诗。时江南熙皞,政事画一,略无更张,吏民便之。崇祯末,复为池太道,声誉悉如治郡时。又十余岁,留仕粤西以终。

18. 李学沆

字靖孩,生潇湘云梦间。少负才节,汪洋浩瀚。万历时侍父一凤来令贵池,日与池缙绅文学登眺檀婆、大楼、万罗诸名胜,把酒问天,以寄其萧疏旷远之致。天启末复贰政,兹邑才人不得展其抱,牢骚愤激之感时时发之歌咏。所著《秋浦集》中有《杏花村》诸诗。

19. 潘之恒

字景升,歙县人。性豪迈,为太学生,自髫龄辄以古文词受知于汪道昆、王世贞。年四十不得志,溯江而上,历浔阳,陟匡卢,登玄岳,经武昌、齐安、郢中诸名胜,徘徊想望,意趣洒然。已,复放舟东下,从青阳跻九华,盖兴尽而返之时也。自题其游草曰《涉江集》。所撰有《湖山窥园记》。

20. 吴光裕

字宽生,九华人。善诗赋,精六书,工大篆、小楷、八分,文翰并妍,不以才名自矜异。晚应崇祯贡,年已六十有一。所著有《离骚副墨》《申椒园集》《饮和社草》诸书。所题《杏花村窥园》诗卷墨迹,犹藏董氏后人。

21. 郎大征

字仲久,秋浦人。生平慷慨多奇,雄豪自喜。甲申变作,遂同遁

288

迹高淳石臼湖，与刘征君城、戴司李重为逃世友。久之各别去，大征归杏花村，誓隐不出。有《蒹露集》。《江南通志》《池州府志》别有传。

（五）清朝人物

22. 宗观

字鹤问，江都人。负才积学，多著述。由庚子贡元司训贵池，自号杏花村客。课士之暇徒步登临，凡池名胜无不留题。

23. 郎必光

字孟照，号亮庵。郎遂之父。尝自署堂名曰"还朴"，因别号"还朴居士"云。晚年，以先世卜居杏花村，因命子著《杏花村志》。书成把阅每称快，四方名人酬赠诗文最富，名曰《爱日编》。

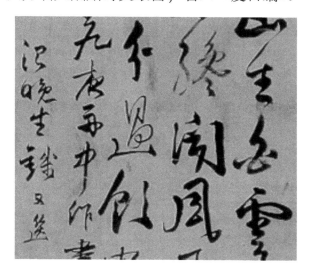

图 48 ［清］钱又选书法。

24. 钱又选

字幼青，青浦人。性洁，好奇，工画。山水、人物、禽鸟、花卉诸种画成，多自题跋。生平有花癖，或浮居，或旅舍，到处必购小轩，迟留久之，种花为娱。遇佳山水，辄登临啸咏，而不忍去。虽生于吴，而秦、晋、楚、蜀、燕、齐、豫、越之区，足迹殆遍。康熙间侨寓秋浦，郡守喻公成龙延为上客。与里人郎遂交最善，尝同游湖山、杜坞之间，为作杏花村名胜诸图绣之梓。所著有《游子吟》，云间彭师援、龙眠李雅序之行世。

"人物传"收录人物较多，也不都是有作品之人，我们选择介绍了24位与杏花村结缘的文人。这些人中，唐宋两代的文人都是一流人物，元明之后的多为地方文人。如佘翘、潘之恒都是戏曲名家，郎大征、郎必光是郎遂的家人，大征是郎遂的祖父，必光是郎遂的父亲。

这些入传的人物在当时都是已经作古之人，与郎遂同时的文人并没有入选其中，比如与他交往密切的东至人王尔纲等。其他诗文作者，只在卷五至卷十二中随诗附有作者小传，有些是名声很大的文人，比如吴应箕、曹曰瑛、尤侗等人，也没有选入其中，但大多数都是与郎遂相识的文人。

二、文学作品

贵池杏花村文学遗产可以分为两大块，一是历代文人对贵池杏花村的吟咏成果，二是民间传说。第一类是贵池杏花村文学的主体，是文人雅士的情怀。第二类是民俗世界的展现，是村落文化的经典。

（一）诗文作品

《杏花村志》《杏花村续志》①两志搜罗了历代文人关于杏花村的诗歌和相关文章，内容丰富，主题突出。作品主要是以杏花村各景点

---

① 郎遂《杏花村志》，康熙二十四年刊本、民国八年刊本。胡子正《杏花村续志》，民国四年印本。

为中心而展开，创作则往往以相互唱和的形式而启动。仅就诗歌而言，其实包含着山水诗、田园诗、咏史诗、唱和诗、抒情诗、咏物诗、言志诗、游历诗、送别诗、题画诗、远寄诗、农事诗等各种主题的诗。

《杏花村志》卷五题咏是七言绝句，卷六题咏是五言古诗、七言古诗，卷七题咏是五言律诗、七言律诗，卷八题咏是五言排律、七言排律、五言绝句、词赋，卷九宸翰是制、敕、文章，卷十文章是序、引、启、檄、笺、疏、赞、教、上梁文、墓志铭、祭文、书事等，卷十一有传奇一篇，卷十二杂记虽可视为文学小品、诗话之类看，但多为备忘录。另外，卷前有序言多篇，卷一亦有诗文若干，在介绍杏花村地理景点时，也有多处引用诗文之例。可见，全书十二卷，三分之二为诗文。

《杏花村续志》共三卷，搜集了《杏花村志》刻印之前未收录的少数作品以及《杏花村志》之后诗人的作品。该志只有三卷，分为卷上、卷中、卷下。其中，卷中为题咏、词赋，卷下为碑记、笺启、杂记，所载诗文占全书三分之二。

这些诗歌与文章只写了一个主题，就是杏花村里的人和事，所写人事繁多，感慨深浓，五彩缤纷，眼花缭乱。但是若从文学创意上来，那是要大打折扣的。写杏花村意象的作品，基本都在杜牧《清明》诗意上打圈圈，其他景点的诗也都今古相因、人我相和，很难说有多高的文学价值，从来往文人惺惺相惜、心怀村野的视角来看，杏花村文学的民俗价值才是其最核心的价值之所在。

（二）民间传说

两部村志中记载了一些流传于杏花村周边的民间传闻以及众多的创作诗话，记载的文本可以视之为民间文学，主要录存在介绍村中景点、人物以及杂记等文字中，这些传说为地方传闻，在文献上有的是孤本，可从另一个方面真实保存了当时的生活原生态。

1. 窥园的来历

窥园在杏花村"村中"的昭德坊附近，有明代人董模所建的一处园子。明代万历年间徽州著名戏曲家潘之恒来到杏花村，有感于窥园的意境，特意写了一篇文章叫《窥园记》，详细介绍了窥园的来历。

图 49　杏花村端午龙舟赛（饶颐摄）。

原来歙州学博董模先生（字子修）在杏花村湖山上建了一个园子。董模的祖先汉代大儒董仲舒因为爱学习，连偷看一眼窗外园子的时间都没有，这个故事叫"学不窥园"。董模说："我祖上以不窥园而著称，我恰恰相反，喜欢窥视园外秀丽的景色。"

从这个园子向外看，景色怡人，近处可窥见齐山，以石著称，人们称为"小九华"。董模曾对潘之恒说："贵池城西的湖山下有一个湖叫白浦圩，水面如镜，倒影空碧，附近有玲珑古刹，可以隐居，还有稻田树林点缀其间。又有黄公清泉，泉水可以解渴。可以远眺铁佛寺，可以近吊文选台。而更妙的是杏花村里有美酒可沽。这些美景都可以从我的园子里一览无余。我每天看着园外的景致，坐享这些赏心乐事，所以将我的园子命名为窥园。"郎遂曾写了一首《窥园》诗："十载下帷曾此地，何嫌业就一窥园。遗文收入名山注，易代萧条迹尚存。"

董仲舒的不窥园是好学的象征，而董模的窥园则是风雅的体现。闭门学习固然重要，但融于山水更能陶冶情操，与经典的传说相悖而行，确能取得让人为之一振、耳目一新的精神愉悦，所以窥园成为杏花村里一处让人流连忘返的景点。

2. 关帝托梦

在村中的钵顶山上，有一座祭祀三国大将关羽的关帝庙。左边有火神庙，右边有马王庙。这个关帝庙是非常灵验的，明代就有一个传说。

明代贵池人方仪凤，小时候学习儒家经典，成绩不大，到了三十六岁时，想弃文学武。有一天，他从浯溪山来到杏花村里关帝庙投宿，希望能够得到关帝的梦兆，这天晚上果然梦见关帝给他托了一梦。过了二十年，他参加万历丙辰科的考试，竟然考中第一名，后官至南路副总兵。到了八十多岁时才回归故里。

方仪凤平生做了许多梦，大多实现了。据民间传说，方仪凤小时候在寺庙里读书，听到和尚念经，嫌其太吵，常常要求师父们停下来，可是没人理他。于是他为那座庙戏题了一首诗，其有"斋公寡妇"之语，因为这庙是一个寡妇赞助修建的。一天晚上，他梦见神对他说："你命中注定，将来会考中高第、名扬天下的。但是你写的这首诗，实在有损于你的将来。不过，你的功名已经注定，不能更改，若能弃文习武还是照样可以成名的。"

关于梦兆，在古代社会是一种普遍的信仰。这个传说用事实来"验证"了梦兆的可信，其目的是让人尊崇佛家，不轻易发表有损别人信仰的话语。同时让人相信，若能虔诚改过，认真学习，适时调整学习方向，还是能够取得骄人业绩的。

3. 铁佛的兴废

在村中的乾明寺里，有一座宋代绍兴辛未年所铸的铁佛，后人为其写过不少诗文。

明代万历年间，铁佛差点被销毁。当时民间有谣言，说铁佛寺应当拆除，因为郡龙从西边来，对池城不利。地方官信以为真，于是命人拆去后殿。不久，又想拆除前殿，铁佛就供在前殿。铁佛因为太重，难以移动，有人建议将铁佛碎成三段搬运。后来在众人的劝说之下，方才没有拆毁铁佛寺前殿。

康熙年间，郎遂的好友、吴应箕的族弟吴非写过一篇《游乾明寺铁佛记》，介绍他所见到的寺中铁佛，并且考证了历代"冶金为人"的历史，如以铜佛、铁佛的事迹。陆游到池州，曾游光孝寺，他在书中说"光孝寺即乾明寺"。

吴非进入乾明寺后，看见铁佛像垂膝而坐，脚趾着地，头触屋顶，高约二丈。过去贵池人刘城来游时，曾记录说它为万历辛丑癸卯间修补空残及宋绍兴年月、姓名的大概，但想了解铁佛何时所铸却不得而知。吴非发现，佛背积满灰尘，有一寸多厚，扫去灰尘字迹仍然可辨，上写着："都干缘永平内院僧某，敕干缘赐紫沙门某，以绍兴辛未二十一年十一月日铸佛讫。"吴非说"铁佛则自高宗辛未迄于今甲午，凡五百又四年"，可见历史悠久。

清代地方官姚子庄，为了重建铁佛寺山门，曾写过一篇《铁佛寺重建山门募引》，介绍了更多铁佛寺的情况。明代嘉靖年间，地方上又用铁八千余斤，对铁佛进行了重新补铸。此后该寺所得捐俸施财不断，琳宫宝殿，渐次增华，香火非常旺盛。明末天下大乱，铁马金戈、尘埋贤劫之际，铁佛安然如故。清初戊戌年，有一个白汉和尚，戒珠素洁，意志坚定，入住铁佛寺。他进寺一看，寺中长满兔葵燕麦，庭前尽是断础残垣，他于是克勤克俭，整理修缮，一段时间后，铁佛寺又略具规模了。

但是，清代咸丰三年五月，太平军攻陷贵池城，火烧乾明寺而去。咸丰五年，太平军头领吴采苹等屯兵于贵池西门外，竟然销毁铁佛作"炮子"。相传毁佛之时，佛背上有"绍兴辛未仲冬月，宗越募造"十一个字，许多人都亲眼见到了。

清末民初，胡子正和朋友们寻访过村西铁佛寺。他们看见遗址上仅存茅屋数间，有一个道人，六七十岁，守着香火。他们询问铁佛寺被毁时的状况，老道人一声不吭，叹息很久，才拿出一块方铁，厚约一寸，黝然发光，让大家传看了一番。又过了多年，胡子正重过其地，发现已经一无所有，连茅庵也不见了。

有一个半禅道人曾题铁佛寺一联云："有人相说是铁，有我相说是佛，无人我二相，即佛是铁，即铁是佛；执慧空见是佛，执尘空见是铁，浑慧尘一空，何铁非佛？何佛非铁？"又有人题铁佛寺对联云："佛自西域来，大冶洪炉，是铁皆堪铸；僧从十方至，孤云野鹤，何天不可飞？"这两幅对联都非常有深意，展示了铁佛的佛性。

从宋代绍兴辛未至清代咸丰乙卯，铁佛存在了七百多年时间。初造铁佛之时，初衷一定是希望佛像能够穿越时间，长久存在，但是即使是铁铸佛像，也未能逃过被毁灭的命运。

4. 郎必光孝行

郎遂的曾祖父叫郎思舜，祖父叫郎大征，父亲叫郎必光。郎思舜的墓在杏花村的村东，关于他的墓，还有一段不平常的经历。

明代崇祯末年，宁南侯左良玉兴兵南下，两下池州，所至之处，剽掠一空。因为该部队士兵无行，沿江墓棺多被发掘。当时郎思舜夫妇的棺木还未安葬，放置在江边的百牙山上。郎遂父亲郎必光病得很厉害，心里非常担忧两具棺木的安全，日夜悲号。郎必光的父亲郎大征当时在湖州，其兄郎大受隐居在山中，都不知道家中之事。其他长辈都很害怕，不敢出头露面。夏五月二十六日，郎必光孑然一身，带病用绳索从城墙下到城外，从百牙山扶两柩合葬于杏花村。其时，棺木尚未入土，忽然北方兵队已经到了跟前，从池口至吊桥，一路上老百姓都惊散逃窜，郎必光独自一人，抚棺号泣。北兵见之，有人问道："今天是什么日子？"郎必光随声应答。北兵看此情景，都说道："这真是一个孝子贤孙啊。"并且还轻声宽慰郎必光。郎必光抚棺二日，等部队入城安定后，才请人帮忙将棺木深葬。这件事一传开，大家都说郎必光因为至孝，所以才能感动了莽横的士兵。

郎遂编写《杏花村志》，在记录杏花村的历史文献时，也对自己的家事、个人的作品进行了录存。志书里有郎家的户牒、谱系，有郎家的一些名人的事迹。这则故事确实能让人感受到郎必光的孝行与胆识。

5. 梅林洲梦梅

在村西的秋浦河杜坞对岸，有一处水中高地叫梅林洲，又叫梅里洲，即今梅里镇。相传，宋元以来，洲上梅花极盛，因此而得名。福建诗人陈元钟到此游览，爱此地清幽，很想在梅里洲上筑一处居所隐居。后来陈元钟到了霍丘，仍然怀念此地，写了一首怀旧的诗："曾拟梅林作隐丘，赋诗论史共浮游。侍闰归计今方切，未识山灵许我不？"有一本书《雪浪余闻·纪梦梅》记载了一则陈孝受的传奇故事。

陈元钟，字孝受、孕采，福建连江人，年轻时曾随父亲在池州官署里生活过。在池州，有一天晚上，梦见同乡的孝廉林初文来访，于是二人一同步行于梅花树下赏梅，其时梅花盛开，芳香朴鼻。林初文告别时，写了一首诗赠给陈孝受，诗曰："常疑人是画，却看画中人。携手梅花下，梅花君后身。"

图 50　饶永《杏花村十二景——梅洲晓雪》。

陈孝受醒来后，感到非常惆怅，不禁回想起，自己小时候也曾梦到过梅花的往事。梦中梅花盛开，有一位绝色女子，倚靠在梅树上，手持花枝，柔情缱绻，与陈孝受极相亲昵。分别时，陈孝受对女子说："卿言此花，梦耶？醒耶？"女子笑着对陈说："君疑此身，人耶？鬼耶？"于是手指梅花，索要诗篇作为信物。陈孝受梦中赋诗一首，其中有"枝横云上下，影共月徘徊"之句，其余醒来都记不起来了。他感到非常遗憾，特意将梦中之诗补全："梦为梅事发，梅向梦中开。皎洁分明是，芳芬仔细猜。枝横云上下，影共月徘徊；欲折陇头寄，凄凉隔夜台。"

这其实是一则优雅的诗话，但更像是一篇唯美的聊斋故事，梦梅、咏梅、赏梅、爱梅，皆因为梅花的缘故，所以陈元钟来到梅林洲，很想寄隐于此。这则故事也为梅林洲增添了浓厚的梦幻色彩，美丽、清淡、悠远。

贵池不仅杏花繁盛，自古也是梅花遍地开。除了梅林洲梅花极盛之外，从现存地名中就能感到贵池的梅花之盛，如梅村、梅街、梅山、梅根、梅埂、梅垅、梅冲、梅子岭、团梅岭等。

6. 杜坞庄归隐

杜坞庄在杜湖的岸边，明代贵池人丁昴曾在此归隐。明熹宗相国丁绍轼在修《丁氏家乘》时，特意为丁昴立传。丁昴是杏花村里一个传奇式的人物。

丁昴小时候学习儒业，非常明白晓畅。但是，他个性很强，不太合群，不喜欢受人约束，小试不利，即弃文习武。习武不到半年，就捷取武科第四，中隆庆甲子、丁卯两轮解元。甲戌年参加会试时又得第三名探花。原来，当时主考官是前状元范屏麓，本来拔丁昴试卷第一，对其极其赞赏，不巧范屏麓此时病倒了，副考官于是将丁昴排在了第三名。范后来非常生气，授官时特意将丁昴分到条件较好的汝宁去当守备，明神宗万历皇帝为此还下了一道《敕河南汝宁府守备丁昴》的诏书。

丁昴到汝宁去之前，丁绍轼的父亲赠给他六个字："尊黄石，礼盖公。"意思是做人要低调，但丁昂却听不进去。到汝宁后，有一次出题考武生，按惯例当时是太守主事，但丁昂自以为娴熟于文艺，于是将考题出得太难，让太守很不高兴。丁昂与文官下棋时从不肯谦让，并且还说："下棋就相当于打战。我是武臣，怎么能够有败局呢？所以，不可能让棋的。"大家都看不惯他，所以过了不到两年，便只好罢官归家。

回到贵池，他隐居于杜坞庄上，整天以打渔为生。他打起渔来，连老渔民都自叹弗如，过了三十多年，都不改初衷，家里也变得略为富饶。有的人劝他再出去做官，但他一概不予理会，远近的人于是把他看作是陶朱公。丁昂特别爱好黄老道家之言，与一些潇洒人士有时持螯烂醉，有时下棋长啸，有时大叫狂言，有空时则拥抱着三五个小妾对棋醉酒，真是自得其乐之士。

丁昂身材魁梧，高大俊伟，声音洪亮，辨博纵横。但是这个世界竟然抛弃了他，而他也怡然抛弃了这个世界，最后，一代俊杰竟然以打渔而终，实在让人感到悲哀！

丁绍轼笔下的丁昂是一个狂放无羁、文武双全的人，但是他性格狂傲，真诚率直，毫无穷酸习气。与人共事时很容易得罪人，虽然有过好的开头，但最后还是归隐乡间，打渔为生。

武举在贵池，明清时代很有成就。丁昂开贵池二百年武科之始，继之者有贵池舞鸾乡纪元宪，于万历三十二年（1604年）中武进士，后官至征西挂印大将军，福建、广西副总兵，纪元宪是丁家的外甥。

7. 圣母桥兴废

在贵池城西四里处，即村西的西湘，有一条小河，只有八九尺宽，与西庙相邻。有一条驿道正好跨越小溪，溪上过去有一座小桥，叫圣母桥，俗称娘娘桥，据说此桥于唐代最早修建。圣母，据说是指明太祖朱元璋敕封的镇泗州水道之神，但不知为何用于贵池之桥。此桥经过历年的水流冲击，已经残缺倒塌，过河的人都感到很头痛。

元末至正年间，杏花村里有一个叫管云甫的人，看这圣母桥年久失修，有志于将这座桥修缮好。他回家与妻子游氏商量，游氏非常支持。于是他们自己出钱，请人测量溪水的深度与河面的宽度，用石料修葺该桥。不幸的是，桥还没有修成，他的妻子游氏便去世了。但管云甫不改初衷，认真仔细地打磨工艺，经过两年多时间，桥终于修成了。他在桥旁立石，记载修桥之事。此桥可以济车途之往来，壮远近之观瞻，祈望来往者安然过桥。

三百多年后，到了明代万历年间，圣母桥作为古迹，已经倒掉了，但遗迹犹存。池州地方官秦懋义重修西庙时，经过圣母桥遗址，看到它崩塌了，于是写了一道《告示》贴在上面。《告示》说："贵池有此古迹，是非常值得珍惜的。既然大家那样敬仰西庙里的神，却为何不把这座桥重新修好呢？修好之后，可以壮神灵，也可以通两岸。"当地人纷纷解囊捐资，万历甲寅年的冬天，圣母桥重新修好了。后人为了纪念秦懋义，在圣母桥附近，修了一座秦公祠。

康熙年间，郎遂来看此桥时，桥只剩下遗址，桥上原来有鳝鱼石，后来藏在荆棘丛中了。

圣母桥桥畔过去有一处遗爱祠，祀田甚多，就在桥的附近。明代池州太守、《正德池州府志》的主修者何绍正为了祭祀包公，特建遗爱祠，后来池州人以包、何二公并祀于该祠。遗爱祠后被迁移到贵池城的东门毓秀门内。至今，西庙遗址附近仅存有"青宫遗爱"石柱一根，而圣母桥已不知何处。

这是一座来历已不明但名称却令人敬畏的小桥。桥在民间文化中就是度人之道，修桥补路，是积德累功之事。圣母已不知何指，但元末杏花村村民管云甫的妻子游氏慷慨支持丈夫出己资修桥，此举即是贤惠通圣的象征，从某种意义上看，以她为"圣母"也无不可。

8. 谢瘫子佚事

明代万历年间，杏花村里有一个残疾人"谢瘫子"，常常臀部着地，用手衬足而行。大家见了他，都很同情他，送些饭食给他吃。丙寅年冬的一天，他在村里偶然捡到了二十两银子。第二天，他看见有一个人慌慌张张、大声呼叫着从他身边跑过，好像在找什么东西。谢瘫子便问他："你是来寻找丢失的银子吗？我帮你保存在这里，一点也没有少，你拿回去吧。"那个人听见此说，取回银子，不胜欣慰，急忙作揖打躬，深谢不已。此时，谢瘫子不知不觉中忘记了自己是一个瘫子，竟然站起身来，向那个人回礼。等他作完揖后，他的两腿忽然可以伸展自如。他便移动双脚，试着走路，竟然能阔步前行了。

从此之后，谢瘫子成为杏花村远近闻名的相面算命的师父，说到别人命运的好与坏都非常灵验，人们以为是神授予了他这个本领。这个故事后来被写进了县志，有一个诗人叫章曼卿，经过杏花村时，还写过一首长诗来歌颂表彰他。

谢瘫子的故事是中国民间故事里很常见的故事类型，目的在于宣扬"好人有好报"的民俗理想。这似乎是神在考验一个需要帮助的弱者，在利益与道义之间，谢瘫子毫不犹豫地选择了道义。他的拾金不昧的精神，即使在今天也还有很强的现实意义。

9. 高僧传说

在杏花村里，流传着好多个关于得道高僧的传说，如万历间净林庵高僧妙光、康熙间三圣庵住持竺厓、西隐庵讲师含融、三台庵女僧、也罢了庵潜川半禅道人、华严庵禅师丹霞、回澜庵诗僧通粲等，其中，周金和尚和觉源和尚的传说最有禅意。

在村西的西庙前，有一座墓，墓主是明代的周金和尚。周金和尚本来是嵩山少林寺的高僧，慕名来到九华山。正好此时，明代著名理学家王守仁（字阳明）第二次来游九华山，也在山上，周金和尚便去拜望他。王阳明先生赠给他一副偈："不向少林面壁，却来九子看山。锡杖打翻龙虎，只履踏倒巉岩。这个泼皮和尚，如何留在世间！呵呵，会得时，与你一棒，会不得时，且放在黑漆桶里偷闲。"

嘉靖戊子年，周金和尚从九华山回到罗汉寺。有一天中午，他严肃地向其他和尚说了一偈："千圣本不差，弥陀是释迦。问我还乡路，日午坐牛车。"说完，跏趺而坐，安然圆寂。后来，人们将他安葬在杏花村里。

这个传说主要是宣扬王阳明与周金和尚的两首偈立意高深，二人的偈都写得都极具有禅意，参透了人生的玄机。这个通脱高僧最后守在杏花村里，是村人的一种安慰，他的墓也成了村里供人瞻仰的一处景点，人们可以从他的传说中得到人生的启示。

在村北湖山的北麓，也有一座觉源和尚的墓。觉源和尚本来是岭南人，明代万历年间，作为行脚僧，来到池州，在贵池城内的祝圣寺里修行。他独自坐在一个龛子里，常常连续十多天只喝点水，却不吃任何东西。有一天，他向庙里的和尚一一告别说："我十三日就要走了。"师父们以为他又要行脚到别处去，都没有在意。当那一天到来时，大家看见觉源和尚跏坐、圆寂于龛中，才明白他原来是一个高僧。师父们将他葬在湖山上，建了一座僧塔来纪念他。

这两则传说都意在说明，高僧因为参透了生与死，对自己的死期都是看得很通透的，这种观念在古代社会是一种普遍的民间信仰。

三、文学作品的来源

《杏花村志》中所载诗文出自何处？或者说，这些诗文是编者郎遂从何处所得？通过对志书的通览和爬梳，不难看出，诗文主要有三个来源，一是从史籍或者是地方志中所得，二是从前人或时人的别集中所得，三是与编者相唱和的作品。后编的《杏花村续志》也大体如此。杏花村诗文这三个来源，两志的共同特点是，第三个来源点有最大的篇幅，这也与编者广泛传播、用心搜罗甚至故作唱和而混为史料之举不可分割。

《杏花村志》在开首提供了一篇《考据书目》，一共录有92种103部著作。这一百余种书籍，为一部村志提供材料，可谓丰富。既然书目非常明晰，可见编者是亲眼目睹的，不能说均能据为己有，但借观、抄录当是必定的。可是，这些书目只有11种录有简要注解，其他92种书籍均没有提供版本、作者信息。有的是流传甚广的书，没有注明著者与版本的必要，但地方上一些文人的诗集，还是很有必要作一个信息交待的，因此甚至让人怀疑编者是否对这些所录书籍都真的过目了。当然末尾的12种一定是很清楚的，因为那是编者自己的作品，不过这些书籍肯定不是都有刻本的，有可能大部分是抄本。

第1—26种均为历史与地理著作，主要引录其中关于池州的历史地理信息的。从第27种《唐诗纪事》开始到第91种多为唐宋元明清文人诗文作品，其间混有《万姓统谱》《五灯会元》等杂书。而后所补的《还朴堂撰著书目》12种乃为作者个人著作。明以前作品应是取其印本，清初或同时作品应是抄本居多，而最有价值的部分应该就是这些不为一般目录学著作著录的作品集子。

两志所载文学文献，一是出自明清之交的诗人别集，一是来池游历的文人相互赠答之作，一是当地文人的作品。《杏花村志》和《续志》中都有相当一部分是与编辑者相唱和的作品。这些诗文，主题集中，均为咏诵与杏花村相关的景点，被搜罗成一集。而民间传说则是作者根据村中口耳相传的现实材料记录下来的。

四、文学遗产的价值

两部村志采录的文学作品价值都体现在哪些方面呢？

（一）文献价值

贵池杏花村之所以青史留名，而其他杏花村在历史上只不过一闪即逝，主要有两个重要原因，第一个就是首发现者、官员兼诗人杜牧的诗意探寻，第二个原因则要归功于清代初年和民国初年两位乡人的资料搜集整理工作。

《杏花村志·凡例》有一条："康熙甲寅（1674）春月起稿，距今乙丑（1685）仲夏，授梓成书。"可见，郎遂以十一年心力修成《杏花村志》，及时保留了许多第一手史料。这些史料可以分为两部分，第一部分是对康熙初年的村庄格局与文物留存的描述，第二部分是对历代文人题咏杏花村作品的搜集与归类。第一类文献是非常珍贵的，否则我们今天很难知道这一小片山水在历史上曾经的繁荣，第二类文献则构成了对杏花村的诗性塑造，没有这些文学作品，我们将无从品味、追慕、咀嚼杏花村的甘甜。

在郎遂的那个时代，文献资料的获得是非常艰难的，而且他本人也只不过为地方上一个名声不显的文人，描画一份村落文化地图是容易的，但要全方位地搜集到这么多文学作品是有相当大难度的。即使今天文献资料检索方便，若没有郎遂的筚路蓝缕之功，我们要编成这么一部文献资料集，也是非常困难的，因为许多文人的资料今天都已失传了。

而胡子正在郎遂之后230年，细心搜罗，得诗文一卷，也弥足珍贵。也许他搜集得还不够全，但关心杏花村的最大人群应该还是杏花村里人，而这些地方文人的作品是很容易流散的。从胡子正到如今又过了100年，这百年间题咏杏花村的风雅之事从来没有停止过，可是我们并没有发现一部搜集整理好的诗文集存世。1949年之前，一定有相当数量的旧体诗在吟诵杏花村。1949年之后，尤其是近三十年来，各种体裁的杏花村诗文作品已相当可观。但像郎遂、胡子正这样以个人之力广搜文学文献之举已经消停不继，这百年间的杏花村文学文献正有待查考。因此，我们会更加深刻地体会到杏花村文学文献的重要价值之所在。

（二）认识价值

《乾隆池州府志·凡例》第五条说得最清楚："志载著作，非徒撷其才华，亦以资其考镜。故于建置则有碑记，典故则有考辨，名胜则有诗歌，人物则有奏疏传志。"这里说的是文学作品的认识价值。杏花村文学作品的认识价值也是非常明确的，虽然这些作品只不过是一些文人面对杏花村的个体咏叹，但其字里行间均透露了那个时代、那个地点、那些文人骚客的社会、历史、心理信息。

认识价值可以理解为：文人在杏花村里的交往情况。这是历代文人活动的通则，相互之间就山水之情抒发感慨，惺惺相惜，互相唱和。诗文对杏花村景点的确认。诗人经过某处景点，触景生情，借题发挥，在这一层主旨之外，却也为后人指明了此处景点的存在方式与内涵意蕴。因郎遂与胡子正在两部志书里都留下了表明自己编辑志书的志向、邀请朋友为其作诗写序以及相互唱和的作品，这就可以让我们看到，这些作品其实还包含着志书编写过程的信息。

（三）传播价值

《杏花村志》编辑完成后，于康熙二十四年刻印出版，这就相当于我们今天的文献复印行为。一个文件一旦复制了很多份，就会不胫而走，传播四方。《杏花村志》印了多少册，印好之后送给了哪些人，是否形成了商业价值，我们都不好判断了。但这部书是确凿无疑地传开了，不仅在刻印后，而且在刻印前就已在朋友圈子中传读了。郎遂编好草稿后，携带着它走四方，每到一处都会寻找机会、邀请名流为之题序，而题序者自然要将其手稿阅读一遍，这就是一种很好的传播。

《杏花村志》在乾隆年间被收入了四库全书编辑馆，后被录为存目类书籍。《四库全书总目提要》明确地记载这本书是"浙江巡抚采进本"，可见在乾隆年间此书已在浙江民间传承了。而今仍然保存了几份此书的样刊，也是该书刻印后，传向四方、得以保存的明证。

而在传播过程中，文学作品的传播会更具有魅力。外地人对杏花村景点是陌生的，若不亲历其地，很难产生亲和感。但文人对诗文作品非常敏感，读到别人的尤其是朋友关于杏花村的好诗，总会技痒难耐，于是和上一首或几首自然是情理之中的事。诗人间相互唱和就是一种文学传播的好形式。相互唱和的诗人不一定都在一个酒席之上，有的相距甚远。有许多外地的官员、文人来到杏花村，受到感染，当他离开此地后，就会有一些怀旧的心情需要打理，于是杏花村就像一粒文化种子，随着这些文人的来往穿梭，传播到远处，传承到今天。

（四）美学价值

说到杏花村文学，一定不能忘记它们首先是一组主题鲜明的文学作品，主要是诗歌，诗歌的美学价值是其作为文学作品的本质价值之所在。这些诗文作品主要都在吟咏什么呢？为什么要吟咏？是怎样吟咏的呢？

不容置疑的是，这些诗文作品只是围绕着一个主题，一个中心，那就是杏花村意象以及杏花村里的众多景点。从杜牧《清明》诗开始，杏花村就已经从地理概念升华为文学意象，拥有了自己的文学品格。此后的历代文人均从杜牧的这一层意旨出发、展开、延伸、变形等，总脱不了杏花村里的杏花、杏花的花色、杏花的凋落、杏花的象征意义以及村落、牧童、酒家、江南、春雨等，这个意象群共同营造出一份"杏花春雨江南"的美学境界。

是什么触动了文人们那扇细腻感伤的心扉，让他们流连忘返？是什么让他们保守着对这片山水的执着情怀，令他们一唱三叹？是什么让他们在文字的王国里遨游，倾吐出如丝如锦的华美篇章？其实只有一种情怀，那就是对生命的珍爱、对山水的认同、对家乡的眷恋、对历史的敬畏。这些诗歌作品很难说在文学史上占有什么重要地位，也很难说与杜牧《清明》诗的文学价值孰高孰低，但它们是一份份情感的纵向叠加。当我们翻阅这些被封尘已久的杏花村诗歌时，我们打开的其实是一份份情感的自白书，面对的是一滚烫的心，品味的是一杯杯历史的陈酿，留下的是久久不能消散的酸甜。

图 51　杏花村雪景（饶颐摄）。

他们用什么方式在那里吟唱呢？古代文人表情达意的最佳工具就是古体诗词，这些诗歌以格律诗为主体，篇幅最多，而和《清明》诗相类的七言绝句最为常见。词赋比较少，竟然还有一支曲子即王尔纲的《杏村醉雨》。文章体裁繁多，如制、敕、碑记、记、序、引、启、檄、笺、疏、赞、教、上梁文、墓志铭、祭文、书事等，令人眼花缭乱。文人们使用不同的文学手段来赞美杏花村，其目的也很明确，那就是杏花村意象的美感令他们无法平静，只有通过不同体裁的摹写才能抚平他们被搅动的情绪，同时，既然有了这些传统的表达方式，为何不去尽情地采用，以达到出神入化的境界？

（五）民俗价值

杏花村文学作品产生于不同时代，诗文中所展露的时代气息不仅表现在历史文化背景上，而且处处都体现着不同时代的民俗印记。生活是民俗的海洋，生活中人与人的交往方式、生活方式、生产方式都会在诗文中留下蛛丝马迹。

在杏花村文学作品中，我们能体会到历代官员与文人在闲暇时光，前去西郊寻胜的优雅生活，可以体会到他们拜谒昭明庙及各处寺庙时的虔诚与敬畏之情，可以体会到他们对历史人物传说的津津乐道，可以体会到他们在古人墓前的沉思，可以体会到他们面对平天春涨、茶田麦浪、西湘烟雨和白浦荷风时的舒畅情怀，这些都是生活的原生态，在现实视野中都已无踪可觅，但却可以借这些诗歌得以永存。

诗歌里反映的民俗内容表现在很多方面，生动鲜活。比如民间信仰，杏花村里有庙宇多座，有关帝庙、栖云庵，有供奉、纪念、祭祀昭明太子的西庙，昭明太子在贵池已衍化为地方保护神。比如生活方式，有杏花村演武场，为明清时期地方演练兵备之所，有黄公酒垆，乃时人饮酒之所。比如有窥园、丁家花园、焕园等私家园林，有各种纪念牌坊等。比如前引的几则民间传说，则更能体现出民俗价值。

不仅作品里保留了许多民俗生活的内涵，就连作者本人也是民俗表现的主体，乡人郎遂也是一位诗人，他的民俗表现最为丰富。我们可以想象，他是如何走村串巷，寻访故旧；如何徒步寻芳，考察遗踪；如何奋笔疾书，思如泉涌；如何邮筒远寄，问道知音；如何抄写留存，联系刻印等生活场景，这些都在他与朋友的作品中留下了丝丝痕迹。《杏花村志》卷十一竟然还载录了杏花村里他自家的"户牒"与"族系"，以及朋友吴非、陈元钟等人歌咏这些民俗材料的诗文。《四库全书总目提要》认为"至于郎氏族系亦附录其中，则并非志乘体矣"，其实这只是纪晓岚等学究先生的老生常谈。试想，如果没有两份民间资料，我们对明清时代民间生活就不会了解得这么细致。郎氏《户牒》是一份鲜活的民俗档案，可以穿越六百多年的时光，让我们回到洪武四年（1371）的杏花村，感受那些饮食男女的生活起居和家族传承的谱系，真是不可多得的民俗历史资料。

（原载《池州学院学报》2014 年第 4 期。）

论杏花村意象的文化内涵

　　杏花村意象是由杏花意象与村意象相结合的产物，首先出现于晚唐诗歌。现存许浑、杜牧、温庭筠、薛能的四首诗不约而同地创设了杏花村文学意象，其中只有杜牧《清明》诗与酒家义项相关①。宋代诗词也有 20 多例咏及杏花村意象，元明清戏曲小说中提及杏花村意象已非常随意，《红楼梦》大观园里就有一处"杏帘在望"。从宋徽宗时周邦彦的词作《满庭芳·忆钱唐》"酒旗渔市，冷落杏花村"之句开始，杏花村意象与杜牧《清明》诗遥相呼应，成为僻村酒家的代称。

　　作为地理上的村名，今存最早提及杏花村的文献出于南宋，金陵有杏花村，但此村与杏花村文学意象无关，既无酒家之义，也未与杜牧《清明》诗相牵连。明代初年，有文献显示，安徽贵池城西有杏花村②。明中叶之后，因杜牧于唐武宗会昌四年至六年（844—846）任过

---

① 关于《清明》诗是否为杜牧原创，学术界多有争议。该诗最早出现于南宋《锦绣万花谷·后集》，未署名，后来刘克庄《千家诗》将该诗归于杜牧名下。笔者曾疑杜牧对此诗的著作权，著《重审杜牧〈清明〉诗案》（《池州学院学报》2010 年第 2 期）献疑。但笔者近日读李定广《〈唐诗三百首〉有宋诗吗？》（《学术界》2007 年第 5 期）一文中"由于唐代文献散失之严重，许多唐诗名篇皆首见于南宋以后文献"之语，很受启发，认为在新证出现之前，《清明》诗归于杜牧名下可聊备一说。

② 郎遂《杏花村志》卷一一记录了一份明洪武四年（1371）郎家的《户牒》："郎礼卿，池州府贵池县杏花村居住。"这份材料被证实是真实可靠的，同格式的户牒今共存 19 件。参见陈学文《明初户帖制度的建立和户帖格式》（《中国经济史研究》2005 年第 4 期）、方骏《明代户帖研究》（2011 年复旦大学硕士学位论文）。

池州刺史，此杏花村被认定为杜牧当年吟咏《清明》诗的地方。从此，贵池杏花村与杜牧、《清明》的关系确定，地方风物也日渐丰富起来。而同时期金陵、徐州、扬州、淮阴、麻城、南昌、玉山等处的杏花村因与杜牧无关，未能沉积相当的文化史料。而今世俗所知的山西临汾杏花村只不过是 20 世纪 50 年代之后才产生的"杏花新村"，因为它没有历史根据，没有文献积累，没有诗词吟咏，没有文化内涵。

康熙二十四年，贵池邑人郎遂编成《杏花村志》十二卷，后被《四库全书》存目书收录。民国四年，贵池人胡子正编成《杏花村续志》三卷。20 世纪 50 年代开始，贵池开始复建杏花村，早期只是概念复建，即将一些单位或地名冠以"杏花村"字样，21 世纪初开始实体复建，十二年来，已经建成两个杏花村文化公园。2012 年，池州市政府开始大规模建设杏花村文化旅游区，划拨土地 35 平方公里，计划建成一个集传统文化与现代观念于一体的大型民俗休闲度假区。

那么，杏花村意象到底包含着怎样的"文化"内涵呢？可以高度地概括一下，不外乎四种文化形态，即村诗文化、村酒文化、村落文化和村游文化。若用当今旅游业界的词汇来说，村诗文化是旅游特色，村酒文化是旅游品牌，村落文化是旅游产品，村游文化是旅游目的地。

一、村诗文化

杏花村文化的内涵首推"村诗文化"。村庄本是客观的民间存在，要让其上升为一种文化符号，则需要中国古典诗歌的推波助澜，而诗歌与村落之间存在怎样的关系呢？

（一）诗里的村

村是后起字，其原字是"邨"。东汉许慎《说文解字》："邨，地名，从邑，屯声。"到了东汉中后期，"村"字开始出现于典籍中。如东汉末年的魏伯阳《周易参同契》"鼎器妙用章"第三十三："得长生，居仙村。"南北朝时，村字被收入字典《玉篇》中。如《玉篇》卷十二"木部"："村：千昆切，聚坊也。"卷二"邑部"："邨，且孙切，地名。亦作村，音豚。"可知此时村、邨二字已经通用。至南北朝时期，"村"的主要含义是指比较偏僻地区老百姓的生活居住点，有"聚落"的性质，与市往往相对应。

在唐代之前，尤其是南北朝时代，村人群聚的村落已经相当普遍。有人统计过六朝的村名，现存史籍中能找到的有86个村名，如孝敬村、吴村、平乐村、东亭村等，北魏也有38个村名。"这些村名分布于今河北、山东、山西、陕西、河南、江苏、浙江、安徽、江西、湖南、四川等地，此正是南北朝时代的政治、经济、军事中心区。"①

唐朝开始推行"村"制度，将所有野外聚落统一命名为"村"，并依据村内家庭户数的多少设置管理者"村正"。"村"正式成为一级基层组织。"村"制度开始于武德年间，至开元年间逐渐完善。

《旧唐书·食货志》：

> 武德七年，始定《律令》。百户为里，五里为乡。四家为邻，五家为保。在邑居者为坊，在田野者为村。村坊邻里，递相督察。

《唐六典》记开元七年：

> 百户为里，五里为乡。两京及州县之郭内分为坊，郊外为村。里及村坊，皆有正，以司督察。四家为邻，五家为保。保有长，以相禁约。

---

① 刘再聪《村的起源及"村"概念的泛化》，《史学月刊》2006年第12期。

这些材料已经明确了村与邑、坊的对应关系。村的出现是人口发展、人民生活区域向郊外拓展的相应设置，目的在于维护社会稳定和赋税管理。在唐代文献中，出现最多的村的组合词汇如村乡、乡村、村坊、村邑、村落等等，都在说明村是向野外延伸的人民生活居住地。

图 52　陶渊明《归园田居》画意。

魏晋之后，随着村概念的形成，这个概念也向文学意象演化。如陶渊明《桃花源记》："村中闻有此人，咸来问讯。"桃花源就是一个名副其实的村庄，但这个村庄已经淡出人们的视野，成为一个没有政府、没有官吏、没有赋税的理想生活境地，这正是作者的写作目的之所在。这个远离凡尘、远离社会不公的村落，是偏远与自由相结合的境界。

陶渊明在提到村意象的诗如《归园田居五首》其一：

少无适俗韵，性本爱丘山。误落尘网中，一去三十年。羁鸟恋旧林，池鱼思故渊。开荒南野际，抱拙归园田。方宅十余亩，草屋八九间。榆柳荫後檐，桃李罗堂前。暧暧远人村，依依墟里烟。狗吠深巷中，鸡鸣桑树颠。户庭无尘杂，虚室有余闲。久在樊笼里，复得返自然。

这首诗非常典型地反映了陶渊明卜居村野、心甘情愿的诗人情怀。他是第一位将自己放逐村野、重返自然的诗人，因为他能从村野之处寻找到人生快乐与诗意境界。他为唐代之后的诗人大规模地奔向村野塑造了一尊不可超越的偶像。

《全唐诗》数万首诗歌中吟到村意象的诗就有上千例之多，应该说这是一个常用的意象。王维、杜甫、刘长卿、韦应物、白居易、刘禹锡、柳宗元、杜牧、李商隐、罗隐、韦庄等大诗人均是村诗的写作者，其中杜甫与白居易二人所写村诗最多。

诗人喜欢写村诗，与诗人的生活经历和美学趣味是密切相关的。如杜甫，长期生活在民间，对民间疾苦和民间温情都有很深的体会。他居住在成都西郊的浣花溪边，"城中十万户，此地两三家"，其时就居住于地道的村庄里，名叫浣花村。杜甫有《江村》《村夜》《到村》《村雨》等诗作问世。

白居易至少有 90 句诗歌用到了村意象，诗题如《村居苦寒》《村雪夜坐》《朱陈村》《渭村雨归》《村居卧病三首》《过昭君村》《游赵村杏花》等。一见就知，他到过很多村庄，非常留恋那些村落生活。朱陈村就是他发现的一个著名的民间村落，这是一个极为典型的唐代村庄。诗人描绘了村庄的方位、耕作、婚姻、亲情、生死等生活内容，最后表明，自己身为官员，人生却如此艰难苦闷，哪里比得上这村庄里的村民幸福啊！"一村唯两姓，世世为婚姻"，非常符合中国村落的实际情况，即使今天依然有这样的村庄格局存在。

当然这些只是出现了村字的诗歌，有些诗写到了村庄但没有点明村意象的诗则会更多。唐代的村诗主要体现了诗人的五种趣味，第一是描写民间疾苦的村诗，第二是对农耕渔樵生活的诗意描绘，第三是向往村落生活的宁静悠闲，第四是表达对村落风景的赞美，第五是对村落偏远荒凉的感叹。唐代诗人从政治寓意出发，发表乡村感慨，多半有政治上遭受打击后，希望到村野之处寻求解脱的心理期待。从这个意义上看，村意象其实只是唐代诗人精神追求的一种写照。正因为乡村具备了那种宁静悠远的品性，所以容易成为诗人表达情感的意象工具，因而诗人喜欢到村庄去展望、去表达、去郊游、去卜居。

明刊宋人《锦绣万花谷·后集》卷三十六，在编排诗歌时，特别设立了一个名目"村"，搜集了因诗歌吟咏而称名于后世的村庄，如花柳村、浣花村、落花村、杏花村、黄叶村、朱陈村、老木村、兴廉村、村鼓村、明妃村等二十余例，这些都是古代诗人所吟咏过的村庄，都已变成了一个一个的文化村落。

（二）村里的诗

杜牧全部诗作中就有20余例出现村意象的作品，这体现出他对村落的关怀之情。而《清明》这首诗就像是一个象征，标志着杜牧对村落文化的最完美关注。杜牧写作村诗的用意大体不出以上五种，《清明》诗则是为了寻芳问酒，排忧解愁。而杜牧的忧愁来自何处呢？仅仅是清明时节，春困渴酒吗？当然不是，杜牧来守池州正处于其政治上的低潮期，借酒浇理想之愁则是其寻酒杏花村的用意。

自从杜牧来游杏花村之后，杏花村从一个基层管理单元一跃成为唐诗村意象群里耀眼的一员。唐宋元明清，一代一代的诗人经过杏花村，都要为其歌咏感叹，留下了十分可观的同一主题的诗歌大系。这不是一般村落所能拥有的机遇。唐诗中的吴村、赵村、力疾山下都有一团团杏花，但它们都没有获得长久的生命力。而杏花村意象在唐诗里一共只出现了四次，仅杜牧的一次歌咏就让其进入了历史。

《杏花村志》共十二卷，有五卷都是诗词题咏，卷五是七言绝句，卷六是五言古诗和七言古诗，卷七是五言律诗和七言律诗，卷八是五言排律、七言排律、五言绝句及词赋。这是按作者排列的，另外在介绍杏花村105个景点时，绝大部分都附了历代诗人对该景点的歌咏之作，有的一二首，有的竟达十数首之多。可以说仅仅一处杏花村，两部志书所搜集的诗作可以千计，这在全国所有的文化村落里，都是不可想象的事件。杜甫居住过的浣花村、咏过的明妃村，白居易钟情的朱陈村，苏轼独创的江南黄叶村等都没有像杏花村那样，日久年深，因为一个主题而汇集成了一个诗歌的长河。从这个角度来看，杏花村真不愧为"天下第一诗村"。

图 53　村里杏花（饶颐摄）。

说到杏花村文化，诗文化是其本色。没有诗人的关注，没有诗意的提炼，没有诗歌的抒写，这个村落只会与无数的村落一样，虽然宁静淡远，虽然霜枫雪梅，虽然杏花如火，终不会成为文化的承载者，而只会是一个有山有水有树有花的被遗忘者。杏花村的村诗文化是在唐诗大背景下衍生的新现象，是既可以载入史册，也可以面向现实。所以，村诗文化是杏花村文化的第一要义。

二、村酒文化

诗人来到杏花村，是什么吸引了他的眼球呢？当然是杏花；是什么搅动了他的内心世界呢？当然是杏花村美酒。可以说杏花村之所以能引来杜牧，就是他听闻了这里有美酒可以酣饮。那么我们就可以认为，村酒就是杏花村的第一招牌。

（一）文人与酒

在中国古代，文人与酒早已结下不解之缘。唐代之前的魏晋时期，酒对文人的影响已经达到一个极致。最著名的是"竹林七贤"，以阮籍、嵇康、刘伶为代表，他们"一醉累月轻王侯"，逃避政治，娱情诗酒，留下许多饮酒的华章。

东晋时期，陶渊明是一个豪饮大师，他的诗文中提到酒字的就有近 40 次，他还专门写了一个组诗《饮酒二十首》，其三："道丧向千载，人人惜其情。有酒不肯饮，但顾世间名。所以贵我身，岂不在一生？一生复能几，倏如流电惊。鼎鼎百年内，持此欲何成！"这是他的人生宣言，有酒不肯饮，但顾世间名，他是不愿意的。他认为"悠悠迷所留，酒中有深味"！陶渊明因不愿为五斗米折腰，毅然决然回归田园。从此，不仅村是他的归依，酒更是他真正的知己。陶渊明饮酒作诗的生活模式极大地影响了后代文人。

有唐一代，诗潮涌动，而酒的消费量也是相当大的，诗人们好像无人不饮酒。初、盛、中、晚四个时段，数千诗人各持秉性，诗歌风格不尽相同，但饮酒之风却是惊人的相似。皇帝宴请大臣，朝廷为新科进士开办杏园宴，朋友出门远行要喝酒相送，朋友来了更要喝酒助兴。达官贵人品美酒，民间村落饮村酿，各尽其乐。

唐代初年王绩仿照《桃花源记》写了《醉乡记》："其土地旷然无涯，无丘陵阪险；其气和平一揆，无晦明寒暑；其俗大同，无邑居聚落；其人任清，无爱憎喜怒。呼风饮露，不食五谷。其寝于于，其行徐徐。与鸟兽鱼鳖杂处，不知有舟车器械之用。"他还写过《酒经》《酒谱》等书。李白饮酒比陶渊明更加疯狂："古来圣贤皆寂寞，唯有饮者留其名。"就连杜甫的诗，也是十有七八要点到酒。白居易晚年曾自号"醉吟先生"，可见其酒兴诗兴之深浓。

杜牧也是饮酒赋诗的高手，其诗中仅提到酒字的就有上百次。我们不妨略引数例。

酌此一杯酒，与君狂且歌。（《池州送孟迟先辈》）

千里莺啼绿映红，水村山郭酒旗风。（《江南春》）

烟笼寒水月笼纱，夜泊秦淮近酒家。（《夜泊秦淮》）

落拓江湖载酒行，楚腰纤细掌中轻。（《遣怀》）

金英繁乱拂栏香，明府辞官酒满缸。（《九日》）

江湖酒伴如相问，终老烟波不计程。（《自宣州赴官入京》）

潇洒江湖十过秋，酒杯无日不迟留。（《自宣城赴官上京》）

解印书千轴，重阳酒百缸。（《秋晚早发新定》）

腹中书万卷，身外酒千杯。（《送张判官归兼谒鄂州大夫》）

他对于酒，态度是再明白不过的了："落拓江湖载酒行""酒杯无日不迟留""重阳酒百缸""身外酒千杯"。当他来到杏花村前，不问其他只问酒，就不足为奇了。

文人与酒是中国传统文化独特的印记之一，酒可以令人洒脱，可以让人忘忧，可以与朋友共享，也可以与佳人同醉，不一而足。杜牧杏花村寻酒也可作如是观。

（二）诗与村酒

唐代制酒业发达，酒品丰富，所以遍地均可饮酒。杏花村里的酒其实是村酒，即村庄人家自酿的酒品，比起皇帝的御酒，可要差很多。唐代的地方官酒是各州镇官营酒坊酿造的酒，如元稹诗中提到"院椎和泥碱，官酤小曲醨""官醪半清浊，夷撰杂腥膻"。白居易在《府酒五绝》中说"自惭到府来周岁，惠爱威棱一事无。唯是改张官酒法，渐从浊水作醍醐"①，看来这些酒的质量也不尽如诗人意。

而民间的酒多来自酒肆、酒楼、酒家、酒舍、旗亭等处。中唐诗人韦应物有一篇《酒肆行》，就曾写到民间酒肆饮酒的盛况。有村酒，就必然会被诗人写进诗中。据统计，《全唐诗》提及"村酒"的诗有19首，《全宋诗》同类诗有140余首。唐诗中除卢纶、张南史、白居易之外，使用此意象的诗人均生活于晚唐。宋诗只有20首写于北宋，其余120余首全出于南宋，其中陆游一人就有29首之多。当然村酒并不会迟至晚唐才会有的，孟浩然《过故人庄》里"把酒话桑麻"饮的那酒一定也是村酒，可是，村酒作为文学意象，它是在晚唐才被发现的。

如白居易《村中留李三固言宿》："村酒两三杯，相留寒日暮。勿

---

① 冉海河《从唐诗看唐代的酒文化》，《青岛酒店职业管理技术学院学报》2010年第4期

嫌村酒薄，聊酌论心素。"这说的是自己暂住在村中，只有村酒待客，又怕客人嫌酒味淡薄，所以写诗告白。晚唐郑谷的村酒诗就写得非常有味道，郑谷《张谷田舍》："县官清且俭，深谷有人家。一径入寒竹，小桥穿野花。碓喧春涧满，梯倚绿桑斜。自说年来稔，前村酒可赊。"粮食丰收了，就可以用粮换酒了。杜荀鹤《山中喜与故交宿话》："远地能相访，何惭事力微。山中深夜坐，海内故交稀。村酒沽来浊，溪鱼钓得肥。贫家只如此，未可便言归。"这些诗都在吟咏民间村酒之乐事。

杏花村里也有村酒。酒是用粮食酿造的，但是水质好坏是相当重要的。粮食品种无大别，凡是水质好的地方便容易出好酒，中国的酒文化就是这样传承的。江水不如河水，河水不如泉水，泉水不如井水。杏花村里恰好有一口古井，"泉香似酒，汲之不竭"，名曰"黄公广润玉泉"，后来演化出一个"黄公酒垆"的酒店来了。"黄公酒垆"是《世说新语·伤逝》里的一个典故，杏花村古井借用其名，更能衬托出此地水好酒美的事实。杏花村地处贵池城西，三面环山，村东南是湖，村西边缘地带是秋浦河与杜湖，湖水、河水、山泉水经过过滤，生成这口清泉。

是村酒引来了诗人杜牧，是酒的力量让村庄在诗人的笔下生发出诗意。所以杏花村文化的品牌就是酒，是村酿中的佳品，是解愁的首选之物。

三、村落文化

村落文化内涵丰富，比如村落布局、房舍建筑、道路桥梁、村风村俗、山川墓葬也体现了民间浓厚的人文关怀。可以说，民俗文化是杏花村文化的主体部分，村诗文化、村酒文化、村游文化都是围绕着它而发生的，而民俗文化又是建立在农耕文化的基础之上的。

（一）农耕主题

《清明》诗里有农耕生活吗？当然有，杏花就是农耕的一种象征。杏花是杏树的花，结的是杏果，杏果是农耕生活中经济作物与食物之一种，杏果及杏核自古就有多种食用、药用功能。村落之中，除了田地里的粮食作物之外，园圃自古就是村人们赖以生活的另一极，园中种菜、圃中种果。民间很早就已经培植了众多的可食用水果的苗木，桃、杏、李、梅、梨、枣等常见村果，对于村人来说，是生活资料的一部分，但对于诗人而言，它们则幻化成美不胜收的花果世界。来到杏花村的诗人大多被杏花的繁盛所感动，因杏花的凋落而苦恼，却很少有人将笔触伸入那也许饱含着农民种植杏树"棵棵皆辛苦"的生活层面。或者可以说，对于一团一团的红杏花来说，诗人醉心的是花色，村人关注的是果实。从果的酸甜到花的美艳，其实就是让农耕上升到文化的过程。

牧童是农耕生活的另一种写照。牧童在诗中，寄托着诗人的一份理想，那便是无忧无虑的童年与淳朴自由的村野相结合的心境。诗人们对此往往情有独钟，唐代诗人对牧童早有关注。略举数例。

王维《渭川田家》：

斜阳照墟落，穷巷牛羊归。野老念牧童，倚杖候荆扉。雉雊麦苗秀，蚕眠桑叶稀。田夫荷锄至，相见语依依。即此羡闲逸，怅然吟式微。

储光羲《牧童词》：

不言牧田远，不道牧陂深。所念牛驯扰，不乱牧童心。

李涉《山中》：

无奈牧童何，放牛吃我竹。隔林呼不应，叫笑如生鹿。
欲报田舍翁，更深不归屋。

卢肇《牧童》：

谁人得似牧童心，牛上横眠秋听深。时复往来吹一曲，
何愁南北不知音。

刘驾《牧童》：

牧童见客拜，山果怀中落。昼日驱牛归，前溪风雨恶。

杜荀鹤《途中春》：

牧童向日眠春草，渔父隈岩避晚风。一醉未醒花又落，
故乡回首楚关东。

王维羡慕牧童的"闲逸"，储光羲讲的是"童心"，李涉讲牧童的淘气，卢肇说牧童吹笛，刘驾描绘了牧童的天真可爱，杜荀鹤看见牧童便起思乡之情。诗人们各有侧重，都将牧童意象理想化，将其化作一处心灵的彼岸，为自己寻找证词。

牧童其实是村里的放牛娃，他们所牧之牛正是家里农耕的重要工具。他们驱牛出村，或在地头，或在河边，或在山岗，或在路旁，牧童时有吹笛之事，那不过是消磨时光、自娱自乐而已，多半属于白居易所说的"岂无山歌与村笛？呕哑嘲哳难为听"，可失魂落魄的诗人却能从中参透禅机。

《清明》诗因为短小，无法展露杏花村里农耕渔樵的丰富主题。陶渊明《归田园居》、白居易《朱陈村》以及王维的诗就细致描写了村里景象，王维诗说："雉雏麦苗秀，蚕眠桑叶稀。田夫荷锄至，相见语依依。"

但即使是《清明》这首小诗，依然隐隐约约地提示我们，杏花村里有农耕背景，引导他进入村庄的是一个牧童，牧童的身傍自然是一群耕牛，这意味着，牧童与耕牛的背后会有一个桃花源般的农耕世界。杜牧进入杏花村之后，一定也会看到像《桃花源记》里"土地平旷，屋舍俨然，有良田、美池、桑竹之属。阡陌交通，鸡犬相闻。其中往来种作，男女衣著，悉如外人"的村落景象，他还会看到"黄发垂髫，并怡然自乐"的情景，而引导他的正是一个"垂髫"牧童。

对于杜牧而言，"牧童遥指"自有其精神上的深意。"牧童心"是纯洁而无忧的，牧童所指一定是一个理想境界。

清明时节，杏花开放，是一个春耕即将开始的季节。《文选》李善注曰："《氾胜之书》曰：杏始华荣，辄耕轻土、弱土；望杏花落，复耕之，辄蔺之。此谓一耕而五获。"宋人称作"杏花耕"，如北宋的宋祁有"催发杏花耕""先畴少失杏花耕""催耕并及杏花时"等诗句。

《杏花村志》卷十一记载了一份郎遂家的《户牒》，是洪武四年（1371年）政府颁发的。郎家的"事产"是"屋五间，基地八分"，这就是活生生的生活生产资料。

（二）民俗世界

村落文化的核心内涵其实是民俗文化，民俗其实就是生产、生活的方式与仪式，民俗理想会让人生活得更有意义。杏花村里的 105 处景点其实都是民俗文化浓缩的要点，包含着民间生活生产方式、民间信仰、民间传闻、民间关怀和民间约定等，那些寺庙庵坛就是民间信仰的寄托，那些楼台亭阁、坡驿桥洲、碑井坊园就是民间生活的生动写照，尤其是历代名人的墓葬也体现了民间浓厚的人文关怀。可以说，民俗文化是杏花村文化的主体部分，村诗文化、村酒文化、村游文化都是围绕着它而发生的，而民俗文化又是建立在农耕文化的基础之上的。

《清明》诗也包含着时代民俗因子，那便是"清明饮"的习俗，甚至可能还包含着一丝对"杏园宴"的回味，杜牧有诗"何事明日独惆怅，杏花时节在江南"，写的就是他对长安杏园的怀念。在唐代民俗生活中，寒食、清明时节的饮酒就是全民性的，这更为"杏花时节"的饮酒提供了现实许可。

寒食节传说是纪念春秋时晋国介之推的，历代都有寒食禁火的规定。在唐代，寒食节禁火三天，即冬至后第一百零四天、第一百零五天、第一百零六天三天。宋孟元老《东京梦华录》卷七："寒食第三节，即清明日矣。"寒食期间，虽不能生火，但并不禁酒，如韦应物《寒食》："把酒看花想诸弟，杜陵寒食草青青。"白居易《寒食日过枣团店》："酒香留客住，莺语撩人诗。"王建《寒食看花》："酒污衣裳从客笑，醉饶言语觅花知。"

清明是寒食结束后的乞新火之日，清明节期间，节俗很丰富，其中饮酒也是一件寻常之事，有驱寒逐暖之意。李群玉《湖寺清明夜遣怀》："饷餐冷酒明年在，未定萍逢何处边。"来鹄《鄂渚清明日与乡友登头陀山寺》："冷酒一杯频相劝，异乡相遇转相亲。"正如宋代诗人魏野《清明》诗所咏："无花无酒过清明，兴味萧然似野僧。"

清明没有酒难以避寒，没有花也索然寡味。清明时节有些什么花呢？无非是杏花、李花、桃花、梨花等，其中杏花花期最早，自然也就容易受到关注。吴融《忆街西所居》："衡门一别梦难稀，人欲归时不得归。长忆去年寒食夜，杏花零落雨霏霏。"罗隐《清明日曲江怀友》："鸥鸟似能齐物理，杏花疑犹伴人愁。"来鹄《清明日与友人游玉塘庄》：

"几宿春山逐陆郎，清明时节好风光。归穿细荇船头滑，醉踏残花屐齿香。"寒食清明时节，正是杏花开放之时，看花与饮酒是极普通寻常之生活内容。

清明时节雨纷纷，路上的行人为何欲断魂呢？一定是心境、时境、事境让其精神困倦，而寒食节是不能热食的，雨纷纷更增添了心境的凄冷，于是寻酒取暖、借酒浇愁便是题中应有之义。并不是任何季节来杏花村饮酒都可值得关注，民俗约定，寒食清明之际，可以进村沽酒，即便饿着肚子，也可以肚暖心热、一醉方休。

图 54　张卿华《借问酒家何处有》。

《杏花村志》和《杏花村续志》也记载了一些康熙年间及之前和民国初年的民俗传闻，这些传闻有的在今天看来已荒诞不经，但是它们却是当时村民生活与信仰的重要组成部分。《杏花村志》卷十二记录了许多异闻趣事，如西庙神道坊两石柱相传是从水中浮来，贵池人遇岁旱率众来西庙井中取水、登坛祈祷则大雨立降、咸拜昭明之事，崇祯十一年灾荒居民在杜坞山掘得白土"观音粉"充饥，崇祯末三台庵老僧青莲预言明清换代及剃发事，顺治间杜坞梅雨有蛟，康熙间乾明寺延高僧数十众三载顶礼千佛忏，杏花村里的孝文化，池阳李氏子前生后世等。《村志》里收录的郎氏《户牒》与世系均是珍贵的民俗资料。

《杏花村志》在记录村西文物"梁照明庙"时还记载："池人以八月十五日为昭明诞辰，先期十二日，知府率寮属，迎神像入祝圣寺，十五日躬致祭，十八日送还庙所。盖贵池里社无不祀昭明为土神者。"卷九录有一篇《池州迎昭明会记》，详细描述了赛会迎神之事。四乡八傩八月十五朝觐昭明太子的活动是贵池傩祭的主要内容，这是非常重要的第一手地方祭祀民俗资料。

《杏花村续志》也载有乾隆三十三年夏大疫、昭明神托梦饮水"解厄泉"之事，每岁西庙赛会迎神之事依旧，民国三年胡子正等为巴拿马万国博览会选池阳负郭名胜十二景，拍照用相框制为挂图之事等。

图 55 国画《牧童与牛》。

杏花村民俗可以视为贵池地方民俗的缩影，民俗不会只局限于一村一户，而是有一个相对宽泛的传播区域。所以了解并研究杏花村民俗，不必局限于杏花村文献，而应关注贵池、池州及皖南的其他文献。同时，民俗具有横向传播与纵向传承的特点，时光流逝之后，地方民俗还会在相当长的时间内延续保存。但是民俗又具有泥沙俱下、鱼龙混杂的特点，所以吸收并发扬优秀的民俗传统，扬弃那些过时荒诞的民俗，是今天开发杏花村民俗文化的重要任务之一。

四、村游文化

杏花村地处郊外，本不为外人所知。杜牧来守池州，闲暇之日寻芳西郊，终于酿成杏花村公案。试问，杜牧为何能去？因为古代官员有法定的休假制度，他便有闲暇时间去游山水。因何而去？因为寄情山水是古代文人的痴绝之处。正因为文人往来山水田园，诗意便油然而生，山水田园得天地之灵气，再得文人墨客之雅意，于是中国山水田园文化获得持久的发展。

（一）休沐制度

唐代之前，诗人都是贵族官员或者曾经阔过的二代三代，那种我们想象中的基层人士是少而又少的。官员兼从政与创作的双重责任，是唐代的一大特色。一处山水，若没有官员去关注题咏，只会是聋哑山水，不会传名入史。而地方官员，杂务繁多，如何有那闲情逸致去玩山弄水呢？

大约从西汉开始，官员就有了休假制度，即休沐制度，就已实行"五天工作制"了。《汉书·郑当时传》载："孝景时为太子舍人，每五日休沐。"《汉书·万石君传》说："每五日洗沐，归谒亲。"到了唐代，休假制度从五日休一天改为十日休一天，即在每月的上旬、中旬、下旬的最末一天休息。唐高宗永徽三年(652),朝廷改"五日休沐"为"十日休沐",即"旬休"。休沐又称作"浣",俗称上浣、中浣、下浣。不过旬休规定非常严格,官员若不能遵照执行是要罚俸和丢官的。

休沐制之外,唐代还有其他的节假日。唐代的节日是十分丰富的,除了我们今天还在过的节日外,另有人日、社日、中和、寒食、上巳、中元以及各种诞节(即生日)等,这些节日都要放些假。比如每年的"清明""冬至"还要放一到三天的假,让官员回家祭祀祖宗。

图 56　丰子恺《护生画集·休沐》书影。

原来各级官员都有自己的休息闲暇时间,这些时间有的人用来处理内务,有的人休养身心,有的人探亲访友,而有的人则游山玩水。尤其是地方官员每到一处,必得附近山水概况,然后择日登山涉水。他们寻访胜迹时往往与朋友、仆从一道,如柳宗元《小石潭记》:"同游者,吴武陵、龚古、余弟宗玄,隶而从者,崔氏二小生:曰恕己,曰奉壹。"不仅要野炊野饮,还要赋诗作文,以记其盛。唐代王维、孟浩然、韦应物、柳宗元都是游山玩水的"顽主"。而他们用来寻幽探胜的时间是由休沐制度提供的。如《杏花村志》卷九陈元钟"官署多暇日，登临兴欲诗"，就是一个极好的表白。

（二）寄情山水

文人寄情山水，在中国古代表现得特别明显。文人的心目中始终存在着一对互补的处世概念：入世与出世，儒家与道家，拯救与逍遥，朝廷与民间，政治与江湖，这种对立的二元概念是古代文人矛盾心境的不辍情结。在朝之人往往挂念山水，而身处江湖却又难忘政治，杜甫身处民间却"每依北斗望京华"，"是故身处江海之上，而神游魏阙之下"（《淮南子·俶真训》）。

图 57　杏子（饶颐摄）。

就像唐代的文人集体爱酒一样，唐代的文人也是全体爱山水。山水包含崇山峻岭、奇山怪石、、江河湖海、村流涧溪、田园渔樵等方面。这些就是道家所追求的"与自然万物者游"的"逍遥游"。李白"一处好入名山游"。柳宗元被贬到湖南永州和广西柳州，政治上陷入苦闷，但却被南方的奇异山水所陶醉，《永州八记》所记景点虽小，但篇篇韵味十足，他竟因此获得另一番出神入化的人生体验，他也因之为我们后人营造了令人无法忘怀的山水经典。

杜牧"三守僻左，七换星霜"，从黄州到池州再到睦州，山水田园游是其休沐时间或行路途中的主要功课。杜牧在池州写的诗一共有22题之多，除了7题送人诗外，其余15题全是游池州景物诗，如《池州清溪》《题池州贵池亭》《池州废林泉寺》《游池州林泉寺金碧洞》《题池州弄水亭》《赴池州道中作》《九日齐山登高》《清明》等。郎遂在《杏花村志》卷四"人物"一章介绍杜牧时说："《樊川集》中池州诗最多。当其刺池时，喜登眺齐山、清溪诸胜，又尝游历金碧洞、杏花村，皆见诸题咏。明九华吴光锡刻《杜樊川池州诗集》行世，盖池州山水实以牧重也。"可见杜牧在池州的创作，不是送人就是游历，送人也是需要山水背景的，好像其他官民俗事都不如池州山水能提起他的诗兴。

村落风景只是山水画卷中的一个斗方，这一方水土浓缩了山水田园的所有文化因子，所以诗人不必远游，只要来到杏花村里，那些奇山异水所能给予的心灵慰藉都一样能在这里获得。《清明》诗虽短，竟然提供了十个意象来营造杏花村:清明、春雨、道路、行人、断魂、牧童、耕牛、杏花、村庄、酒家。清明是季节，春雨是天气，道路指向人生，行人并不孤独，断魂因为忧闷，牧童象征着淳厚天真的心境，没有出场的耕牛能坐实村庄的存在，杏花象征着生机勃发的春天，村庄彰显出村落文化远离尘嚣的品质，酒代表浇灭春愁、获得解脱、通往自由之境的知音，这十个意象在诗人心灵上的叠加，便令其陡增诗兴。这一处得天独厚的自然、生态、理想之境，就是诗人村游的好去处，也是后人流连忘返的目的地。

结　语

一千多年来，杏花村意象有两条发展线路，一条是唐代文人在不经意中创设之后，被后世文人所认可，另一条是宋代之后文献记载的现实存在，这两条线路在明代中叶的贵池相互融合，成为有了领域归属的文学意象。历代文人相互唱和，遂致其文献积累于史册。杏花村意象是有其独特文化内涵的，它不同于其他山水、田园、村镇，它是由一首诗所引发，经过千年的文化裹挟，已经被打造成为一个在现实发展中可以实现"杏花梦"的平台。

图 58　2015 年 9 月 7 日，纪永贵（右）在杏花村憩园茶社前，就杏花村历史文化接受凤凰网"徽客厅"记者采访。

那么，针对地方上正在建设的杏花村复建工程来说，我们有什么样的文化期待呢？

(1)开发杏花村,既不丢传统,更需要创新。有两种模式的复建思想,一种是按历史上杏花村的原样画瓢,修旧如旧,另一种是利用杏花村的历史文化内涵,重新打造的杏花村景点布局。千年杏花村,不同历史时期的物质村落格局各不相同,村内景点也不断更新,没有一成不变的杏花村。我们今天说到的古杏花村格局其实只是康熙年间的杏花村,在杏花村历史上,它不一定最丰富,也不一定最具有代表性,但是因为历史资料的缺失,所以康熙杏花村模式已经成为我们认可的标准模式。可是,时光流逝,郎遂所见到的那一切都已消散。今天我们重建杏花村,既不能脱离曾经有过的存在,天马行空,随意描画,也不能按图索骥,固步自封。

图 59　杏花村复建效果图

(2) 建成的杏花村,是村不是城。今天开发杏花村,不能延续三十年前贵池县"把杏花村变成杏花城"的思路。杏花村是一个远离尘嚣、承载农耕文化、饱含民俗因子、在生活与精神之间搭建诗意桥梁的"村落"，是不可以进行"城镇化"的"野孩子"。这里有民间风情，这里有乡村生活，这里有幽山野水，这里有渔隐樵逸。

（3）建成的杏花村，是公不是园。杏花村文化旅游区拟建土地共有35平方公里，这是杏花村历史上最大规模的一次疆域拓展，也是杏花村复建史上最大手笔。杏花村复建完成后，展现给世人的应该是一个开放式的文化观光体验区，而不能再是一个个高墙内的神秘花园，墙里花开而墙外不香。历史上，杏花村从未有过围墙，杜牧可以自由出入，郎遂可以随处寻芳，胡子正也可以踏遍青山，寻古问幽。

（4）文有文心，商有商道。文化是人类存在的价值之所在，文化有独立的品格，文化有自身的发展规律，文化不可以随意涂抹，更不能矫揉造作，取媚于俗。但文化复建离不了商业投入，商业本性需要最大回报，所以要做到历史与现实兼顾、文化与商业并行。杏花村文化旅游区建成之后，既要让人认可这就是历史杏花村的延续，又不能只在故纸堆里比划推演；既要做到文化先于商业，更要做到商业反哺文化。

（5）开发杏花村，文化是魂，品牌是神。复建杏花村，要尊重杏花村历史文化的内核，要还"杏花村"古朴自然的天性。杏花村作为文化品牌是不可再生的文化资源，虽经千年历炼，依然芳香四溢。杏花村生长于贵池城西的青山绿水间，千年等待，千年孤独，终于等到了骐骥一跃之时，应该是不鸣则已，一鸣惊人。如果最后建成了一个缺乏文化品位的杏花村，不仅是对杏花村品牌资源的巨大浪费，也会使之难保长存的命运。

（原载《阅江学刊》2014年第1期。）

清人王尔纲及其佚著《杏村醉雨》

清代康熙年间贵池邑人郎遂编定的《杏花村志》可谓海内第一部村志，该书载录了丰富的地方文化史料，其间也不乏戏曲资料。有研究者已经注意到：

> 书中有关于古剧、漕试等记载弥足珍贵。该志卷十一"杂记"中记录了一则传奇剧本，述说杜牧当池州刺史时到杏花村游玩的情景，所用词语非常简洁，具有当时社会的语言特征。这样原始的剧本在村志中得以保存留，实属难能可贵[①]。

著名诗人雷抒雁在其随笔《"杏花"案》中也写道：

> 更有一位叫王尔纲的人，干脆写了一出传奇曰《杏村醉雨》。将杜牧写成生角，带了随从，同着舟子，在清明细雨里，逢着牧童，问起酒家之事，唱几段《收江南》《沽美酒》《清江行》，也不过是些及时行乐的老调："论人生，须及时，恣乐情，莫待迟。"这些诗文、传奇似一些密密实实的铜钉，把杜牧一首《清明》，钉死在池州秀山门外之杏花村[②]。

《杏花村志》中收录的剧作《杏村醉雨》，不仅清代所有的戏曲目录文献中没有记载，而且今人的著述如庄一拂《古典戏曲存目丛考》、李修生主编的《古本戏曲剧目提要》、齐森华主编《中国曲学大辞典》

---

① 康丽跃《浅析〈杏花村志〉》，《江苏地方志》2004 年第 1 期。
② 雷抒雁《"杏花"案》，《今晚报》2004 年 11 月 27 日。

中也未曾提及，即使专门从方志中辑录戏曲史料的著作《方志著录元明曲家传略》（赵景深、张增元编）也没提到该剧。

那么，王尔纲究属何人？《杏村醉雨》传奇情形若何？本文试作简要辑考。

王尔纲为清代康熙年间池州府至德县（今属安徽东至县）人，《乾隆池州府志》卷四十七"文苑"：

> 王尔纲，字绍李，建德人。幼慧，八岁能属文，长通经义。工诗古文辞，艺林重之。

《宣统新修至德县志》卷十五"文苑"：

> 王尔纲，字绍李，葛源人。幼聪慧，八岁能属文，及长，博通群籍。善诗歌，沉郁顿挫，古藻陆离而议论纵横直空千古，名流争引重之。且以表微自任。凡海内诗文有未传者，悉采录之，以传不朽。所著述有《易经大全诸解折衷》《四书大全诸解折衷》《吴刘三名家大易传稿史詹》《前大家文超》《今大家文超》《历科后场分类文超》《唐二周纪略》《元冯彦思集略》《明洪丹崖集略》《家简子先生遗集》《述祖编》《天下名家诗永初集》《二集》《诗余新声》《古今乐府》《友声集》《砌玉轩集》《梅圣俞集》《见闻录》。年八十八卒。弟尔纬，字乃武，殖学力行，与兄相劘切，亦以博雅称。

县志记载王尔纲著作凡十九种目录，《新修至德县志》卷十八"艺文"则将《二周记略述祖集》视为一书，则共有十八种。宣统二年《新修至德县志》是在道光五年《至德县志》的基础上修成的，虽然书目清楚，但诸书是否均在不得而知。王尔纲为地方名士，颇有文才学识，其所编定的《名家诗吟》具有一定的史料价值，该书已辑入《续修四库全书》。

《续修四库全书总目提要》（稿本）(28)[①]刘启瑞撰《名家诗永》提要云：

《名家诗永》十六卷，康熙戊辰刻本。

至德王尔纲选，尔纲，字绍李，清初禀生，幼聪慧能文，及长，博通群籍，善诗文，沉郁顿挫，入古，当时海内名流，争引重之。平生撰辑有经史子集四部稿，凡二十八种，详载卷首附目内，有已刻者《唐二周先生纪略》等五种，见存者仅《砌玉轩钱稿》《诗永初集》已耳。

《诗永》选旨，意主表微潜幽，凡明末清初，高人逸士，名公钜卿，与夫方外伟才，闺中慧质，并附外国作者。一经征选，合格之诗，悉付剞劂。力本未章，即本集凡例所谓，欲传传者，以传不传者是也。其卷一至卷十四，均当时朝野名家之诗，卷十五为香奁，分闺淑、难女、才妓三目，卷十六为方外，分禅林、羽士、星士、女冠四目。都九百九十三人，又再见者十有三人，合为十有六卷。其诗虽未显明分体，然皆不论年月远近，由古体而近体，由五言而七言，所有古今乐府、五七排律、四言六言、回文联句、集古集唐，各体俱备。尤贵者，选诗先选题，其诗与题，有关贵孝节烈者，有关名教纲常、国计民生者，有关稗官野表者，录录无遗，至风月闲咏、寿挽腴词，则屏之不录。所录小者，变有关掌故之作也，诗人姓名，下注字号及某省县人，目录则另详其府州。其诗通卷有圈点评注，征引翔实，议论博大，足资后人考证。

其自作诗，弟尔纬从王点公之议，强出其《砌玉轩诗》，附十四卷末，然仅录二十余首，足征尔纲谦让表道之意，更

---

① 《续修四库全书总目提要》（稿本），齐鲁书社 1996 年版。

可传其谦德于后世矣。

《初集》刻于康熙戊辰，旋遭兵燹，传本甚稀，闻仅至德徐氏及故宫图书馆有藏本。此则至德周氏藏本影印者。又道光、光绪《安徽通志》，皆未著录此书，本县志则称其以表微自任，今观所录诸诗，有为某集未刻者，有某集已不传或传而已残缺者，悉赖此存。略如卷二黄道周《弃得》《弃不得》三律，耿耿孤忠，关系一代之史事，为《诗源》及《黄文忠漳甫全集》所无，其一例也，其余类此者，不胜枚举。又洪即潘评注尔纲诗，谓十年之间，留心一代风雅，鬻负郭田，以梓斯集，并刻《唐二周先生记略》，以全表章先哲之心云云。其毅力尤足佩已。

今人王学泰《中国古典诗歌要籍丛谈·历代诗歌总集》对该书作了较全面的述评[①]：

《名家诗永》。清初诗选集，十六卷，清王尔纲编选。尔纲字绍李，池州建德（安徽省东至县）人。清初廪贡生，能诗文，博通群籍，著作丰富，约二十八种。

王氏论诗专主唐音，"诗以唐为则，以古为宗，以三百篇为宗，以明为注疏，明学唐，而有胜于唐者也"（王尔纲《名家诗永·杂述》）。对于宋、元二代，公安、竟陵则持否定态度，编者主张作诗应该性情学问并重，所谓"诗道性情必资学问，学问所以道性情"。这些看法大致与后来沈德潜的"格调说"相接近，无甚新奇特殊之处。惟言明诗胜于唐诗者却很少。

编者纂辑此书主旨在于"表微"。明末清初高人逸士、名公巨卿、方外伟才、闺中慧质，都有入选，共九百九十三人（再

_____

① 王学泰《中国古典诗歌要籍丛谈》，天津古籍出版社 2004 年版。

见者十三人），因为意在表彰未享大名的诗人。王尔纲对于尚未刊刻的抄本则愈加珍惜，入选之作品则多取于抄本和朋友所寄之散笺，入选作者很多，但每人所取之诗甚少，少者一首，多者不过一二十首。诗后间附编者一些简单的评注。

其编选原则是重视诗的内容。他说："选诗先选题，如忠孝节烈，有关名教，国计民生，可备采风；传人记事，足当稗官；考证古今，堪裨学问。加以诗能合格，自必采录无遗。至若花鸟闲吟，或间登一二；寿挽谀词则一概不收。"（见《凡例》）因此空洞庸滥之作不多。在艺术上多取明朗流畅、通俗浅易之作，像吴应箕《述怀》选了七八首（如"至春方无事，观书感慨生。古人不努力，讵有身后名。黾勉惭二讳，翱翔冀一鸣。四十未云落，为学羞纵横……"），就很有代表性，这在吴应箕的作品中不是什么佳作，但可见王氏鉴赏能力并不太高。

此书编辑草率，排列漫无次序。（"前后以得诗迟早为序"）可见王尔纲还有藉此广通声气、互相标榜之意。在最后附录大量编者自己的作品，并借他人之口赞美自己的作品"温厚和平，寄意深远""逼真汉魏人手笔"，而且大加叹赏"真大家手笔"。王尔纲不过一介寒儒，倾其家资以表彰先哲而刻此书，诚亦难得。书前有金佐、宗观、吴非三《序》，以及编者《自序》，并附有《杂述》以表达编者的论诗主张。

有清康熙间砌玉轩刊本，民国二十五年（1936年）藉此本影印。

值得注意的是，对王尔纲在选诗时表现出的品质，刘启瑞和王学泰二人有截然不同的评价。刘氏曰："其自作诗……然仅录二十余首，足征尔纲谦让表道之意，更可传其谦德于后世矣。"而王学泰对之则有贬损之意："在最后附录大量编者自己的作品，并借他人之口赞美自己的作品'温厚和平，寄意深远''逼真汉魏人手笔'，而且大加叹赏'真大家手笔'。"

关于王尔纲的情况，除了池州地方志和《续修四库全书》之外，未见其他材料可资参考。

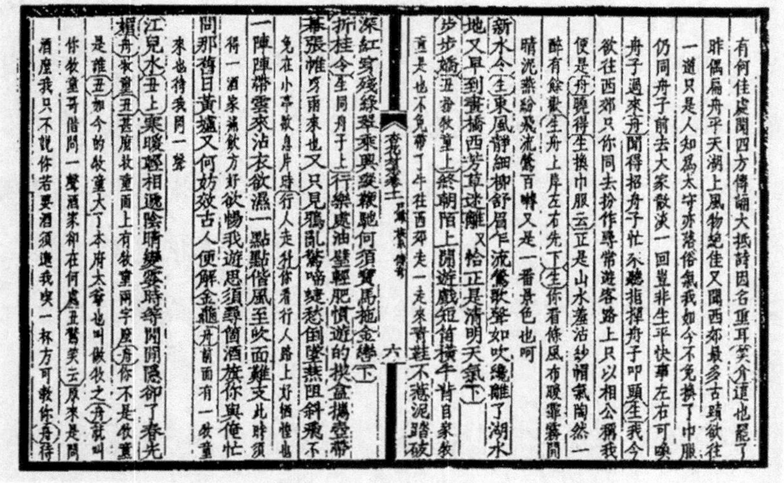
有何佳處聞四方傳說大抵詩因名重耳（笑介）這也罷了
非偶扁舟平天湖上風物絕佳又聞西郊最多古蹟欲往
一遊只是人知爲太守亦落俗氣我如今不免換了巾服
仍同舟子前去大家散淡一回豈非生平快事左右可喚
舟子過來（丑）聞得招舟子忙不迭指揮舟子叩頭（生）我今
欲往西郊只你同去扮作尋常遊客路上只以相公稱我
便是（丑）曉得（生）換巾服（云）正是山水羞沾紗帽氣陶然一
醉有餘歡（生）舟上岸左右先下（生）你看條風布暖霏霧間
晴泥燕紛飛流鶯百囀又是一番景色也呵
新水令（生）東風靜細柳舒眉乍流鶯歌聲如吹纔離了湖水
地又早到黃橋西芳草迷離又恰正是清明天氣（下）
步步嬌（丑扮牧童上）終朝陌上閒遊戲短笛橫牛背自家牧
童是也不免帶了牛往西郊走一走來青鞋不惹泥踏破
杏花村志卷十二 六
深紅穿殘綠翠來與麥穗馳何須寶馬拖金轡（下）
折桂令（生同舟子上）行樂處油壁輕肥慣遊的拱盒攜壺帶
幕張帷冒雨來也又只見鴉亂驚啼犍愁倒墜燕阻斜飛不
免在小亭歇息片時（行人走）（丑）你看行人路上好悽惶也
一陣陣帶雲來沾衣欲濕一點點借風至吹面難支此時須
得一酒家消飲方好欲暢我遊思須尋個酒旗你與俺忙
問那舊日黃壚又何妨效古人便解金貂（丑）前面有一牧童
來也待我問一聲
江兒水（丑上）乘暖騎相逃陰晴變霎時尋問閒隱卻了春光
櫃（丑）看牧童（丑）甚麼牧童面上有牧童兩字麼（丑）你不是牧童
是誰（丑）如今的牧童大了本府太爺也叫做牧之（丑）就叫
你牧童哥借問一聲酒家卻在何處（丑驚笑云）原來是問
酒麼我只不說你若要酒須與我喫一杯方可教你（丑）待

图 60 《杏花村志·杏村醉雨》书影。

王氏著作今存无几，则其有赖《杏花村志》保存的单出传奇《杏花醉雨》只能是孤本了。《名家诗永初集》刻于康熙戊辰（1688），《杏花村志》成书于康熙乙丑（1685），可见，王尔纲与郎遂生活于同时，且均为池州文士，《杏花村志》中录有王尔纲的多篇诗文，故二人定当熟知。康熙刻本《杏花村志》就有一篇《序》是"兰水王尔纲绍李撰于砌玉轩"。而剧中所述贵池城西景点也甚多，因此《杏花村志》中所录的《杏村醉雨》是非常可靠的。《杏花村志》卷首《考据书目》中就列有《砌玉轩集》书名，可知《杏村醉雨》一剧当出于王尔纲诗文别集《砌玉轩集》。

因为此剧历来稀见，笔者特将该剧本全文移录如下①，断句标点，个别字词无法辨认，只得以"□"暂替。

杏村醉雨
王尔纲

[生扮杜牧之冠服带二从人上] 每逢佳景便欣然，诗酒相酬兴欲仙。最喜政闲官舍静，齐山游罢又湖天。下官杜牧，表字牧之，本贯万年人也。曾作《阿房宫赋》，遂得解头，颇参泽潞谋，见知名相，重举贤良方正之科，累迁史馆修撰之职。目今出刺池州，号为紫薇太守。且喜政闲刑清。自公之眼得以留览山水，尝携茶游金碧洞，有袖拂霜林之句；提壶登齐山，有江涵秋影之句，此亦不过偶然乘兴，触为此语，有何佳处！闻四方传诵，大抵诗因名重耳。[笑介] 这也罢了，昨偶扁舟平天湖上，风物绝佳。又闻西郊最多古迹，欲往一游，只是人知为太守，亦落俗气。我如今不免换了巾服，仍同舟子前去，大家散淡一回，岂非生来快事？左右可唤舟子过来。[舟] 闻得招舟子，忙来听指挥。舟子叩头。[生] 我今欲往西郊，只你同去，扮作寻常游客，路上只以相公称我便是。[舟] 晓得。[生换巾服云] 正是：山水羞沾纱帽气，陶然一醉有余欢。[生舟上岸，左右先下] [生] 你看条风布暖，霏雾开晴，泥燕纷飞，流莺百啭，又是一番景色也呵。

---

① 选自《贵池先哲遗书》之二十五清郎遂编《杏花村志》卷一一，《中国地方志集成·乡镇志专辑》(27)，江苏古籍出版社 1992 年版。

【新水令】［生］东风静，细柳舒眉。乍流莺，歌声如吹。才离了湖水地，又早到画桥西。芳草迷离，又恰正是清明天气。［下］。

【步步娇】［丑扮牧童上］终朝陌上闲游戏，短笛横吹背。自家牧童是也，不免带了牛往西郊走一走来。青蛙不惹泥，踏破深红穿残绿。翠乘兴，纵鞭驰，何须宝马拖金辔，［下］。

【折桂令】［生同舟子上］行乐处，油壁轻肥；惯游的，揳盒携壶，带幕张帷。呀！雨来也。又只见鸦乱惊啼，蜻愁倒坠，燕阻斜飞。不免在小亭歇息片时。［行人行科］你看行人路上好栖惶也。一阵阵带云来，沾衣欲湿；一点点偕风至，吹面难支。此时须得一酒家，满饮方好。欲畅我游思，须寻个酒旗，你与俺忙问那旧日黄垆，又何妨效古人，便解金龟。［舟］前面有一牧童来也，待我问一声。

【江儿水】［丑上］寒暖轻相递，阴晴变霎时，等闲闲隐却了春光媚。［舟］牧童。［丑］甚么牧童？面上有牧童两字吗？［舟］你不是牧童是谁？［丑］如今的牧童大了，本府太爷也叫做牧之。［舟］就叫你牧童哥，借问一声，酒家却在何处？［丑惊笑云］原来是问酒么？我只不说，你若要酒，须邀我吃一杯，方可教你。［舟］等我与相公说知。［向生说介］［生］有何不可？就叫他同去。［舟向丑说介］［丑］待我系了牛来。等闲闲复见了春光媚，问旗亭却藏在深林内，到前村便买得青帘醉。相公酒量好□。［舟］何消说？［丑］你是个海量无疑。［舟］你却□不上。［丑］也须要倩牧童作对。［生］就此同行，一路古迹，你可晓得？［丑］略知一二。［生］细细说来。［丑］那是虎山。

【雁儿落带得胜令】［生］俺只见虎山峰耸秀姿。［丑］这是云岭。［生］俺只见栖云岭横天际。［丑］这是土城。［生］俺是见土城边桑柘垂。［丑］那是古悴。［生］俺只见古悴中泉香沸。［丑］这是文孝祠。［生］俺只

342

见玉瓶儿现贮在文孝祠。[丑] 那是西禅寺。[生] 俺只见西禅寺有铁笛吹。[丑] 那是杏花村了。[生] 俺只见满村坊，霞成绮；俺只见出墙头，锦作围。似这等，雨洗后，胭脂腻，更胜那，日照来，文绣披。堪题。俺待要蘸霜毫，诗言志。休嗤弃，一个倒金尊，酒沁脾。

【侥侥令】[丑] 桃红何足羡，梨白未为希。文杏千株诚堪异。[生] 是何年种的？[丑] 也不记是何年种得的，是何年种得的。

【收江南】[生] 呀！早知道这般样绝盛呵，又何必上林枝。近人传杏花村有二，都在金陵，一在凤凰台下，一在芙蓉山畔，未有如此之盛者。休夸那凤凰台下碧参差，芙蓉山畔绿依稀。这花村最奇，这花村最奇，不愧名流相赏共题诗。[丑] 来此已是酒家，相公请进。酒保拿酒来。[保] 难道你也同吃酒？[丑] 这位相公特邀我来，荐到你家，为何反轻薄我？快拿酒来。

【园林好】[丑] 正对着，珊瑚满枝，须斟取，珍珠满杯，摆列仙肴美味，任解下杖头赀。又 [保] 酒到。[生] 你两个都坐下。[丑] 须行一令才好。[生] 甚么令？[丑] 各人将本事吟诗一首。[生] 你就吟来。[丑] [吟诗云] 草铺横野六七里，笛弄晚凤三四声。归来饱饭黄昏后，不脱簑衣卧月明。[生] 这是古诗。[丑] 如今多少人钞写旧诗，岂但牧童！[生] 休得取笑。[丑] 相公请吟。[生] 我就将今日即事咏一首。[吟诗云] 清明时节雨纷纷，路上行人欲断魂。借问酒家何处有？牧童遥指杏花村。[丑] 妙之极矣。[舟] 你晓得甚么妙？[丑] 多少人看诗，一味叫好，又岂但牧童。[舟] 一发胡谈。[丑] 老兄请吟。[舟] 我不晓得做诗。[丑] 明日请人补一首来。[生] 休得取笑，且自饮酒。

【沽美酒】[生] 论人生须及时恣乐情，莫待迟，杂坐开怀一饷。为晴和雨，难预期，渔与牧，尽忘机。看当前花开如织，一霎时花容尽湿。趁今番花香共惜待来朝，花梢泪滴，因此上，情狂兴怡，怕零乱，心慵意痴。[丑]酒来。[保]酒到。[生]俺呵，愿朝朝典衣，但日日衔厄，呀，这才是小杜君胜情事。天色已晚，舟子将杖头钱解与他，就此回舟去也。[保]钱太多了。[生]拿去。[保]谢相公。[丑]承携了我也。收拾牛去。[生]你不消等我，我缓缓儿行。[牧辞先下]。

【清江引】[生]风流太守无人识，带雨同花醉，游遍杏花村，已尽西郊致，愿留后来人还复尔。[并下]。

（原载《戏曲研究》第 72 辑，2007 年 1 月。）

黄梅戏《情洒杏花村》几个问题的整体审思

安徽省池州市文化局国家二级编剧方文章先生历经数载、几易其稿创作的大型历史传奇黄梅戏剧本《情洒杏花村》已于2001年7月问世，在当地文化界、学术界产生强烈反响。池州市政府决定拨专款上演打造这部戏，并将它作为弘扬池州地域文化、扩大地方知名度的一项文化艺术工程来抓。

杏花村是安徽池州最具知名度的地域文化符号之一，它不仅具有历史的可信度，同时具有强烈的文化张力。

光绪九年《贵池县志》卷八《舆地志·古迹·杏花村》：

《府志》：在秀山门外里许，有古井。阑刻"黄公清泉"四字。明天启间，顾太守元镜作杏花村亭于其地，邑人郎遂有《杏花村志》。《江南通志》：因唐杜牧诗有"牧童遥指杏花村"句得名。《南畿志》：有古石井，圈刻"黄公广润玉泉"六字。（《四库总目》史部三三地理类存目六录有《杏花村志》一书提要）

可以说，杏花村这一文化意象不仅是池州地域文化的写照，它也是中国诗性文化背景下古典文人对民间生活的诗意塑造。这一意象是在唐代诗人杜牧的《清明》诗中形成的，而正是池州生活、池州春色、池州美酒赋予杜牧以灵感。《全唐诗》卷五二五杜牧《寓言》："暖风迟日柳初含，顾影看身又自惭。何事明朝独惆怅，杏花时节在江南。"就是明证。

尽管杜牧与《清明》诗的关系学术上尚有争议,但是"池州—杜牧—杏花村—酒文化"已然构成了一串"有意味的"文化链条。杜牧守池州之后,池州山水也因之浓了色调,各种传说异彩纷呈。宋计有功《唐诗纪事》卷六十五"杜荀鹤":

　　　　或曰:荀鹤,牧之微子也。牧之会昌末自齐安移守秋浦,时年四十四……时妾有妊,出嫁长林乡正杜筠而生荀鹤。

　　元辛文房《唐才子传》因之。这类传说在当地有极大的影响,广为流播,但历来尚无一种艺术形式描绘过相关的传说。方文章先生运用池州地方戏黄梅戏这一艺术形式再现杜牧与杏花村的传奇故事,创作上不仅具有拓荒的意义,同时,剧本依托本事但不拘泥成说,大胆想象,合理剪裁,在多方面取得了突破。下面试从历史、情感及艺术三个角度对该剧作些定位审思。

一、确当的历史定位

　　杜牧是一位历史人物,为相门之后,有王佐之才(《唐摭言》卷六)。但他"刚直有奇节,不为龌龊小谨,敢论列大事,指陈病利尤切至"(《旧唐书·杜牧传》),所以一生坎坷,"困踬不自振,颇怏怏不平",长于文学,留意兵略,风流倜傥,有"风情不节"之名。曾于唐武宗会昌四年至六年(844—846)任池州刺史。杜牧来守池州正处其官宦生涯之低潮。842年,由京官外放为黄州刺史,846年,迁睦州刺史。即所谓"三守僻左,七换星霜"(《上吏部高尚书状》)。可见,杜牧的池州生涯正于低潮之中央。

《情洒杏花村》表现的正是这一段生活。剧本分四场，第一场写杜牧初来池州，在杏花村酒家结识歌女张鹤娘。第二场写杜牧游览池州胜境后来杏花村酒家借酒浇愁，被鹤娘劝止，二人因此"一见钟情，结为知己"。第三场写杜牧在鹤娘的帮助下筹款兴建杏花村工程，二人之情已经成熟，正准备筹办婚礼之时，忽接圣旨，杜牧因"怠于职守，欺君罔上；不拘细检，败坏朝纲；荒于政务，有负朕望"的莫须有罪名"改守睦州，将功补过"。第四场写池州百姓对杜牧的挽留和鹤娘为了杜牧的前程毅然与杜牧分手，让杜牧魂断杏花村！

图 61 《情洒杏花村》剧照（王勇前、汪菱花饰）。

剧本情节的发展沿着两条主线前进，一条是杜牧的政治遭际，来守池州，已很不得志，但来池州后，在当地纯朴民风的感染下，仍欲有一番作为。可是，当地的恶势力乔家勾结朝廷得势宦官乔公公打击杜牧，最后终于将刚直不阿的杜牧排挤到更加偏远的小郡睦州去了。另一条线索是杜牧在池州与歌女张鹤娘从相识到相知相恋再到被迫分手的情感历程。两条线索交织糅合，互为因果，紧凑合理，塑造出两个既符合历史又符合逻辑的艺术形象。

剧本在对艺术形象杜牧进行塑造时，既尊重历史原则，又尊重艺术原则，所以保证了这一人物形象的合理性和合情性。对杜牧的历史定位概括起来有三点。

第一，杜牧的济世之才和安邦之志。剧本通过鹤娘之口多次赞赏杜牧的政治抱负和才干："制策登科占魁首，胸有韬略比武侯。献妙计，平泽潞，功在社稷壮千秋！"（第二场）这词用来评价历史人物杜牧也不为过。公元828年，26岁的杜牧在洛阳高中进士第五名，不久，又应制举贤良方正能直言极谏科，以第四等及第，正所谓"两枝仙桂一时芳"（《赠终南兰若僧》）。在扬州牛僧孺幕中，写出对付藩镇的方策《罪言》。尤其是843年在黄州任上上书宰相李德裕，献取泽潞之计，宰相颇采纳其言，致命泽潞平定。这些才干在剧中构成剧中人的历史背景，成为杜牧来池州后，受到当地百姓拥爱、为百姓办好事、获得鹤娘芳心的逻辑前提。

第二，杜牧出任池州刺史之际，正是其在政治上空怀壮志、报国

图62　汪菱花剧照。

无门、愁绪万端之时。这满腔愁闷恰被鹤娘所理解："可叹才高偏遭妒，冷落江左恨悠悠。壮怀未展青云路，怎不抑郁在心头？"845年，诗人张祜慕杜牧之才，来访池州，二人于重阳节同游池州城东南齐山后，杜牧写下名篇《九日齐山登高》诗："江涵秋影雁初飞，与客携壶上翠微。

尘世难逢开口笑，菊花须插满头归。但将酩酊酬佳节，不用登临恨落晖。古往今来只如此，牛山何必泪沾衣。"这首诗中表达的苦闷、自慰与旷达正是当时心境的写照。《清明》诗中所谓"路上行人欲断魂"也是此意。剧本在处理杜牧之愁时，采取了三种解愁方式，借酒浇愁、去愁为民、以情制愁。这三种方式保证了情节的有效展开。前者引出池州特产和民风民俗民情，次者导引主人公仕途不畅的线索，后者为主人公的感情发展预留了空间。

第三，对杜牧的文采与风流渲染把握准确合理。杜牧对张鹤娘动情是基于鹤娘对他心境的准确理解。而鹤娘之所以钟情于杜牧，一方面是赞赏杜牧的才干，另一方面则是对其文采的倾慕："杜君妙笔写诗文，格调高雅寓意深。洛阳纸贵何须问，四海传抄谁不闻？"鹤娘为了表达自己对杜诗的爱慕之心，用娟秀小楷在白绫上写下杜牧的诸多名篇。女主人公对杜牧文采的激赏并不唐突。杜牧的诗才千古有定论，其诗作在其生前即广为传播。剧本《情洒杏花村》中的《清明》诗就是一条将杜牧与池州也即将杜牧与鹤娘联系起来的纽带。至于杜牧的风流本性，剧本创造性地有所改造。杜牧在历史上拥有不少"青楼薄倖"之韵事。这些风流韵事一方面未必是历史事实，多有后人附会之处，如关于杜荀鹤为杜牧之子的传说，学者多证其诬[1]；另一方面，即使杜牧真如所言，这种风格已与今日的道德原则、情感原则和审美习惯相左，所以剧本中虽有杜云（可能是脱胎于《唐诗纪事》中长林乡正杜筠，鹤娘可能也是将之视为后来成为杜荀鹤之母的暗示。即使有此用意，也只能说明剧本对传说有所倚仗和本故事有一定的开放性，而本剧并未点明），而剧本并没有在结尾处将鹤娘转嫁给杜云，这种改造是极富

---

[1] 汤华泉《社荀鹤生平事迹考证》，《阜阳师范学院学报》1986 年第 1 期。

眼光的。

《情洒杏花村》并不是历史剧,而是"传奇剧",因为除了杜牧来守池州是历史事实之外,剧中情节和剧中人大多为虚构,但是任何艺术虚构都必须遵循艺术逻辑,即所谓"合情合理的不可能"(亚里士多德语),虽是未必之事,但必须既合情(情感原则)又合理(历史原则)。从对杜牧的历史定位看,《情洒杏花村》一剧是符合艺术逻辑的。

二、精准的情感定位

《情洒杏花村》既然不是历史剧,而是传奇剧,则着笔之处并不在杜牧的政治生活(政治生活只构成该剧的历史背景),而在于他的情感生活。

此情首先表现为爱情,但是这出爱情戏又不同于一般的才子佳人式的爱情闹剧,二人之间的情感既真切感人,又深沉凝重。因时代背景(晚唐的腐败政治)和杜牧的个人背景(富有才干和不阿权贵)的影响,这份知己之情注定是一场悲剧。

"情洒"其次还表现在杜牧在池州为官两载,与民生情。一方面,作为地方官,杜牧有爱民之心,已与池州百姓有深情厚谊,被迫迁官时,不忍离去,同时,百姓也不愿其离去,还要写《万民折》,"代池州一万七千户老百姓要求皇上收回成命,让你留任池州",这说明杜牧在池州是有政绩的,这一任官是成功的,然而最后却以"荒于朝政"之罪被移他州。在剧中,诽谤杜牧的是乔家,而乔家之所以对他怀恨在心,乃出于二因,一是杜牧不能依附于其门,却与民同乐;二是乔家强夺鹤娘不成，杜牧却与之情投意合，意欲成亲。可见，因民情而生爱情，因爱情而遭陷害，因移官而痛失爱情，却因移官而见民情，环环相扣，情情相因。

杜牧对鹤娘的生情有一个衍化开展的过程。第一步是"歌"。剧本"序引"中写愁中杜牧听到"一声清歌妙音，如闻天籁，为之一振"，唱歌的是鹤娘，唱的曲子恰是杜牧的《江南春》。杜牧急于寻歌，于是，牧童杏儿将之引进杏花村。在杏花村酒家见到鹤娘之前，杜牧先是从牧童之口得知鹤娘会唱曲，然后从杏嫂口中了解到鹤娘"不光唱得好，人品也端正，是个卖艺不卖身的硬骨头"的品质，不禁肃然起敬："原来是一个烈女。"第二步是"诗"。鹤娘会唱曲，唱的是杜牧之诗；有品行，拒的是地方恶霸。但杜牧并不知鹤娘会欣赏他的诗作与才干，见面之后，方从鹤娘之口了解此情。鹤娘所说"杜大人的诗句饱含忧国忧民之情"之语，对他"好一似重锤心头敲"，致使其感到惭愧忧愤。第三步是"知"。前面写鹤娘对杜牧的了解只是侧面的，她此前并未结识杜牧。杜牧将之引为知音乃四件事促成，一是鹤娘送给杜牧她手抄的杜牧诗绫，二是鹤娘对他以诚相待、自表身世，三是准确地猜中杜牧的心态，四是鹤娘劝他"虽说你志存高远大业未就，又何必英雄气短悲穷途"并批评他借酒浇愁是"壮志消磨，光阴虚度，扪心自问，你愧不愧来羞不羞"。经此四事，他才将鹤娘引为知己。第四步才是"情"。到第三场二人才最终定情。

与才子佳人爱情剧不同的是，本剧并没有突出女主人公的美貌，第一场中虽有"花容月貌"的一段伴唱，但在处理杜牧对鹤娘生情的过程中，美貌只成为一个已完成的背景，却不是生情的必然因素。二人产生感情的基础表现在四方面。（一）都有相同的不遇之悲。杜牧仕途多舛，鹤娘未遇淑人："从此我唱曲卖艺自糊口，恨豪门为富不仁来强求。"所以容易接近。（二）都有相同的刚烈品性。杜牧生性刚直，严词拒绝乔府的拉拢；鹤娘也有"弱女可杀不可辱，宁为玉碎不低头"的品质。（三）都有同情底层民众之心。《情洒杏花村》一剧中杜牧的形象具有极强的民本意识，与民同乐，为民办事，反抗权贵，不愿与权贵同流合污，始终站在底层百姓一边，可以说，全剧中除了杜牧一人为官之外，出场的全是池州的细民百姓。而鹤娘出生低贱，更是力劝杜牧关心民务，所以二人一拍即合。可以说，杜牧的这种民本意识也是构成他政治遭际坎坷的重要诱因之一。（四）文化素养都较高。杜牧是进士出身，诗人，有很高的文化素养和艺术鉴赏水平。鹤娘虽出身贫苦，但从小母亲就"灯下教我把书读，枕边教我把德修"。会唱曲，能诵诗，这样才有与杜牧定情的可能。

然而，事实上，本剧中二人的爱情悲剧只是政治悲剧的延伸。也可以说，本剧正是通过一场爱情悲剧来揭示更深层次的政治悲剧。这也是与一般爱情剧不同的地方。杜牧在池州与民生情也有一个发展过程，这主要是通过池州百姓对杜牧的态度来反映的。这个过程概括起来就是"误解——理解——拥戴——挽留"四个阶段。第一场写杜牧来杏花村酒家饮酒时，听到酒店老板与老板娘批评新任刺史不关心民瘼的对话。第二场写杜顺向酒店老板夫妇介绍杜大人的委屈和为人，杏嫂说"这朝廷也不识好歹……那真是委屈你家老爷了"，对杜牧表示同情与理解。第三场写百姓协助杜牧筹款兴建杏花村工程，并敦促杜牧与鹤娘完婚。这已是对杜牧信赖有加的体现了。第四场写池州百姓试图用自己诚挚与朴素的情感方式挽留杜牧。

"情"是本剧情节发展的内在驱动线，在杜牧的政治遭际的线索中表现为民情，在杜牧与鹤娘交往的线索中表现为爱情。鹤娘就是池州平民的代表，所以这里的爱情与才子佳人式的爱情又有天壤之别。民情与爱情交织在一起，在前三场中是逐步走向成熟的，到第三场时，似乎二者都将以皆大欢喜而告终，但是一道圣旨，将两种情推向高潮。第四场和"尾声"集中展示了两种情的内涵和力度，使全剧产生强烈的悲剧效果。

三、独特的艺术定位

《情洒杏花村》在艺术上也颇见功夫，它在满足黄梅戏舞台演出的艺术处理、借助地域文化和民俗风情来营造气氛以及主要人物形象性格塑造等三方面都有不俗表现。

（一）《情洒杏花村》剧本是一部黄梅戏舞台演出脚本，所以全剧在艺术处理上时时处处遵循着戏曲舞台以及黄梅戏的独特要求，它是运用多种艺术手段来满足这些要求的。

戏剧在结构安排、人物设置、情节设计、舞台布置等方面有自己的原则，下面从这四个角度来看看《情洒杏花村》是如何处理的。

1.结构安排。本剧在结构上非常紧凑，在时间上，杜牧在池州为官三年，除去路上行程，实际只有两年多一点。为了有效地在舞台上演绎这段故事，必须在时间上有巧妙的安排。所以，第一、二场安排在杜牧刚来池州的那年，三、四场是杜牧离去的一年。来时是"春和景明"，去时却是秋天，第三场展现的是秋天丰收与欢乐的场景，而第四场却变为"乌云遮日秋江上"，"尾声"更是"愁云笼罩，大雾弥漫"。

为了结构上的连贯、融洽，剧本有一个重要的设计。第一场结尾时杜牧写下"清明绝句"后,剧本有一说明:"该剧每场结尾皆唱《清明》诗,贯串全局。但每场戏情境不同, 故其情调也有区别。"《清明》诗的连贯运用, 是用简洁的方式获得了塑造典型环境、坦露人物心态的极佳效果。诗中有时令——清明时节, 有景象——雨纷纷, 有地点——杏花村、酒家, 有人物——路上行人、牧童, 有心态——欲断魂, 这首小诗本身就是一个非常有感染力的"戏剧小品"。整首诗突出的是一个"情"字, 但单从此诗看, 我们并不知这行人有何情愁, 但将此诗钳入本剧, 我们就不难理解正是爱情与民情让他发愁呢!

2. 人物设置。舞台剧受时空限制, 出场人物不宜过多, 决不允许有多余或可有可无的人物存在。该剧出场人物有名姓者共八人, 他们都是为主要人物服务的, 在剧中分别有着不同的功能。张鹤娘是杜牧的红颜知己。池州长史尹光宗是杜牧政治上、思想上的知音。杏嫂与黄老板代表池州平民, 杜云代表底层正直的知识分子, 他以杜牧为师。牧童杏儿是杜牧进入"情境"的引导者。管家杜顺是杜牧历史和为人的介绍者。剧中还有一些未出场的人物, 也起着重要作用。池州恶霸乔家及宫中的乔公公代表了黑暗势力和宦官专权, 前任李太守、京中好友李大人、宣歙观察史崔大人是杜牧的同志, 构成广泛的政治背景, 还有第一场中杜牧提到的张好好:"这位鹤姑娘, 乍看真像当年江西幕中见过的张好好。"这一句话听起来轻松, 但品起来却意味深长。当年张好好是江西观察史沈传师的弟弟沈述师的爱妾, 后被抛弃, 辗转流落到洛阳当垆卖酒。835 年, "甘露之变"后, 杜牧在洛阳巧遇张好好, 感慨万千, 写下著名的《张好好诗》。在此将张鹤娘比作张好好, 杜牧之用意不可谓不深。

3. 情节设计。本剧的主要情节没有确凿的史实依托，因此情节设计好坏是该剧能否获得成功的关键。本剧有几个成功的情节设计，并且有较强的戏剧效果。第一场中杜牧杏花村酒家饮酒时，没有透露自己身份就很有戏剧性，起着欲擒故纵的效果。从酒店老板对新任刺史的批评中了解了民情，在鹤娘对他的称赞中埋下了爱情的种子。如果杜牧前呼后拥地来到酒家，不仅难得上面的效果，也违背杜牧亲民的本性，便不能在后来得到村民的理解。第三场中为筹款兴建杏花村工程，鹤娘想出让杜牧书写《清明》诗义卖来筹款的妙招也是极富戏剧性的情节。鹤娘先斩后奏地实施了此招则表明她与杜牧已经成为知己；"杜牧卖字"不仅合理地解决了工程款问题，同时还表明了鹤娘的机智和杜牧的为民奉献的精神；义卖的是《清明》诗，实际上是传播了杜牧的才情与池州的风情。此外还有一些有趣的小情节充满了生活情趣。

4. 舞台布置。剧本在舞台布置方面根据情节的需要已作了不少艺术的处理，这些处理方式与剧本的整体风格相统一，如能在演出时有效地实施，则效果一定很好。如多处运用画外音、音乐、灯光效果、背景效果、空间转换等手段。

因本剧是为黄梅戏而创作的，所以剧本特别揉进了黄梅戏特色。主要有三方面。①轻柔的风格。黄梅戏的典型特色就是"柔"，而剧本以写情为主正与之合契。②乡土气息。黄梅戏生长于皖西南的灵山秀水之间，乡土气息浓郁。本剧的故事发生在"池州城西杏花村酒家，竹篱茅舍，古色古香。'黄公酒垆'酒旗高挂。户外杏花烂漫，灿若朝霞"。这不正是典型的江南乡土风光吗？③池州方言。黄梅戏对白主要是使用安庆方言，池州与安庆一江之隔，无论民风民俗、方言土音皆十分接近。而且黄梅戏在形成过程中，池州也是主要生成区与传播地。黄梅戏在传统剧目、唱腔来源和歌舞程式方面都吸收了池州民间艺术的精华，早期不少著名的黄梅戏艺人就是池州人。剧本是无声的，显不出方言的声腔，但却可以运用有地方特色的词汇、土语、句式等，以保证剧本在上演时，其对白拥有黄梅戏的韵味。

图 63　杏花花蕾（饶颐摄）。

（二）黄梅戏《情洒杏花村》不只是为我们讲了一个传奇故事，它的另一个显著的特色就是这个传奇故事是以浓郁的地域文化与民俗风情作背景的。

1. 秀美的江南风光。剧本是在"江南春季气象，烟雨濛濛，青山隐隐，云雾缭绕"的景色中开始的。杜牧是诗人，诗人对景生惰，诗兴大发，正是相得益彰。第二场开头杜牧游览池州山水时，与鹤娘有一段对唱。

杜牧：好一派江南春色呀！

（对唱）千里春光驱雾障，

鹤娘：（对唱）一江春水碧泱泱。

杜牧：（对唱）你看那帆影幢幢烟波上，

鹤娘：（对唱）那里有渔家辛苦在水乡。

杜牧：（对唱）你看那竹篱茅舍酒旗幌，

鹤娘：（对唱）那里有杏花美酒迎客尝。

杜牧：（对唱）你看那奇峰插天云作帐，

鹤娘：（对唱）那就是名山九华秀青阳。

如此美景，引发了杜牧的诗情，于是作诗一绝。接着，鹤娘还向杜牧介绍了齐山、万罗山、秋浦河等池州景点，以及那春意盎然的杏花村。江南之景成为唤醒苦闷人内心之情的不可抗拒的诱因。这景象自然也会使观众有身临其境、如沐春风之感。

2.香浓的酒文化氛围。戏一开头，杜牧来到杏花村酒家，是为了借酒浇愁的，却不料自己被百姓的民情与鹤娘的爱情所陶醉。整个故事都发生在杏花村酒家中，酒在这里具有一种象征意味。剧本之所以将故事置于酒文化氛围中展开，盖有两个得天独厚的原因。其一，文人与酒的关系是一种历史文化现象，酒是得意文人标榜风雅的工具，酒也是失意文人的解愁工具，酒更是诗人获得创作灵感的基本手段。杜牧当然也不例外。其二，池州杏花村以产酒著称，剧中出现了"用的黄公井水，祖传秘方，又香又甜，又清又爽"的"杏花香泉"酒。时至今日，池州杏花村酒厂仍生产以"杏村"为商标的系列酒，其中就有高档次的"杏村香泉"。而当年失意文人杜牧又恰恰来到此地，真是天遂人愿。但是，他在杏花村不仅没有浇灭自己的一腔愁绪，却在离去时增添了更大的浓得化不开的情愁。可见，酒文化氛围的运用在该剧中显得何等的贴切。

  3. 古朴的傩舞乡风。本剧第三场开头，是村民欢庆丰收的一场戏："众捧着美酒三牲、五谷瓜果、祭祀社神。接着表演傩舞《舞古老钱》《舞伞》等传统节目，娱神娱人。"作者在这场戏中融入了池州（贵池区）的文化遗产傩戏，增加了剧本的文化品位和地域特色。安徽贵池傩戏是以驱鬼疫、祈吉祥为目的，并以戴面具为表演特征的一种祭祀性民间戏曲表演活动。演出时可分为傩舞、傩戏和诵赞三部分，以祭示和逐疫活动贯穿其始终。傩戏在池州的存在已非常久远，本是祭祀梁昭明太子萧统的(萧统的封地在贵池)。贵池有句谚语"无傩不成村"，可知傩戏是贵池乡民生活的重要内容。据《杏花村志》引宋人张邦基《墨庄漫录·昭明庙祝周氏杂记》称："今池州郭西英济王祠，乃祀梁昭明太子也。其祝周氏亦自唐开成年间掌祠事至今，其子孙分八家，悉为祝也。"开成为唐文宗年号（836—840），紧接就是武宗会昌年间，恰在杜牧来守池州之略前。可见，剧本的这种设计并不是随意捏合，而是有史实根据的。现在贵池傩戏每年一度，活动时间在农历正月初七（人日）至十五（元宵）。据《杏花村志》《池州府志》，清初，每年八月十二至十六日，四乡傩队云集于贵池，进行祭祀活动。而秋祭活动早在清代就已经废止了[②]。所以《情酒杏花村》剧中虽有秋祭也当符合实情。

  另外，剧中还有一处借当地"哭嫁"风俗来处理情节。第三场，村民欲为杜牧与鹤娘操办喜事，杜牧看到鹤娘正在啼哭，担心她能否答应时，酒店黄老板说："哭就是答应了。这是我们当地的风俗，姑娘出阁之前都要哭嫁，不哭不发，越哭越发。"其实鹤娘是因自己的苦衷而哭，黄老板误解了她。第四场分别时她在诉说苦衷时坦言道："明知道好姻缘要成画饼，怎奈你一腔痴情、酒家好心，错把哭声当应婚。"如果没有"哭嫁"之俗的掺入，则这场"错会"就不好处理。

鹤娘在剧中的角色是歌女，唱的是地方曲调："小女唱的是池州调，佳山佳水有知音。"杜牧听了之后，不禁赞叹道："行云流水池州调，余音袅袅耳畔萦。"池州小调优美动听，有浓郁的江南风味，它不仅唱乐唱诗，也唱民间疾苦声。第二场就有杜牧听鹤娘唱当地歌谣《黄连苦，数秋浦》的情节。民间歌谣的运用无疑增添了剧本的地方特色。

（三）《情洒杏花村》一剧艺术上最可取之处还是对两个主要人物的成功塑造。

杜牧形象的性格特点主要可以定位在政治上亲民、道德上刚正、感情上真诚且有平等意识。这三者单独地看，并不新奇，但当我们将这三种品质集于一人之身时，殊为难得。尤其是杜牧出身高门，却能与民相得，这本是一种事实。《旧唐书》说他"从兄悰更历将相，而牧困踬不自振，颇怏怏不平"，乃是因为他"刚直有奇节"造成的。剧本表现杜牧在爱情上与鹤娘真心相恋、平等相待时也引史事为证。第三场杜牧在向鹤娘求婚时，为解其疑虑，说道："你瞻前顾后，耽心为妾者地位低下，被人作贱虐待。这就大可不必。我杜家虽名门望族，诗礼传家，却是与众不同，妻妾平等。我祖父大人三朝为相，妻亡之后，敢以爱妾李氏为正室，诰封密国夫人。"这段话听起来颇具现代气息，但其中所说的祖父之事并非向壁虚造。《旧唐书·杜佑传》在称赞"议者称佑治行无缺"时，补说了一件事："惟晚年以妾为夫人，有所蔽云。"

鹤娘性格中的突出特点表现为质朴、刚烈与舍己品性。尤其是最后一点与同类题材的故事有别。一般的古典爱情悲剧最终都是在外力强制作用下造成的。而本剧中的张鹤娘则是主动离去的，尽管也有外力压迫，但她可以不离去，因为杜牧对她情深意厚，坚决要娶她。让她主动与杜牧分离的力量来自她道德上的自我觉醒。这种舍己忍痛包含有两份情感。其一，是对杜牧个人的感情。为了他的前程不得不忍痛割爱："鹤娘我生死荣辱不足道，万不能连累老爷招祸殃，爱他当为他着想。"其二，是对百姓的感情。保住杜牧的前程就可以保一方百姓能领受杜牧的爱民之情："我若与你成婚配，更怕那宵小进谗、蒙蔽圣听、权奸当道、毁了国家栋梁臣！莫怪鹤娘心肠狠，只恨世道不公平。但愿你留任池州施德政，丰碑立在杏花村。但愿你关心民瘼情不减，笔下不断好诗文。但愿你文韬武略酬壮志，安邦济世留芳名。"可以说，从这一角度去看，鹤娘的形象甚至比杜牧的形象塑造得更加具有艺术感染力。

黄梅戏《情洒杏花村》作为文字脚本尽管有以上诸多的成功之处，但仍有两点值得重视。第一，剧本的情节还有可以增饰的空间，人物对白还须进一步提炼。第二，剧本与其他案头文学不同的是，剧本是动态的、开放的文本，它在由静止的语言艺术向动态的戏剧表演艺术转化过程中，还会是一个不断提炼的过程。本剧现正在完成这一转化，所以我们将拭目以待，希望有关部门遵循艺术规律精心打磨这部戏，让这则古老的故事散发出浓郁的乡土气息和时代气息。

（原载《池州师专学报》2002 年第 4 期。第一作者为何根海，全文由第二作者纪永贵执笔。）

"红杏出墙"意象考释

——再论古典文学中"墙喻"的阻隔功能

"红杏出墙"是当今世俗生活中一个广为人知的俗语,它的意义指向非常明确,即是已婚女子婚外情的象征。在感情色彩上,它无疑是一个受到道德原则谴责的行为,对于旁观者而言,则是一个令人幸灾乐祸,或者说是颇有八卦和讽刺意味的事件。

这个俗语与女性情感外溢相对应,主要来源于元明清时代的戏曲小说,至民国时期,已经成通俗之语。女性追求情感自由和婚姻观念之间的矛盾冲突导致了这一事件的发酵,同时也为世俗世界带来新奇的看点。至而今,"红杏出墙"一词不用解释,其义尽人皆知,但是其新奇意义已经大打折扣了,因为婚外恋情已成稀松平常之事,所以大多数情况下,倒不必用上这个文雅的历史典故了。

这个创自唐代的诗歌意象之寓意经历了三个发展阶段。首先是发掘其本义,突破"自然之墙",即展露生命活力不可遏制的特性,同时也是美学理想的一次闪光,植物的这种努力与成果受到诗人们的广泛称赞;第二阶段是突破"礼教之墙",开始附着一层新的象征意义,即未婚男女突破礼教之大防而私结姻缘,仍然具有正面意义;第三阶段是突破"法律之墙",到了近世,它成为已婚女子情感外泄的代名词,则其积极意义已经消失。因为墙对于茂盛的植物与受到礼教束缚的男女青年而言，是一道苦闷的枷锁，而对于婚姻与家庭而言，这道"法律之墙"是社会稳定与社会责任的保障，因为婚姻是受法律保护的。

图 64　一枝红杏（饶颐摄）。

本文并不纠缠于这个俗语在当今时代的意义显现，而是从探源的视角，来看看它是如何发生的，并对它的诗歌原义做些分析，甚至对它如何演变为专指词组作一个巡视，同时，对此组合意象中"墙喻"的阻隔功能作一些补充探索。

一、"红杏出墙"意象探源

一般而言，"红杏出墙"只不过是对一句宋诗的简化，即来源于南宋叶绍翁《游园不值》："应怜屐齿印苍苔，小扣柴扉久不开。春色满园关不住，一枝红杏出墙来。"一望即知，将第四句剪去首尾三字，便剩下"红杏出墙"的四字语。大多数读者对此诗都是耳熟能详的，同时也容易误认为这首诗是"红杏出墙"的原典所出，其实不然。

钱钟书《宋诗选注》注《游园不值》：

> 这是古今传诵的诗，其实脱胎于陆游《剑南诗稿》卷十八《马上作》："平桥小陌雨初收，淡日穿云翠霭浮。杨柳不遮春色断，一枝红杏出墙头。"不过第三句写得比陆游的新警。《南宋群贤小集》第十册有另一位"江湖派"诗人张良臣的《雪窗小集》，里面的《偶题》说："谁家池馆静萧萧，斜倚朱门不敢敲。一段好春藏不尽，粉墙斜露杏花梢。"第三句有闲字填衬，也不及叶绍翁的来得具体。这种景色，唐人也曾描写，例如温庭筠《杏花》："杳杳艳歌春日午，出墙何处隔朱门"；吴融《途中见杏花》："一枝红杏出墙头，墙外行人正独愁"《杏花》："独照影时临水畔，最含情处出墙头"；李建勋《梅花寄所亲》："云鬟自粘飘处粉，玉鞭谁指出墙头"；但或则和其他的情景挽杂排列，或则没有安放在一篇中留下的印象最深的地位，都不及宋人写得这样醒豁。

钱钟书先生以"倒推"的方式追溯了这个意象组合一路发展的线索：叶绍翁—陆游—张良臣—温庭筠—吴融—李建勋，一共六个诗人六句诗，钱先生认为这些"源头诗"都比不上叶诗的好处：醒豁！

因为当时电子版本还没有出现，钱钟书先生凭借自己广泛阅读与非凡记忆，为我们提供了这一条极富学术意味的线索，现在看来，他的搜罗还不太全面，还有些细节可待补充。比如，陆游《小园花盛开》："鸭头绿涨池平岸，猩血红深杏出墙。"就是一个被忽视的例子。

唐代诗词中还可找到如下类似的例句。魏夫人《菩萨蛮》："隔岸两三家，出墙红杏花。"又如唐白居易《府中夜赏》"白粉墙头花半出"、聂夷中《公子行二首》"花树出墙头"，但未言明即是杏花。《乐府歌诗》卷八○"近代曲辞"中有《墙头花》，可见"花出墙头"之典其来有自。

图 65　叶绍翁《游园不值》画意。

　　从宋代开始，"红粉出墙头"已是一个常用的意象。因过去相关诗作不太被注意，笔者特在此将类似的诗句作一个胪列。王禹偁《杏花》："日暮墙头试回首，不施朱粉是东邻。"欧阳修《梁州令》："红杏墙头树，紫萼香心初吐。"又《渔家傲二十首》之五："红粉墙头花几树，

364

落花片片和惊絮。墙外有楼花有主，寻花去，隔墙遥见秋千侣。"王安石《杏花》："独有杏花如唤客，倚墙斜日数枝红。"王安石《金陵》："最忆春风石城坞，家家桃杏过墙开。"苏轼《浪淘沙·探春》"昨日出东城，试探春情，墙头红杏暗如倾。"又《雨中花慢》："空怅望处，一株红杏，斜倚低墙。"张耒《淮阴阻雨》："晓天暖日生波光，桃杏家家半出墙。"张耒《伤春四首》："红杏墙头最可怜，腻红娇粉两娟娟。"张泂《题黄碧酒肆》："行役不知春早暮，墙头红杏欲飞花。"韩维《和杜孝锡展江亭三首》："买家园里花应谢，绿遍墙头野杏梢。"张闰《春日汎舟南湖》："园亭西畔晴尤好，一色墙头见杏花。"陈襄《寒食日常州宴春园》："洞里桃花青叶嫩，墙头杏火绿烟新。"君端《春日田园杂兴》："白粉墙头红杏花，竹枪篱下种丝瓜。"宋无《墙头杏花》："红杏西邻树，过墙无数花。"王同祖《春日杂兴》："粉墙红杏半离披，春满人间花自知。"叶茵《香奁体五首》："绿扬红杏闹墙头，画出眉山却带秋。"虞俦《和陈德章春日送客》："过墙红杏雨，低户绿杨烟。"史弥宁《红雪》："金衣花里舞春寒，桃杏墙头正耐看。"宋庠《池上雨过》："墙头早杏青丸小，水面新蒲绀尾长。"虽说是墙头杏果，那也一定是墙头杏花之结果。

有的诗未必提到杏花，但是从清明、寒食节令等语境来看，过墙者仍与杏花有关。穆修《城南五题其五·玉津园》："金锁不开春寂寂，落花飞出粉墙头。"梅尧臣《依韵和永叔都亭馆伴戏寄》："去年锁宿得联华，二月墙头始见花。"二月墙头之花也一定是杏花。张闰《清明日书亦庵壁二首》："花好满园看未过，出墙邻对又开心。"程公许《洪城沈运干新园三首》："花压墙头柳映门，红城一曲沈家园。"强至《二月十二日城西送韩玉汝龙图马上作》："绿垂波面官桥柳，红出墙头御苑花。"葛绍体《惜春长句》："墙头锦红一花梢，人间雪白几鬓毛。"韩维《仲连兄治南堂》:"东风过墙头,朱白争繁鲜。"李复《惜花谣》:"摇摇墙头花,浅深争灼灼。"释绍嵩《安吉道中》:"墙头花吐旧枝出,原上人侵落照耕。"这就是所谓杏花时节春耕到。赵孟坚《墙头花》:"墙头花,红且白。一百五日过寒日,寒食过了好风日。"冬至之后一百五日正是清明节,则此花非杏花莫属。

唐宋诗中还有些诗歌虽然没有直接点出红杏出墙的意象,但其实写的也是这层意思,不过主要是表达出墙杏花的凋落景象。如韩偓《残花》:"余霞残雪几多在,蔫香冶态犹无穷。黄昏月下惆怅白,清明雨后寥梢红。树底草齐千片净,墙头风急数枝空。"这首诗是说出墙杏花被急风吹落了。崔道融《春晚》:"三月寒食时,日色浓于酒。落尽墙头花,莺声隔原柳。"这首诗也是说出墙杏花凋落了。宋邵雍《落花长吟》:"减却墙头艳,添为径畔红。"

宋之后,杏花被吟咏的频率明显增高,金代的元好问对杏花情有独钟,有数十首专题作品,如《临江仙自洛阳往孟津道中作》之十二自言:"一生心事杏花诗。"他也非常留意于"红杏出墙"意象。《杏花杂诗十三首》:"杏花墙外一枝横,半面宫妆出晓晴。"《自赵庄归冠氏二首》:"谁识杏花墙外客?旧曾家近丽川亭!"《梅花引》:"墙头红杏粉光匀。"

这些诗词都展示了"红杏出墙"的意象组合,诚如钱钟书先生所言,对"红杏出墙"的动机提出新警视点的正是"春色满园关不住"这句颇有哲理的创意。可以说,"红杏出墙"的创设,在唐宋时代已是一个信手拈来之典,只是到了叶绍翁手中,它才展露出生命不可遏制的盎然生机,所以他的这首诗虽然不是首创,但确是占领了这个意象意蕴发掘的制高点,成为千百年来最受称道的名篇。

二、"红杏"意象的寓意转移

（一）杏花转红

文学史上首先提到的杏是指杏树或杏树之材，比如杏坛、杏梁、杏堂、杏林等。后来才开始关注其花色，因为杏花颜色比较浅淡，与其他色泽鲜艳的花朵相比，几乎没有色彩上的优势，比如桃花就以红艳著称，而杏花与之相比要浅淡得多，一般称之为"杏花白"。但它又不是如李花、梨花那样的纯白，而在红与白之间。即使是栽在一起的几株杏花，花色浓淡也有不同。韩愈《杏花》："居邻北郭古寺空，杏花两株能白红。"杨万里《甲子初春即事》其三："径李浑称白，山桃半淡红。杏花红又白，非淡亦非秾。"在金代元好问眼中，杏花有时纯白如雪，如《浣溪纱》之十三："川下杏花浑欲雪。"《点降唇》之十五："杏花开过雪成团。"有时又红艳欲滴，如《清平乐·杏花》之一："生红闹簇枯枝，只愁吹破胭脂。"有时在红白之间，如《清平乐·杏花》之十三："杏花白白红红。"宋李冠《千秋万岁》："杏花好，子细君须辨。比早梅深、夭桃浅。"好在杏花开放之时，一般的红桃还在准备之中，很少有同时竞艳的机会，这就让杏花可以独自陶醉一番。

关于杏花的颜色，程杰先生对之有过专题论述：

> 杏花"未开色纯红，开时色白微带红，至落则纯白矣"。花蕾初绽呈红色，所谓"红杏枝头春意闹""一枝红杏出墙来"，是初开景象，渐开渐淡，盛开转为白色，这种姣容三变

的过程展现出丰富的观赏性。红杏初绽，大片杏林，如火如荼，人们多以"红霞"喻之。而逶迤开放中，同一树花朵有先后，颜色也就有红有白，大片林景中更是红白夹杂，绚丽斑斓，人们常形容为"碎锦"，而微开半吐之时，花色介于红白之间、淡注胭脂之色，可以说是花色最富特色的阶段，古人诗称"绝怜欲白仍红处，正是微开半吐时""海棠秾丽梅花淡，匹似渠侬别样奇"。

无论南方或北方，无论颜色是深是浅，杏花的色泽都比较浅淡，没有海棠那样的鲜红欲滴，没有牡丹那样的大红大紫，它只是春天里万紫千红的一个引领，一个季节的信使。杏花的花期也很短，这更证明了它的使者身份，它不能代表一个季节，而只是冷暖天气转换之间的一个过渡，一次短暂的爆发。

图 66　杏花（饶颐摄）。

颜色淡白的杏花最后为什么被称为"红杏"呢？杏花含苞时，是有些深红的。白居易《二月一日作，赠韦七庶子》："园杏红萼坼，庭兰紫芽出。不觉春已深，今朝二月一。"一旦破萼，便越开越白了。刘兼《春夜》："薄薄春云笼皓月，杏花满地堆香雪。"但在诗人眼中，这种"白杏"却一日一日地被涂红了色，也许是没有其他芳菲参照的季节，诗人们就权当它是最红之物了，其实，更深层次的原因倒是诗人心目中的那份红色的理想，反过来染红了白色的文杏。

1. 唯美之红

最早定义杏花之红的可见南朝乐府《西洲曲》"单衫杏子红"，这是说少女所穿的单衣是浅红色的。因为是单衫，浅红的颜色可以衬托出少女洁白的皮肤、婀娜的身姿以及娇红的面容，大有"荷叶罗裙一色裁，芙蓉向脸两边开"的美学烘托效果。所以用杏子红来定色，令人感到亲切唯美。也就是说，在这个层面上，主要因为红色是惹眼的，是暖色，是纯美的一种象征。

图 67　国画《采莲图》。

唐诗中的红杏意象并不多见，但其意味却非常明确，多以碧桃对

369

红杏。所谓碧桃即千叶桃，并不是绿色的花，而是重瓣秾艳的红色，开花较早，将二者比并，更衬托出杏花之红。许浑《泛溪夜回寄道玄上人》："南郭烟光异世间，碧桃红杏水潺潺。"高骈《访隐者不遇》："惆怅仙翁何处去，满庭红杏碧桃开。"高蟾《下第后上永崇高侍郎》："天上碧桃和露种，日边红杏倚云栽。"齐己《杨柳枝》："争似著行垂上苑，碧桃红杏对摇摇。"碧桃对红杏，主要着意于其色泽的混同和秾丽，因为出尘脱俗，甚至比拟为仙境之芳物了。

2. 春意之红

红色代表春天的到来，花开草长，总是红绿相映，一派生机。杨巨源《将归东都寄令狐舍人》："绿杨红杏满城春，一骑悠悠万井尘。"姚合《咏贵游》："贵游多爱向深春，到处香凝数里尘。红杏花开连锦障，绿杨阴合拂朱轮。"牛峤《菩萨蛮》："玉钗风动春幡急，交枝红杏笼烟泣。"

3. 理想之红

唐代因为长安城里曲江边的园中有杏花，致使这种花演变为政治理想之花。中进士者可享受"杏园赐宴"的待遇，下第落魄之士则望园花而伤感，而此时他们眼中的杏花因失之交臂而更加红艳朦胧。郑谷《曲江红杏》："遮莫江头柳色遮，日浓莺睡一枝斜。女郎折得殷勤看，道是春风及第花。"吴融《渡淮作》："红杏花时辞汉苑，黄梅雨里上淮船。雨迎花送长如此，辜负东风十四年。"施肩吾《早春游曲江》："芳处亦将枯槁同，应缘造化未施功。羲和若拟动炉鞴，先铸曲江千树红。"温庭筠《下第寄司马札》："几年辛苦与君同，得丧悲欢尽是空。犹喜故人先折桂，自怜羁客尚飘蓬。三春月照千山道，十日花开一夜风。知有杏园无路入，马前惆怅满枝红。"这几首诗都是将红杏与及第相联系的，曲江红杏变成了"春风及第花"，温庭筠的诗更是表达了下第后

370

的失落心情"知有杏园无路入，马前惆怅满枝红"！多么红艳的杏花，多么锦绣的前程，对他来说却只是无法实现的理想，只能是永远牵挂的无奈。

浅白的杏花在唐代被诗人的笔触染红之后，在宋代之后更是大放艳彩，诗人已不再关注杏花其实只是一种短暂开放的粉白之花，而是一味地展示其红艳无比的色泽，就像画家笔下，凡是"杏花春雨江南"之类作品中的杏花均是红艳成团，画笔已只顾调色，所咏的红杏真正成为诗人心中的重植之花，与现实中浅白凋零的杏花已相去甚远了。"红杏枝头春意闹""一枝红杏出墙来"都是极其烂漫的写照。欧阳修《玉楼春二十九首》之五："杏花红处青山缺。"陆游《江路见杏花》："我行浣花村，红杏红于染。"又如金元好问《冠氏赵庄赋杏花四首》："文杏堂前千树红，云舒霞卷涨春风。"赵蕃《正月二十四日雨霰交作》："杏花烧空红欲然。"明代贵池沈昌《杏花村》："杏花枝上著春风，十里烟村一色红。"清人金梦先《杏花村歌》："花时烂若朱霞屯。"红楼梦第十七回："隐隐露出一带黄泥筑就矮墙，墙头皆用稻茎掩护，有几百株杏花，如喷火蒸霞一般。"这种种红得可以燃烧的感觉大多是诗人的错觉，是对连片杏花色泽的视觉差，更是诗人内心激情燃烧的象征。

（二）杏花转阴

在唐代，杏花并没有人格化为高端女性的代指，在这方面，它不如桃花与女性的关系那样密切。可以理解为，唐代妇女以秾丽为美，女子也喜欢以桃花自居，而杏花实在太淡了一点，不能点燃男人的炽热情怀，不能成为男性追逐陶醉的对象。但是，在文学意象的发展平台上，杏花在某些诗人的笔下渐次与女性相关联，因其红颜易衰，因其短暂的生机爆发，因其不满围墙的束缚，终于成为轻薄女子的象征，最后演变成"红杏出墙"的公案,其间有一个文学主题的发展过程。

唐李洞《赠庞炼师》:"家住涪江汉语娇,一声歌戛玉楼箫。睡融春日柔金缕,妆发秋霞战翠翘。两脸酒酿红杏妒,半胸酥嫩白云饶。若能携手随仙令,皎皎银河渡鹊桥。"这首诗本是赠一个女道士的,但在唐代女道士的美还是非常惹眼的。用红杏喻脸色,用白云喻酥胸,甚至脸色红润到令红杏都要嫉妒了。张泌《所思》:"隔江红杏一枝明,似玉佳人俯清沼。休向春台更回望,销魂自古因惆怅。银河碧海共无情,两处悠悠起风浪。"诗中也是将红杏比拟为佳人的。王禹偁《杏花》:"日暮墙头试回首,不施朱粉是东邻。"这里的"东邻"即宋玉东邻之美女的代称。冯延巳的名篇《谒金门》:"风乍起,吹皱一池春水。闲引鸳鸯芳径里,手挪红杏蕊。"也是写一个女子随手摘下杏花自比,与李清照的"和羞走,却把青梅嗅"有异曲同工之妙。

图68　杏花与美女（来自网络）。

唐诗中杏花有时成为女性情感生活中的一个道具。戴叔伦《新别离》:"手把杏花枝,未曾经别离。黄昏掩闺后,寂寞心自知。"李贺《冯小怜》："裙垂竹叶带，鬟湿杏花烟。"吴融《杏花》："春物竞相妒，杏花应最娇。红轻欲愁杀，粉薄似啼销。"陈陶《续古二十九首》："南园杏花发，北渚梅花落。吴女妒西施，容华日消铄。"

在晚唐的词中，杏花的女性身份进一步明确了。韦庄《思帝乡》："春日游，杏花吹满头。陌上谁家年少，足风流。"孙光宪《浣溪沙》："杨柳只知伤怨别，杏花应信损娇羞，泪沾魂断轸离忧。"和凝《春光好》："蘋叶软，杏花明，画船轻。双浴鸳鸯出绿汀，棹歌声。"张泌《浣溪沙》："微雨小庭春寂寞，燕飞莺语隔帘栊，杏花凝恨倚东风。花月香寒悄夜尘，绮筵幽会暗伤神，婵娟依约画屏人。"

这些诗词中，杏花因为柔弱，因为是报春之花，因为韶光易逝，女性渐渐引为同类。但此杏花的女性身份只体现在其柔媚多愁一端之上，正所谓"杏花凝恨倚东风"。

到了宋诗中，杏花的象征意义复杂起来，主要指代寒食清明时节，女性象征也很普遍。宋词中出现词牌"杏花天""杏花天慢""杏花天影"等，《全宋词》收录了数十首《杏花天》词。柳永《少年游》十之四："世间尤物意中人。轻细好腰身。香帏睡起，发妆酒酽，红脸杏花春。娇多爱把齐纨扇，和笑掩朱唇。心性温柔，品流详雅，不称在风尘。"此类品题不在少数。

金代元好问喜欢将杏花比拟女性，如《西江月》："相思夜夜郁金堂，两点春山枕上。杨柳宜春别院，杏花宋玉邻墙。"这里也是将宋玉家东邻女子明确比喻为杏花，这朵"杏花"情动于中，"出墙"之欲非常强烈，但宋玉三年都没有给她任何机会。又《梅花引》："墙头红杏粉光匀，宋东邻，见郎频。肠断城南、消息未全真。"这首词还提供了一篇感人至深的爱情故事：

泰和中，西州士人家女阿金，姿色绝妙。其家欲得佳婿，使女自择。同郡某郎独华腴，且以文彩风流自名。女欲得之，尝见郎墙头，数语而去。他日又约于城南，郎以事不果来。其后从兄官陕右，女家不能待，乃许他姓。女郁郁不自聊，竟用是得疾。去大归二三日而死。又数年，郎仕，驰驿过家。先通殷勤者持冥钱告女墓云："郎今年归，女知之耶？"闻者悲之。

唐宋时代少女多以梅花自拟。李白《长干行》"妾发初覆额，折花门前剧。郎骑竹马来，绕床弄青梅"、白居易"妾弄青梅凭短墙，郎骑白马伴垂杨"等诗成就了"墙头马上"的爱情故事。宋后女子也有以杏花自喻，除了诗词之外，小说也会凑热闹。

图 69　1986 年版电视剧《西游记》杏仙剧照（王苓华饰）。

《西游记》第六十四回有一个引诱唐僧的"杏仙"：

正话间，只见石屋之外，有两个青衣女童，挑一对绛纱灯笼，后引着一个仙女。那仙女拈着一枝杏花，笑吟吟进门相见……四老闻诗，人人称贺，都道："清雅脱尘，句内包含春意。好个雨润红姿娇且嫩，雨润红姿娇且嫩！"那女子笑而悄答道："惶恐！惶恐！适闻圣僧之章，诚然锦心绣口，如不吝珠玉，赐教一阕如何？"唐僧不敢答应。那女子渐有见爱之情，挨挨轧轧，渐近坐边，低声悄语呼道："佳客莫者，趁此良宵，不耍子待要怎的？人生光景，能有几何？"

设置一个美艳娇嫩的"杏仙"来引诱高僧，其中就包含着杏花女性化的暗示。又如《聊斋志异·婴宁》：

俄闻墙内有女子长呼："小荣！"其声娇细。方伫听间，一女郎由东而西，执杏花一朵，俯首自簪；举头见生，遂不复簪，含笑拈花而入。

图70　连环画《婴宁》四种书影。

这篇小说以花作喻，不止杏花，还有梅花与碧桃。开篇写公子王子服看见"有女郎携婢，拈梅花一枝，容华绝代，笑容可掬"，女子于是将梅花弃于地上，"生拾花怅然，神魂丧失"。后寻找到一村，见"北向一家，门前皆丝柳，墙内桃杏尤繁，间以修竹"，于是"怀梅袖中"，见到正在树上笑得花枝乱颤的婴宁，"生侯其笑歇，乃出袖中花示之。女接之，曰：'枯矣，何留之？'……曰：'以示相爱不忘也。'"文中还有一处点出碧桃："女又大笑，顾婢曰：'视碧桃开未？'遽起，以袖掩口，细碎连步而出。"女子由"手拈梅花"到"手执杏花"，其实只是时序的推进，而杏花的女性化则是无疑的。小说同时将王生喻碧桃，盖取唐诗碧桃对红杏之意，但整篇故事依然是在演绎未婚女子的唯美之情。

图71 邮票《婴宁》。

将杏花染成红色，也向杏花的女性化更进了一步，红色与女性有两层意义相契合，第一是指青春女子情感正浓时，红透了的年龄，也即花色正艳时、蜜桃成熟时；第二是指女色偏红，正所谓红颜女子，因为女子脸色绯红、齿白唇红，红是女子的独享的颜色。所以，红杏就离红颜十分贴近了。

虽然唐宋诗词中演化出"红杏出墙"的意象，同时杏花的女性化也在不断加强，但将红杏出墙直接指代女子轻薄的意识尚未形成，这二者之间仅仅存在一层非常模糊的比拟。

三、"出墙"的诗意观察

（一）墙的阻隔

红杏出墙意象组合中，红杏虽是一个主体，出墙的指令也是由它发出的，但是，即使它独自怒放，也还属于静态的。墙的存在实在是一个重要的引导，有压迫才有反抗。如果没有这道墙，红杏可以尽情舒展，也就不必费心费力地去翻墙了，也就不会让诗人发现这样激动人心的事件的。

关于古典文学中墙的阻隔功能，笔者1999年曾发表论文《古典文学中"墙喻"意象绎论》，就"墙喻"在文学作品中的存在与功能提出三个阶段的看法。第一，从水喻到墙喻；第二，逾墙及其不幸的下场；第三，突破围墙的不同方式。该文引用了《诗经·将仲子》"无逾我墙"、宋玉《登徒子好色赋》中东邻之子登墙窥视、白居易"墙头马上"之诗、明清小说等例证，并没有列举"红杏出墙"的意象，现就此意象特作一个补充探讨。

图72　出墙花。

在唐诗中，墙也是一个重要意象，无论是现实生活中，还是精神世界里，墙都是无处不在的一道屏障，人们突破的意念从来就没有停止过。稍作检索，就可以发现《全唐诗》墙意象出现不下千次，我们就"出墙"词组检索可得20次,"过墙"8例,"墙头"29例,"墙外"13次。这几个词组在《全宋诗》中的数量都明显增加,组合的"出墙头"有6例,"过墙头"有3例,"墙头"130余次,"墙外"60余例。《全宋词》"出墙"9例,"过墙"6例,"墙头"有40余例,"墙外"20余例。

墙是里与外、彼和此、上和下、远和近、你和我、男和女等对应概念间的障碍物,在现实生活中的存在是有积极意义的,但在文学理想中却涌起超越与突破的大潮,而且,种种突破的方向都是指向墙外的,因为墙内代表着空间狭小、心情孤独、压抑、无法自由抒发,而墙外空间广阔,观者如山,机会无限。有的诗词虽然没有明确点明是出墙还是过墙,但其实,只要出现墙头意象的地方,突破都是在所难免的,只不过突破方式不同,诗人的观察角度不同而已。

与墙有类似身份的意象,唐诗中还有篱意象,它比墙意象出现的次数更多,它也具有阻隔的功能。凡是墙能阻隔的,篱也能做到,所以出篱、过篱也是许多事物的日常功课。不过,篱比墙来得温和、通透,也不如墙那么高大厚实,所以花朵、蔓藤、蜂蝶之属轻易就能过去。

(二)墙外景致

唐诗中,"墙外"是一个值得关注的意象,但"墙里"却无人言及,"墙内"也只是用到"祸起萧墙"一个义项,如胡曾《咏史诗·长城》:"不知祸起萧墙内,虚筑防胡万里城。"可见,诗人们关注的是墙外的风景,为各种事物的出墙提供了思想准备。因宋诗大多沿袭唐诗诗意,现列举唐诗数例。

1. 墙外花

郎士元《听邻家吹笙》:"凤吹声如隔彩霞,不知墙外是谁家。重门深锁无寻处,疑有碧桃千树花。"

元稹《使东川·嘉陵驿二首》："仍对墙南满山树，野花撩乱月胧明。墙外花枝压短墙，月明还照半张床。"

元稹《代九九》："昔年桃李月，颜色共花宜。回脸莲初破，低蛾柳并垂……谩掷庭中果，虚攀墙外枝。"

李山甫《雨后过华岳庙》："墙外素钱飘似雪，殿前阴柏吼如雷。"

鱼玄机《访赵炼师不遇》："殷勤重回首，墙外数枝花。"

2. 墙外道

白居易《秦中吟十首·伤宅》："谁家起甲第，朱门大道边。丰屋中栉比，高墙外回环。"

刘禹锡《令狐相公见示题洋州崔侍郎宅双木瓜》："帘前疑小雪，墙外丽行尘。来去皆回首，情深是德邻。"

刘禹锡《三月三日与乐天及河南李尹奉陪裴令公泛洛禊饮》："尘暗宫墙外，霞明苑树西。"

许浑《白马寺不出院僧》："墙外洛阳道，东西无尽时。"

图 73　墙外道。

3. 墙外行人

吴融《途中见杏花》："一枝红艳出墙头，墙外行人正独愁。"

4. 墙外声

罗隐《归梦》："路傍草色休多事，墙外莺声肯有心。"

孙光宪《更漏子》："银箭落，霜华薄，墙外晓鸡咿喔。"

5. 墙外山

李洞《题咸阳楼》："墙外峰粘汉，冰中日晃原。"

冯延巳《鹊踏枝》："墙外遥山，隐隐连天汉。"

唐代诗词中还有一个"隔墙"意象，描写墙的另一侧景致，表达的也是两相阻隔的无奈与期盼。又如元稹小说《会真记》："待月西厢下，迎风半户开。隔墙花影动，疑是玉人来。"也是同一模式。

1. 隔墙声

元稹《筝》："莫愁私地爱王昌，夜夜筝声怨隔墙。"

贯休《避地毗陵，寒月上孙徽使君兼寄东阳王使君三首》："锦绣文章无路达，袴襦歌咏隔墙听。"

齐己《寄归州马判官》："应怀旧居处，歌管隔墙听。"

齐己《寺居》："邻井双梧上，一蝉鸣隔墙。"

2. 隔墙花

白居易《晚春重到集贤院》："满砌荆花铺紫毯，隔墙榆荚撒青钱。"

司空图《偶题》："水榭花繁处，春晴日午前。鸟窥临槛镜，马过隔墙鞭。"

李中《隔墙花》："颜色尤难近，馨香不易通。"

徐铉《寒食成判官垂访因赠》："远巷蹋歌深夜月，隔墙吹管数枝花。"

韦庄《浣溪沙》："隔墙梨雪又玲珑，玉容憔悴惹微红。"

牛希济《生查子》："两朵隔墙花，早晚成连理。"

（三）出墙一族

墙既然是阻隔之物，墙外景致丰富，突破围墙就是题中应有之义。从唐诗开始，出墙的主体并非只是杏花，凡在诗人眼中有生命的事物常有突破围墙之举。现仍以唐诗为例，至少可以举出 19 种出墙的意象。而且还可清晰地看到，出墙的观察多在中晚唐诗歌中。在宋诗中出墙的事物除了竹、笋、杨柳、梅、桃、蜂蝶较多之外，其他植物也渐次增多，如卢橘、荔枝、木芙蓉、藤蔓、白杨、老树等。

1. 邻人出墙

杜甫《羌村》："世乱遭飘荡，生还偶然遂。邻人满墙头，感叹亦歔欷。"

杜甫《夏日李公见访》："隔屋唤西家，借问有酒不。墙头过浊醪，展席俯长流。"

2. 美女出墙

白居易《井底引银瓶》："妾弄青梅凭短墙，君骑白马傍垂杨。墙头马上遥相顾，一见知君即断肠。"

于鹄《题美人》："秦女窥人不解羞，攀花趁蝶出墙头。"

薛逢《追昔行》："当时妾嫁与征人，几向墙头诮夫主。"

3. 儿童出墙

白居易《玩半开花赠皇甫郎中》："树杪真珠颗，墙头小女儿。"

4. 杨柳出墙

丁位《小苑春望宫池柳色》："依依连水暗，袅袅出墙明。"

白居易《过裴令公宅二绝句》："风吹杨柳出墙枝，忆得同欢共醉时。"

薛能《柳枝词》："别有出墙高数尺，不知摇动是何人。"

翁承赞《柳》："高出营门远出墙，朱阑门闭绿成行。"

姚合《杨柳枝词》："黄金丝挂粉墙头，动似颠狂静似愁。"

5. 绿竹出墙

杜甫《严郑公宅同咏竹》："绿竹半含箨，新梢才出墙。"

杜甫《送韦郎司直归成都》："为问南溪竹，抽梢合过墙。"

朱放《竹》："青林何森然，沈沈独曙前。出墙同淅沥，开户满婵娟。"

王建《原上新居》："野桑穿井长，荒竹过墙生。"

韩偓《冬日》："愁处雪烟连野起，静时风竹过墙来。

6. 无名花出墙

元稹《压墙花》："春来偏认平阳宅，为见墙头拂面花。"

白居易《日渐长，赠周、殷二判官》："墙头半露红萼枝，池岸新铺绿芽草。"

刘禹锡《百花行》："长安百花时，风景宜轻薄……红焰出墙头，雪光映楼角。"

王鲁复《故白岩禅师院》："花树不随人寂寞，数枝犹自出墙来。"

聂夷中《公子行》："花树出墙头，花里谁家楼。一行书不读，身封万户侯。"

图 74 三角梅出墙。

韦庄《延兴门外作》："绿奔穿内水，红落过墙花。"

孙光宪《菩萨蛮》："花冠频鼓墙头翼，东方澹白连窗色。"

7. 鸟出墙

易静《兵要望江南·占鸟》："攻城次，群鸟出墙头。"

8. 山出墙

白居易《暮归》："瓮里非无酒，墙头亦有山。"

刘禹锡《秋日题窦员外崇德里新居》："清光门外一渠水，秋色墙头数点山。"

韦庄《秋霁晚景》："墙头山色健，林外鸟声欢。"

9. 声音过墙

刘禹锡《和乐天南园试小乐》："闲步南园烟雨晴，遥闻丝竹出墙声。"

周贺《山居秋思》："泉流通井脉，虫响出墙阴。"

10. 梅花出墙

李建勋《梅花寄所亲》："雪霜迷素犹嫌早，桃杏虽红且后时。云鬟自黏飘处粉，玉鞭谁指出墙枝。"

图 75　桃花出墙。

11. 桃花出墙

张籍《新桃行》:"桃生叶婆娑,枝叶四向多。高未出墙颠,蒿苋相凌摩。"

元稹《连昌宫词》:"又有墙头千叶桃,风动落花红蔌蔌。"

12. 梨花出墙

常建《春词》:"阶下草犹短,墙头梨花白。织女高楼上,停梭顾行客。"

13. 海棠出墙

韩偓《见花》:"褰裳拥鼻正吟诗,日午墙头独见时。血染蜀罗山踯躅,肉红宫锦海棠梨。"

图 76　海棠出墙。

14. 樱桃出墙

白居易《府中夜赏》:"樱桃厅院春偏好,石井栏堂夜更幽。白粉墙头花半出,绯纱烛下水平流。"

图 77　樱桃出墙。

15. 青松出墙

王建《春日五门西望》:"馆松枝重墙头出,御柳条长水面齐。"

16. 树影过墙

曹邺《奉命齐州推事毕寄本府尚书》:"重门下长锁,树影空过墙。"

17. 荒草出墙

姚合《酬任畴协律夏中苦雨见寄》:"湿烟凝灶额,荒草覆墙头。"

张蠙《夏日题老将林亭》:"墙头雨细垂纤草,水面风回聚落花。"

18. 月光过墙

李中《晋陵县夏日作》:"晚凉安枕簟,海月出墙东。"

李中《酒醒》:"睡觉花阴芳草软,不知明月出墙东。"

王建《和元郎中从八月十二至十五夜玩月五首》:"立多地湿舁床坐,看过墙西寸寸迟。"

19、蜂蝶过墙

姚合《赏春》:"娇莺语足方离树,戏蝶飞高始过墙。"

王驾《雨晴》:"蛱蝶飞来过墙去,却疑春色在邻家。"

温庭筠《苦楝花》:"院里莺歌歇,墙头蝶舞孤。"

(四)出墙动机

以上 19 种事物的出墙,有的是出于主体的主动,如植物与动物;有的是诗人意念的反映,如墙头山、邻人。这些事物出墙的动机是什么呢?综合视之,主要有三。

1. 主体的张扬

出墙或者从低处攀爬至墙头停留的植物,主要展示的是其旺盛的生长力,在它们成长过程中,身傍的围墙对它们自由舒展的枝条产生阻碍,所以超越围墙之举成为不可阻挡。各种花枝也不例外,都纷纷爬过墙头,激情绽放,向更空阔的墙外伸展。这些符合自然规律的景象容易被诗人的慧眼捕捉,并被赋予拟人化的色彩,便被理解为主体有意超越束缚的动机。

图 78 墙头草。

有几例"美人出墙",已经涉及女子情感的外溢,不过都与已婚女子情感出轨无关。白居易诗吟的是少女少男的爱情故事;于鹄诗中的秦女虽然对墙外男子投去充满迷情的眼光,但还未至于行动;薛逢的诗则是已婚女子对丈夫久征不归的不满,独向墙头望夫呢。从本质上而言,这三位美人作为情感主体,也是意在突破围墙的束缚,而张扬自己的情怀。

2. 墙外的诱惑

墙外的诱惑主要体现在空间的拓展上,对于动植物都是如此。对于月光、声音,溢出则是主体运动的特性所致,并没有特别的意义,拟人化的出墙只是诗人理解的偏差。苏轼《蝶恋花》"花褪残红青杏小"一首,"墙里佳人笑",笑声越过围墙传到墙外,让墙外的行人"多情却被无情恼",其实那"笑声出墙"乃是声音传播的自然特性,本来就是无情的。而"山色过墙"更纯粹是诗人视觉的虚拟。墙外的诱惑从生物学角度来看,是主体对墙外空间的自然占有,而其他事物的出墙只能归功于诗人的想象了。

3. 墙头的展览

古诗中有墙头花、墙头草之说,说明墙其实是一处高地,无论花草,只要能越过墙头,并在墙头生根,即可享受充足的阳光雨露,同时也能向墙内外展示其亮丽的风姿,所以凡是墙头之处,多有花草驻留。但因墙头孤耸,土层含水不足,更多的情况则是墙根之处的花草植株向上延伸、攀爬,最后附着于墙头最高处。又因墙顶面积狭窄,蔓延至此的花草生长茂盛,便只好向墙外舒展,形成过墙花、过墙草。

出墙的审美效果,是符合中国传统审美原则的:不要向人展示你的全部,而只要一个面容,一个眼神,一缕青丝,甚至一个手势,便是恰到好处。花朵只要在墙头展露几束艳丽的花枝，墙外行人就会立即想象到围墙背后的热情浪漫和如火情怀。向墙外伸展，正可以将自己置身于是非之地，来往行人都会驻马遥观，注目留情，这正是青春与激情最美丽的时刻。若将出墙主体转换为含苞待放的妙龄女子，则这种展示美丽的方式，偶尔可以收获"墙头马上遥相见，一见知君即断肠"的效果。

图 79　出墙花。

而那些声音吹过墙、蜂蝶飞过墙的情况之所以受到关注，则是因墙高而划出不同的单元，相互之间本来是可以阻隔的，而因声音与蜂蝶的执著，竟然可以越过高墙而去，在诗人眼中，便成就了它们的力量与追求。

四、"红杏出墙"的世俗化

在唐宋诗词中,"红杏出墙"只是众多事物"出墙"之一种,到南宋叶绍翁的"春色满园关不住,一枝红杏出墙来"之诗中,虽然"红杏出墙"成为一个典型,后来在小说戏曲中,还成为未婚青年私相爱恋的见证,但是,在所有"出墙诗"中,出墙主体都没有引申到已婚女子出轨这一义项之上。历朝历代生活中的女子"红杏出墙"事件是从未间断的,一些小说戏曲都有展露,但传统文学观念认为,未婚男女超越礼教追求爱情的故事是值得称道的,而已婚妇女的情感出轨是要受到大众谴责的,如《水浒传》中几个著名的女子出轨案例。然而,古典诗词中,尽管杏花与女子的对应关系呼之欲出,但诗人们终究没有捅破这层薄纸,而将"红杏出墙"与女性情感出轨相联系的要从小说戏曲说起。

(一)小说戏曲的创设

"红杏出墙"的象征意义最早可以追溯到唐代元稹的小说《会真记》,小说写张生与崔莺莺订情过程中,有一段张生逾墙与小姐私会的情节:

> 崔之东墙,有杏花一树,攀援可踰。即望之夕,张因梯其树而踰焉;达于西厢,则户果半开矣。

张生跳墙与崔莺莺约会,正是在攀援杏花树越墙而过。之所以设置杏花背景,也可以理解为包含"红杏出墙"的意蕴,但这层意思还比较模糊,而且还只是用于两个未婚男女之间,墙在这里只是礼教所谓男女之防的象征。

宋代话本《西山一窟鬼》也以杏花喻不守礼教的女子。该小说开篇《念奴娇》："杏花过雨，渐残红零落，胭脂颜色。"这首集句词，首句用的也是杏花意象，与全篇女鬼以情诱人相对应。文章在形容女鬼的美艳时，专门用到"红杏出墙"的意象："意态幽花未艳，肌肤嫩玉生香。金莲着弓弓扣绣鞋儿，螺鬓插短短紫金钗子。如捻青梅窥小俊，似骑红杏出墙头。"末句即"墙头马上"的爱情故事。但是这里的"红杏出墙"，只是女子多情而奔放的象征，仍然没有包含已婚女子的婚外情倾向。

图 80 ［明］仇英《西厢记画册》。

在元曲、明清小说与笔记中，"一枝红杏出墙来"之句的引用频率很高，但一般都没有直接用来描述女子婚外情事，有时只是暗示，未必实有其事。如清李绿园《歧路灯》第八十三回：

程嵩淑呵呵大笑道："是问你要筑墙的工钱。"张类村道："方才我从那贱婢院过来，见墙垣如故，不曾见有匠人垒的模样？"孔耘轩、苏霖臣笑个不住。程嵩淑道："墙垣原未垒，

390

是个思患防闲的意思。如今二月已尽，只恐'春色满园关不住，一枝红杏出墙来。'"娄朴见一般父执满口打趣，心内想此亦前辈老来轻易难逢之一会。

清初有一部情色小说《杏花天》，清代古棠天放道人编次，写男主人公封悦生经历风流、坐拥十二钗的故事。一日，封悦生白日梦入仙境，来到一处"杏花洞天"，受仙人指点而醒悟。全书所写男女性事极直白，杏花洞天应当是妖冶女子的象征。十二个不守妇道的女子从不同的家庭中纷纷出墙，追随封悦生，可视为"十二枝红杏出墙来"的写照。

（二）近世的庸俗化

到了 20 世纪，我们已很难理清"红杏出墙"这个意象是如何演变为女子婚外情的象征过程了，但我们可以看到一部鸳鸯蝴蝶派小说《红杏出墙记》，作者刘云若是 20 世纪 30 年代与张恨水齐名的小说家。这部小说描写已婚女子芷华背叛丈夫林白萍，与丈夫好友边仲膺偷情的故事，经过复杂的多角恋爱，最后男女主人公复归于好。作者对待女主人公情感出轨的态度是非常宽容与理解的，体现了唯情至上的鸳鸯蝴蝶派的浪漫特征。

因为有这部小说书名的清晰所指，从此之后，无论语言词汇中，还是生活现实里，"红杏出墙"便真正成为已婚女子情感外溢的专指。后来，我们还可以见到一部法国著名作家左拉的小说、李政翻译的《红杏出墙》，书名意义也非常明确，体现了那个时代对这一词汇意义的偏见。

墙是一种古老的人工工程，几乎同时也变成束缚人们自由的工具，突破围墙成为人们思想观念中的一极。古典小说中的墙意象比比皆是，标明题目的如白朴的《东墙记》等。西方文学也有这个传统，如卡夫卡《城堡》、萨特《墙》都有这层寓意。中国也有钱钟书《围城》、莫言《会唱歌的墙》、梁小斌的诗《雪白的墙》等以及山东吕剧《墙头记》、东北二人转《墙里墙外》等。

图81 莫言小说书影。

当那堵墙成为婚姻的藩篱之后，对于"出墙"女子而言，也许是出于一种无奈，或者是婚姻之内的情感缺失，也许是个人情欲的非道德奔放，也许是权色、钱色交易的出击者或受害者，还可能是出于被动的一种假象，总之，原因很多。因为婚姻制度与情感原则的合理性，所以墙的存在是必要的。不过，当今庸俗电视剧将女子"出墙"之举进行拔高、美化，让人感觉到婚姻是牢笼，情感如儿戏，其实这只是当代人心理浮躁、价值观扭曲的表征。

从文化探源的角度来看，"红杏出墙"意象的原始意义只与"生命的自由"有关，与婚姻、道德、法律无关，一旦与世俗事件相联系，它才失去了诗意内涵而变成一个价值判断的工具。实际上，这只是古典文化向近世文化演变过程中文化符号降格的一缕波痕。

（原载《阅江学刊》2015年第1期。）

杏花虽好难解愁

——《清明》诗解读

清明

清明时节雨纷纷，路上行人欲断魂。

借问酒家何处有，牧童遥指杏花村。

　　将这首《清明》七绝归于杜牧名下的首创者，一般认为是南宋刘克庄（1187—1269，字潜夫，自号后村士，莆田人），由他选编的《分门纂类唐宋时贤千家诗选》首次标示杜牧的著作权，而后各种版本的《千家诗》都依样照录。其实刘克庄的著作权也成问题，今所见《千家诗》已非刘氏原物。因《千家诗》为启蒙读物，又因此诗明白如话，蕴意丰赡，致使《清明》诗流播广远，而诗与杜牧之间的关系也因此成为定论。明代高启《五禽言和张水部》诗："提葫芦，趣沽酒，杏花村中媪家有。"明谢榛《四溟诗话》卷一："杜牧之《清明》诗曰（诗略），此作宛然入画，但气格不高。或易之曰：酒家何处有，江上杏花村。此有盛唐调。予拟之曰：日斜人策马，酒肆杏花西。不用问答，情景自现。"《唐伯虎全集》卷三《题杏林春燕》之一："燕子归来杏子花，红桥低影绿池斜。清明时节斜阳里，个个行人问酒家。"之二："红杏梢头挂酒旗，绿杨枝上转黄鹂。鸟声花影留人住，不赏东风也是痴。"《红楼梦》第十七至十八回贾政等人给大观园景点命名时，就有"杏帘在望"一景，众人都道："好个'在望'！又暗合杏花村意。"《樊川集》不录此诗，今日一般学术性较强的唐诗选本也不选此诗。可是《清明》诗在民间却有很强的生命力，有人把它改编成词体，流播至为广泛，影响十分深远，以致形成相关的民风民俗。

清光绪九年（1883）安徽贵池知县陆延龄续修《贵池县志》卷八《舆地志·古迹》："（池州）《府志》：明天启间，顾太守元镜作杏花村亭于其地，邑人郎遂有《杏花村志》。《江南通志》：因唐杜牧诗有'牧童遥指杏花村'句得名。"且有"黄公广润清泉"石刻立于村。清人周疆《筑杏花亭碑记》："自有杜牧之《清明》后，村遂以杏花名。"清人蒋韵《杏花村记》："自有杜牧之《清明》后，村遂以杏花名。""杏花村者，乃唐杜司勋刺池州时，有'牧童遥指杏花村'之句，

图82　国画《杏花春雨江南》。

而因以名焉。"县志又录元曹天祐，明沈昌、顾元镜，清汤森、苏汝霖、杨侗同题诗《杏花村》六首、清王仲淮 (1776—1822)《劝农至杏花村》二首。由上可知，因受《千家诗》影响及据杜牧曾刺池州故事，村遂因杜牧诗得名，是诗在先而村名居后，有附庸风雅之嫌。今池州计划

投资四千万元建"古杏花村"，以推动旅游业发展。又因山西曾认为杏花村在晋地，而且汾酒厂抢先注册"杏花村"商标，若杜牧著作权为子虚乌有，则争名只具商业动机，即所谓"搭文化台，唱经济戏"。

图83　杏花（饶颐摄）。

五个镜头

谢榛说："此作宛然入画。"我们不妨也从画面结构入手，在这里需要借用电影学上的"镜头理论"来进行分析。电影镜头是随光电技术的发展而产生的，时间不太长且起源于西方，但中国古代诗人早就不自觉地在运用镜头了，可以说所有以意境取胜的古诗都可用镜头理论进行分析。镜头因焦距不同景别亦有异，大致分为远景、全景、中景、近景和特写。镜头的交互使用，可使画面结构丰富多姿，意义指向变化无穷。《清明》诗中恰恰使用了这五种镜头。首先映入眼帘的是全景（雨景）。要表现漫无边际、天地一统的霏霏春雨的景致，一定要用全景，它使读者（观众）首先获知了一幅全息背景，并使观众有置身其中、进入状态的直观感受。接着闪现一个中景镜头。焦距缩短，先摄下雨中路景，然后移至路上行人，行人入景须携带雨景、路景，人与环境融为一体，并有一段镜头随行人移动的时间延续。第三个镜头是"路遇"。行人与牧童相遇于雨幕中、道路旁，紧接着是行人向牧童发问，这是近景。从生活的逻辑与艺术的逻辑角度而言，也只有近景才能使他们相互问答的声音凸现出来。第四个镜头将景象移向牧童，先展示其表情，后移至其伸开的手臂，直至手指。这里要用特写镜头，目的是将观众的注意力引向一个关键点上。最后是远景，牧童手指之处，焦距再调远，映现出一处村庄，雨幕中，远村别无景致，只有一团开放的杏花（抑或有酒旗一点在风雨中招摇）。此景中，人物退出画面，只有一团意象朦胧的色块。五个镜头，精致有别，突出不同的对象，就似运用蒙太奇手法而剪辑成的一个电影小品，有背景有线索，有裁剪有提示，画面由此鲜活，意义因之生成。

四个意象

诗中有四个意象值得注意，因为它们共同营造出一种心绪——愁。这四个意象是清明雨、断魂人、酒家、杏花村。清明喻示春天，春天必有春困、春闷、春悲、春恨，春雨如丝正好描出愁的形态，即所谓"无边丝雨细如愁"（秦观《浣溪沙》）。因愁闷而魂不守舍，这是愁的表现。"何以解忧？唯有杜康！"这是愁的释放方式，而且醉酒还是古代文人努力追慕的一种风度及人生态度，"古来圣贤皆寂寞，唯有饮者留其名"（李白《将进酒》）。至于杏花村，则有两层意义，一层着意于"村"，乃人群聚集之处，有人情、亲情、温情的地方，可以驱寒解忧。另一层在于杏花，它首先代表春天，"红杏枝头春意闹"（宋祁《玉楼春》），它和春雨结合，"沾衣欲湿杏花雨"（僧志南《绝句》），春意可谓阑珊。

其次，杏花象征着旺盛的生命力，"春色满园关不住，一枝红杏出墙来"（叶绍翁《游园不值》）。"有几百株杏花，如喷火蒸霞一般"（《红楼梦》第十七至十八回）。可见杏花蕴含着怎样的生机与狂野，它们与酒的灼烧、心的颤抖又互为对照，吸引着愁闷满怀、喝酒如狂的"行人"，使诗句更显得鲜活跳脱。可以说，杏花村正含蕴着愁与酒交织的胶着状态，象征着愁闷的浇灭与升华。

图84　杏花村复建效果图。

三重主题

既然有如许的愁闷淹没了"行人"，我们不禁要问，愁因何起？愁为谁生？作品没有明言，历来的注释者也未能确指，此诗的多义性也当是它的妙处所在。或曰："游人遇雨，巾履沾湿。行倦而兴败，神魂散乱，思入酒家暂息而未能也。"（清代王相注）或曰："写路上行人因遇连绵春雨倍增惆怅的复杂心情，询问酒家何处，以避春雨，解春寒，消春愁"（李华、李如鸾选注《新选千家诗》）。有人甚至认为："清明时候，下起雨来，总是连绵不绝的，路上来往的人，不觉见了这般景象，险些要叫他断魂呢！"（谢松涛注《白话注释千家诗》）都只作字面解释，对其意旨则不得要领。笔者认为，这里的"行人愁"可从三个角度来理解方合情理。其一为春愁。此处之春愁不包括"春"的象征意义，而是仅指春天天气变化，导致人的生理的变化，浑身无力，无凭无着、因倦慵懒；再加上雨天沉闷，从而使之上升为心理上的抑郁，它不包含任何社会意义。前引三种解释都停留在这个层次上。很显然这层意义浅显，境界不高。其二为不遇之愁。该诗与杜牧的关系之所以能被认定，与这层主旨有关。杜牧于会昌二年（842）春，由京官外放为黄州刺史，四年迁池州刺史，心情一直不曾好过。其《九日齐山登高》"与客携壶上翠微"句正是写与前来池州的知音张祜同浇不遇之愁。这一层比"春愁"更为"有因"。其三为情愁。这层意旨长期以来未加发明。春日困倦只是生理现象，情窦为开才是关键，春情与杏花关联密切。这里值得注意的是"行人"，行人一般指飘泊、赶路、漫游的不得志之徒（男性），而非指普通的春游者与赶路人。韦庄《思帝乡》"春日游，杏花吹满头，陌上谁家年少，足风流。"晚唐吴融《途中见杏花》："一枝红杏出墙头，墙外行人正独愁。"苏轼《蝶恋花》："花褪残红青杏小……墙内秋千墙外道，墙外行人，墙里佳人笑。笑声不闻声渐悄，多情却被无情恼。"行人见杏花，平添一段愁。春色撩人，春雨闷人，春情恼人，于是欲借酒浇愁，殊不知，杏花村里非佳境，"举杯浇愁愁更愁"！

两层境界

再进一步体味该诗，我们会发现它涵容了两层境界。一为现实界，一为理想界。每层又分为两小层即自然界与意识界。前者之自然界是由春雨、道路组成的，意识界（即愁闷）是由行人的思想感情所统摄的境界，它建立于自然界而最终涵盖了自然界，其意旨范畴为苦闷之境。

于是需要建立一个理想界来消融其愁，它的自然界即杏花村，由开放的杏花、温馨的村庄与诱人的酒家组成，其意义是为现实界中生成的愁闷而设置的。此诗之妙就妙在这两个境界并未融合，而是处于看似分离，若即若离，离而不离的临界状态。诗人有意在两个境界之间设置了一条纽带——牧童，他身处现实界（与行人相交通）而又携带着理想界的信息。他似乎只是苦闷之人心中的一个幻相，具有佛、道所谓点化者、引导者的身份。他没有自告奋勇地要求带路，作品也没有将行人进入杏花村酒肆之后痛饮烂醉的场面写出来，这正是点到为止、意犹未尽的妙境。

一个关键词

从创作的角度而言，此诗之所以能营造出上述的妙境，全在于一个关键词——"遥指"的运用（即所谓"诗眼"）。遥者，远也；指者，犹可及也，远而不远，近而难及。此词之妙处李白曾经领会，李白《陌上赠美人》："骏马骄行踏落花，垂鞭直拂五云车。美人一笑褰珠箔，遥望红楼是妾家。"《清明》诗与之有异曲同工之妙。行人渴酒，当然希望立刻实现，无奈酒家尚在那朦胧花影中，彼此相隔，虚实相映。诗至此而言尽，画面也跟着锁定，但那如火的杏花、如火的酒液、如火的人情却仍在观众眼前跳动，在观众的心中燃烧。胃口已被吊起，解释全凭想象。从美学的角度而言，理想并不在"场"，它只能是影影绰绰的远景。但苦闷之境的人不能没有理想，所以理想又是一种永不停息的召唤，犹如一面酒旗在远景中飘忽不定。人生的美学意义正是在这无和有、虚和实、远和近、苦和乐的对立统一中完成的。《清明》诗中的"遥指"一词无疑"指"出了这条"玄机"。

通过以上分析，再回头看谢榛和唐伯虎的理解，便觉不确。谢榛所引、所改诗句不是不关痛痒便是强作解人。因不知原诗好处，盲目地改春雨为斜阳，将行人坐实为骑士，剔除引导者牧童，以致失去生意，造成美学内蕴的耗散。唐寅也改"雨纷纷"为"斜阳里"，并且是"个个行人"，滥而无味。只有曹雪芹的理解较准确，"好个'在望'"一句便是明证。至于今日各种选本的注释，都脱不了望文生义的毛病，有的竟然说是清明上坟之人遇雨欲饮之事，完全不合情理。而一般的读者也多在此意中打转。可见，对于锦囊妙什，虽作者匠心独运，但和者寥寥，人虽知其妙，而多不知其所以妙。

图 85　饶永《杏花村十二景——平天春涨》。

最后就杜牧的著作权问题提供几条材料。《全唐诗》卷五二五杜牧《寓言》:"暖风迟日柳初含,顾影看身又自惭。何事明朝独惆怅,杏花时节在江南。"其中,"惆怅"一词杜诗中常有,卷五二四《长安雪后》:"秦陵汉苑参差雪,北阙南山次第春。车马满城原上去,岂知惆怅有闲人。"都是写不遇之愁。另外,酒家遍地皆有,鲁智深在山西五台山曾下山狂饮,但诗歌所写酒家与江南关系则更为密切。李晖先生《话"酒旗"》说,"酒旗"入诗,才使得相当部分的唐代诗歌显得风姿多彩,韵味无穷,而历诵不衰。这里应该提及的是:唐人的"酒旗"诗大都写的是"江南",从侧面说明了当时江南农业的富足。最后,我们注意到,"牧童"这一意象的用意也因时代和地域而有别,《清明》诗中的牧童似是宋后的形象,而且牧童似乎也是江南的"产物"。此处只提问题,以备参考。

　　以上三条材料虽不能直接证明杜牧的著作权,但《清朝》诗与杜牧、与江南都有些瓜葛。笔者认为,此诗一种可能是后人拟作,拟作者至少有两个用意。第一,有意将之托附于杜牧,因而能揣摩杜意,注意保持了杜诗风格;第二,因之假想为杜牧作于江南,与杜牧由京官外放江南的史实及心境相合;另一种可能则是作者无意,而附和者有意,于是将此诗与杜牧扯上关系。然而,必须指出的是,诗作者不仅也是块磊高筑之人,同时还必定是一位才气颇丰的文士,否则便难以成此佳篇。

(原载池州市文联《大九华》2000 年第 1 期。)

清明习俗与池州

明清以降，地方史志认为，《清明》一诗为杜牧写于池州任上的名篇。千百年来，池州清明节俗都有哪些文化积累呢？

图 86　[宋] 马远《倚云仙杏图》。

清明节是一年二十四节气中的第五个节气。此时天气晴明，万物萌苏，花开草长，农事渐繁，人们对大自然的亲和感油然上升。清明时节，自古以来便形成了内涵丰富、风采各异的清明节俗。清明节俗从汉魏之后开始流行，到唐代形成高潮，各种节俗已非常完备，一直流传到了今天。古人崇仰清明，写下了大量有关寒食清明节俗的诗章，让我们对清明传统习俗有了直观的了解。古代清明节俗主要有上巳修禊、寒食食俗、清明祭墓、清明踏青、清明祭蚕等部分组成。

图87　2016年3月18日，池州市举办"品味杏花村"文化大讲坛。纪永贵（左二）与特邀嘉宾赵普（右一）、纪连海（右二）、宋英杰（左一）在文化互动中。

上巳即农历三月初三日，在南北朝时期，主要形成了被禊洗濯的习俗，被即被除，禊是被的结果。有"禊饮"之俗，即在水边饮酒以驱寒气，还有被禊洗濯即入水洗身之俗，以驱除积了一个冬天的寒湿之气。《荆楚岁时记》载："三月三日，士民并出江渚池沼间，为流杯曲水之饮。"王羲之《兰亭集序》便是对这种风俗的记录。寒食节是从纪念春秋时晋国介之推开始的，规定寒食节那几天不许生火，只能吃冷食，此俗在古代非常受尊崇，但后来因为不利于健康，早已消失。

清明祭墓之俗起源于隋唐之际，唐前一般实行庙祭，而不推崇墓祭，至唐开元二十九年，朝廷有了明文规定："寒食上墓，《礼经》无文。近代相传，浸以成俗。"从此，清明墓祭成为民间最隆重的清明节俗，至今最盛。还有趁着清明的好天气，士女到野外踏青也是举国若狂的习俗。在民间，各种清明农事习俗等都很流行。

清明节是一个在秦汉之间即已形成的节气，而寒食节是先秦时期起源于北方的一个人文纪念日，后来二者与上巳节一起，构成了一个节日系统，三者因为时间相近，既有联系，在具体节俗方面又有区别。寒食节即冬至之后第一百零五日，寒食节第三日可以生火，即清明节也。

地处江南的池州自古以来，清明节俗就非常丰富，至今，这个节日仍然十分流行。本文试从历史与现实的两个视角来谈谈池州的清明节俗。

一、旧时清明习俗

像清明这样的民众十分重视的节日，古代地方志书都有一些节俗记录，现根据池州的一府数县地方志所载资料，做一个巡视。

明代嘉靖二十五年《池州府志》载，清明节扫墓，"季春朔日"即农历三月初一日之后，民间士女都要到自家的祖墓上祭扫，祭毕加土于坟上，挂"楮标"于其上，将熟食敬供于墓前，仪式完毕，才能回家。清明日插柳，士女均戴柳枝于发间，或者将柳枝插于屋宇大门左右，可以辟邪。清明日祀蚕姑神，农家妇女特制"米茧"，以祭祀蚕姑神，祈望当年蚕事能够大熟。

清代光绪九年《贵池县志》所载，除了与《池州府志》一致的习俗之外，还有一项"簪荠花三日"之俗。簪花之俗由来已久，人们将新开的各种花卉插在发际，既新鲜美观，又可表达一种美好的期望。荠花即荠菜的花，贵池叫"地儿菜"。清明时节，正是荠菜开花飞扬的时候，花虽细碎，但却很接地气，有一种清淡的微香。多地都有清明簪荠花的习俗，此种清新的习俗于今似乎已经佚失。

清代乾隆四十七年《青阳县志》记载，清明要扫墓、簪花、浸谷种，这里便多了一项"浸谷种"之俗。清明前后，早稻谷种要及时用水浸泡，泡出谷芽半寸左右，便可洒在专门做好的秧田里育苗。这是根据节气安排农事的一项活动。

图 88　杏花时节。

嘉靖三十五年《石埭县志》所载，扫墓之俗同前，只是将柳枝插于"门壁"以辟邪。有一项与青阳相同的"布谷"之俗，即"各家将所浸谷种，温水浴成谷芽，撒布田内成秧"。

清代乾隆十九年《建德县志》记载，清明插柳于门，祭先人，扫墓加土，"清明前后三日为限，迟则不敢加土"。有一项与众不同的习俗是"新墓则子妇偕行"，也就是说，一般的老墓清明祭祀，只可男子上坟，而新墓即当年的墓，则可让儿子儿媳一道上坟，以示孝顺之意。《建德县志》还记载该地祭礼有别于他处："元旦必拜墓，清明日则扫墓。迩来家有祭银，轮房递掌，收子钱以办祭物。上元则祭于家，多用蔬食，下元也有墓祭。"

明清时期，池州所辖还包括今铜陵市、黄山市太平区等处，而且在习俗上相邻地区都会相互影响。

明代嘉靖《铜陵县志》记载，清明日"具酒肴扫墓，以竹悬纸钱而插焉"。

清代光绪三十四年《太平县志》记载，墓祭之俗，主要在上元、清明、中元、下元、除日等，"清明祭扫，则布席陈馔，如家祭之仪。"并且还总结说，"俗重报本，征之祀事益信"。就是说，民俗祭祀之礼的本意是不能忘本，要知父祖之恩而图报，从一年中各种祭礼就可以看得很清楚。

二、当今清明节俗

当今社会，传统民俗有了"非物质文化遗产"的身份之后，各种有意义的习俗得到人们的重视。清明即是其中重要一环，国家甚至已将清明日纳入法定节假日，也可见民俗生活对人们的意义之重大。

根据田野调查可知，池州当今的清明习俗主要有如下事项。

（一）三月三吃野菜粑

贵池民俗观念认为，三月三是"鬼节"，这一天晚上，月黑风高，据说，若从农房的后窗户向外探视，可见星星点点的"鬼火"，那即是各种魂灵因地气上升而四处游荡的显现。于是，清明时节，各家就要上坟扫墓，安抚先灵，以保证人们生活平安。三月三这一天，要做米粉粑"巴魂"，吃了米粑，人们就会安然无恙。米粑中要掺杂一种此时节从野外割回的"小蒜"，池州各地的河边地头，这种野蒜都长得非常繁盛，看去与小葱相似。割回小蒜，切成碎段，糅在米粉里，做成"小蒜粑"。这种食俗，寄托了人们的一种美好期望：改变因季节变换而致身体不适的现状。有的地方是用蒿子或其他野菜来做米粑的。而今，小蒜米粑并不多见了，但这一天贵池的老人都会嘱咐家里的孩子要吃粑，不管是菜粑，还是肉粑，他们相信都能起到"巴魂"的作用。

图89　野菜粑。

（二）清明祭扫

这是与古代习俗相沿一致的最重要的一项。跟明清时期一样，清明前三日、后三日都可"做清明"。但若碰到"杨公祭日"，则不可扫墓祭祀。所谓"杨公祭"是指宋代民间形成的祭祀杨令公杨业父子的民间祭日，一年共有十三个祭日，每28天一个祭日。只要是杨公祭日，其他祭祀活动都要避开。清明扫墓沿袭旧俗的还有，挂纸钱于坟上，即旧时所谓"楮标"。现如今，这些成串的纸钱制作工艺日渐复杂，简直成了民间工艺品。还有送酒食到坟前，祭祀先人，燃放鞭炮、焚烧纸与钱、作揖祭拜等，但放鞭炮这一项明清的文献里并没有记载。因为在山上生火，容易造成火灾，如今提倡文明祭扫，建议控制规模，最好是移风易俗。有的人家经济条件好了，还送上纸做的汽车、电话、别墅等现代物品，上坟祭烧。很难说是新民俗，但却是新现象。清明祭扫主要表达的是对先人的怀念，对美好生活的期望。如今，不仅在家庭内，社会活动中还有对烈士陵园的祭扫，体现了对先烈的缅怀崇敬之情。

（三）清明踏青

这是一项古老而新鲜的清明节俗。清明时节芳草鲜美，落英缤纷。杏花、桃红、李花、梨花，争奇斗艳。皖南地区，油菜花开更是一道美丽的风景。所以清明节是出门踏青的好季节。趁着清明节假，有的全家出动自驾游，有的驱车返乡——祭祀、游春、探亲三不误，有的亲朋好友野炊野饮，有的河边垂钓，有的酒店聚餐，等等。

图 90　丰子恺《踏青挑菜》。

清明时节，池州的杏花村是一个最好的节令意象，一千多年前，杜牧清明寻芳来到杏花村，咏诗一首，《清明》诗从此传唱千秋。而今池州大规模复建杏花村，将景区范围延拓至35平方公里。景区北大门已经建成，正成为池州人清明踏青问景的理想境地。

（四）清明放风筝

此俗自古便有，池州城里此俗正浓。秋浦河畔，三台山前，清明前后，天高气爽，风清气正，年轻父母带着孩子来到空旷地带放风筝，看起来只是一项娱乐活动，其实它有着很深厚的文化内涵。风筝是人们理想的象征，人们可以借形状各异、生动有趣的风筝，横空出世，高高飞扬，放飞自己的希望，酝酿自己的憧憬。传统文化中，放风筝可以放秽气。春天到来，可将一个冬天包裹自己的衣物尽情褪去，同时也可将包裹在周身的秽气释放。旧时放

图91　丰子恺《放风筝》。

风筝，最后是要剪断牵绳，放飞高远，全部的烦恼都将随风筝逝去而消退。

（五）清明农事

在池州农村，传统的清明浸谷、清明祀蚕习俗仍然在少数地区沿传，这些习俗饱含着人们对一年收成的美好期望，在民间隆重而神秘。但

是时过境迁，这些习俗已渐渐不为人知了。因为农业生产中早稻已被杂交水稻所取代，清明浸种、布谷之俗已不合时宜，而桑蚕生产也已规模化，那种家家户户祭蚕姑神的习俗早已被遗忘。不过在民间，清明的各种农事活动都会染上民俗特色，也为这个节气增色不少。

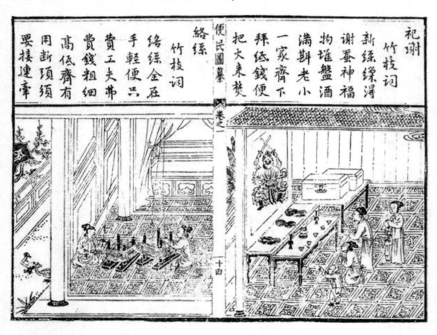

图 92　祀蚕神。

清明清明，名副其实，既是一年中天清气爽的好时节，又是人们身心轻捷、放飞理想的好开端。对江南的池州而言，有时，清明时节美中不足的是会遇到细雨绵绵的天气，这往往会扰乱人们的兴致，但是，晴明的清明虽然好，清明时节雨纷纷也会别有诗意，韵味无穷。

（原载《池州日报·九华晨刊》2014 年 4 月 4 日。）

《皖志列传稿》中刘瑞芬、刘世珩传记资料

刘世珩①是民国时期贵池最为著名的文化人，长期生活在外地，但他对家乡的文化事业一刻也没有遗忘，殚其心力、广为搜罗，于民国八年编成绝世珍版《贵池先哲遗书》一套三十一种，郎遂的《杏花村志》有赖其存世于今。因刘世珩主要活动于江浙一带，且英年早逝，关于他的传记资料非常稀见，今刘氏后人整理了一本新式家乘，披露了许多鲜为人知的资料。

2012 年 11 月出版的《安徽贵池南山刘氏瑞芬公世珩公支系史乘》②（下文简称《史乘》），主要编者刘重光（1921—2003）是刘世珩长孙（刘公鲁长子），杨世奎是刘公鲁夫人杨赐华（1900—1964）的内侄。《史乘》A4 开本，上、下两册，共 836 页，举凡家谱、传记、信函、史料、收藏、碑志、图片、作品、纪念文章等，内容翔实，搜罗完备。一册在手，刘氏父子的行辈、行状、政绩、著作、文化关怀等均一目了然，可谓一件不可多得的善举。

曾经官声显赫的刘瑞芬（1827—1892）、致力于经济世用且对文献

---

① 刘世珩（1875—1926），安徽贵池人，晚清时期《杏花村志》唯一的搜集整理者。民国八年，他所刊刻的《贵池先哲遗书》之第二十五种即为《杏花村志》。在整理旧志的过程中，他对志书的版式、插图、内容等都有重要贡献，是杏花村文化极其重要的传承人。但关于他本人的传记资料非常稀见，笔者特撰此文，钩稽史料以补充之。

② 刘重光、杨世奎等编辑《安徽贵池南山刘氏瑞芬公世珩公支系史乘》，文物出版社，2012 年 11 月版。

搜集具有执着情怀的刘世珩（1875—1926）父子二人，在当今的贵池，已不是一对响亮的名字，但是贵池的历史文化却绕不过这一对父子的伟岸身影。刘氏父子虽然功名与业绩均在外省取得，但两代人的故土情结有着传统文化的深厚印迹，对于贵池故地的后人来说，当可从他们的人生奋斗与人文关怀中汲取营养。

图93 《安徽贵池南山刘氏瑞芬公世珩公支系史乘》书影。

资料搜集本是一件细功夫。刘氏父子非主流官员与文人，专门研究他们的成果尚不多见。通览全书，仍然有一些缺憾。《史乘》辑录了《清史稿》（民国十七年初印）中的《刘瑞芬传》等相关史料，但有多份可资参考的文献仍付阙如，如民国二十三年徐乃昌（1868—1943，安徽南陵人，娶刘瑞芬长女刘世珍为正室）等编《安徽通志稿》、民国二十五年金天翮独撰《皖志列传稿》均收录有刘氏父子的传记。以上两书的编撰几乎同时，似相对独立，没有互相参阅。今本着补遗助兴之意，辑出《皖志列传稿》二传记，缀《史乘》之未逮，以飨世人。

金天翮（1874—1947），初名懋基，又名天羽，字松岑，改今名，号鹤望，别署有麒麟、爱自由者、金一等。祖籍安徽歙县，江苏苏州人。年十八为诸生，光绪二十四年荐试经济特科，后回乡兴办学校，讲求实学。民国二十九年，在上海与章太炎、邹容、蔡元培、吴稚晖等交往甚密。金氏本以诗人名世，著有《孤根集》《天放楼诗集》《天放楼续集》《天放楼文言》等文艺作品。且留心学问，关心时政，有《元史纪事本末补》《鹤舫中年政论》《三大儒学粹》等著作。金氏因为祖籍徽州，对皖事特别留意，民国二十五年，编成《皖志列传稿》九卷（正文为八卷，卷九为附编），共一百四十篇。他在《编纂余言》中说：

此未竟之稿也。然三百年来皖人士之具三不朽者备于是。其资料则由馆中供给者约十之二，编者自行搜集及苏地友好之协助者约十之八。

所根据之书，悉注于本传之下。其有异同，亦附注之。《皖志》有道光、同治两本，皆甄采焉。不列书名者，修志必据前志，不必列也。惟一传单据《皖志》而无他书者，则列其名。

所据之书，虽名人作，必经斧藻，无一直录者。然亦未尝增损事实。传中所载文字难、冗、弱，必修改之，期不失原意。是故无一句无来历，亦无一篇抄袭前人，而又不失前人本意，此可自信者也。

书分八卷，编列次第，皆有统绪。一卷之中，亦自成体系，略具微旨。惟乾隆朝鸿博程询等传，乃编时遗漏，列入第四卷后为补遗。

编者虽广辑群书，一人之精力有限，失检之处尚多。惟望皖中及海内诸贤，见闻所及，函诏不才，予以匡正，无不拜嘉。异日雕版，即当修削（通讯处：苏州濂溪坊一零四金宅，或苏州公园中国国学会转）。

此稿皖志馆已印十册。惟编列次第，漫无伦脊，字模既劣，讹谬至多（尚有非不才所作混合在内）。旅苏安徽同乡李君伯琦、李君锺承、汪郡纪文等，发心为余重印。得本籍皖人之赞助，克底于成。锺承募款尤多，有足称者。

此稿非定本，欲以就正皖中及海内诸贤耳。如蒙匡弼违失，异日再行正式雕版，冀于史乘或不无小补云耳！

《皖志列传稿》初版的版权信息为"八册，丙子重九日杀青。印刷者：苏州利苏印书社（景德路）。流通者：国学会（苏州公园内）、苏州安徽同乡会（南显子巷）。购取者：国币六元。"台湾成文出版社民国六十三年十二月出版的《中国地方志丛书》"华中地方·第二三九号"即为《皖志列传稿》。

《皖志列传稿》的编纂原则是："所据之书，虽名人作，必经斧藻，无一直录者，然亦未尝增损事实""无一篇抄袭前人"。可见史实虽撷拾于别书，但文字皆出自胸臆，雅训信达，有可录之价值。今断句标点，录存于此，文中个别无法辨认之字暂以"□"代。

《皖志列传稿》卷六《鲍源深、刘瑞芬传》：

刘瑞芬，字芝田，贵池人也。入县学，应乡试不第。时天下将乱，瑞芬落落有大志，创青山诗社，发为诗歌，以写愤郁。会曾国藩驻军东流，瑞芬献《时务策》，因居幕府。李鸿章之率淮军赴沪也，国藩以瑞芬才可用，命随军东下。时水陆百数十营，所需军械火药，皆取办瑞芬，罔有不给。积功以道员发江苏。鸿章移军剿捻，军所需，仍由瑞芬于上海宿办。捻平，累加至布政使衔，管军械转运局如故。鸿章由湖广改督直隶，兼北洋大臣，以南北洋辅车相倚。淮军之饷，取给东南。南中岁入莫如釐，釐所入，松沪为甲，仍檄瑞芬驻上海，主松沪釐局，瑞芬治釐务凡十年。上海为万商渊薮，贾贸□嚣，舛错纵横，瑞芬练核庶事，觌若画一。无苛征遁课，商贾不疲，釐课饶足。

光绪二年丙子，署两淮盐运使。时淮北大饥，饥民十余万，牵引而南，苏抚令曰："毋渡江。"于是集扬州。瑞芬于城外筑圩十数，编列字号，按籍授之居，计日予之钱，病则医药，死则葬埋，惧其恃众为暴也。一月中为宣讲大义者六，惧奸宄从而卖其子若女也。卫之以兵，昼夜巡徼之。自冬徂春，资之归，邗上农商，安其廛畝，不闻驿骚。

丁丑，署苏松太兵备道。瑞芬驻沪久，熟于夷情，从容裁决，悉中窾会。俄罗斯以我索还伊犁故，将败盟，时以戈船游弋海口，沪上大耸。瑞芬密请于小南门外增设新营，名为汰老弱，实募精锐。一月成师，沪人安枕。华洋互市之初，定浦江以北为洋商船步，浦江以南为华商船步。夷德无厌，欲隐占南岸。瑞芬设水利局于东门外，选方干之员驻局，专治船事，夷觊觎之情不得逞。故事，夷船进口中，必纳税于关，江海新关由此设也。已而欲于吴淞口起所齎货，则税得遁而关虚设。瑞芬力折之，乃寝。于时总税务司英人赫德，献议于总署，谓中国自产阿芙蓉夥颐，可增税。事下瑞芬议，瑞芬曰："是阳为我，实阴为彼也，釐税增则中国之烟贵，而英国之烟得大售矣。"格其计不行，夷人于租界创设自来水、煤气灯非一日矣，至是欲推广及域内。瑞芬曰："城内非华洋杂处地，华人朴，毋扰我民。"卒不许。

壬午，迁江西按察使。

癸未，擢布政使。法人既渝盟，江表綦严，瑞芬治饷治兵如曩时。

甲申，护理巡抚。

乙酉，授钦差大臣，出使英俄等国。

图 94　刘瑞芬像。

丁亥，改授出使英、法、意、比四国大臣。俄人艳我漠河金□，欲釀金采凿，抱必得心。瑞芬曰："此大利之壑，非空言所得距塞也，亟达总署及北洋大臣，请由我先发，自组公司举办。"从之，俄谋沮。英人占缅甸为属，欲绝朝贡，我兵寡弱不能战。瑞芬执故事，与英执政往复辩，始稍羁縻，以贡献归于我。日本图朝鲜日急，俄恚日，英复恚俄。瑞芬建议速收朝鲜版图隶行省，不可则纠纷强订盟誓，使为永久局外中立国。此议关系东亚大势至钜，总署以体大，不敢诵言于坛坫，寝其议。语详《鸿章传》。

戊子，特授广东巡抚，明年归国。瑞芬莅广东三年。

416

壬辰，卒官，年六十有六。赐祭拜如律令。

瑞芬孝友笃旧，勇于为义，建宗祠，修族谱，创立仁安义庄。自本县文庙以至忠烈、节孝祠，及城府、水口、庙宇、桥梁、道路，与凡名贤遗迹毁于兵者，咸复之。直豫晋苏皖浙灾，捐钜赀振助，倡立华洋义振，集海外金钱至三十余万，义振至今弗替。所至绝苞苴，不矜崖岸。门无留宾，案无留牍。公余燕坐，惟以图籍自娱。子六，世珩最贤。（俞樾撰《墓志》《神道碑》《清史稿》）

赞曰：

瑞芬筹治馈□。居沪上久，洞悉欧人之情伪。持节海邦，欲纠列强，定朝鲜为永久中立国，逆折东人之牙角，可谓先识。而惜乎中朝达官，巽惧不敢诵言其说也。然而咸、同、光三朝，皖士跻显位，铮铮能有声誉于时，二子（鲍源深、刘瑞芬）其选矣。

《皖志列传稿》卷八《刘世珩传》：

刘世珩，字聚卿，一字葱石，号继庵，贵池人也。皖俗纯朴，江以南世家故族，席宗法余习，往往鸠翕子姓，聚息于川领间，亘数十百世无迁析。刘氏世居贵邑南山，自金元迄今数百年，以耕读绵绪业，世称南山刘氏。

清咸丰间，金田寇起，诸郡邑村舍，□于烽火。世珩父瑞芬，先后受知曾国潘、李鸿章，以军功官至广东巡抚，徙家江宁。世珩幼颖异。瑞芬英、俄、法、意、比等国钦使，留世珩江宁。年十三，补贵池诸生。瑞芬巡抚广东，卒官。世珩益砺于学，世家纨绔纷华邀放之习，一不沾溉，好交四方名俊士。举光绪甲午江南乡试。

辛丑，以道员指分湖北。江督刘坤一，奏调归江苏，委管江南商务局，兼南洋保商事宜。南北洋两督臣，各兼通商大臣职，近禩海通，东西列强争海上商权者，咸以远东为鏊，商事外交，日益业棘。苏省居江海之会，雄剧尤远过北洋，只以承历代贱商之政，民生息于市廛者，率蹃□耳目尺寸地，各自聊其生，绝尠高掌远蹠之谋力，当局者整齐教导之术，遂无毫发施焉。商力挫，国力随之。识者谓匪专设局以领之，终不足举事而策效。坤一乃简世珩与张謇同主局事。

癸卯春，日本设第四次内国劝业博览会于大阪，先期简邀我国，派员挈品赴赛。楚督端方会商坤一，电政府，派世珩往。赛事毕，复往东西京、名古屋、日光、北海道诸处。考察归，乃以四事请，曰组织江宁省城商会，盖仿日本各地商业会议所法，集各业自为研讨，以谋兴革，蕲未来之进步；曰设立商业中等高等学堂，盖仿日本大阪商业高等学校之成规，

图95 家谱所载刘世珩像。

易吾国商肆师徒授受之旧习，代以成文教育，造就专业应用之材；曰建立江南商品陈

列所；曰建立劝业工艺局，一则缩博览会之雏形，用以比较国内商品之良窳，策进国际之商业，一则取机械代人力，用革吾国工场久锢之蔽，而启世界工艺之新规也。书上报可。

世珩乃集经费，订章则，购地筑室，都二百余楹。中为商局分曹治事之所；右偏崇楼耸立，为商业两等学堂；左屋滨河墉，缭以铁阑，莳花木，为商会集议之所；后则商品陈列与劝业工艺局附焉。世珩遂以江督奏，总理江宁商会，下章则于各省，其后上海南通，接踵成立。商学生徒，初授凡五百余人。或役银之用，而国内一切财政经制，如制币之厂、银行金库，以□关税丁漕诸征收署局，悉聘洋员司其事，甚至全国财政会计之簿籍，亦均由洋员管理，且按期交由订约国会覈，以示勿欺。

甲辰春，精琦复以美政府命来华，枢臣相顾，莫敢决可否，乃下其议于各省。江督魏光焘，以属世珩，世珩即草成《银价驳议》一卷。光焘及楚督张之洞，均据是以达之朝，而精琦之议遂绌。世珩念精琦之说，其不足策效于我国，事固可逆观，第以我国圜法，若终始委心任运，而不发愤自振拔，倾侧所曁，亦宁能终是无虑？于是检括前此东渡所考察，准以专家揭发之学理，并就我国国力之所能及，与夫民习之所便者，复成《圜法刍议》一卷，以为国币制三等，与各国制币相权衡。银一两，为单数本位之起级，上则五两十两二十两之金币，为种三；下则五钱二钱一钱之银币，与五釐二釐一釐之铜币，各为种三，金币居本位，银与铜为辅币。自釐而钱而两，比十进，举前此生银称量，与铜钱侵冒本位诸旧习，旷然一举而清之。其施行序次，先统一国币铸造局，继则统一各地流通之银行，又继统一各地收支之金库。初年，以单数本位重银一两之银币，为替代本位。于斯时也，倡艺业，濬财源，励输出产物于海外，而吸受其金赍，商务出入差正之续一彰，即决然露布以金为本位，与各国本权衡。会铁良清赋江南，闻士珩议，乃上之朝。枢府调世珩入都。士珩意气奋然，亟思自见于当世，而论者佥谓单数本位起级用两，不若用元便。士珩议，一国圜法，由称量制改计数制，历史民俗不尽同，英、法、德、美，均金本位国，按其单数本位起级，英曰镑，法曰佛郎，德曰马克，美曰弗。吾国通货，向以银两为授受之准，各地平色，虽杂出纷歧，而两之名，实系贯于商民心目，举国尽同，何必祛本国十进之旧制，而改为墨西哥奇零之重量？明虽计数，仍不能舍称量焉。争议久不决（时张之洞幕府汪凤瀛采世珩说为疏稿，主用两。彭谷孙为财部员外，驳之二君，皆苏人，遂成嫌隙）。

三十二年丙午，度支部先采士珩议，奏设印刷局于京师，造纸厂于湖北，自制上等纸张，备印诸钞证券用。檄士珩总办鄂厂，奏补度支部右参议，旋署天津造币厂监督。戊申，奏充直隶财政正监理官。

宣统三年辛亥，升补左参议，仍兼造纸厂，厂建汉口之刘家庙。武昌革命起，毁焉。士珩避兵走沪，不复有用世志矣。购地数亩，筑楚园以贮金石书画，与人书，恒自署曰楚园云。

越十五年，丙寅，为其父修佛事于杭州，发咯血旧疾，遂卒，年五十有二。

世珩身长名门，凭席素厚，无声色裘马之好，识通今而性嗜古。凡缣素彝器，出自古名贤手者，必得藏弃为快。巾履所至，骨董驵贩辈，日辏于门，平生俸糈所余，亦泰半于是焉。初居金陵，得山阳丁俭卿晏所藏宋嘉祐本篆正二体《易》《书》《诗》《礼》《春秋》《论语》《孟子》七经石，绘图征咏以张之。及官京师，又得南唐乐器大、小两忽雷，向曾为孔东塘尚任所藏者，乃自署枕雷道士。而汉建昭雁足镫、黄山第四镫、汲绍行镫、大吉鹿庐镫，亦矜贵，别筑"四镫精舍"以贮之。其他所蒐金石书画等，都千数百通，类当世希觏之品。装潢什袭，分别部居，日摩挲省览，恒引以为至乐。世珩尤嗜校刊古书籍，当居忧时，已纂刻《聚学轩丛书》三集，其后陆续增至五集，综所甄采，皆清初诸儒未经传播之稿。既流寓沪渎，复刊《贵池先哲遗书》，自唐迄清都三十一种，后附《待访书目》二百七十三种。其余校刻金元以来传奇附曲谱、曲品共五十一种，《玉海堂景刊宋元椠本丛书》二十二种，又《宜春堂景宋元巾箱本》八种，抚刊《金石著录》五种。世珩自序，谓不及清初毛氏，而迹所成就，简帙累然，标续艺林，实无惭于汲古秀野。

世珩虽起乙科，实以才调见重当世。当世名彦，如谭嗣同、林旭、张謇、范当世、梁鼎芬、王鹏运、李瑞清、况周颐等，均先后与杯酒往还，结管弦之雅契。观其襟度，庶几翩翩浊世佳公子哉！（江慕洵撰《行状》《清史稿·食货志·钱法》、李详撰《四十寿序》《金石学录》）

赞曰：

美人工心计，故杨格道威斯之为德国计岁币，精琦为吾国改订圜法，皆欲以算数亡人国于股掌之上，古所谓大盗不操戈矛者也。清廷瞠目结舌而无以为计，士珩奋笔为驳议，而中外之气一振，士之所以能为国轻重也。从政多暇，留心艺事，刊布要籍，沾溉词林。论所蓄藏，亦多为希世珍物。惜乎极盛难继，风流有歇绝之感耳！

　　据《刘瑞芬传》附注，可知传主的材料来自"俞樾撰《墓志》《神道碑》《清史稿》"，这些材料均已为《史乘》迻录。

　　刘瑞芬卒于官。《墓志铭》的撰书者均为当世名流："赐进士出身、前河南学政、翰林院编修德清俞樾撰，赐进士及第、武英殿协修、翰林院修撰通州张謇书，赐进士出身、湖南学政、翰林院编修、元和江标篆盖。"《神道碑铭》乃出自"赐进士出身、翰林院编修、国史馆提调、江阴缪荃孙撰，赐进士出身、翰林院编修、国史馆协修、武进费慈书，赐进士出身、翰林院编修、前湖南巡抚、吴县吴大澂篆额"。

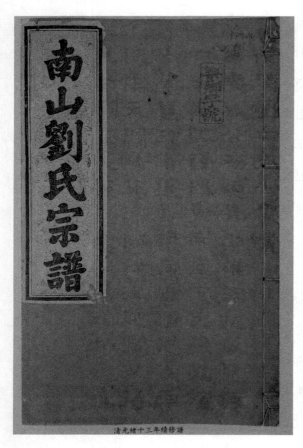

清光绪十三年续修谱

图96　贵池《南山刘氏宗谱》书影。

《刘世珩传》中"世珩"

偶作"士珩",疑为通借。所引材料出自"江慕洵撰《行状》《清史稿·食货志·钱法》、李详撰《四十寿序》《金石学录》"。

《刘公聚卿行状》由"姪壻旌德江慕洵谨撰并填讳"。此文撰写时间从文末可知:"丁卯六月,洵因避兵维扬,辗转间关至沪,时距公殁已七阅月矣……谨状。"文前有世珩之子刘之泗题款:"先大夫行状,辛未五月廿六日男之泗署。"《刘葱石参议四十寿序》撰者为"兴化李祥(审言)"(1859—1931,清末民初文学家,扬州学派人物),原载上海《文艺杂志》1918 年第 13 期。《金石学录》未详何书,显然非李富孙(1764—1843)《金石学录》,也非陆心源(1834—1894)《金石学录补》,疑是刘氏重刊的《金石著录》。

图 97　杏花村水车（饶颐摄）。

金天翮《皖志列传稿》所录刘瑞芬、刘世珩的传记资料均其来有自,似乎史料价值不高,但是在其叙事过程中,对所引材料文字"必经斧藻,无一直录者"。金氏文字简要,叙事肯綮,语言自见风神,有国史之笔法,与他家材料不可等视。值得关注的是，二传结尾处均对传主作了简要评价，且以《赞》结语，所言所论定为金氏之主脑。

《皖志列传稿》将刘瑞芬视为"咸、同、光三朝，皖士跻显位，铮铮能有声誉于时"者，是很有见地的。《刘世珩传》的末段，对传主的人文情怀赞颂有加："世珩身长名门，凭席素厚，无声色裘马之好，识通今而性嗜古。"对他留意文史书刊之举也标榜颇高："世珩自序，谓不及清初毛氏，而迹所成就，简袠累然，标续艺林，实无惭于汲古秀野。"世珩结交广泛，多与名流往还，金氏对世珩的人文风采发语深湛："世家纨绔纷华遨放之习，一不沾溉……实以才调见重当世，当世名彦……均先后与杯酒往还，结管弦之雅契。观其襟度，庶几翩翩浊世佳公子哉！"对世珩的学识所为更是赞不绝口："惜乎极盛难继，风流有歇绝之感耳！"

艺不过二代，官不过三世，"君子之泽，五世而斩"，这些都是人世消长、家业传承的规律。刘瑞芬因时运而起于草莽，风流当世，足迹涉于寰宇，以时务为全职，多所奉献。刘世珩以官公子而入仕途，然不染恶习，奋迅时务之策，留意文史之间，成就一番文化事业。惜乎年岁不永，否则成果当更佳。二人之后，南山刘氏潜入民间，虽有"风流歇绝之感"，不过是人世法则而已。

而今池州建文化之城，刘氏二贤是不能忽视的。今《史乘》收罗全备，然仅为史料一堆，分类整理，还需时日。至于深入研究，纠其大义，泽被后世，更是一大课题，历来关注者不多。相关成果略如：马昌华主编《淮系集团与近代中国：淮系人物列传》①中专列有刘翠莲著《刘

---

① 马昌华主编《淮系集团与近代中国：淮系人物列传》，黄山书社 1995 年版。

瑞芬》，汪志国《晚清外交英才——刘瑞芬》①，贾熟村《中国近代外交家刘瑞芬》②。又如《史乘》收录了贵池书画家饶颐的文章《传艺印章，艺友情深——吴昌硕与刘世珩的情谊》，多有发覆。研刘的文章还有，吴书荫《况周颐与暖红室〈汇刻传剧〉》③，作者在《文献》2005年第2期又补发了一则短文《关于况周颐的暖红室》，文章说："初稿曾请郑志良博士看过，承他指出行文中的某些疏忽……现将暖红室校曲事订正于下。"文章将刘世珩原配傅春澂（应作"嫩"，1874—1894，妹）、继配傅春姗（1871—1943，姊）先后来归次序弄错了，因郑志良（贵池牛头山人，现供职于中国人民大学）阅过《南山刘氏家谱》，帮他订正了这一讹误。暖红室本是春姗夫人（字小红，或晓红）的书斋名，短文题目所谓"况周颐的暖红室"也是一误。这是仅见的附带研讨刘氏婚配的论文。

作为收藏家、出版家的刘世珩也受到研究者的关注。刘世珩曾选辑、刻印《暖红室汇刻传剧》（又称《暖红室汇刻传奇》）三十种。学者对刘世珩搜集、刻印古籍尤其是戏曲文献的情况辟有专章研讨。如《精于理财，拼命存古——近代出版家刘世珩传略》④、李建国《刘世珩〈贵池先哲遗书〉校本〈剧谈录〉》⑤等。李建国的文章对刘校《剧谈录》逐条分析，提出批评，认为"刘校粗滥谬误"，但通过对其摘引的147条文字来察看，并不能断定刘校本就是"烂本、恶本"，因为作者提出

---

① 汪志国《晚清外交英才——刘瑞芬》，《文史知识》1995年第9期。
② 贾熟村《中国近代外交家刘瑞芬》，《江淮论坛》1998年第5期。
③ 吴书荫《况周颐与暖红室〈汇刻传剧〉》，《文献》2005年第1期。
④ 徐学林《精于理财，拼命存古——近代出版家刘世珩传略》，《出版史料》2003年第1期。
⑤ 李建国《刘世珩〈贵池先哲遗书〉校本〈剧谈录〉》，《明清小说研究》2011年第4期。

对"刘校"的意见，大多不过是"以上无须增改""不必改""异文耳，不必改""增不增均可"等无关痛痒的判断，结论不免言过其实。又有汪超、涂育珍《论刘世珩〈暖红室汇刻传剧〉的刊刻出版》[1]、戴国芳《论楚园先生刘世珩的收藏》[2]等。研刘文章，较为稀见。

刘世珩竭力搜罗、精心校刻的《贵池先哲遗书》录书共三十一种，

图 98　篆刻"楚园"

自唐至清，规模宏大，搜集及时，是刘世珩对池州文化的最大贡献，也是贵池人亘古未有之文化传承工程，其历史文化价值到如今仍然没有得到恰当的评估。面对这些先贤留存的著作，研究、整理仍嫌不足。窃以为，地方文化建设不仅要从民间得滋养，更要从史籍得真传。只有根深，方可叶茂。

（原载《池州社会科学》2013 年第 3 期。）

① 汪超、涂育珍《论刘世珩〈暖红室汇刻传剧〉的刊刻出版》，《出版科学》2012 年第 1 期。
② 戴国芳《论楚园先生刘世珩的收藏》，《特区经济》2012 年第 10 期。

民国贵池纪伯吕及其佚著《啸乡刦余集》

纪伯吕[1]，名澹诚，贵池舞鸾乡晏塘纪姓人氏。关于他的记载非常少。据新编《贵池县志》记载："大革命时期，贵池乌沙人纪澹诚在安庆参加第六军王天培部北伐军，任少将参谋长，随军北伐。"根据其他记载，还可知，他曾任国民革命军第十军参谋长，后任国民政府安徽省五河县县长，有文才。但不久似乎就回归乡里，与世无争。

据"安徽文化网"提供的《贵池历代著作人书目》载录："纪澹诚《啸乡剩草》一卷，民国排印本（一册）。"但遍访无书。数年前，笔者因参与贵池舞鸾乡纪氏宗谱的续编，广搜材料，竟然意外获得一册纪伯吕著《啸乡刦余集》（"刦"同"劫"），铅印竖排无标点，大32开，双面26页，即52个页面。

笔者所收藏的《啸乡刦余集》封面是用"贵池市"的某产品包装牛皮纸包裹的，封皮上有毛笔书写的书名，下有蓝色钢笔所写的"纪帆专用"字样，则可能是收藏者某。在扉页的背面，有几行钢笔所写

---

[1] 纪伯吕（1877—1952），贵池人。民国间，经历复杂，交游广泛。富文采，善诗联。其诗集因被火刦，极少流传。笔者有幸获此孤编，特撰此文发覆。纪伯吕与编辑《杏花村续志》的胡子正为同时人，且为好友。纪伯吕的集子录有为胡子正（东溪）所做的挽联。二人还同游杏花村并赋诗相和。《杏花村续志》录有纪伯吕的杏花村诗作。纪伯吕"安庆大观亭联"最为著名："东望石城春，杜牧何之？故国杏花太零落；南招彭泽隐，渊明在否？隔江杨柳要平分。"此联对杏花村凋零的现状极为痛惜。他是民国时期贵池的文化名流，可视为杏花村文化的历史见证者。

竖排的赠言："醒亚兄惠存：我爷爷的诗，能找到的已复印成册，为感激你的奔波，特赠一册留念。弟裕见（署名字迹潦草，不能确认），1988年5月17日于荆洲。"可见纪伯吕有孙子纪裕见，在湖北荆州，保存了此诗集。后应贵池纪醒亚之请，复印寄送此书到贵池。此诗集首先由笔者叔祖纪龙华公于20世纪80年代从纪醒亚处获得，后为笔者同村本家纪银龙借阅。此二位宗亲多年前均不幸亡故。笔者大学期间（1986—1990），曾多次听龙华公盛赞纪伯吕之才。他还会背诵纪伯吕安庆大观亭的楹联，并承诺带我去拜望纪醒亚先生，但因其于1994年不幸谢世，故未成行。今偶获此集，特志数言，述其来历。

《啸乡剩草》之书名是根据民国《安徽通志稿·文艺考》所记载。《安徽通志稿》为民国二十三年（1934）编成的一部新编志书草稿。可知，其诗集原名当为《啸乡剩草》，因为他当时客居省城，与皖省通志局诸名士交往颇多。后来印刷时才改名为《啸乡刬余集》。

该书的封面书名"啸乡刬余集"五字由赵丕廉题署。赵丕廉（1882—1961），字芷青，号麓台，五台县五级村人，民国初年非常活跃。1925年，赵丕廉任省立国民师范学校校长。1927年7月，山西省政府改组，赵任委员兼农工厅厅长。1928年，赵被派往南京任第三集团军总司令代表。1929年春，国民党召开第三次代表大会，赵丕康被选为候补中央委员。1932年，赵任蒙藏委员会副委员长，长达15年之久。后闲居北平。纪伯吕大约在赵丕廉任职南京时与之结识，并请其为自己的诗集题名。

《啸乡刬余集》的扉页上有清末名臣周馥的题诗，且为亲笔书写。诗曰："抗心希往哲，落笔发古香。足迹半天下，白眼看炎凉。"落款为"弟周馥拜读因题"。周馥（1837—1921），安徽建德（今池州市东至县）人。1888年，升任直隶按察使。甲午战争爆发后，被任命为前敌营务处总理。

马关议和后，以身体病弱，自请免职。纪伯吕将诗集编成四卷的时间是 1916 年，而周馥去世于 1921 年，因周馥与纪伯吕是池州老乡，可见肯定是这期间请周馥为其题诗的。周馥长纪伯吕 40 岁，题诗时，周馥还谦称"弟"，可见其淳厚长者之风。

周馥《周悫慎公全集·玉山诗集》共四卷，该集《自序》后，其子周学熙兄弟案语："先悫慎公编年之诗，始咸丰庚申，讫宣统辛亥，为玉山诗集四卷。于晦若先生尝为序之。民国庚申正月，益以壬子年以后之作，重加审定，仍为四卷。是年仲夏用仿宋聚珍版印行。翌年九月，先公弃养。泣检遗墨，谨以庚申正月后至辛酉九月所作十三首附诸卷后。至庚申正月前之诗，皆经先公手定，不敢复有所增益云。"

图 99 《啸乡刧余集》书影，赵丕廉题签。

由此可知，周馥手定的诗编至庚申年（1920），后来其子在编印此书时，又补了 1920 年至 1921 年其去世前的 13 首诗，应该说是比较全的。但细检其诗集，却未见此首诗。据《啸乡刧余集》提供的周馥手迹来看，是其真迹。若此诗真为纪伯吕诗集所题，则是周馥的一首佚诗。

《啸乡刧余集》的六篇序言提供了关于纪伯吕非常珍贵的第一手材

料，现将此六序标点录存于此。

《啸乡刼余集·序》一：

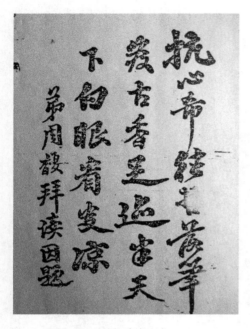

图100　周馥题诗。

乙丑春，予归皖上，贵池壬静甫道其乡纪君伯吕之贤。往者西汉之衰，光武与严陵、高获俱学长安，相契结。厥后，光武即位，严、高俱匿江海间。光武求其人不得，久之，严陵当暑着羊裘，钓大泽。强入都，不屈，卒以天子故人重天下。高获匿池阳江浒，莫克知。池人敬之，乃建清风亭于江上。伯吕吊以联云："贤如光武不知处，节到严陵尚钓名。"余大惊诧为奇士。君闻，乃渡江见访。余狂喜，宾礼焉。

初，伯吕幼孤寒，赖节母杨太夫人以立，弱冠补学官弟子。

辛丑，航海至津京。会潘烈士子寅痛外交投海死。项城袁公为北帅，设大会悼之，哀挽联诗以千计。伯吕挽以联。（联云："报国一身轻，东海波涛名士血；望家双眼泪，北堂风雨老人心。"）盖潘母七旬，故及之也。为之冠。

杨文敬士骧为东抚，诧其才，以西席聘之。伯吕于书，无所不读，对于法学，尤穷究其为政，恒得法外意，以此名益著。北洋警校作，伯吕毕业其间。督办赵秉钧干甚，桐城吴樾党案作，诸警辄争捕党人。教员某影片类吴，赵令逮之狱。伯吕任北洋警厅总稽查职，独抗言："人多同貌，孔如阳虎，可以虎叛捕孔耶？"赵默然。其伉直类如此。赵嫉甚，伯吕乃渡辽海至安东，东边道张金波器甚，以商警提调任之。安东地逼朝鲜，华夷事剧，伯吕则片语决之。一日，华人以樗蒲创日人十数，群吏愕眙。伯吕抗争，事辄解。张益诧之。

丁未，闻母丧，则大痛哭，曰："吾远游万里，计博升斗，养老亲耳。今若此，复何为哉！"则痛哭而返。既归，葬其母江上。读礼著书，研究地学。既游江、淮、黔、粤间，考古名墓殆遍，然其志固别有在矣。

某年，入柏军戎幕。赣宁之役失败，只身走岭表。时久困甚，乃归皖，就财实、高审各厅科长、推事及省署秘书等职。久之弃去，乃复奔国事。由沪而粤而黔而滇，几经险阻。伯吕志存民族，不求人知，而知之者亦鲜，然事终有不可掩者。

丁卯春，以校官佐十军北伐。运河之战，大军将退却，伯吕乃建扼守反攻之策，军复振。主将奇之，位以少将参谋长。而事机中变，旋皖当道，命宰五河。任职八阅月，一切措施有古循吏风，凡病民者，悉去之，居民德之，愿以祠祀。（维扬葛天民以诗记之，有"昨宵舟过黄墩集，正是祠堂建设时。都说好官应供俸，人民到底有良知"之句，盖祠已建成，伯吕力止始□。）他如捕蝗折狱，尚饰俭厚风俗，政平讼理，口碑遍淮南北。（葛又句云：捕蝗率队出郊园，布袜芒鞋过野田。多少妇愚随口问，不知谁是纪青天。盖当时人恒以"纪青天"三字呼之。）惜治仅百里，尤期促，未尽其才。每恨浮沉宦海二十年，终不获一抒所蓄。故尝喟然太息，谓希文不作，终无用我之人，而穷乃益甚。平生劳形党务政军各界凭单、证状及所著判牍、诗古文并他书二十卷，悉藏诸箧。丙寅，归自沪上，箧寄晏塘从子所宅，遽火烬焉！

今所存诗百余篇，乃偶忆及者也。噫嘻！天之困厄斯人，为何如哉！伯吕性挚笃。亲棺厝山谷，雨大作，则撤所居砖瓦为棺宅覆之。项城谋帝，则典羊裘，电责之。其血性类如此。嗟乎！人生穷达，实有命数宰乎其先，断非人力所能强致。高获甘老江乡，其先世必若颜子负郭之田，而后可浩然自乐。伯吕生高获之乡，求为高获而不得。希文既殁，吾衰不得志，终不克振伯吕之穷。伯吕以治世之才，未获大用于时。其生平徒得诸静甫之口，诗凡百数十篇，悲壮苍凉，寄托深远。文章之传，宁素志耶？故撮其行告天下有人材之责者。

己巳春暮，桐城陈澹然撰于皖省通志局。

据查，陈澹然（1859—1930），字剑潭，安徽省安庆枞阳人。其家境贫寒，幼时从父读，九岁能操笔为文，聪慧异人，才思横溢。后应试桐城，数千人中，澹然文压群雄。光绪十九年（1893）恩科举人。好读史书，为文不拘守"桐城派"的家法，恃才自负，狂放不羁，人称"野才""狂生"。曾作《迁都建藩议》，呼吁把朝廷搬到湖北荆州。后寓居南京，入江苏督军齐燮元幕，任江苏通志局提调，修成《江苏通志》。齐下台后，澹然移居安庆，就任安徽通志馆馆长。因时局动荡，经费不足，通志馆不久即关闭。澹然后受安徽大学聘请，讲授《中国通史》。民国十九年（1930），病逝于安庆。可见此序应是安徽通志馆馆长陈澹然去世前一年为纪伯吕诗集所作。

文中提及的"维扬葛天民之诗"即葛天民所写的十首竹枝词，见新编《五河县志》附录二"杂记五·诗选"。

葛天民《竹枝十章并序》：

天民年近七旬，垂老多病。日昨舟泊五河，扶杖登岸，见街巷间遍贴标语，逼视之，乃官清民安、断案如神及纪青天等字，不觉惊异。询诸市人，复道公惠政甚详。又于友人处读公《留别五河诸父老诗》，仁人之言，跃然纸上。舟中无事，谨将耳目所及，走笔成竹枝十章，略述德政，以志向往，且以风今之牧民者。

年来衰病已支离，未获登堂一见之。只为口碑传到耳，挥毫聊写竹枝词。

踏履扶筇到五河，此邦无处不讴歌。大街小巷写标语，断案如神四字多。

司法由来积弊深，衙门何处不黄金。使君独解人民苦，革尽频年胥吏心。

不爱金钱算好官，如斯循吏古来难。桑麻遍野人人乐，博得官清民自安。

捕蝗逐队出郊原，布袜芒鞋过野田。多少妇孺随口问，不知谁是纪青天。

轻车简从到郊区，犬不闻声鸡不啼。从此民间画团扇，家家记取放翁诗。

折狱于公旧有声，了无一案不公平。先生倘得为廷尉，天下盆冤一洗清。

者番舟过皇墩集，正是祠堂建设时。都说好官应供奉，人民到底有良知。

　　昔日池阳夸独步，而今声誉满江皋。古今名宦多名士，试看随园郑板桥。

　　桃源难觅剧堪哀，劫后维扬半草莱。我欲避秦何处是，淮南鸡犬亦春台。

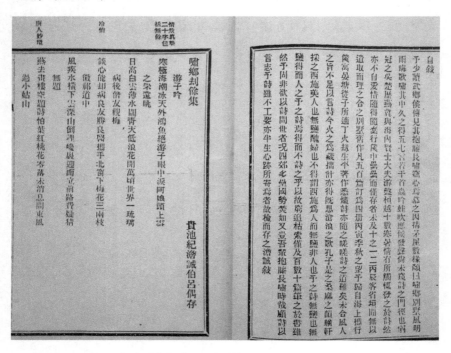

图 101　《啸乡刮余集》书影。

　　其中第八首、第五首乃序中所引。这是咏颂纪伯吕的专题组诗，出于同时文人之口，实在弥足珍贵。纪伯吕在五河县能被乡民呼为"纪青天"，乃其人生极誉。诗中还提到了纪伯吕"断案如神""不爱金钱""轻车简从""了无一案不公平""昔日池阳夸独步，而今声誉满江皋"等品质。末首吟到"劫后维扬半草莱"，因五河之地治理有声，于是想移居于此："我欲避秦何处是，淮南鸡犬亦春台"，可证葛天民为维扬人也。

　　同时，该"杂记"还录存了纪伯吕的诗《五河八景》（五绝八首）、《留

别五河诸父老》(七律八章并序),接着载录了欧佩森《和纪澹诚诗八首》
(七律) 和葛天民《竹枝十章并序》。

查《啸乡刭余集》,《五河八景》已经录入,但全集未见《留别五
河诸父老》,可见回忆此集时,该诗已佚。或者收入了《沧河雪鸿集》,
如后文所引王源瀚序言中所说"乃扶老携幼,郊送至舟次。事见《沧
河雪鸿集》"。欧佩森的诗直接吟诵了纪伯吕的为人、为官的品质,均
为珍贵资料。

纪伯吕《留别五河诸父老》:

晋陶渊明到官八十余日,赋《归去来辞》。澹诚贤不逮古人,
而时则过之,恐曰无补地方,益滋愧也,故作小诗以见志。

五河五月赋归来,回首民生事可哀。槁木苍藜苦憔悴,
枯棋黑白任旋猜。郑侨宽猛谁知惠,蜀亮恩威几费才。我志
未酬心已冷,青山有约鸟飞回。

往来寒暑太匆匆,未立人间半点功。已分祠堂惭定国,
不堪教化愧文翁。道途幸免豺狼伏,城社行将狐鼠空。独惜
老农凋敝甚,了无遗策补豳风。

颓垣苔壁挂萝薇,多少田家半掩扉。岁歉忍看鸡犬瘦,
民穷全仗稻粱肥。蝗虫滚滚天心见,螳雀纷纷吾道非。小队
出郊归也晚,宫墙老木已斜晖。

弦歌为践武城言,小试牛刀浩劫年。偶饮五河一杯水,
敢居百姓二重天。心惊猛虎防苛政,目击哀鸿惭俸钱。破坏
那能收拾好,豆箕况复日相煎。

苍生念重一官轻,忍听同胞蜀洛争。胜负只今仍鹿逐,
公私何处不蛙鸣。案头雪月重重白,窗外梅花点点清。但问

此心无所愧，贤奸都付汝南评。

身外是非浑不管，名缰利锁即时开。家无儋石贫应贺，箧有干将气未衰。萄酒几樽苏子舫，桃花两岸武陵台。黄粱梦觉原无味，敢到邯郸第二回。

富贵由来春梦婆，当场况是白猪多。无聊公案莫须有，不近人情可奈何。卢植一谏君逮槛，曾参三至母投梭。盆冤洗尽循声在，好整归装学醉歌。

虱处长淮近半年，骊歌三叠小阳天。即今风雨暂离别，来日乾坤或转旋。五柳湖山陶令宅，一帘书画米家船。多情父老如相访，黄叶江南九子巅。

欧佩森《和纪澹诚诗八首》：

遥望飞兔化鸟来，相期中泽救鸿哀。鹿舟鹤舫争相迓，蝶使蜂媒莫浪猜。小试牛刀言倔化，暂羁骥足士元才。家乡闻听舆人诵，来到琴堂月两回。

一见倾心别太匆，早知济世有宏功。宗风近绍清文达，吏治遥途汉伊翁。冷署栖迟冰在抱，巨奸照彻镜当空。良谋次第从容展，箕毕民情任雨风。

花落闲庭长碧薇，一轮明月照圜扉。盗清深喜民安乐，众瘠何甘马腘肥。政比仇香能喜化，贤如白玉早知非。公余无事娴吟咏，爱向东皋赋落晖。

五河凋敝不堪言，迭见兵灾历有年。端赖旌旗麾白昼，特开云雾见青天。重新党国颁行政，好个文官不要钱。劫后余生资建设，为怜民命日忧煎。

几人肯把利权轻，得失如同鸡鹜争。日见重轮销剑气，

436

风行四野听琴鸣。妖魔谁敢窥明镜，黑翳焉能滓太清。莫愁铄金来众口，明珠薏苡有公评。

坦白一心安委曲，重门四面可宏开。人沾膏雨怀郇伯，野爱冬暄载赵衰。语不及私谈月夜，民皆如皋上春台。鲰生深幸蒙青眼，抚住甘棠弗忍回。

老吏从来心最婆，治书唯恐屈人多。寻思已过情难已，不得其生唤奈何。民泯冤声称定国，法参哲理本卢梭。此官去来谁能嗣，听我乡人道路歌。

政平争颂杜延年，况复诗同白乐天。方共齐民歌孔迩，那容淑度遽言旋。者番聚首风生席，他日归篷月满船。倘许重来如郭伋，欢迎竹马小山巅。

欧佩森（1872—1933），字伯书，安徽五河旧县湾人。出身于儒医和书香门第之家。幼年聪颖好学，12岁开始赋诗著文，兼攻医术。13岁考中秀才。19岁又考取拔贡。民国元年（1912），被推选为安徽省临时议会议员。曾赋诗明志曰："中年官辙效驱驰，角逐朋场未合时。识得一生无媚骨，此生不做服官思。"佩森施教行医40余春秋，学生遍及苏皖边境各县。民国二十二年，病逝于盱眙县管镇。

《序》二：

纪君伯吕善诗古文辞，然非其志也。予交伯吕近廿寒暑。历考其德行、政事与文学俱优，而世鲜知者。伯吕著作甚富，悉刬于火，是篇收拾于灰烬之余，殊足宝贵。择其尤者加以评语，读其诗即知其人，海内大雅或不以为妄。

丙寅（1926年）十月之望，如小兄方雷谨识。

方雷无考，应是贵池同里。该诗集有124条眉批（批诗歌87条，批对联 37 条），看来都出自此兄之手笔。

《序》三：

> 公诗兼具中晚唐之胜，惜全稿付之六丁，未窥全豹，然
> 就此斑斑，亦可想见其天骨开张处也。敬佩无极。
>
> 丁卯（1927 年）上元，桐城弟光开霁拜识。

光开霁，属桐城光氏，诗书俱佳，著有《石庄小隐诗》，民国
二十二年（1933）铅印本。

《序》四：

> 伯吕先生独擅江淮俊誉。病滞宜城，春雨不已，寒衾拥卧，
> 静读琬章，始知名下固无虚也。谨赓小诗一章为莞尔之助。
>
> 寥落江天一鹤还，自疑苏季太清寒。连宵花雨殷勤话，
> 况复新诗珠在盘。
>
> 丙辰仲春之望，后学王世鼐病中呓稿。

据查，王世鼐（1902—1943），字调甫，号心雪，安徽贵池县人，
王源瀚之子。11 岁时随父王源瀚住旅顺，1916 年以十五之龄考入北京
大学中国文学系。民国八年（1919），在北大毕业前夕，参加了"五四"
运动，与同学杨振声、陈剑一同被捕，经胡适保释始得出狱。是年秋，
王世鼐自费留学美国，获美国爱阿凡大学经济学士和华盛顿大学政治
博士学位。旋赴英、法、德、意等国考察政治、经济制度及实业情况，
于民国十三年（1924）回国。民国十四年（1925），王被委任为国务院
参议，并先后任民国政府工商部商业司经营科科长，通商科科长、北
平市政府参事，中国国际贸易局总务兼编纂，北平政务委员会专员和
东北解交研究委员会常务委员。其间，王曾于民国十七年（1928）分
别以中华民国政府代表和中国代表的身份，出席了在荷兰举行的中华

合众蚕桑会与第五届国际商会。民国三十二年（1943），王世鼐在赴任苏浙皖区烟草专卖局局长途中，患肺炎治疗无效，于同年 3 月病逝于江西赣州。章士钊撰墓志铭。

王世鼐擅长格律诗，著有《猛悔楼诗》[①]四卷，收入诗作 400 余首，于民国三十三年（1944）三月出版行世。作品有流传甚广的《笛怨辞》之一："笛怨箫清听未真，江湖旧雨散成尘。平生只有双行泪，半在苍生半美人。"笔者曾查《猛悔楼诗》，未见收录此序中的所题之诗，可见是其佚诗一首。

纪伯吕请其题序当在 1916 年他考入北京大学前后，当时因为二人均为贵池乡人或有所交往。据下文可知，其父王源瀚与纪伯吕相识在壬戌年（1922），乃在其子之后结识纪伯吕。不过笔者颇疑王世鼐序中之"丙辰"为"丙寅"之误。1916 年，王世鼐才十五虚岁，纪伯吕即请其题序有些不合情理。丙寅年（1926）王世鼐仕途顺畅，地位日隆，纪伯吕请其题序则顺理成章。但诗集里白纸黑字写作丙辰,则只能存疑,姑待解之。

《序》五：

> 诗小道也。然非有瑰异杰出之才，位育胞与之量，与夫名山大川、边城古戍磅礴郁积之气，以为助之，则虽刻意为之，必不工。吾乡纪伯吕澹诚，生有异禀，七岁而孤，辍学任樵苏。年十三四时，所居有村塾。伯吕恒驰担于路，潜身塾窗下，聆讲诵以为常。一日，塾师叱曰："骎竖子！不勤汝职，乃恋恋于此，胡为者？岂若有所解悟耶？"伯吕应声曰："公所授

---

① 沈云龙主编《近代中国史料丛刊》续编第八十三辑，台湾文海出版社1966—1973 年版。

非左传耶？某已识之熟矣。"试之果然，则大惊，言于其家，免修脯，留读塾中。学乃大进，弱冠补学官弟子。

航海游析津，以挽潘烈士联，有声于时。东抚杨文敬士骧致西席。已而咨送北洋警官学校。既卒业，任天津警厅总稽查。适桐城吴樾炸五大臣案起，警士四出捕党人。伯吕固志存民族者，因抗辩触长官怒，几不测。乃东渡辽海，任安东商警提调。安东接朝鲜，一鸭绿江之隔耳，中鲜讼案，日必数起，伯吕往往片言折服。

未几，丁母忧归，越数年复出，恣游淮海、黔、粤、黄山、白岳间，泛桐庐，登富春，涉钱塘，抵杭之西湖。沂大江以返，盖其所志者，远也。又数年，北伐军抵安庆，十军秘书长某游大观亭，见伯吕所撰余忠宣祠联。联曰：此间何幸埋公，黄土一抔元气在；小阁差堪坐我，青山四面大江横。盖予昔恣愿其典衣榜诸楹者。惊曰：此公健在否？有稔伯吕者曰："固无恙，今且在皖。"某大喜，亟往拜。言于主将，主将曰："此志士也，我知之久矣。"乃罗致戎幕，授校官，从军北进。运河之战失利，大退却。伯吕建扼守反攻策，军乃复振。主将奇之。晋少将参谋长。

十军既改编，省府委任五河县长。八阅月，政平讼理。去之日，乡民欲祠祀，基已奠矣，伯吕固不可。乃扶老携幼，郊送至舟次。事见《沧河雪鸿集》。五河通家子谭骕亦亲为余言之。

伯吕凡宦迹所到，师旅所经，辄举其悲天悯人、伤今吊古之恫，一一形之于诗。曩尝裒五百余篇，订四册。丙寅秋毁于火，今所存其剩耳。夫以伯吕之才、之志、之量既若彼，得诸名山大川、边城古戍磅礴郁积之气之助又若此，宜其诗之雄健高旷，不待刻意而自无不工也。

戊午，余在广州，见亡友章逯亭兆鸿为伯吕作序矣，而未见其诗，且未识其人矣。

壬戌，识其人矣，犹未见其诗矣也。

丙寅冬，余既南归，伯吕穷居郡邸，过从稍稍密，谈诗之趣也稍稍浓，然犹未见其全诗也。

庚午春暮，余约伯吕作看山之行。一夕，止余故居鉴瀑楼，始出其《啸乡剩草》《沧河雪鸿集》示之，且曰："吾将复梓也，子当为我序之。"且予凤闻其少孤辍学事甚悉。因诺之，未即报。去年冬，伯吕自淮上戎幕来书，责宿诺。余因困于市井尘俗久之，驰书讯究竟。越数月，则又自故里来书曰："今悬梓以待，当不似左思作赋，期诸十年也。"余又病湿数月，仍未即报。

今读《曝书亭集·王冕传》，其少孤辍学，窃听讲诵，安阳韩性异而致之通春秋，善诗。明太祖闻其名，授谘议参军，一如伯吕同。则大感动，乃走笔叙颠末如此。呜呼！冕于元明之交，大乱蠭起，遁迹会稽九里山，石隐忘世。伯吕躬逢乱世，固尝有志澄清者，乃以其才其量其得，于山川边戍之助，而未克尽展所长，仅仅乎以诗著称，且为造物者所忌，尽举而火燔之；仅仅乎以煨烬之余，冥搜枯索之剩草百数十篇著称，抑何蹇也！虽然，伯吕精青鸟术，名震大江南北，而生平宦绩、军略又昭昭在人耳目，且其未来事业尚不可量，固不待以诗传者，虽尽亡之可也，况乎犹有剩草哉！

共和纪元二十有一年，岁在壬申季夏之望，同里弟王源

瀚序于淞滨商隐楼。

据饶永《浅谈黄宾虹诗画池州情》考证，王源瀚，字涤斋，今贵
池马衙岱岭人①，也有说是石台竹溪王家人。光绪十五年（1889）科举
人，光绪三十年与高炳麟等共同筹建贵池县立高等学堂。民国初任国
会议员。著有《贵池清赋刍言》，有民国四年（1915）木活字本。民国
第一届国会第一期常会（1913 年 4 月—1914 年 1 月），1913 年 4 月 8
日成立于北京，参议院议员 274，众议院议员 596 人。王源瀚为安徽推
选的 27 名参议员之一，同行的还有周馥之子周学煇。民国十年（1921）
任安徽省民政厅厅长。民国十六年（1927），创办贵池粮食维持会，筹
集粮饷，支援北伐军。民国二十一年（1928），任黄山建设委员会委员。
王源瀚卒年不详。其子王世鼐《猛悔楼诗》卷四《念亲》："感念永逝
父，训我半无成。感念永逝母，终宵泪长倾。亲逝瞬越岁，忧离初未经。
池滨吾故宅，废瓦昔所营。"此诗当写于其父母去世一年之后。

王源瀚之序所述内容丰富，既讲述了纪伯吕的生平、佚事，也交
待了两人认识交往的过程，以及写序的波折。序文对纪伯吕的诗才推
赏有加，将其与王冕相比类，且期望他未来会有更大的发展。序中提
到了《啸乡刲余集》在付印前称为《啸乡剩草》，与《安徽通志稿》所
记《啸乡剩草》一致，"臁"通"剩"。不过又言及其别有诗集《沧河
雪鸿集》，也当于同时付梓。可惜，此集也难觅踪影了。

王源瀚在序中还提到 1918 年他在广州时，看见"亡友章逵亭兆鸿

---

① 岱岭在贵池城东南二十余里处，原为四岭水库所在，现开发称作九华天池
风景区。风景区之西，沿山路可达王源瀚故里。笔者曾考察其地，王氏民国
间旧居保存尚好，惜空无一人。

为伯吕作序",但是此序不载《啸乡刬余集》,有可能是为《沧河雪鸿集》所写的序言。章序写于纪伯吕整理诗集的 1916 年之后不久,也有可能与原作一起焚毁了。

据汪春才《章兆鸿传奇》考证,章兆鸿(1868—1926),字逮亭,安徽贵池县下一保古塔村(今阮桥团湖村)人。自幼好学,童试秀才(廪生),光绪年间,在家教私塾,注重文章的经世致用。他写的《论式论》《启蒙四十法》,一时传为佳作,县境塾师争相传抄。戊戌维新后,章任县高等小学堂国文教员、校长。宣统初年,任安徽第四公学教习。宣统三年(1911)十月,被推选为贵池县临时议员。后又被推举为安徽省临时议会议员。民国二年(1913)春,被选为中华民国临时国会议员,进京就职。参与《天坛宪法》的起草,因而得罪袁世凯。从此脱离政界,返归故里。他的论文《桐城古文、徽郡经学甲天下试论述之》,深得章太炎的赏识。

王源瀚的序写于 1932 年,是《啸乡刬余集》付印前的最后一篇序言。而其子王世鼐的序,写于 1916 年,正是这一年,纪伯吕整理自己的旧作,订为四册,可见王世鼐所读之诗乃是其全部作品。

《序》六(《自叙》):

> 予少读《武乡候传》,见其抱膝长啸,窃心焉慕之。因构茅屋数椽,颜曰"啸乡别墅",风明雨晦,歌啸其中。久之,得五七言若干首。虫吟蛙吹,应候发声,尚未窥诗之门径也。弱冠之吴楚,历燕冀,与海内贤士大夫游,盘桓越十数寒暑,有所触辄发之于诗。然亦不自爱惜,随得随弃,行箧中累累,而仅存者未及十之一二。
>
> 丙辰,客省垣,闲无以遣,取而理之,合之别墅旧作,

凡五百篇，订为四册。

> 丙寅秋之望，予归自海上，携行箧，寓晏塘从子所，适丁火劫，生平著作悉烬，诗亦随之。

> 嗟嗟！诗之道难矣。未合风人之旨，不足以言诗。今火之，为藏拙计亦得。既思沧浪之歌，孔子是之；桑麻之韵，輶轩采之。西施美人也，无盐丑妇也，不得谓西施为人，而无盐非人也。予之诗，无盐也。无盐得而人之，予之诗焉得而不诗之乎？以故穷追枯索，仅及百数十篇笔之于书。虽然，予固非欲以诗问世者。况四郊多垒，国事焚如，又岂吾辈抱膝长啸时哉！顾诗以言志，予诗虽不工，要亦半生心迹所寄焉者，故检而存之。澹诚叙。

这篇《自序》其实是六篇序言中写得最简要的一篇，既讲了自己的大致经历，也讲了自己诗歌创作的历程，交待了作品失火的经过以及重新搜集旧作的原因等。500 多篇诗作仍然只是其所作的"十之一二"，那全部作品应该在 2500—5000 首之间，后来又经火灾，只存留了 100 余篇。面对记录自己半生心迹诗歌的佚失，作者的伤感是非常深厚的，但是纪伯吕非常通达，认为国难当头，一己的诗歌实在算不了什么。

在诗集的结尾，作者还附有一篇类似"跋"的《自记》：

> 拙作原名《啸乡剩草》，今改为《啸乡刼余集》，因余诗曾遭火刼也。癸酉（1933 年）春，余来首都。邑人士及都中旧雨，咸索阅。戊辰（1928 年），五河署中，刻五百部，悉散去。用再付梓，以公同好。

> 民国二十二年暮春上浣之日，澹诚自记于秦淮宾馆。

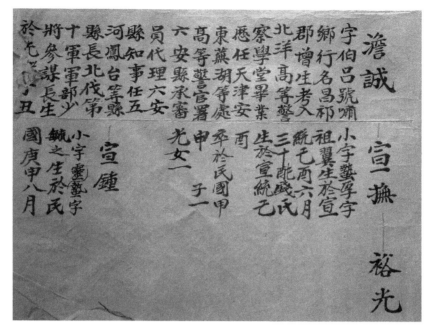

图 102　1948 年《秋浦舞鸾乡纪氏脉谱》中纪伯吕世系。

由此可知，作者全部诗集 1926 年被焚之后，搜集的 100 余篇旧作在五河县任职时，曾刻印了 500 册，全部送人了。则《沧河雪鸿集》正是在五河县所吟新作。1933 年农历三月上旬，作者来到南京，因友人之请，于是在南京重印了这部《啸乡刼余集》。

从这几篇序言和后记，可以勾勒出纪伯吕前半生的生平大概。

纪伯吕，1877 年生，为贵池舞鸾乡晏塘纪姓人氏。七岁时父亲去世，母亲杨氏抚育他成长。他生有异禀，但因家境贫寒，只好辍学打柴。十三四岁时，偷听村塾老师讲课，后得到老师的欣赏，得以免费上学。在乡间以茅屋构"啸乡别墅"，啸咏其间。1901 年到天津，为烈士潘子寅作挽联，产生很大影响。毕业于北洋警校，因受嫉妒，渡海到安东朝鲜边境。1907 年，母亲去世，回乡。不久游历安徽、浙江、

445

广东、贵州等地。其间短暂从军后回到安徽，在省政府等处任过多职，又游历南方各地。1916年，将自己的诗作500余首，编成四册，即请刚刚考入北京大学的王世鼐为其作序，并请贵池老乡章兆鸿为其作序。1926年秋天，他从上海回乡，将自己的行李包括诗集一并寄放到晏塘的一个侄儿家，谁知侄儿家发生火灾，将其各种证件以及诗集全部焚毁。后来只得凭记忆穷追枯索，追记下一百余首，取名《啸乡剩草》。曾请友人方雷（1926）以及安庆皖省通志局的桐城光开霁（1927年）、桐城陈澹然(1929)为其诗集作序。1927年，北伐军第十军王天培部至安庆，因其对联优雅，受到军方邀请，任少将参谋长。运河之战失败后，任五河县长，历时八个月。在县长任上，官声非凡，受到当地居民与文人的爱戴，被呼为"纪青天"。1928年，任五河县长期间，将自己的作品集印行了500本。1930年，回到贵池。王源瀚曾邀请其一起登山。于是请王为其诗集写序。此时除了《啸乡剩草》之外，还有一本诗集《沧河雪鸿集》。因种种原因耽搁，王源瀚两年后即1932年的农历六月十五日才完成了纪伯吕诗集的序言。1933年3月上旬，在南京重印了诗集，改名为《啸乡刬余集》。

友人的五篇诗序处处展露出对纪伯吕诗才的肯定，因作者均为友人，当不乏溢美之辞。序言对他1933年前的经历都有大致的交待，当为其本人所述。但序言对纪伯吕的家族、婚姻、子息都没有涉及，这为后人留下了极大遗憾。据民间传闻，民国后期，纪伯吕回到乡里，生儿育女，生活清贫，直到1952年去世，大多在地方从事基层教育工作。其间的实情还有待进一步查访。

那么，《啸乡刬余集》到底是怎样的一部诗集呢？

诗集分两部分，第一部分是主体，是各体诗歌，不分卷。第二部分是附录"啸乡联语",录存了作者所撰的楹联。诗歌共计203首，几乎全是格律诗。作者曾自言得百数十首，当是第一次五河付印时的数量，后来南京再印，可能又增添了新作。楹联一共35联，其中最后一联其实是一首词《调满江红寄方君晓众》。

从诗题中可以观察，作者经历了很多地方。如《徽祁道中》《过小姑山》《西湖梅》《舟过金陵》《黄山即景》《扬州吊古》《太平寨读戚继光碑记》《徽浙道中》《甲辰过京津杂感》《秋暮登清风岭》《安

图103　2015年12月，《青树纪氏家乘》第十一次重修。纪永贵题签并献序。

东忆金陵兄弟》《游弋矶山西国医院有感》《淮海道中》《清明过杏花村》《苏小墓》《洪都怀古》《太子矶辰饮》《齐山醉歌》《五河八景》《白荡湖舟中醉过口占》《采石吊李白》《彭城杂感》等，清风岭、齐山、杏花村、太子矶为池州景点，其余京津、安东、五河、金陵、杭州、徐州、南昌、黄山、马鞍山、芜湖等地都可与之平生经历相映照。

纪伯吕的诗发语清新，通达晓畅，深得唐诗风韵。律诗在元白之间，如前引五河县欧佩森的诗所言"况复诗同白乐天"，但似比元白深沉，更似刘禹锡和杜牧，于写景状物之间表达人生感慨。绝句颇有王昌龄乐府之风，对仗工整，并擅长楹联。

图 104　2015 年 5 月，纪律（右三）、纪永贵（右二）、纪良发（右一）等族人在青树纪村拜祭纪伯吕先辈墓。

五绝如《春暮》：

　　春来花样新，春去花事了。春风自来去，不管人烦恼。

《清明过杏花村》八首之七：

　　孤客荒村外，停车问酒家。牧童何处是，牛背夕阳斜。

《清明过杏花村》八首之八：

　　小杜风流歇，湖山无主人。只今谁健者，点缀四时新。

此一组诗被民国胡子正（号东溪）收入《杏花村续志》卷中，有小传："纪澹诚，字伯吕，邑人。清诸生，光复后任本邑里四保佐治员。"

律诗如《咏菊八章和胡东溪韵》之六：

　　一霎金风百卉残，幽人惆怅倚雕栏。即今淡宕归山好，未免疏慵入俗难。名字也曾题月令，遭逢何必讳天寒。牡丹到底空颜色，莫怪渊明白眼看。

从前引序言中可知，纪伯吕撰联之才得到时人的认可。所附楹联，用词贴切，意象翻新，创意恰到好处，读来舒意顺口。

武汉黄鹤楼联：

玉笛落梅花，白云知否；琼楼卧仙侣，黄鹤来乎？自注：有吕仙睡像。

安庆大观亭联：

东望石城春，杜牧何之？

故国杏花太零落；

南招彭泽隐，渊明在否？

隔江杨柳要平分。

昭明文选楼联：

百家冠冕何须帝；

六代江山只此楼。

吴刘二公祠联：

肝胆文章成二妙；

死生家国各千秋。

杏花村杜公祠联：

杏雨又经春，过客当年此魂断；

李唐无寸土，荒村终古以诗名。

包公祠联：

两字齐山古；

一笑黄河清。

自注：齐山二字，公所书也

图 105 ［明］沈周《红杏图》。

449

翠微亭联：

> 立马翠微巅，笑我征衣满尘土；
>
> 归鸿黄菊节，与谁携酒看湖山？

挽胡君东溪（即胡子正）联：

> 遗书未订，壶园就荒，后死者责；
>
> 浦水不波，齐山无恙，先生之风。

清末民初，池州（贵池）涌现过不少仁人志士。他们既有旧时代文人的文化修养，又期望融入新时代的崭新生活；既能为地方做些公益事业，又追寻千里求发展，足迹遍神州。有的功世留名，有的中道隐归。

如本文提到的东至县周氏，从周馥于清末发迹之后，子孙成才蔚然成风，遍布政界、商界、实业界、文史学界，卓然成家。如王源瀚、王世鼐父子以及章兆鸿均一时豪俊。如与纪伯吕相交颇深的胡子正，也是民初活跃分子，关心时政，留意文献，编成《杏花村续志》。又如刘瑞芬、刘世珩父子，锐意成名，且不忘乡土，世珩编成《贵池先哲遗书》，功莫大矣。纪伯吕厕身其间，躬逢乱世，起于草莽，奔波大江南北，亲历时世，感慨均载之于笔端。可惜因小灾而铸大难，致倾注其毕生心血的作品焚毁殆尽，实大悲摧。况复 1933 年之后，神州多事，历抗日战争、解放战争、建国大业，纪伯吕个人的命运也当随之起伏，但因文献无征，其后半生究竟如何，竟然湮没不闻！[①] 笔者有幸，得其佚著于偶然间，觉得有责任将其整理发布，既可奇文共赏，又可告慰伯吕宗亲英灵。

（原载《池州社会科学》2014 年第 2 期。）

---

① 纪伯吕原籍贵池县晏塘乡青树纪村，此处也是笔者的祖籍所在。纪伯吕谢世虽早，但而今子孙兴旺。2015 年 5 月，笔者曾到青树纪村进行田野调查，拜祭了纪伯吕的陵墓，并走访了他的后人，对他身后及子孙情况了解颇多。

杏花村诗文新集

纪永贵　著

小　序

　　贵池杏花村所以传世，倚重古人诗文相递也。自唐至今，千百首佳作芬芳摇曳，全不管村花村落早已式微凋零。近三十年间，杏花村复建，前后相续，初成规模。吾因爱花村简朴，既乐研磨文献，更喜身临其境。有司于是相邀，乃染指其事，曰"顾问"云云。

　　学术研究意在求真，然学术岂可远离现实也。杏花村本为实物，可毁可生。近年杏花村复建，颇多与之。于求真之余，应对所感，偶为之操持些文学、规划篇章，有文有赋，有诗有词，有对联，有说辞，有构想。难说佳什，意在绎美。于求真眼目看，乃附丽之物；于求美心境观，实主旨所在。若干年后，论说或同嚼蜡，诗文仍可光鲜。循此信念，乃不谓诗文为多余者也。

　　杏花村一俟动静，余心亦动也，手亦痒也。则于无人处，孤往冥行；无论公干，抑或私交；托物言志，借景抒情；削篇制章，日久成册。今漫选若干附后，得三十余题近百章，约二万言。吾本草民，开口无文，然何妨借此略观村落风情耳。

2018 年 5 月

目　录

《杏花村志》重印序

腊尽春回，盛世启筑梦大业；杏萌蕊动，池阳绪复建新篇。欣逢马年之首，有司制春耕大典，海内外宾客，欢聚杏花村邑。兴山水之野趣，观农事之古朴，群村醪之醇味，怨盛典之难再。当此之际，雅敬缥缃，乐开箱帙，特重温康熙之旧籍，亦同奏民国之新声。

邑人郎遂纂《杏花村志》，积十一年之功，广罗穷蒐，纸墨托枣，得十二卷，地理人物，诗文传奇，靡不毕至。一册在手，可以洞观千载，对语文宗。民国初立，邑人胡子正，独游西郊，见残垣断壁，花树萧森；铁佛寸丁，盛况影绰，乃退而作《杏花村续志》三卷。远绍郎氏遗墨，近集高人咏叹，简册虽短，意味深长。郎胡二乡贤，因爱杏花妖娆，惜遗千古佳什，遂令吾曹得尽览前朝之文脉，同沐杏花之风烟。民国以降，村志几失传，花村难再觅。又有邑佳公子南山刘世珩君，虽身在他乡，心系故里；铢积寸累，收获不菲。于民国八年校辑重印《贵池先哲遗书》合三十一种，中有郎志焉。从此杏花村志书传天下，世人乃不忘贵池西郊，原为杜司勋《清明》之渊薮，天下杏花村之正宗。

于今，时光又及百载，世态多起风雨，杏花几度凋零。上世纪末以来，池人怀旧之情忽炽，追香之意如昨，乃于西门外几度复建，屋舍俨然，然殆不如意矣！

壬辰春，梦由中起，令自上下；群情激奋，挥拳描画；展复建杏花村之蓝图，制开发西门外之规划。山川延拓三十里，建期只许近十年。

一言既出，四至腾腾；共襄群理，机声隆隆。癸巳冬月，北大门景区初成，古木参天，生意盎然；亭台飞立，风采婉然；小桥流水，曲径幽然。四海商贾云集，项目已签十数；八方游客难耐，驴友顺风一路。正值甲午开张，群贤毕至，众口交誉。赏杏花，饮佳酿，读诗文，品乡腔，于风雅之余，奉上新印杏花村二志馈客，古意不减，墨香犹浓。噫嘻！简册无非一纸，文意可传千秋，图画堪记古迹，杏花独放光芒。要之，不过三年五载，烟村数十里可成；定有万户千家，游踪百十年仍在。

至此，则杏花村果可游乎？曰：可也！盖仕途经济、商海学海之众，身疲而心乏，寄情山水，回归田园，乃不可弃之志也。杏花村里，村花村酒，可一临多赏；农事耕作，可亲力亲为；闲情逸致，可常葆常新；渔隐樵居，可偶扮偶乔；诗情雅兴，可因人因事。既有此醉人之乡，何不暂抛凡尘、弃俗务、乘骏马、追清风。此地有杏花村十二景，春有茶田麦浪，冬有梅洲晓雪；夏有白浦荷风，秋有桑柘丹枫。直令人流连忘返，又何妨乐不思蜀！

若欲得杏花村之真谛，于想往未至之时、身临其境之间，可手持村志，开卷即有所益，思接千载；释卷定难忘怀，意有无穷。既如此，则何不脱胎换骨，洗尽铅华，驱车放犊，扶老携幼，来杏花村走一遭哉！

甲午上元日槐下识。

（2014年2月，为池州市杏花村文化旅游区重印《杏花村志》作。）

贵池杏花村赋

　　大江横流，秋浦纵贯；水约池口，夹此陂岸。山蜿蜒而南走，流迤逦而西漫。于是秀山门外孤村起，三台山下酒旗乱。远迩不过里许，市井趋趋；春秋已积百代，骚客窜窜。村分东西南北中，景珠星散；时跨唐宋元明清，史书牛汗。冬寂寂梅飞雪舞，春阗阗花开山烂。雨打清明，红落万瓣；酒涌井泉，鬼愁千叹。流连忘返，信口笔赞。百卉齐放，独钟杏案。无村可比，今古一判。此乃贵池杏花村是也。

　　有野居张生者，隐荒村，结茅庐；衣荆蕙，食泥鱼；观四花，饮醪屠。常挂杖于板桥，偶赊酒于丘墟。初春日，于北村口红墙下，因遇兰台馆槐下先生。衣猎猎如麻裾，须飘飘如碎书。口渴若狂，急欲宽舒。乃问酒于张生曰："村旷舍余，人穷车徐；未见酒瓮，花村何据？"张生曰："先生差矣！吾村虽鄙，山水俱匹；炊烟几缕，糟酒常储。先生鼠目獐脑，不究乡土；井蛙河伯，靡知有初。吾不与也。"槐下喟然而叹曰："村不出掌，酒不闻涂。风物岂可观焉？愿闻其详！"

　　张生于是渺渺于于曰："吾村曰杏花村。春气乍起，花讯喧嚣；久远无稽，但闻近谣。村分五爿，山框水条。村中三台乔，村南春波骄，村北江水潦，村东护城壕，村西秋浦潮。村中者，湖山宜远眺，虎山可近踞，钵顶山跑马枪挑。芙蓉岭风泠泠，西湘湖水迢迢。茶田岭绿翠，清凉境逍遥。有陆舫之虚境，净林之真坳。湖山堂琴悠悠，乘云斋意飘飘。窥园专违圣人志，焕园不过野人樵。演武场刀光剑影，关帝庙蝶梦英豪。乾明寺原称光孝，铁佛化于烟销；郭西院诗赞伍乔，禅音寂于空号。西峰笛铁声消，怀杜轩遗址杳。更有那圣母桥下春波绿，已无管氏影劳劳，不见游氏心操操。善行通大道，村郭乐陶陶。村南者，春则水涨平天，极目远山横箫；夏则风拂荷浦，俯首轻舟采苗。云霭霭兮护岸，香润润兮撑篙。黄公清泉石，沉醉共飘摇。村北者，山回路绕，林深虎啸。宝地僧先占，灵气人烟邈。庵有三台西隐也罢了，师修尼僧含融四明高。桑柘门，丹枫烧。谢瘫子忽起立，觉源师圆寂了。村东者，秀山门高风飚，护城河红叶漂。秋浦楼移旧址，芙蓉塘依吊桥。邑令起坛曰社稷，便于春秋之祭；相国遗堂名永怀，意在文气之标。自西草堂花满径，半亩园地垢离遥。贡院明堂阔，举子书业辽。村西者，杜湖一片烟波渺，见几个渔人遁逃；昭明千载文气豪，助无数书虫富饶。秦公祠无人理，寓思亭栖飞鸟。独喜那江间一点梅林洲，花飞雪晓，有神女梦来娇。只见那秋浦河泛孤舟，原来是杜荀鹤恁折腰。村居西郊。东可见楼台门高，市井嘈嘈；南可眺齐山岩焦，云水滔滔；北可揖当今圣朝，京华遥遥；西可望平野蓬蒿，百姓昭昭。春盛时红杏喷火，云蒸霞燎；烟柳间酒气如潮，文漓武浇。何处有此村？何村比风骚？故先生不可与也。"

槐下再拜曰："村风如此纯如，君知其源乎？"张生曰："仆居村久矣，耳濡目染仅此。但不知千载之上，花村所自。先生既通史籍，何不为言一二？则愿洗耳也。"槐下施礼道："诺！"

槐下于是侃侃徐徐曰："天下名村多矣！村因杏得名，亦深可把玩也。古有杏坛、杏园、杏林诸名目，近出春意闹、出墙来之诗意。然杏花村初起，非为定名，不过诗人信口开河之唾余。唐有许浑、薛能、温飞卿三子者诗偶出。或南或北，忽东忽西，止率性所咏耳。宋后始为大观也。苏东坡劝农曾入村，先开其势；周美成酒旗渔市词，继为关说。徽宗图画境，白傅朱陈事。清明一绝，初出孝宗世；杜牧归名，首开千家诗。戏曲沽酒必此村，小说言醉皆成例。然诗词一道，虚实相继；花村何指，殊无常地。自宋而下，纷纭相替。金陵胡讹，杏村鹊起；徐州黄州，互不相隶。名实均未符，酒香常不济。洪武贵池，千古一第；郎氏谱牒，所载历历。嘉靖府志，风物连缀；沈昌一唱，烟村壮丽。秀山门外里短，杏花村中景细。唐造天时，池选地利；牧之人和，诗酒相契。歌咏不绝于口，诗文哀积成帙。康熙间，邑人郎遂，闭门十一载，修志十二题。村史从此备矣。入四库，享独例；天下村，集一艺。年深日久，花凋村朽；风吹雨打，墙倾户扭。民国四载，胡子正游西郊，仅见残垣断础；民国八年，刘世珩觅重印，有赖积年奔走。续志累册，再版世有。百年又去也，杏花零落成泥，村庄满目良莠。既无风雅，诗酒何守？"

问答未已，适有丽人驱车翩然而至。腰袅袅兮嘲弱柳，步婀娜兮惹行云。发飘飘兮墨瀑，笑倩倩兮微曛。行至红墙，听二人口角，因问："先生何故争执？"二人惊问道："仙姑何来？"女史曰："吾乃沙湖宫文刀女史，云游四方。闻花信风第十一将至，特来养眼。"张生不解问："何为沙湖宫？"女史不屑道："沙湖者，水清沙白，飞鸟往还，风光之渊薮也。无论汉沙湖、池沙湖，不分内沙湖、白沙湖。吾所见者，唯杏花村可以一匹。"槐下献疑道："何谓文刀女史？"女史冷笑道："文刀者，文人椽笔如刀。天下名胜，一经诗文，便成镌刻，其名不胫而走者也。因名焉。"二人同声曰："吾侪略知今古，汝所谓杏花村者，何也？"女史正色道："吾师何太愚耶！尔等所称者，不过野史。景点文物，均属既往；破刹腐槛，无可观者。今杏花村复建，如火如荼。新花旧果，均纳其中。尔等不必怀旧，但赏新枝。"二人唯唯诺诺，退步相请道："愿听仙姑细表。"

女史于是消消停停曰："余所知者，不过尔尔；余所盼者，锐意楚楚。杏花村复建，可溯三十载；得其要妙者，惟近十余年；成就斐然也，只在眼睫前。概念先行，街巷连绵；商业后发，以偏概全。有司复振兴，西门战旗悬。南侵涓桥水，西对舞鸢川。两地才济济，言路不落筌。时不过三秋，景致天然；地仅开八平，路入心田。北村口红墙泥古，九杏坛绿帐果鲜。东有廊桥遗梦，西有杏花流泉。村口巨石阵，媲美不列颠。倚石西望，一派风烟！白浦渡人潮涌，黄花畈蜂阵旋。梅谢香熏后，桃开雨润前。绽杏色如染，游人兴欲癫。月季蔷薇红点缀，茶田麦浪绿遗篇。十里路纽八字，十里桥锁腰怜。水如匹练一线牵，见惯了烟波画船；花如锦绣铺满园，可堪那席地幕天。焕园草萋萋，曾证当年夤夜编；会桥隔岸立，可待今生一见缘。梅洲晓雪书声琅，国学馆娃心在焉。夭桃果熟甘秾酽，丹枫叶落舞蹁跹。樱花路锁绯雾，西湘湖醉雨烟。窥园堂东望，钵盂山西卷。池可窥龙，井可窥天。憩园茶香远，花树当帘；五谷堂具旧，农俗正闲。秋浦河呼钓友，百杏园聚杏仙。说不完芳草鲜美，看不尽过客悠然。距城市数里，洗风尘一阡。去心烦可立竿见影，得妙趣仅轻舟一扁。先生好古，不如好色。好古尘埃厚，好色花叶娟；好古不可返，好色景比肩；好古徒羡酒，好色口流涎。前方有新辟牧童酒家一枚，拟同去消渴解愁，再论前景，可乎？"

二人听得入神，口涎长垂，闻提此语，如听仙乐，急应声道："正合吾意也！"于是三人论庚排座次，相揖入酒垆。迎客牧童持佳酿，飘香十里醉春风。但不知三人醉意何如，所论何事。只见那，酒旗当风，门帘重闭；深谈隽语，都成虚契。正是：躲进小楼留迷障，打开青史待春回！

（原载于《池州日报·杏花村副刊》，2016 年 5 月 13 日。）

七绝·杏花村六题

杜牧新诗万口扬，狡童何事指芬芳？

千村万落花多少，咏到娇红始断肠。

城西花鸟护清幽，北有高台东有楼。

莫道杜湖湖水浅，百零五处最销愁！

村落风流数杏花，骚人墨客竞豪奢。

千言万语娇柔态，不敌清明一酒家。

零落残花谁记年？郎胡村志尽堪传。

画图历历池阳地，不让汾阳半步田！

一村风物醉千年，万树飞花香满园。

惊起红尘三十里，纷纷车马向谁边？

百年无处觅芳踪，不见杏花见楚容。

忽报大军屯十里，漫山遍野战旗红！

（《文化贵池：杏花村》每章结尾诗，黄山书社，2014年3月。）

七绝·杏花村相逢行六首^①

秋浦相逢某与刘，几回交分两绸缪。

一来二往无穷意，困煞心猿意马猴。

有女怀春舒脱姿，降于孝感巧于丝。

自经武汉风霜后，便待池州熟透时。

---

① 丙申初春，余与友人商略杏花村文事，相聚于杏花村景区"牧之酒家"，相
谈甚欢。因作诗数首以记其盛，诸君和之。《相逢行》为古乐府旧题。唐白
居易忆刘禹锡诗："四海齐名白与刘，百年交分两绸缪。"借用之。
刘一涵（莉）君和诗四首："千载诗乡已醉刘，才卿邀聚为绸缪。辉煌同赴
程门意，前世千修赛美猴。""平凡小女欠仙姿，只为伊人醉已痴。秋浦盛名
三君子，为情为义共投时。""满腹经纶文笔雅，惊天泣鬼妙生华。文思荟萃
如珠语，堪比当年几大家。""桃红柳绿闹春时，欲睹杏村饮醉姿。学富五车
君有意，纵横天下共吟诗。"
尹文汉君和诗四首："幸遇胡张与纪刘，黄公狂醉不绸缪。夜深犹恨千杯少，
翌午微醺谁属猴？""风华绝代露仙姿，楚丽西来皖客痴。三月春风拂江左，
飞红恰是杏花时。""景胜池州人亦雅，几番宴友数张华。忘分主客齐推盏，
醉步高低不记家。""江南美景醉人时，倜傥当携绰约姿。把酒城西花盛处，
同邀风月共吟诗。"
张华君和诗四首："美若天仙孝感刘，诗人多梦欲相缪。奈何寤寐难如意，
衣带渐宽成瘦猴。""丝柳垂绿曼妙姿，红颜微醉纪公痴。情诗四首难全意，
且待枝头春闹时。""黛眉星目自清雅，枯座欣逢萼绿华。莫道羊权时运好，
如今我也遇仙家。""春涨平天微醉时，枝头红杏孕芳姿。风光无限江山好，
且把香樽共赋诗。"

465

池州方物足风雅，既占高铁又九华。

敢问如何生意盛？原来荆楚一儒家。

又是春深佳节时，小桃无主醉芳姿。

今年不比去年意，红杏偷开早赋诗。

路遇仙姬胜旧眉，凌云壮志度艰危。

杏花村里开千树，槐下牵牛更待谁？

樱树结香谁打结？猩红数点伴书柔。

更有行人青白眼，摘得风花雪月筹。

（2016 年 3 月 2 日作，编入《槐下杂吟》。）

七绝·杏花天和友人早跑诗二首①

春光如画丽人行，花草含情朝气新。

莫道早跑侵好梦，芳心赢得汗盈盈。

杏花村里可同行，如幕柳烟色色新。

敢问西湘樱雪阵，可与武大比盈盈！

（2016年3月18日作，编入《槐下杂吟》。）

---

① 刘一涵君早跑赋诗发微信："雾锁平天独自行，欣闻四野溢清新。寻踪踏迹
春光好，花仙吐露舞轻盈。"吾和之。张华君跟帖："无限春光莫独行，杏花
村里四时新。偷闲结伴西湘路，红紫千般绿草盈。"吾再和之。张生续跟："春
风十里盼同行，共享诗村柳色新。美景千般人各赏，天青云淡自盈盈。"可
与武大比盈盈，谓刘君毕业于武汉大学。武大以樱花著称，杏花村在西湘湖
西岸也植有成片樱花树。

七绝·杏花村今贤十二咏

小序：贵池杏花村古矣，然复建稍迟。三十年前至今，多方用力，村境初备。乃选杏花村复建参与且吾所知者十二贤咏之。无意排序，率性而歌，不必对号，所谓假作真时真亦假也。因相与者甚夥，他日续咏之可也。

三十年前旧诤臣，杏园复植第一人。
而今几度开生面，身老沧洲垂渭纶。

今古花村两浙人，欧华慧眼买西邻。
一园一井风烟起，赢得官司步后尘。

青清净静亲轻境，佳句天成意属谁？
千载都无陈手笔，江村秋水接城陲。

殷殷厚意灿然时，受命荒郊鬓有丝。
西狩东巡无昼夜，几番风雨杏花知！

声似洪钟身似峰，纵横捭阖动如风。
指点新编群芳谱，原来政法一蓑翁。

涓桥赤子起唐田，大任斯人红杏园。
多少芬芳亲点缀，纶音伤哑待修原。

中道梅村转杏村，儒风诗酒赛张生。
上传下达穿针线，和顺官风得盛名。

牧童醉醒千年后，玉骨冰肌化美颜。
先市后区勤打理，杏花园艺数君娴。

西隅罗敷不采桑，爱拥笔墨亦华妆。
一枝红杏秋千下，独向斜阳话短章。

潇湘才子皖风吹，修得禅机文字师。
莫道九华山水秀，杏花诗社立根基。

书画名家先得月，解颐还借摄图机。
故纸堆中寻旧志，欣然捧出浣新衣。

遇罢天仙遇杏仙，杏仙秋浦散花笺。
杜郎误闯千年后，槐下新词十二篇。

（2016 年 3 月 18 日，为杏花村诗会而作，编入《杏花村诗词》。）

七绝 · "品味杏花村"有感①

文化池州第一回，群英聚会花为媒。

风光占尽座中客，幕后岂无将帅才！

（2016年3月18日作，编入《槐下杂吟》。）

---

① 2016年3月18日，池州市举办、杏花村文化旅游区承办的"品味杏花村"
文化大讲堂，特邀赵普、纪连海、宋英杰同台讲座。吾受邀与之文化互动。

七绝·题杏花村"红墙照壁"三首

出墙红杏已千年，更向新村忆旧篇。

春色满园何须闭，风骚正欲展嫣然。

荒草泥墙一片红，花枝欲燃掩朦胧。

帅哥靓妹都无视，终日只成背景风。

新墙旧恨照青枝，多少笙歌眼底吹。

人去台空花满地，村官村酒几人持？

（原载于《池州日报·杏花村副刊》，2016年4月1日。）

七绝·和杏花村官《别贵池》①

正是山花烂漫时，花村刺史别清池。

莫愁前路无知已，早有佛光照幕帷。

（2016年4月10日作，编入《槐下杂吟》。）

---

① 杏花村官：洪克峰（1975—），贵池涓桥人，吾同乡也。原贵池区委常委、
区政法委书记，分管杏花村文化旅游区建设。性豪爽，复建杏花村，出力颇多。
2016年4月调任青阳县委常委、副县长。青阳县与九华山毗邻。曾在微信发
表《别贵池》："盛日秋浦斗芳菲，春风十里别贵池。十载风雨情未尽，此去
经年谁人知。"吾和之。

七绝 · 杏花村又见二十醉①

又见珊瑚惊似玉，两汪秋水美人虞。
并肩衣袂飘飘举，疑是前身醉白狐。

又见摇摇白玉兰，盈盈笑脸晚风凉。
感君尽释前嫌意，惭愧当时醉荒唐。

又见香肩白纻麻，青丝蓝染玉为纱。
劝君更尽一杯水，醉倒无言青眼斜。

又见相期半月长，恍如隔世醉时光。
断肠已是平常事，我著新裁皇帝装。

又见全无联络筹，绝情斩断几根愁。
少年心事老来醉，音信都成单箭头。

又见无声心颤然，千言万诉醉衷肠。
朝朝问讯凭微信，夜夜轻歌寄短章。

---

① 拟古诗。每首篏一"醉"字。

又见相思不许狂，伊人劝酒我慌张。
今生有梦无缘醉，咫尺天涯遗恨长。

又见今生第六回，相逢两月欠七枚。
若无前次黄昏醉，岂有相思一片灰！

又见不知下一章，高潮未醉到末行。
多情故事浑相似，结束匆忙避两伤。

又见知其不可为，仙风道骨醉离离。
君言扑火飞蛾喻，我道磁针吸铁宜。

又见空空两手泥，爱河清水洗画皮。
原形丑陋心干净，若个仙姝醉眼随？

又见手机相挨近，绝交微信比邻存。
负君只在删除键，了断尘根醉闭门。

又见柔情如浪翻，春花醉树照枝繁。
夜深为我翩翩唱，寂寞成君美丽源。

又见叹君果敢尤，一声决断不回头。
纤纤背影娇柔醉，猎猎风姿主意稠。

又见诗情如火焚，牵牛健笔醉凌云。

原来文意无滋味，从此新篇只为君。

又见今生难再见，一支插曲醉春回。

本无鄂皖相通道，孝感天仙误彩排。

又见再无行止图，东西南北语相扶。

平安闪烁一红豆，心系沙湖醉钓徒。

又见春愁似海深，花开花落醉成荫。

老槐从此无新叶，茉莉芬芳有梦侵。

又见相知近一层，无言相顾意相承。

劫波未渡人相远，多少新诗醉孤灯。

又见心怀难理愁，无边风月晚图谋。

君心一片温差色，醉望长天最尽头。

（2016 年 4 月 14 日作，编入《槐下杂吟》。）

七绝·杏花落五首

一波才动万波随，原是庸人自扰之。
白发新添三两点，青春何事误回追。

殊途同道因春遇，春去春回春梦归。
一自读君心海岳，人间无处觅芳菲。

春花照水自妖娆，辛苦遭逢锻柳腰。
何事离情如飘落，此身孤独夜冰消。

眉飞色舞闹春时，花落全无橄榄枝。
唯借一株微信果，晨昏更待百千窥。

多少轻言细语稠，都随春去不回眸。
一团花絮迷离眼，只留背影莫留愁。
（2016 年 4 月 29 日作，编入《槐下杂吟》。）

七绝·咏桑柘丹枫

故纸堆中揉花眼，红衫袅袅袭胸襟。

挥之不去亭亭立，相隔无垠枫树林。

（2016年8月2日作，编入《槐下杂吟》。）

七绝·咏花卉审美文化丛书二十首[①]

一

千古寒梅一缕魂，顶风立雪树程门。

百花园里春常在，著作纷纷待细论。

二

大国泱泱富贵风，姚黄魏紫万千丛。

阿谁识得其中味？付与青梅便不同。

三

唐香宋蕊费评章，白菜萝卜口味忙。

更有兰荷携菊桂，国花定夺拜程堂。

四

驿外断桥碾作尘，山花烂漫务迎春。

清风傲骨一枝雪，笔下波澜是后身。

五

叮当高唱红小兵，二月枝头春意盈。

槐下相逢同彩笔，杏花村酿杏花耕。

---

① 本丛书共 20 册。第一首为总序诗，然后依次各册一首（可对照本书封底书目次序），其中第 13、14 两册竹文化合吟一首，共 20 首。诗序号与书序号非能一一对应也。所有作者、所有花卉均纳其中。

六

王母仙桃不染尘，陶公痴梦万年春。

问渠那得芳如许？一朵红颜出东邻。

七

朱者水仙雷者梨，花开宇静任群迷。

风姿绰约香无限，茉莉微醺自品题。

八

芍药赠之功夫绢，无双春睡海棠奢。

茶花开得红如火，不是培华即振华。

九

苒苒芭蕉绿茑萝，芳丛徐步惹微波。

榴花照眼期多子，郭外青枝慧眼娥。

十

陶令化身今子张，塞北江南俱耐寒。

月桂吴刚斫不去，护花使者董牛郎。

十一

绛珠仙子花朝降，从此诸钗秀满园。

远嫁探春何帆送？落花时节悦枝繁。

十二

一树婷婷满眼青，心存恒志王家丁。

晓风玉露钟情甚，纸帐梅花递远馨。

十三

花谢花飞舞大观，花开花落两随园。

春风不改旧时意，满纸俞香俞顺言。

十四

王者三毛竹海狂，凌风高节及鞭长。

凤尾森森诗书画，龙吟细细板桥霜。

十五

百草园中百草堂，荒年救命富年香。

蓬蒿味苦羞芦笋，文俊诗余梅倩妆。

十六

槐下仙凡情自殊，桑间濮上走狂夫。

香樟委屈行道树，枫叶轻佻醉眼朱。

十七

松柏苍苍杨柳垂，刚柔相济各张驰。

颖心解破千年意，石口析开离别词。

十八

红叶题诗春意浓，秋风不弃老梧桐。

夜深细雨临窗打，问是校书第几重？

十九

唐花宋草古今同，绿叶青枝意未穷。

关心此物晨星少，润色宏辞耳目聪。

二十

南方草木状灿然，晋代物华成伟篇。

茂树浓阴遮蔽日，热风吹雨绕枝旋。

(2016 年 9 月 24 日作，编入《槐下杂吟》。)

480

五绝·杏坛夜语

杏坛衾夜鼓，高见纷纭吐。

一篇百衲文，花树婆娑舞。

（2016 年 9 月 17 日作，编入《槐下杂吟》。）

五律·咏杏花村①

岁月本无迹，流光不驻颜。

诗传青杏小，花谢牧童闲。

利碌从来正，风骚自古顽。

村人浑指点，金梦一何艰！

（2007 年 3 月 28 日作，编入《槐下杂吟》。）

---

① 这是自创中篇小说《杏花村难题》的开篇诗，小说尚未完稿。

七律·拟《如果》赠牧童①

如果来生还有缘，应该相遇在村前。

牙琴汲水黄公井，槐鬼耕山红杏田。

你扮牧童吹短笛，我追行客赋孤篇。

千年故事无重版，遥望牵牛走毅然。

(2013 年 4 月 10 日作，编入《槐下杂吟》。)

---

① 这是一首拟网友彭莫《如果》的诗。原作："如果来生还有缘，应该相遇在
深山。野花摇摆说风过，青草连绵趁路弯。我正打柴刀握手，你来采药篓背肩。
尘封记忆苏醒了，就在相看一瞬间。"牙琴，伯牙鼓琴。槐鬼耕山，用董奉
杏林之典。

七律 · 宏村寄杏花村二首①

因人远隔碧山头，春到宏村意未酬。

早候乡风终日误，暮听花信几番愁。

重操旧业呼鸿雁，晚谱新声奏好述。

急板行腔慌走调，一泓浓墨避轻浮。

泥牛入海是常规，忽报飞鸿款款随。

旧雨欣翻刘郎幕，寒风惊卷莉娘帷。

满腔愁绪同抛却，几缕烟花正解颐。

君子之交如淡水，天涯从此莫相疑。

（2016 年 4 月 3 日作，编入《槐下杂吟》。）

_____

① 时在徽州宏村，携学生写生半月。

七律·黄公酒垆忆旧二首

记得黄昏黄酒肆，开春天气紫毛衣。

互称旧识惊初见，相问新朋叹久违。

发语心通心颤颤，举杯意爽意非非。

建群加我鹅微信，紧握轻柔痛手归。

一见知君欲断肠，挨肩细语倍慌张。

每逢敬酒齐眉望，偶遇余光举案狂。

久别重逢时恨短，近邀再聚夜嫌长。

出门持有君微信，便觉前身笏满床。

（2016年5月作，编入《槐下杂吟》。）①

---

① "鹅微信"：其时，网上流传两只家鹅生离死别的照片，于是建一个微信群"鹅愿意"。

七律·杏花村怀母①

二十芳华得贱儿，初生两齿乳惊疑。

十年五子何憔悴，四季无衣自纺丝。

女嫁儿飞留故里，问多陪少伴新医。

满头白发模糊眼，不信青春无雪肌！

（2016 年 5 月 8 日作，编入《槐下杂吟》。）

---

① 2016 年"母亲节"当天，身在杏花村公干。电话问讯老母而身不至，特作
  诗一首。束冠以来，情诗不计数，为母仅此篇。初生两齿：吾初生已长两颗
  乳牙，家人以为不祥。

七律·杏花村签约有感

可叹相逢名利场，轻描淡写代寒喧。

开篇白手诚多谢，私问红茶味几番？

照影权充时日短，签名谋划往来繁。

并肩就在须臾后，君自娇娜我自轩。

(2016 年 5 月 9 日作，编入《槐下杂吟》。)

七律·咏《贵池杏花村赋》文刀女史①

世上本无文刀史，杏花村赋始知名。

丽人因梦驱车至，槐下寻愁载笔行。

茉莉园花抛盛季，沙湖宫禁锁深情。

如何点化心疑虑，一体相融转至诚。

（2016 年 5 月 16 日作，编入《槐下杂吟》。）

---

① 文刀女史，为前文《贵池杏花村赋》中虚拟的人物。

七律·和杏花村友人《源溪诗》①

梅村梅岭梅街镇，傩祭傩仪傩戏题。

文武曰瑛兼曰玮，友朋棠棣并棠溪。

西山远望餐霞色，南曲追听醉烂泥。

村前社树围神伞，烟火年年万众迷。

(2016年6月2日作，编入《槐下杂吟》。)

---

① 杏花村友人：张华（1974—），贵池人，杏花村管委会副主任，池州市杏花村诗社副社长，诗人。张华《源溪诗》："峡谷徐村性所怡，石门翠野旧仙题。晴游苦岭接黄岭，雨戏源溪并缟溪。无事携壶斟玉露，有朋提笔醮花泥。红尘咫尺诗心外，一枕茶香醉梦迷。"源溪在贵池梅街镇，山水绝佳，是贵池傩文化传承的核心区域。

七言歌行 · 杏花村端午龙舟赛二首

七律

五月端阳风正暖，杏花村路杏初黄。

群龙恐后千波起，一马当先百棹狂。

攘攘桥头人欲堕，熙熙渡口鸟惊慌。

陈年盛事重开首，空巷倾巢祭楚湘。

七言歌行

五月晴空风正暖，杏花村路麦初黄。

游人如织观花客，但见草木比琳琅。

静极生动欲体悟，晨昏散步晚风凉。

忽闻龙舟嘉年华，紧锣密鼓备仓皇。

小城盼盼风泪眼，微信滚滚鬼打墙。

寻声暗问谋者谁？杏花村荡主战场。

有司谋划齐推动，新番佳节美名扬。

更待麟云加速影，强强联手共协商。

中有伊人字一涵，春衫飘逸勇担当。

可与蓝莲结智慧，可融茉莉浸芬芳。

援手有力亲指点，举目无匹自丈量。

画图熟透胸中竹，广告早登百姓堂。

湖下花船龙戏水，街上花车凤求凰。

千头万绪绕指柔，两肋插刀百炼钢。

前夜雨丝惊云翳，定当至诚感龙王。

一通今古盛筵立，端午只待大开场。

六月六日云雾散，天清气朗山水静。

人如槐蚁聚西郊，车似垒卵叠东境。

女子尽晒江南魂，男儿不修边幅领。

老叟健步返童颜，稚子飞奔渺无影。

行行不得到湖边，数里路绕如肠梗。

湖边人已染红山，龙船待发齐比并。

错落沿湖客涌潮，呼声直上干云霄。

所围水面分航道，白浦湖到十里桥。

涣园立起舞台阵，节目番新花眼撩。

大汉编钟奏古韵，雕虫沙画领风骚。

诗人自诵无穷意，汉服乱真醉尔曹。

人海人山叠层舞，引领翘足乐逍遥。

聚焦湖面已久待，船如弦箭齐屏息。

龙舟组成十六队，既有乡镇又杂色。

队队健儿鱼贯出，中流击水天地黑。

（2016 年 6 月 9—11 日，贵池杏花村与安徽麟云文化传媒有限公司合作举办了声势浩大的龙舟嘉年华活动。余特为之作诗二首，歌行体未完稿。编入《杏花村诗词》。）

七律·盛夏忆杏花

毒日横空销岁月，清凉书屋理残篇。

忽惊红杏花成巚，空见蓝莲影自怜。

江汉水淹仙女顾，沙湖鱼钓太公眠。

别来恨不相逢未，却忆双眉笑莞然。

（2016年7月28日作，编入《槐下杂吟》。）

七律 · 丙申中秋怀杏花四首

其一

一丛芳树花枝乱，识得清香误几回。

眉黛模糊因稀见，心声嘹唳惜偶陪。

春风冷割沧桑面，秋雨愁摔沉痛杯。

短梦来侵非有意，苍天何必戏冬雷。

其二

惊鸿一瞥血贲张，素手低眉茶艺颜。

秋意浓浓白绨恤，春香袅袅紫钗鬘。

心思满脸玲珑俊，身正双肩剔透娴。

忽见无名添戒指，青丝盘起为谁还？

其三

秋风乍起结新朋，一树黄花香几重。

气场无边无缘识，杯中有量有情同。

逃名千里违黄鹤，望月孤楼织彩虹。

莫道走心长夜饮，修身只在内从容。

其四

为我期君充信使，秋香欲寄镜中人。

难言私事从无问，可道真情应自陈。

简历多舛知天命，初心有爱恨纯真。

回头不易脚磨破，画饼中秋献至亲。

（2016 年 9 月 15 日作，编入《槐下杂吟》。）

494

七律·重阳买菊忆杏花二首

散步街头沐暖阳，秋风卷叶撞高墙。

寻花只有黄丝带，买醉莫如绿翠郎。

仰面争承窗外露，张牙狠咬夜来霜。

书房新友浑无事，坐待清芳治内伤。

秋气袭人搅内伤，春花只剩画中妆。

茫茫尘海从无遇，脉脉斜晖自带香。

肠断村头黄酒肆，诗成夜半黑甜乡。

暂将丛菊当红杏，莫忆东邻刘二娘。

（2016年10月10日作，编入《槐下杂吟》。）

七律·秋思杏花二首

静夜孤灯别样明，翻箱倒柜觅回程。

城东溪水森桥印，湖北清风宝马营。

曾寄表情包早晚，未留微信号阴晴。

春花自在心头艳，一片秋思徒有名。

别后东风无信痕，齐山征雁已临门。

红茶暖胃君须记，绿蚁伤肝我未论。

暗想花容生此恨，空追足响绕斯村。

静心养悟情安否？夜半秋思体更温。

（2016 年 10 月 16 日作，编入《槐下杂吟》。）

七律·夜品红茶思红杏二首

红楼夜读品红茶，红袖添香忆杏花。

曾寄短笺期暖胃，待收长物许磨牙。

精思细焙诗当酒，洞悟穷参禅作裟。

回首烟尘遮望眼，于今堪贺五云车。

雁字权修七彩桥，渡君顿悟不眠宵。

青山嘉木无穷绿，红叶清汤偶聚焦。

心在旅途求妙静，身归尘网莫飘摇。

一六之年一路顺，功成尾号及门寮。

(2016 年 12 月 27 日作，编入《槐下杂吟》。)①

---

① 一六之年，即 2016 年。功成尾号及门寮，谓手机尾号与门楼号均含 "16"
或 "6"。

水调歌头·咏杏花村

杜牧刺秋浦，郊外览孤村。清明时节魂断，醉雨吐唐音。从此狂歌传唱，两宋元明清后，和作尽纯真。郎遂撰村志，一网打氤氲。井荒废，花零落，酒无醇。邑人有梦，复建环堵买芳邻。已造公园两所，正待开张新境，三十里通神。山水画长卷，何处不关春。

（2014年3月，和尹文汉《游杏花村》[1]，用其韵。编入《杏花村诗词》。）

---

[1] 尹文汉（1975—），湖南人，池州学院法学院教授，诗人。池州市杏花村诗社社长，九华山佛文化研究中心主任。尹文汉原玉："山色总如画，千古一诗村。杏花十里红遍，曲径听琴音。徐步林荫篱下，多少流连忘返，斯境幻还真。流水转幽谷，鸟语趁清氛。　风初起，酒旗动，是香醇。依然古井，犹记当年谁与邻？刺史寒屐芒杖，留下清明绝唱，杯醪寄精神。从此江南岸，岁岁竞吟春。"

喝火令·杏花村诗会和多多①

　　渺渺须眉汉，多多九尾狐。皖风徽韵一钗儒。漱玉乐章疏影，宋调总莫如。　　萃锦风姿逸，裁文隽语舒。墨香花气醉于于。品尔新词，品尔旧情书。品尔剑心柔媚，捻断数茎须。

（2014 年 4 月 1 日作，编入《槐下杂吟》。）

---

① 多多，合肥女诗人，诗才极高，格律精细，造语古雅，达情深窈。吾见
　其于杏花村诗会。其原玉《喝火令·新正题赠秋水诗社十二钗》："脉脉梅
　香软，堤堤柳线乌。倒春寒色裹银襦。若个拔凉清绝，若个动人乎。　韵
　致千秋岁，兰心一斛珠。雪笺裁做白芙蕖。不羡林妻，不羡俏罗敷。不羡
　寿阳公主，十二美灵狐。"多多诗词博客网址：http://blog.sina.com.cn/
　u/1548460122.

临江仙·杏园自叹二首

春 叹

乍暖还寒侵彻骨，消停几度春袍。玉兰花发白妖娆。卅年寒暑路，最短是蓝桥。　　琴瑟未调天已晚，青心难耐秋毫。杏园颜色半枯焦。牵牛驱梦泽，槐下月如刀。

冬 叹

腊八浓阴飞片雪，应酬夜半归家。清香扑面一盆花。枯枝如塑料，薄翼赛蝉纱。　　醉坐窗前长对视，殷勤抱了琵琶。先调弦律再吹笳。与君三弄调，为我几摇葩。

(2014 年 4 月、2015 年 1 月作，编入《槐下杂吟》。)

500

杏花村新编楹联十八副

春联七则

十里杏花春纳福，千秋诗韵喜临门

杏花再放香如故，杜牧重来诗更新

春开一河秋浦水，喜建十里杏花村

杜湖杜坞杜荀鹤，杏树杏园杏花村

村诗村酒村村醉，村落村游村村通

村景初成北入口，城市紧临西大门

春雨醉辞蛇影淡，杏花踏尽马蹄香

（2014 年 1 月专为杏花村而作。）

十里桥

十里梅洲梦，一河秋浦诗

会桥

百年尘海一相会，十里风烟几处桥

牧之楼

一

何处无村？地临秋浦，杏花千载开烂漫

谁人有意？时在晚唐，杜牧一吟醉风骚

二

一代文宗，外放扬宣黄池睦，唯有杏村留胜迹

千年诗韵，传承唐宋元明清，更兼当代谱新篇

三

牧也诗无敌，千载嘉名枫林晚

之者思不群，一篇锦瑟杏花红

四

牧也诗无敌，千载遗篇积瀚海

之乎思不群，一村风物叠高楼

五

抱浦襟江，小杜寻春荀鹤隐

穿唐越宋，老梅入梦杏花吹

（2015 年、2016 年，为贵池杏花村新建景点所拟。）

啸乡亭楹联四则

一

公字伯吕，功业一生追吕尚

讳名澹诚，诗联百首亮诚心

二

南征北战，大业源于此地

东去西归，英名胜似当年

三

文韬武略，感恩前辈栽青树

诗简词章，留德后人咏啸乡

四

望南北也，选阁大观亭联盛

归去来兮，啸乡青树豆苗丰

（2017年5月为纪念纪伯吕的"啸乡亭"所拟。）

黄梅戏·杜荀鹤中举

第一场　落第

过经多年科考，杜荀鹤再次落第归来。连年的战争，一路的衰败景象，言志与伤感。

第二场　拒杜

在与杜牧交好的地方官之子李昭象的宴席上，李建议他利用自己是杜牧私生子的传闻来打通关节，遭到杜荀鹤的严词拒绝。

第三场　拒宫

他家一个小妻的远房表妹早年曾被选入宫中，后来一直没有消息。小妻愿意陪他到京城伺机与表妹联系，为杜荀鹤打点，同样遭到他的拒绝。杜荀鹤作诗一首《春宫怨》以言志："早被婵娟误，欲妆临镜慵。承恩不在貌，教妾若为容？风暖鸟声碎，日高花影重。年年越溪女，相忆采芙蓉。"这是杜诗中唯一一篇描写女性的诗作。

第四场　中举

在朱温的席上，因现场一首诗作得到赏识，阴错阳差地受到推荐，当年高中进士。心中有愧悔交加。

第五场　归村

　　中进士只有七天，唐朝灭亡，朱温称帝。杜荀鹤黯然神伤，弃官归故里，在杏花村杜湖边过起了隐居的生活。自号九华山人。

（创作提纲。2008 年 12 月 7 日拟。）

杏花村历史文化支撑点建设拟想六十条

杏花村文化旅游的两个支撑点：第一，以农耕文化为中心的文化板块；第二，以体验旅游为模式的业态实践。打造成全国最集中的村落文化区和农耕体验区，反对城市化、小区化、财富化。以杏花村文化为主体,以江南民间文化 (20 世纪) 为拓展,打造五大文化主题:生态、民俗、农耕、休闲、怀旧。主要有以下五大板块。

一、杏花村诗歌与历史文化

（一）中国杏花村博物馆（将全国 10 余个杏花村的历史文献集中一处展示，制作全国杏花村地图）

（二）唐诗主题公园（水边送别、村里相逢、田园风光、四季风物、农事集锦等）

（三）历代诗人吟咏池州蜡像馆

（四）杜牧纪念馆（全面的资料、图画、书法）

（五）《清明》诗意画卷博物馆（可征集上百种以《清明》诗为主题的画作）

（六）《杏花村志》《杏花村续志》碑林（每页一面，原样复制，立碑成阵）

（七）中国民间家谱收藏馆（含新修家谱）

（八）池州文化微缩景观园

（九）中国杏文化板块

    1.杏坛：教育仪式体验

    2.杏园：科举赐宴体验

    3.杏林：医与仙道体验

二、杏花村民俗文化

（一〇）祭祀民俗

（一一）酿造民俗

（一二）饮酒民俗

（一三）艺茶民俗

（一四）婚嫁民间

（一五）方言民俗

（一六）禁忌民俗

（一七）农耕民俗

    1.皖南农具博物馆（搜集、收藏、展示）

    2.农耕典礼（祭社稷、杏花耕、鞭春牛、收果实、秋祭、冬祭等）

    3.四时农事体验

    4.农具制作工艺体验

    5.农耕与节日体验

三、杏花村村落文化

（一八）牛郎织女与天河虹桥生态农耕示范拟态区

（一九）四大民间传说拟态区

（二〇）民间二十四孝拟态区

（二一）杏花村社稷坛

（二二）杏花村民间庙宇

（二三）池州书院复原区

（二四）杏花村驿站文化区（复建一个封闭的驿道和若干站点，保留土辙路）

（二五）清代村落复原区（康熙《杏花村志》里的景点，反对复原其他时代的村落）

（二六）池州旧民居集中区（将零散的旧民居——20世纪60—80年代砖木结构的民居集中迁移到杏花村，刻不容缓。可建成写生基地）

（二七）村落桥文化区（复制池州境内或全国知名的特色老桥，构成一区，每一桥说明原址和内涵）

（二八）村落古牌坊区（择其要者复原《贵池县志》里的老牌坊，乃历史记忆）

（二九）村落果园：皖南民间四季时令果鲜区

（三〇）村落花园

（三一）村落菜园

（三二）村落渔塘

（三三）村落制陶区

（三四）村落畜牧放养区

（三五）杏花村草料场：麦秸、稻草、豆秸、棉杆、油菜禾、木柴堆集区

（三六）杏花村打谷场（应不止一处，兼做停车场）

（三七）杏花村武教场（兼做停车场）

四、杏花村怀旧休闲文化

（三八）民间书画体验（农民画、写对联、涂鸦题名墙）

（三九）老电影体验（老放映机、老幕布、上世纪老电视，新拍杏花村主题的影视）

（四〇）老连环画展示区

（四一）民间美食体验（民间烹调—灰堆烧山圩、花生等，制豆腐、豆食等）

（四二）民间渔樵体验（钓鱼、植树等）

（四三）民间体育、游戏体验（踩高跷、放风筝、练打硪、蹬水车、跑铁圈等。可举办"杏花村杯散步竞走比赛"）

（四四）民间工艺体验（教做木工、竹工、铁工、雕工、剪纸、编织等）

（四五）民间收藏交易(20世纪文物收藏，如布票、粮票、饭票、车票、门票、火花、烟盒、年画、老照片、手写书信等）

（四六）民间戏曲体验（教唱黄梅戏、青阳腔、罗城民歌等）

（四七）民间说书体验（请艺人讲民间故事——流传池州的民间故事类型）

（四八）民间傩祭、傩仪、傩戏展示区

五、杏花村民俗十二节

（四九）昭明祭祀大典、傩文化节、民间灯会

（五〇）春耕大典

（五一）杏花村赏花诗歌节

（五二）杏花村清明踏青节

（五三）秋浦河端午龙舟节

（五四）杏花村七夕渡河节

（五五）杏花村中秋赏月、村酿品尝、瓜果采新节

（五六）杏花村秋游散步竞走节

（五七）杏花村重阳登高节

（五八）杏花村丹枫霜叶节

（五九）杏花村梅林踏雪节

（六〇）杏花村春联大赛

（2013年9月30日，在杏花村文化旅游区管委会召开的"杏花村文化研讨会"上的发言提纲，部分建议已被采用。）

杏花村北入口景区导游词

导　言

　　杏花村北临昭明大道，过大道，即入杏花村。我们可以暂时忘掉城市的喧嚣，回归乡村的恬淡。我们面前的这条大道就是通往杏花村的景观大道，这里是杏花村旅游景区的北入口，既是从城市切入乡村的就近入口，在布局上，也有自身独特的文化品位。

杏花村停车场

　　各位游客：站在杏花村景观大道西侧，我们的对面，即大道的东侧，山环水绕，竹树幽深，其实是进入杏花村旅客的交通工具停车场。如果哪位游客的私家车还没有找到合适的停放地，可以就近停放在对面。

石阶

　　这儿是一组石阶，由凹凸不平的麻石砌成，这些麻石经过久远历史的磨洗，可以见出岁月的沧桑，体现了杏花村古老文化的特点。从这儿往山坡上去，便是杏花村中的第一处杏花人家。

　　若是春天，我们站在石阶上，定会感受到深入春天、走向花海、渐入佳境的浪漫情怀。杜牧《江南春》："千里莺啼绿映红，水村山郭酒旗风。南朝四百八十寺，多少楼台烟雨中。"描写的正是杏花、春雨、江南的美景。

若是秋天，我们站在石阶上，也会感受到杜牧《山行》的风韵："远上寒山石径斜，白云深处有人家，停车坐爱枫林晚，霜叶红于二月花。"无论是我们马上要登的这边小山，还是对面的群山，万山红遍、层林尽染的秋景一定会令我们陶醉。

花径

这里是一道茅草泥墙门。茅草就是田里的稻草，每年都会覆盖一层，日久年深，就会成为历史的见证，诗意的承载。这泥墙是用米汁汤和着黄泥夯筑而成，非常结实，不管风吹雨打都能完好挺立，显示了江南杏花村人的民间智慧。

这道茅草门上有两个字"花径"，是后人从唐代大诗人杜甫的七律《客至》中"花径不曾缘客扫，蓬门今始为君开"中选取的一个优美意象。表示进了这道门，在杏花村开放的季节，里面的小路都铺满了落花，真如陶渊明《桃花源记》中所说"芳草鲜美，落英缤纷"。我们徜徉在这落满绯红杏花的小道上，实际上是走在花团锦簇之上，暮归的老牛是我同伴，心情也会像真正的老农一样忘情山水，融入自然。

花径不曾缘客扫，我们这里的落花是不会扫去的，因为杏花在树上是一种生机，那么落在地上，也是一份优雅与奉献。"落红不是无情物，化着春泥更护花"嘛！请感受这几条花径吧，我们会感到自己行走在锦绣上，徘徊于诗句里。

弄花亭

这里有一个六角小亭，叫"弄花亭"。中唐时期，有一个诗人叫于良史，比杜牧要早。他写了一首五律《春山夜月》："春山多胜事，赏

512

玩夜忘归。掬水月在手，弄花香满衣。兴来无远近，欲去惜芳菲。南望鸣钟处，楼台深翠微。"其中"掬水月在手，弄花香满衣"一联千百年来脍炙人口，用在此处真是恰到好处！

弄，是什么意思呢？在唐代，弄既有"把玩，玩耍"这意思，如弄潮儿，弄瓦（古代女孩出生，因为地位不高，父母就用瓦给她做玩具。瓦，不是盖房子的瓦，而是纺砖，是古代纺纱织布的一种器具。而男孩则弄玉。秦穆公非常喜欢自己的小女儿，竟然给她取名弄玉），也有演奏音乐的意思，比如弄琴，梅花三弄。唐代的戏曲叫"戏弄"，唐人弄山弄水是常事。用现在的话说，弄就是欣赏品味、留连忘返的意思。面对这样的花径，刚好这里又有一个亭子，你难道不想在亭子里坐一坐吗？坐在这里欣赏景色会别有一番滋味在心头。

这里有一个弄花亭，等一会我们下了这座小山，到南边，还会有一个"弄水亭"呢。山水南北分布，相映成趣。

杏花人家

从花径进来，这一小片地方，其实只是杏花人家的门前。大家看这西边杂树丛生，密不透风。历史上，此处有一些民居，后来都荒废了，人家也搬走了。但杏花仍然会在这里年年开放，虽然见不到人家了，人们还叫它"杏花人家"。杏花人家很多，整个杏花村都是杏花人家呢，此处是第一处杏花人家，自然别有情趣。

我们可以想象，古时候，此地离城较远，人家不多，但常见炊烟袅袅，如陶渊明的诗"暧暧远人村，依依墟里烟"；也会常闻鸡犬之声，每至秋冬，"鸡声茅店月，人迹板桥霜"啊！

当年的杏花村范围很大，但村民不多，"一去二三里，烟村四五家"，这里应该是真正的山间别墅,就如杜甫写他的草堂时所说"城中十万户,此地两三家"。我们的杏花村也是生态村,文化村,诗歌村。

蓬门

从这边下来,又是一道茅草门楼,比刚才的"花径"略大些。这道门叫"蓬门",那可是真正的茅草蓬门呢!其实也是取了刚才杜甫的诗"逢门今始为君开"之意,是说,当客人游到此处,已出了杏花人家的花径,但是又进了另一番天地,这道门就是专为你打开的,它打开的不仅是一道茅草蓬门,打开的还是一卷幅诗画长卷——《山村野趣图》

杏花谷

从这组石阶下来,眼前是一个三角形谷底,敞开着自己的胸怀面向着景观大道。中国的景点布局多取法自然,高低起伏,错落有致,扬抑结合,欲擒故纵,刚才是一座小山,这里自然便是一个幽谷,只有这样,才会有一张一弛之感,而这正好符合乡间地理的自然特点。

杏花谷,还有一层含义,这个谷不大,里面原有山泉,原来这里是一片良田,每到杏花开放之时,布谷声声,人们开始春耕。别看这里地面不大,但在山乡的人看来,也是寸土寸金。哪怕隐藏在深山幽谷间的春耕,也充满了希望。这里的春耕人们叫做"杏花耕"。北宋诗人宋祁有诗"添成竹箭浪,催发杏花耕"。

一边是春耕正忙,一边是花事正繁。劳作的村民也许没有时间和心情来欣赏杏花,但它们依然如故地独自开放,正如王维的诗:"涧户寂无人,纷纷开且落。"

杏花王

杏花谷并不是因为这里的杏花特别多的原因，而是这里有一棵杏花王。在我们的观念中，总以为杏树是短小的灌木，其实杏花树是高大的乔木。这棵杏花老树总有几十年树龄了，你看它皮肤粗糙，历经风霜。我们过去常常把傲立风霜的美誉送给苍松翠柏，从未联想到柔嫩的杏花之树。

这棵杏花王每到春天，繁花似锦，悠然自得地开放，全然不顾自己的老态，也不管世俗眼光的惊诧。

杏花门墙

现在我们来到的是杏花村北入口的门墙，这一面墙像一面旗帜，将引导着我们进入杏花村深处。这堵墙上有"杏花村"三个字，虽然不是杜牧的手迹，但它却是杏花村的标识。就像传统景点的一面照壁，首先挡住了后面的无限生机，可让游客细细品味，步步深入。

这墙的后面有几株杏树，待到春花烂漫时，杏花会先期怒放。从这面土墙望去，也有"春色满园关不住，一枝红杏出墙来"的景象。我们会还看到蜂围蝶阵的壮观春景，"蜂蝶纷纷过墙去，却疑春色在邻家"。春色在哪里呢？春色就墙后面的杏花村里。

九棵银杏树

请大家注意，在这个入口的大三角区，有自然生长的九棵大银杏树。树龄悠久，根深叶茂。银杏与杏树虽然不是同属，但却同享"杏"之命名，象征意义非常深厚。

银杏最美的看点是在深秋季节，黄叶翻飞，如无数只蝴蝶，落满一地的金黄，象征着沉甸甸的秋实。而杏花灿烂之时正在春天，红红白白的杏花，蜂蝶群舞，勾画出一年的希望。银杏之景在秋，杏花之景在春，春秋呼应，相得益彰。

弄水亭

请大家往南来，这小溪边也有一个小亭子，这个亭子叫"弄水亭"。"掬水月在手，弄花香满衣"，掬水说的是弄水。弄水亭与刚才小山上的弄花亭相互呼应，一南一北，衬托出山水情缘。

李白《秋浦歌》之五："秋浦多白猿，超腾若飞雪。牵引条上儿，饮弄水中月。"弄水亭就是因这首诗而得名的，饮弄水中月，意思就是喝醉了，看水中月影，伸手捞月，体现了诗人的浪漫情怀。

据说，李白最后就是在采石矶边醉后捞月而不幸落水身亡的。在我们的亭水前，即使是因捞月落水，也不会有生命危险的。不过，还是请大家注意安全，诗人的风骚之事，可不必当真。

杏花曲水

弄水亭前面这条小溪，叫杏花曲水。这条小溪翻山越岭，一直通往村子里面。古时候，诗人喜欢在这条小溪边野饮。坐在如茵的绿草地上，诗人们散坐在两岸不同的位置，水中放置酒杯，里面盛满酒，酒杯随水而流，流到谁的面前，谁就狂饮一大杯，然后作诗一首。这个故事叫"曲水流觞"。当年王羲之等人就是这样野饮的，他还写下了著名的《兰亭集序》。虽然王羲之的故事发生在今天的绍兴，但这种风雅之事历代不绝，我们的杏花曲水一定也有过类似的活动。

当年杜牧就在此写过五言长诗《弄水亭》，诗里说："弄水亭前溪，贴滟翠销舞。杉树碧为幢，花骈红作堵。"是说，弄水亭前的小溪，水波潋滟，落英缤纷而下，如仙女蹁跹起舞。与兰亭前的溪流不一样的是，我们的弄水亭里流淌着嫣红的杏花落瓣。刚才弄花亭前是一条蜿蜒的花径，而这里则是一条流动的"花溪"。

请大家想象一下，杏花春雨的时节，小溪里落红无数，花落水流红，风乍起，吹绉一池春水，是怎样令人心醉的一副景象！路上行人欲断魂时，那只好到杏花村里去解渴了。

杏花村大门

沿着杏花曲水，我们"一路向西"，请大家注意周围的景致。因为是杏花村旅游区，这里处处都体现了村庄的格局，这里不是文人雅士的花园，也不是达官贵人的豪宅，这里是民间风情，这里是乡村生活，这里是幽山野水，这里是渔隐樵逸。所有这一切，都饱含在杏花村里。

前面这一道门楼，就是杏花村大门。大门古朴简易，坐落在一个小山岗上，山岗遮挡了前面的风景。我们只有越过这道山岗，穿过这道大门，才算真正进入了杏花村，乡村生活气息就会迎面扑来。

请大家在此稍事休息，然后我们再进入村子，走村串户，回归田园，欣赏杏花村十二景，体验唐代民俗风情。

不过，现在村庄还正在恢复建设过程中，相信在不久的将来，会建成一个世外桃源般的民俗村落。今天就像写文章只开了个头，那锦绣文章还在后头呢。

（2013年11月，为杏花村风景区所写，刊于贵池区文联《杏花村》。）

杏花村文化旅游区地理标志及景观景点命名草案

命名原则

1、以杏花村两部志书的景点名称为主要资源，少量使用地方老名称或重新命名，以保证景点的文化内涵，且有充分的故事衍生空间。

2、所选用名称，均考虑与已复建景点的相关度。要恰到好处，名副其实。

3、适当新命名，但要以杏花村人物、典故为纪念对象，在此基础上，还可进一步展开景点建设。

4、所选杏花村旧名，没有完全考虑其村东南西北中的方位，复建新村不可拘泥于原典。

类别	序号	位置描述	现状地名	拟命名	根据
道路	1	福康路北村口处至福康路与东入口交界处	十里路	十里路	老地名
	2	与十里路相交形成8字形环状游路	二级游路	清凉路	沿清凉湖游路。"清凉"一名，非常有韵味，不可不用。
	3	十里路钵盂山处开始到天生湖	秋浦河景观大道	太白路	李白沿秋浦河所游之路。
水系	4	下丰赛圩	下丰赛圩	白浦圩	村南旧名。
	5	李家圩	李家圩	清凉湖	村中旧名。
	6	蒋家圩	蒋家圩	西湘湖	村中旧名。

	7	蒋家圩外圩	蒋家圩外圩	芙蓉塘	村西旧名。
	8	李家圩外圩	李家圩外圩	回澜塘	村西旧名。
堤坝	9	下丰赛圩堤	下丰赛圩堤	乘云堤	村中旧名。两边皆水面，云彩倒映水中，如乘云而行也。
	10	李家圩外圩堤	李家圩外圩堤	唐风堤	新取名。杜荀鹤诗集《唐风集》。
	11	蒋家圩外圩堤	蒋家圩外圩堤	野航堤	新取名，名副其实。航者，与水相关。明沈昌，号野航。
桥梁	12	十里路跨下丰赛圩桥	十里桥	十里桥	对联：梅洲十里梦，秋浦一河诗。
	13	蒋家圩与李家圩连接处桥梁	望月桥	会桥	别名：圣母桥。对联：百年尘海一相会，十里风烟几处桥。
岛屿	14	下丰赛圩现状堆岛		萃月岛	村南旧名。
	15	李家圩小岛		清凉境	村中旧名。水中一岛，清凉可知。
景观景点	16	村口古墙	村口古墙	红墙	红墙，即"红杏出墙头"之意。墙恰是红泥所筑，名副其实。
	17	杏花流泉	杏花流泉	落花溪	新命名。"杏花落后成溪"之意。
	18	杏花流泉上回廊	杏花流泉上回廊	东溪廊桥	新命名。《杏花村续志》编者胡子正，号东溪，可用此名纪念他。
	19	问酒亭边小水池	问酒亭边小水池	半亩池	村东旧名。
	20	北村口雕塑群	北村口雕塑群	桑柘门	建议：将北村口入口处，巨石门处，命名为桑柘门，原是村北旧名。此名生态意味、乡土气息浓。若在村口附近再移植古枫数株，将入村处周边建成"桑柘丹枫"之景。进入桑柘门，即进入村落深处。
	21	九杏坛	九杏坛	杏坛	新取名。孔子于杏坛授徒，营造此故事，将非常古朴，有深意。同时还应建设相应设施。

	22	火炬厂南侧梯田	火炬厂南侧梯田	麦浪坡	旧名新用。
	23	北村口左侧山头	北村口左侧山头	西峰	村中旧有"西峰铁笛"故事，可演绎。
	24	白浦荷风	白浦荷风	白浦荷风	十二景之一。
	25	火炬厂南侧游船码头处	火炬厂南侧游船码头处	杜坞杜坞草堂	村西旧名。
	26	月季园	月季园	月季园	此名无味。
景点景观	27	枫香林	枫香林	枫香林	芙蓉岭，旁边即是芙蓉塘。虽说此处有几株枫树，但不足以形成"桑柘丹枫"之景。因为桑柘门在此处无法复建。
	28	桃花岛	桃花岛	桃花岛	此名无味。
	29	钵盂山管理用房前小水池		窥龙池	水面虽小，可以通江海，可以窥神龙。
	30	钵盂山茶馆前古树景区		净林	村中旧名。
	31	杏花岭	杏花岭	凤凰山	老地名。营造一个远近闻名的赏杏花的景点。
	32	农耕大典神农氏雕像处	农耕大典	社稷坛	村东旧名。此名极佳。
亭台楼阁	33	北村口惜花亭	惜花亭	惜花亭	旧名新用。旧名杏花亭。用旧诗合新名，可用。
	34.	北村口问酒亭	问酒亭	弄花亭	唐诗："掬水月在手，弄花香满衣。"
	35	唐韵民俗展示馆	唐韵民俗展示馆	窥园窥园草堂	村中旧名。
	36	钵盂山管理用房	钵盂山茶馆	息园	村东旧名。
	37	杏花溪管理用房	杏花农舍	涣园还朴堂	村中旧名。郎遂父亲郎必光署堂名"还朴堂"，别号还朴居士。郎遂编有《还朴堂撰著丛书》12种。此名极好。

补充	1	天方茶园山岗		茶田岭	村中旧名。
	2	梅洲晓雪景区		梅洲晓雪	建筑：梦梅馆、梅仙台、香雪海等。
	3	清凉湖东边山岗		郎山	西即是涣园。此一区域为郎遂纪念区。
	4	梅洲晓雪西侧秋浦河边		昭明钓台	另有河泊所（村西旧名）。
	5	窥园内水井		窥天井	看井水可窥见青天。
	6	田园野趣		楚园	在郎遂涣园周边，辟一处纪念刘世珩的景点，刘号楚园。可建相应的景点，如暖红室，极有韵味。

（2014 年 12 月 26 日所拟，已被景区所选用。）